U0363452

简明电工手册

JIANMING DIANGONG SHOUCE

芮静康　主编

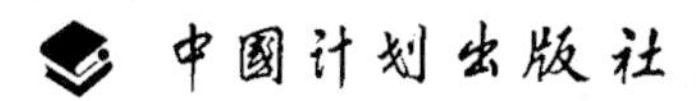

图书在版编目（CIP）数据

简明电工手册/芮静康主编．—北京：中国计划出版社，2015.8
ISBN 978-7-5182-0098-6

Ⅰ．①简…　Ⅱ．①芮…　Ⅲ．①电工—技术手册
Ⅳ．①TM-62

中国版本图书馆 CIP 数据核字（2015）第 038817 号

简明电工手册
芮静康　主编

中国计划出版社出版
网址：www.jhpress.com
地址：北京市西城区木樨地北里甲 11 号国宏大厦 C 座 3 层
邮政编码：100038　电话：（010）63906433（发行部）
新华书店北京发行所发行
北京天宇星印刷厂印刷

787mm×1092mm　1/16　27 印张　618 千字
2015 年 8 月第 1 版　2015 年 8 月第 1 次印刷
印数 1—3000 册

ISBN 978-7-5182-0098-6
定价：78.00 元

版权所有　侵权必究
本书环衬使用中国计划出版社专用防伪纸，封面贴有中国计划出版社专用防伪标，否则为盗版书。请读者注意鉴别、监督！
侵权举报电话：（010）63906404
如有印装质量问题，请寄本社出版部调换

内容提要

本书内容包括：基础资料，电工电子基础，发电，变压器，电机和电器，机电式电路，输电、供配电，电工与电子测量，电工材料，有线电视系统，消防系统，安全用电和节约用电。本书理论联系实际，通俗易懂，图文并茂，以经济、实用为编写原则。

本书适用于电工和电工技术人员，以及大学毕业尚缺乏实际经验的人员阅读，也可供相关专业的大专院校师生教学参考。

前　　言

随着国民经济的发展，电工技术也得到了飞速的发展。电工技术内容极为丰富，涉及多个领域，其数据、图表、计算公式、定律、定理、概念、术语、产品种类等浩如烟海。但可以用“高低压、强弱电”六个字来概括，本书也围绕着这六个字来展开描述。本书编写以经济、实用为原则，有理论、有实践，文字通俗易懂，图文并茂、突出重点。

本书的内容广泛而有重点。以强电为主，适量选用弱电的内容。第一章基础资料，第二章电工电子基础，第三章发电，第四章变压器，第五章电机和电器，第六章机电式电路，第七章输电、供配电，第八章电工与电子测量，第九章电工材料，第十章安全用电和节约用电。

本书由芮静康先生担任主编，胡新华、邬川京为副主编。参加搜集资料和编写工作的还有：张燕杰、王福忠、杨海柱、王炳千、么娜、王少华、陈晓峰、陈洁、屠姝姝、王玉梅等。

本书在编写过程中，得到了出版社各级领导和编辑的大力支持和指导，得到了许多专家、教授和师傅的帮助，在此一并表示衷心的感谢。

因为作者水平有限，时间紧迫，错误和缺点在所难免，希望广大读者和专业同仁批评指正，提出宝贵的意见。

芮静康

2014年8月10日于北京

目　　录

第一章　基础资料

第二章　电工电子基础

第三章　发　　电

第四章　变　压　器

第五章　电机和电器

第六章　机电式电路

第七章 输电、供配电

第八章　电工与电子测量

第十章　安全用电和节约用电

第一章　基础资料

第一节　单位和计算公式

一、常用电工计量单位及换算

常用计量单位及其换算见表 1-1 至表 1-7。

表 1-1　国际单位制的基本单位

量的名称	单位名称	单位符号
长度	米	m
质量	千克（公斤）	kg
时间	秒	s
电流	安［培］	A
热力学温度	开［尔文］	K
物质的量	摩［尔］	mol
发光强度	坎［德拉］	cd

注：[ ] 内的字，是在不致混淆的情况下，可以省略的字，下同；
( ) 内的字为前者的同义语，下同。

表 1-2　国际单位的辅助单位

量的名称	单位名称	单位符号
［平面］角	弧度	rad
立体角	球面度	sr

表 1-3　国际单位制中具有专门名称的导出单位

量的名称	单位名称	单位符号	其他表示示例
频率	赫［兹］	Hz	s^{-1}
力，重力	牛［顿］	N	$kg \cdot m/s^2$
压力，压强，应力	帕［斯卡］	Pa	N/m^2
能［量］，功，热量	焦［耳］	J	$N \cdot m$
功率，辐［射能］通量	瓦［特］	W	J/s
电荷［量］	库［仑］	C	$A \cdot s$

续表 1-3

量的名称	单位名称	单位符号	其他表示示例
电压，电动势，电位，(电势)	伏［特］	V	W/A
电容	法［拉］	F	C/V
电阻	欧［姆］	Ω	V/A
电导	西［门子］	S	A/V
磁通［量］	韦［伯］	Wb	V·s
磁通［量］密度，磁感应强度	特［斯拉］	T	Wb/m^2
电感	亨［利］	H	Wb/A
摄氏温度	摄氏度	℃	K
光通量	流［明］	lm	cd·sr
［光］照度	勒［克斯］	lx	lm/m^2
［放射性］活度	贝可［勒尔］	Bq	s^{-1}
吸收剂量	戈［瑞］	Gy	J/kg
剂量当量	希［沃特］	Sv	J/kg

表 1-4　可与国际单位制单位并用的我国法定计量单位

量的名称	单位名称	单位符号	换算关系及说明
时间	分 ［小］时 日（天）	min h d	1min = 60s 1h = 60min = 3600s 1d = 24h = 86400s
［平面］角	［角］秒 ［角］分 度	(″) (′) (°)	1″ = （π/648000）rad （π为圆周率） 1′ = 60″ = （π/10800）rad 1° = 60′ = （π/180）rad
旋转速度	转每分	r/min	1r/min = （1/60）s^{-1}
长度	海里	n mile	1n mile = 1852m （只用于航程）
速度	节	kn	1kn = 1n mile/h = （1852/3600）m/s （只用于航行）
质量	吨 原子质量单位	t u	$1t = 10^3kg$ $1u \approx 1.660540 \times 10^{-27}kg$

续表 1-4

量的名称	单位名称	单位符号	换算关系及说明
体积，容积	升	L，(1)	$1L=1dm^3=10^{-3}m^3$
能	电子伏	eV	$1eV\approx1.602177\times10^{-19}J$
级差	分贝	dB	
线密度	特［克斯］	tex	1tex = 1g/km

注：1. 角度单位度、分、秒的符号在组合单位中或不处于数字后时，用括弧；

2. r 为“转”的符号；

3. 升的符号中，小写字母 l 为备用符号。

表 1-5　常用部分物理量及其单位

量的名称	量符号	单位名称	单位符号
时间和空间			
［平面］角	α，β，γ，θ，φ 等	弧度	rad
立体角	Ω	球面度	sr
长度	l，(L)	米	m
宽	b	米	m
高	h	米	m
厚	d，δ	米	m
半径	r，R	米	m
直径	d，D	米	m
程长	s	米	m
距离	d，r	米	m
面积	A，(S)	平方米	m^2
体积	V	立方米	m^3
时间，时间间隔，持续时间	t	秒	s
角速度	ω	弧度每秒	rad/s
角加速度	α	弧度每二次方秒	rad/s^2
速度	v，u，ω，c	米每秒	m/s
加速度	α	米每二次方秒	m/s^2
重力加速度，自由落体加速度	g	米每二次方秒	m/s^2
力　学			
质量	m	千克	kg
密度，体积质量	ρ	千克每立方米	kg/m^3

续表 1-5

量的名称	量符号	单位名称	单位符号
相对密度	d	—	1
线质量，线密度	ρl	千克每米	kg/m
动量	p	千克米每秒	kg · m/s
动量矩，角动量	L	千克二次方米每秒	$kg \cdot m^2/s$
转动惯量	J，(I)	千克二次方米	$kg \cdot m^2$
力	F	牛［顿］	N
重量，重力	W，(P，G)	牛［顿］	N
力矩	M	牛［顿］米	N · m
转矩，力偶矩	M，T	牛［顿］米	N · m
压力，压强	p	帕［斯卡］	Pa
弹性模量	E	帕［斯卡］	Pa
摩擦系数	μ，(f)	—	1
功	W，(A)	焦［耳］	J
能［量］	E	焦［耳］	J
势能，位能	E_p，(V)	焦［耳］	J
动能	E_k，(T)	焦［耳］	J
功率	P	瓦［特］	W
周　期			
周期	T	秒	s
时间常数	τ	秒	s
频率	f，v	赫［兹］	Hz
转速	n	每秒	s^{-1}
		每分钟	r/min
角频率	ω	弧度每秒	rad/s
		每秒	s^{-1}
热　学			
热力学温度	T，(θ)	开［尔文］	K
摄氏温度	t，θ	摄氏度	℃
线［膨］胀系数	al	每开尔文	K^{-1}

续表 1-5

量的名称	量符号	单位名称	单位符号
热，热量	Q	焦［耳］	J
热流量	Φ	瓦［特］	W
热导率，（导热系数）	λ，（k）	瓦［特］每米开［尔文］	W/（m · K）
表面传热系数	h（a）	瓦［特］每平方米开［尔文］	W/（m^2 · K）
热容	C	焦［尔］每开［尔文］	J/K
比热容	c	焦［尔］每千克开［尔文］	J/（kg · K）
熵	S	焦［尔］每开［尔文］	J/K
比熵	s	焦［尔］每千克开［尔文］	J/（kg · K）
热力学能，内能	U	焦［尔］	J
焓	H	焦［尔］	J
比热力学能，比内能	u	焦［尔］每千克	J/kg
比焓	h	焦［尔］每千克	J/kg
电学和磁学			
电流	I	安［培］	A
电荷［量］	Q	库［仑］	C
电荷［体］密度	ρ ·（η）	库［仑］每立方米	C/m^3
电荷面密度	σ	库［仑］每平方米	C/m^2
电场强度	E	伏［特］每米	V/m
电位（电势）	V，φ	伏［特］	V
电位差（电势差），电压	U，（V）	伏［特］	V
电动势	E	伏［特］	V
电通［量］密度，电位移	D	库［仑］每平方米	C/m^2
电通［量］，电位移通量	Ψ	库［仑］	C

续表 1-5

量的名称	量符号	单位名称	单位符号
电容	C	法［拉］	F
介电常数（电容率）	ε	法［拉］每米	F/m
真空介电常数（真空电容率）	ε_0	法［拉］每米	F/m
电极化强度	P	库［仑］每平方米	C/m^2
电偶极矩	p，(p_e)	库［仑］米	C·m
电流密度，面积电流	J，(S)	安［培］每平方米	A/m^2
电流线密度，线电流	A，(a)	安［培］每米	A/m
磁场强度	H	安［培］每米	A/m
磁位差（磁势差）	U_m	安［培］	A
磁通势（磁位势）	F，F_m	安［培］	A
磁通［量］密度，磁感应强度	B	特［斯拉］	T
磁通［量］	Φ	韦［伯］	Wb
磁矢位（磁矢势）	A	韦［伯］每米	Wb/m
自感	L	亨［利］	H
互感	M，L_{12}	亨［利］	H
磁导率	μ	亨［利］每米	H/m
真空磁导率	μ_0	亨［利］每米	H/m
［面］磁矩	m	安［培］平方米	$A \cdot m^2$
磁化强度	M，(H_i)	安［培］每米	A/m
磁极化强度	J，(B_t)	特［斯拉］	T
［直流］电阻	R	欧［姆］	Ω
［直流］电导	G	西［门子］	S
电阻率	ρ	欧［姆］米	Ω·m
电导率	γ，σ	西［门子］每米	S/m
磁阻	R_m	每亨［利］	H^{-1}
磁导	Λ，(P)	亨［利］	H
绕组的匝数	N	—	1
相数	m	—	1
极对数	p	—	1
相［位］差，相［位］移	φ	弧度	rad

续表 1-5

量的名称	量符号	单位名称	单位符号
阻抗（复数阻抗）	Z	欧［姆］	Ω
阻抗模（阻抗）	$\|Z\|$	欧［姆］	Ω
电抗	X	欧［姆］	Ω
［交流］电阻	R	欧［姆］	Ω
品质因数	Q	—	1
导纳（复数导纳）	Y	西［门子］	S
导纳模（导纳）	$\|Y\|$	西［门子］	S
电纳	B	西［门子］	S
［交流］电导	G	西［门子］	S
功率，有功功率	P	瓦［特］	W
无功功率	Q，P_Q	乏	var
视在功率（表观功率）	S，P_s	伏安	V·A
电能［量］	W	焦［耳］或千瓦［特］［小］时	J 或 kW·h
物理化学和分子物理学			
物质的量	n，(υ)	摩［尔］	mol
摩尔质量	M	千克每摩［尔］	kg/mol
摩尔体积	V_m	立方米每摩［尔］	m^3/mol
摩尔热力学能	U_m	焦［耳］每摩［尔］	J/mol
扩散系数	D	平方米每秒	m^2/s
原子物理学和核物理学			
电子［静］质量	m_e	千克	kg
质子［静］质量	m_p	千克	kg
元电荷	e	库［仑］	C
波尔半径	a_0	米	m
核半径	R	米	m
［放射性］活度	A	贝可［勒尔］	B_q
衰变常数	λ	每秒	s^{-1}
半衰期	$T_{1/2}$	秒	s
光			
发光强度	I，(I_v)	坎［德拉］	cd
光通量	Φ，(Φ_v)	流［明］	lm

续表 1-5

量的名称	量符号	单位名称	单位符号
光量	Q，(Q_v)	流［明］秒	lm · s
［光］亮度	L，(L_v)	坎［德拉］每平方米	cd/m^2
光出射度	M，(M_v)	流［明］每平方米	lm/m^2
［光］照度	E，(E_v)	勒［克斯］	lx
曝光量	H	勒［克斯］秒	lx · s
光视效能	K	流［明］每瓦（特）	lm/W
折射率	n	—	1
声 学			
波长	λ	米	m
声速	c	米每秒	m/s
声［源］功率	W，P	瓦［特］	W
声能通量	Φ	瓦［特］	W
声强［度］	I	瓦［特］每平方米	W/m^2
声阻抗率	Z_s	帕［斯卡］秒每米	Pa · s/m
［声］特性阻抗	Z_c	帕［斯卡］秒每米	Pa · s/m
声阻抗	Z_a	帕［斯卡］ 立方米每秒	$Pa \cdot s/m^3$
声质量	M_a	千克每四次方米	kg/m^4
声压级	L_p	分贝	dB
声强级	L_1	分贝	dB
声功率级	L_W	分贝	dB
隔声量（传声损失）	R	分贝	dB
吸声量	A	平方米	m^2
核反应和电离辐射			
反应能	Q	焦［耳］	J
截面	σ	平方米	m^2
粒子注量	Φ	每平方米	m^{-2}
吸收剂量	D	戈［瑞］	G_y
剂量当量	H	希［沃特］	S · v
比释动能	K	戈［瑞］	G_y
照射量	X	库［仑］每千克	C/kg

表 1-6　常用法定计量单位及其换算

物理量名称	法定计量单位		非法定计量单位		单位换算
	单位名称	单位符号	单位名称	单位符号	
长度	米	m	埃 英尺 英寸	Å ft in	$1Å=0.1nm=10^{-10}m$ $1ft=0.3048m$ $1in=0.0254m$
面积	平方米	m^2	平方英尺 平方英寸	ft^2 in^2	$1ft^2=0.0929030m^2$ $1in^2=6.4516\times10^{-4}m^2$
体积，容积	立方米 升	m^3 L（l）	立方英尺 立方英寸 英加仑 美加仑	ft^3 in^3 UK_{gal} US_{gal}	$1ft^3=0.0283168m^3$ $1in^3=1.63871\times10^{-5}m^3$ $1UK_{gal}=4.54609dm^3$ $1US_{gal}=3.78541dm^3$
质量	千克（公斤）	kg	磅 盎司	lb oz	$1lb=0.45359237kg$ $1oz=28.3495g$
温度	开［尔文］ 摄氏度	K ℃	华氏度	℉	表示温度差和温度间隔时： $1℃=1K$ 表示温度的数值时： $t=T-273.15$ 表示温度差和温度间隔时： $1℉=\frac{5}{9}℃$ 表示温度的数值时： $T=\frac{5}{9}(t_F+459.67)$
温度	开［尔文］ 摄氏度	K ℃	兰氏度	°R	$t=\frac{5}{9}(t_F-32)$ 表示温度差和温度间隔时： $1°R=\frac{5}{9}K$ 表示温度数值时： $t=\frac{5}{9}T_R-273.15$ 式中：t——摄氏温度（℃） T——热力学温度（K） t_F——华氏温度（℉） T_R——兰氏温度（°R）

续表 1-6

物理量名称	法定计量单位		非法定计量单位		单位换算
	单位名称	单位符号	单位名称	单位符号	
旋转速度	每秒 转每分	s^{-1} r/min		rpm	1rpm = 1 r/min = (1/60) s^{-1}
力，重力	牛［顿］	N	达因 千克力 磅力 吨力	dyn kgf lbf tf	1dyn = 10^{-5}N 1kgf = 9.80665N 1lbf = 4.44822N 1tf = 9.80665 × 10^3N
压力，压强，应力	帕［斯卡］	Pa	巴 千克力/每平方厘米 毫米水柱 毫米汞柱	bar kgf/cm^2 mmH_2O mmHg	1bar = 10^5Pa 1kgf/cm^2 = 0.0980665MPa 1mmH_2O = 9.80665Pa 1mmHg = 133.322Pa
压力，压强，应力	帕［斯卡］	Pa	托 工程大气压 标准大气压 磅力每平方英尺 磅力每平方英寸	Torr at atm lbf/ft^2 lbf/in^2	1Torr = 133.322Pa 1at = 98066.5Pa = 98.0665kPa 1atm = 101325Pa = 101.325kPa 1lbf/ft^2 = 47.8803Pa 1lbf/in^2 = 6894.76Pa = 6.89476kPa
能量，功，热	焦［耳］ 电子伏 千瓦小时	J eV kW · h	尔格 千克力米 英马力小时 卡 热化学卡 马力小时 电工马力小时 英热单位	erg kgf · m hp · h cal cal_{th} B tu	1erg = 10^{-7}J 1kgf · m = 9.80665J 1hp · h = 2.68452MJ 1cal = 4.1868J 1cal_{th} = 4.1840J 1 马力小时 = 2.64779MJ 1 电工马力小时 = 2.68560MJ 1B tu = 1055.06J = 1.05506kJ 1kW · h = 3.6MJ
功率辐射通量	瓦［特］	W	千克力米每秒 马力、米制马力 英马力 电工马力 卡每秒	kgf · m/s 法 ch, CV 德 PS hp cal/s	1kgf · m/s = 9.80665W 1ch = 735.499W 1hp = 745.700W 1 电工马力 = 746W 1cal/s = 4.1868W

续表 1-6

物理量名称	法定计量单位		非法定计量单位		单位换算
	单位名称	单位符号	单位名称	单位符号	
功率辐射通量	瓦［特］	W	千卡每小时 热化学卡每秒 伏安 乏 英热单位每小时	kcal/h cal_{th}/s VA var B tu/h	1kcal/h = 1.163W $1cal_{th}/s = 4.184W$ 1VA = 1W 1var = 1W 1B tu/h = 0.293071W
电导	西［门子］	S	欧姆	Ω^{-1}	$1S = 1\Omega^{-1}$
磁通量	韦［伯］	Wb	麦克斯韦	Mx	$1Mx = 10^{-8}Wb$
磁通量密度，磁感应强度	特［斯拉］	T	高斯	G_s，G	$1G_s = 10^{-4}T$
光强度	勒［克斯］	lx	英尺烛光	lm/ft^2	$1lm/ft^2 = 10.76lx$
速度	米每秒 节 千米每小时 米每分	m/s kn km/h m/min	英尺每秒 英寸每秒 英里每小时	ft/s in/s mile/h	1ft/s = 0.3048m/s 1in/s = 0.0254m/s 1mile/h = 0.44704m/s 1km/h = 0.277778m/s 1m/min = 0.0166667m/s
加速度	米每二次方秒	m/s^2	英尺每二次方秒伽	ft/s^2 Gal	$1ft/s^2 = 0.3048m/s^2$ $1Gal = 10^{-2}m/s^2$
线密度，纤度	千克每米特［克斯］	kg/m tex	旦［尼尔］ 磅每英尺 磅每英寸	den lb/ft lb/in	$1den = 0.111112 \times 10^{-6}kg/m$ 1lb/ft = 1.48816kg/m 1lb/in = 17.8580kg/m
密度	千克每立方米	kg/m^3	磅每立方英尺 磅每立方英寸	lb/ft^3 lb/in^3	$1lb/ft^3 = 16.0185kg/m^3$ $1lb/in^3 = 27679.9kg/m^3$
质量体积，比体积（比容）	立方米每千克	m^3/kg	立方英尺每磅 立方英寸每磅	ft^3/lb in^3/lb	$1ft^3/lb = 0.0624280m^3/kg$ $1in^3/lb = 3.61273 \times 10^{-5}m^3/kg$

续表 1-6

物理量名称	法定计量单位		非法定计量单位		单位换算
	单位名称	单位符号	单位名称	单位符号	
质量流量	千克每秒	kg/s	磅每秒 磅每小时	lb/s lb/h	1lb/s = 0.453592kg/s $1lb/h = 1.25998 \times 10^{-4}kg/s$
体积流量	立方米每秒 升每秒	m^3/s L/s	立方英尺每秒 立方英寸每小时	ft^3/s in^3/h	$1ft^3/s = 0.0283168m^3/s$ $1in^3/h = 4.55196 \times 10^{-9}m^3/s$
转动惯量	千克二次方米	$kg \cdot m^3$	磅二次方英尺 磅二次方英寸	$lb \cdot ft^2$ $lb \cdot in^2$	$1lb \cdot ft^2 = 0.0421401kg \cdot m^2$ $1lb \cdot in^2 = 2.92640 \times 10^{-4}kg \cdot m^2$
动量	千克米每秒	$kg \cdot m/s$	磅英尺每秒	$lb \cdot ft/s$	$1lb \cdot ft/s = 0.138255kg \cdot m/s$
角动量	千克二次方米每秒	$kg \cdot m^2/s$	磅二次方英尺每秒	$lb \cdot ft^2/s$	$1lb \cdot ft^2/s = 0.0421401kg \cdot m^2/s$
力矩	牛［顿］米	$N \cdot m$	千克力米 磅力英尺 磅力英寸	$kgf \cdot m$ $lbf \cdot ft$ $lbf \cdot in$	$1kgf \cdot m = 9.80665N \cdot m$ $1lbf \cdot ft = 1.35582N \cdot m$ $1lbf \cdot in = 0.112985N \cdot m$
［动力］黏度	帕［斯卡］秒	$Pa \cdot s$	泊 厘泊 千克力秒每平方米 磅力秒每平方英尺 磅力秒每平方英寸	P，Pa cP $kfg \cdot s/m^2$ $lbf \cdot s/ft^2$ $lbf \cdot s/in^2$	$1P = 10^{-1}Pa \cdot s$ $1cP = 10^{-3}Pa \cdot s$ $1kgf \cdot s/m^2 = 9.80665Pa \cdot s$ $1lbf \cdot s/ft^2 = 47.8803Pa \cdot s$ $1lbf \cdot s/in^2 = 6894.76Pa \cdot s$
运动黏度，热扩散率	二次方米每秒	m^2/s	斯［托克斯］ 厘斯［托克斯］ 二次方英尺每秒 二次方英寸每秒	St cSt ft^2/s in^2/s	$1St = 10^{-1}m^2/s$ $1cSt = 10^{-6}m^2/s$ $1ft^2/s = 9.29030 \times 10^{-2}m^2/s$ $1in^2/s = 6.4516 \times 10^{-4}m^2/s$

续表 1-6

物理量名称	法定计量单位		非法定计量单位		单位换算
	单位名称	单位符号	单位名称	单位符号	
比能	焦［耳］每千克	J/kg	千卡每千克 热化学千卡每千克 英热单位每磅	kcal/kg $kcal_{th}$/kg Btu/lb	1kcal/kg = 4186.8J/kg 1$kcal_{th}$/kg = 4184J/kg 1Btu/lb = 2326J/kg
比热容，比熵	焦［耳］每千克开［尔文］	J/(kg · K)	千卡每千克开［尔文］ 热化学千卡每千克开［尔文］ 英热单位每磅华氏度	kcal/(kg · K) $kcal_{th}$/(kg · K) Btu/(lb · ℉)	1kcal/（kg · K）= 4186.8J（kg · K） 1$kcal_{th}$/（kg · K）= 4184J（kg · K） 1Btu/（lb · ℉）= 4186.8J/（kg · K）
传热系数	瓦［特］每平方米开［尔文］	W/(m^2 · K)	卡每平方厘米秒开［尔文］ 千卡每平方米小时开［尔文］ 英热单位每平方英尺小时华氏度	cal/(cm^2 · s · K) kcal/(m^2 · h · K) Btu/(ft^2 · h · F)	1cal/（cm^2 · s · K）= 41868W/（m^2 · K） 1kcal/（m^2 · h · K）= 1.163W/（m^2 · K） 1Btu/（ft^2 · h · F）= 5.67826W/（m^2 · K）
热导率	瓦［特］每米开［尔文］	W/(m · K)	卡每厘米秒开［尔文］ 千卡每米小时开［尔文］ 英热单位每英尺小时华氏度	cal/(cm · s · K) kcal/(m · h · K) Btu/(ft · h · F)	1cal/（cm · s · K）= 418.68W/（m · K） 1kcal/（m · h · K）= 1.163W/（m · K） 1Btu/（ft · h · F）= 1.73073W/（m · K）

表 1-7　用于构成十进倍数和分数单位的词头

因数	词头名称		符号	因数	词头名称		符号
	英文	中文			英文	中文	
10^{24}	yotta	尧［它］	Y	10^{-1}	deci	分	d
10^{21}	zetta	泽［它］	Z	10^{-2}	centi	厘	c
10^{18}	exa	艾［可萨］	E	10^{-3}	milli	毫	m
10^{15}	peta	拍［它］	P	10^{-6}	micro	微	μ
10^{12}	tera	太［拉］	T	10^{-9}	nano	纳［诺］	n
10^{9}	giga	吉［咖］	G	10^{-12}	pico	皮［可］	p
10^{6}	mega	兆	M	10^{-15}	femto	飞［母托］	f
10^{3}	kilo	千	k	10^{-18}	atto	阿［托］	a
10^{2}	becto	百	h	10^{-21}	zepto	仄［普托］	z
10^{1}	deca	十	da	10^{-24}	yocto	幺［科托］	y

二、常用电工计算公式

常用电工计算公式见表 1-8。

表 1-8　常用电工计算公式

名　称	计算公式	单位	说　明
电流	$I=\frac{Q}{t}$	A	Q——电荷量（C） t——时间（s）
电压	$U=\frac{W}{Q}$	V	W——电场力所作的功（J） Q——电荷量（C）
电阻	$R=\rho\frac{l}{A}$	Ω	ρ——导体的电阻率（Ω·m） l——导体的长度（m） A——导体的横截面（m^2）
电阻与温度的关系	$R=R_0[1+a(t-t_0)]$ $t-t_0=\frac{R-R_0}{aR_0}$	Ω ℃	R——温度为 t 时导体的电阻 R_0——温度为 t_0 时导体的电阻 t、t_0——分别为导体的温度
电阻的串联	$R=R_1+R_2+\cdots+R_n$ $U=U_1+U_2+\cdots+U_n$ $I=I_1=I_2=\cdots=I_n$		总电压等于各段电压之和，总电流、各支路电流均相等

续表 1-8

名　　称	计算公式	单位	说　　明
电阻的串联	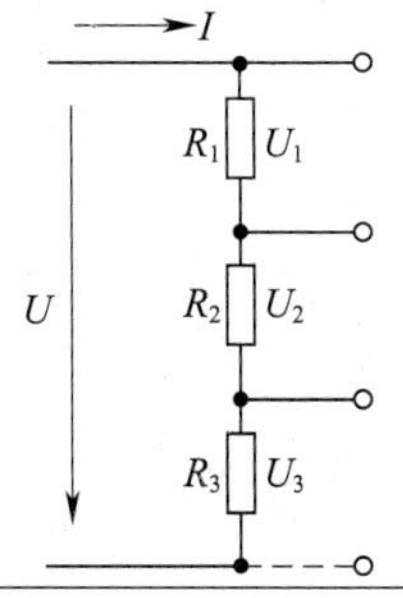		总电压等于各段电压之和，总电流、各支路电流均相等
电阻的并联	$\frac{1}{R}=\frac{1}{R_1}+\frac{1}{R_2}+\cdots+\frac{1}{R_n}$ $U=U_1=U_2=\cdots=U_n$ $I=I_1+I_2+\cdots+I_n$ 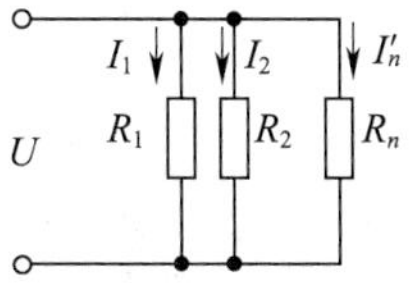		各电阻两端的电压均相等，并与外加电压相等 总电流等于各支路电流之和
电阻的混联	$R=\frac{R_1R_2}{R_1+R_2}+R_3$		
电阻的星形连接与三角形连接之互换关系	星形变为三角形： $R_{12}=\frac{R_1R_3+R_2R_3+R_1R_2}{R_3}$ $R_{23}=\frac{R_1R_2+R_1R_3+R_2R_3}{R_1}$ $R_{31}=\frac{R_2R_3+R_1R_2+R_1R_3}{R_2}$ 三角形变为星形 $R_1=\frac{R_{12}R_{31}}{R_{12}+R_{23}+R_{31}}$ $R_2=\frac{R_{23}R_{12}}{R_{12}+R_{23}+R_{31}}$ $R_3=\frac{R_{31}R_{23}}{R_{12}+R_{23}+R_{31}}$		此公式可这样记： 两电阻的乘积之和，用对面电阻来除 此公式可这样记： 两电阻的乘积，用三个电阻之和来除 R_1、R_2、R_3——星形连接的电阻 R_{12}、R_{23}、R_{31}——三角形连接的电阻
电容量	$C=\frac{Q}{U}$	F	Q——进入电容器的电荷量（C） U——电容器两端的电压（V）
电容器的并联	$C=C_1+C_2+\cdots+C_n$	F	若几个电容器的电容量相等均为 C_0 则总电容量 $C=nC_0$

续表 1-8

名　　称	计算公式	单位	说　明
电容器的串联	$\frac{1}{C}=\frac{1}{C_1}+\frac{1}{C_2}+\cdots+\frac{1}{C_n}$	F	若几个电容器的电容量相等，均为 C_0，则总电容量 $C=\frac{C_0}{n}$
电源的串联	$E=E_1+E_2+\cdots+E_n$ $I=I_1=I_2=\cdots=I_n$	V A	E——总电源电压（V） E_1、E_2、E_n——分电源电压（V） I——总电源电流（A） I_1、I_2、I_n——分电源电流（A）
电源的并联	$E=E_1=E_2=\cdots=E_n$ $I=I_1+I_2+\cdots+I_n$	V A	E——总电源电压（V） E_1、E_2、E_n——分电源电压（V） I——总电源电流（A） I_1、I_2、I_n——分电源电流（A）
电功率	$P=\frac{W}{t}=UI$ $W=QU=UIt$ $=I^2Rt=\frac{U^2}{R}t$	W J	W——电流所作的功（J） t——时间（s） 电功率（W）由电流、电压及欧姆定律等计算公式推导出不同计算公式
交流电路中的周期、频率、角频率	$T=\frac{2\pi}{\omega}=\frac{1}{f}$ $f=\frac{1}{T}=\frac{\omega}{2\pi}$ $\omega=\frac{2\pi}{T}=2\pi f$	s Hz rad/s	T——周期（s） ω——角频率（rad/s） f——频率（Hz） π——圆周率（3. 14159）
交流电路中的有效值、平均值、最大值	$U=\frac{U_{max}}{\sqrt{2}}=0.707U_{max}$ $I=\frac{I_{max}}{\sqrt{2}}=0.707I_{max}$ $U_a=\frac{2}{\pi}U_{max}=0.637U_{max}$ $I_a=\frac{2}{\pi}I_{max}=0.637I_{max}$	V A	U——电压有效值（V） I——电流有效值（I） U_{max}——电压的最大值（幅值）（V） I_{max}——电流的最大值（幅值）（A） U_a——电压平均值（V） I_a——电流平均值（A）
交流电路中电压电流、阻抗之间的关系	$U=IZ$ $I=\frac{U}{Z}$ $Z=\frac{U}{I}$	V A Ω	U——阻抗两端的电压（V） I——电路中的电流（A） Z——电路中的阻抗（Ω）
交流电路中的有效值、平均值、最大值	$U_a=\frac{2}{\pi}U_{max}$ $=0.637U_{max}$ $I_a=\frac{2}{\pi}I_{max}$ $=0.637I_{max}$	A	I_{max}——电流的更大值（幅值）（A） U_a——电压平均值（V） I_a——电流平均值（A）

续表 1-8

名　称	计算公式	单位	说　明
交流电路中的容抗	$X_C = \frac{1}{\omega C} = \frac{1}{2\pi fC}$	Ω	X_C——容抗（Ω） C——电容（F） f——频率（Hz）
交流电路中的感抗	$X_L = \omega L = 2\pi fL$	Ω	X_L——感抗（Ω） f——频率（Hz） L——电感（H）
交流电路中电阻、电容串联的阻抗	$Z = \sqrt{R^2 + X_C^2}$ 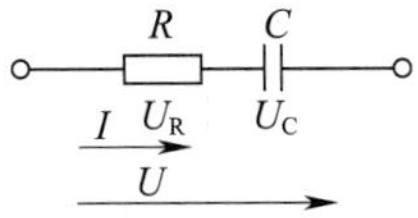 R C I U_R U_C U	Ω	
交流电路中电阻、电感串联的阻抗	$Z = \sqrt{R^2 + X_L^2}$ R L I U_R U_L U 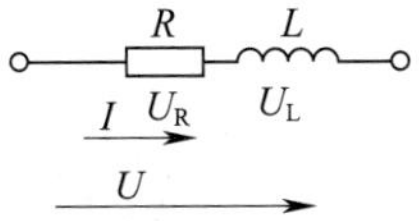	Ω	
交流电路中电阻、电容、电感串联的阻抗	$Z = \sqrt{R^2 + (X_L - X_C)^2}$ R L C U_R U_L U_C I U 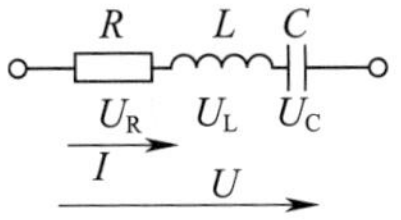	Ω	
交流电路中电阻、电容并联的阻抗	$\frac{1}{Z} = \sqrt{\left(\frac{1}{R}\right)^2 + \left(\frac{1}{X_C}\right)^2}$ I I_R I_C C U R 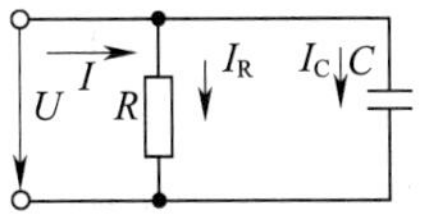	Ω	Z——阻抗（Ω） R——电阻（Ω） X_C——容抗（Ω） X_L——感抗（Ω）
交流电路中电阻、电感并联的阻抗	$\frac{1}{Z} = \sqrt{\left(\frac{1}{R}\right)^2 + \left(\frac{1}{X_L}\right)^2}$ 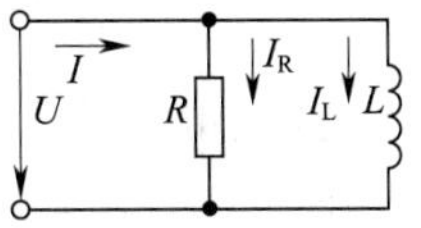 I I_R U R I_L L	Ω	
交流电路中电阻、电容、电感并联的阻抗	$\frac{1}{Z} = \sqrt{\left(\frac{1}{R}\right)^2 + \left(\frac{1}{X_L} - \frac{1}{X_C}\right)^2}$ 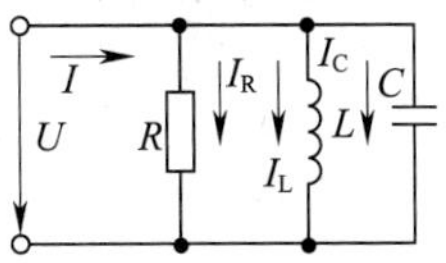 I I_R I_C C U R L I_L	Ω	

续表 1-8

名　称	计算公式	单位	说　明
交流电路有效功率	$P=UI\cos\phi$	W	P——有效功率 U——电压（V） I——电流（A）
交流电路视在功率	$S=UI$	V·A	S——视在功率 U——电压（V） I——电流（A）
交流电路无功功率	$Q=UI\sin\phi$	var	Q——无功功率 U——电压（V） I——电流（A）
交流电路功率因数	$\cos\phi=\frac{P}{S}=\frac{P}{UI}$		P——有功功率 $\cos\phi$——一相的负载功率因数
对称三相交流电路有功功率	$P=3U_XI_X\cos\phi$ $\sqrt{3}U_LI_L\cos\phi$	W	U_X——相电压（V） I_X——相电流（A） U_L——线电压（V） I_L——线电流（A） ϕ——相电压与相电流的相角
对称三相交流电路视在功率	$S=\sqrt{3}U_LI_L$	V·A	
对称三相交流电路无功功率	$Q=3U_XI_X\sin\phi$ $=\sqrt{3}U_LI_L\sin\phi$	var	
对称三相交流电路功率因数	$\cos\phi=\frac{P}{S}$		

第二节　电工图形、文字符号

一、常用电工图形符号

常用电工图形符号见表 1-9。

表 1-9　常用电工图形符号

序号	电器名称		图形符号
一、插座、开关			
1	单相插座	一般符号	
		暗装	
		密闭（防水）	
		防爆	
2	带接地孔的单相插座	一般符号	
		暗装	
		密闭（防水）	
		防爆	
3	带接地孔的三相插座	一般符号	
		暗装	
		密闭（防水）	
		防爆	
4	多个插座（示出 3 个）		
5	带护板的插座		
6	带单极开关的插座		
7	带联锁开关的（电源）插座		

续表 1-9

序号	电器名称		图形符号
8	具有隔离变压器的插座（如电动剃刀的插座）		
9	电信插座的一般符号 注：可用文字或符号加以区别 TP——电话　TX——电传 TV——电视 　——扬声器 M——传声器　FM——调频 FX——传真		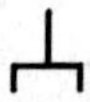
10	带熔断器的插座		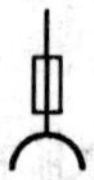
11	开关一般符号		
12	单极开关	一般符号	
		暗装	
		密闭（防水）	
		防爆	
13	双极开关	一般符号	
		暗装	
		密闭（防水）	
		防爆	

续表 1-9

序号	电器名称	图形符号	
14	三极开关	一般符号	
		暗装	
		密闭（防水）	
		防爆	
15	单极拉线开头	30°	
16	单极双控拉线开关	30°	
17	多拉单极开关（如用于不同照度）		
18	单极限时开关	30° t	
19	双控单极开关（单极三线）	30°	
20	带指示灯的开关		
21	定时开关		
22	钥匙开关		

续表 1-9

序号	电器名称	图形符号
	二、灯具	
1	灯、信号灯一般符号 注：①如要求指示颜色，则在靠近符号处标出下列字母： HR——红灯；HB——蓝灯；GY——黄灯；HW——白灯；HB——绿灯 ②如要指出灯的光源种类，则在靠近符号处标出下列字母： Ne——氖；Xe——氙；Na——钠；Hg——汞；I——碘；IN——白炽；EL——电发光；ARC——弧光；FL——荧光；IR——红外线；UV——紫外线；LED——发光二极管	
2	投光灯一般符号	
3	聚光灯	
4	泛光灯	
5	荧光灯一般符号	
6	三管荧光灯	
7	五管荧光灯	5
8	防爆荧光灯	
9	天棚灯	

续表 1-9

序号	电器名称	图形符号
10	弯灯	
11	在专用电路上的事故照明灯	
12	自带电源的事故照明灯装置（应急灯）	
13	气体放电灯的辅助设备（仅用于辅助设备与光源不在一起时）	
14	深照型灯	
15	广照型灯（配照型灯）	
16	防水防尘灯	
17	球形灯	
18	局部照明灯	
19	矿山灯	
20	安全灯	
21	隔爆灯	

续表 1-9

序号	电器名称	图形符号
22	花灯	
23	壁灯	
三、开关、控制及保护装置		
1	动合（常开）触点 注：本符号也可以用作开关一般符号	
2	动断（常闭）触点	
3	先断后合的转换触点	
4	中间断开的双向触点	
5	具有动合触点但无自动复位的旋转开关	
6	手动操作开关的一般符号	
7	复合按钮	
8	①具有动合（常开）触点且自动复位的按钮 ②具有动断（常闭）触点且自动复位的按钮	① ②

续表 1-9

序号	电器名称		图形符号
9	位置开关、动合触点		
10	位置开关、动断触点		
11	按钮一般符号 注：若图面位置有限，又不会引起混淆，小圆允许涂黑		
12	按钮盒	一般或保护型按钮盒示出一个按钮	
		示出两个按钮	
		密闭型按钮盒	
		防爆型按钮盒	
13	带指示灯的按钮		
14	防止无意操作的按钮（玻璃罩等）		
15	单极四位开关		形式 1
			形式 2
16	对两个独立电路作双向机械操作的位置开关		

续表 1-9

序号	电器名称	图形符号
17	液位继电器触点	
18	热敏开关动断触点 热敏开关的动合触点 注：θ 可用动作温度（t℃）代替	θ θ
19	热敏自动开关的动断触点	
20	操作器件一般符号	
21	缓慢释放（缓放）继电器的线圈	
22	缓慢吸合（缓吸）继电器的线圈	
23	交流继电器的线圈	
24	热继电器的驱动器件	
25	热继电器动断触点	
26	过电流继电器	$I>$
27	欠电压继电器	$U<$

续表 1-9

序号	电器名称	图形符号
28	延时过电流继电器	
29	反时限过电流继电器	
30	气体继电器	
31	接地继电器	
32	当操作器件被吸合时延时断开的动断触点	
33	当操作器件被释放时延时闭合的动断触点	
34	当操作器件被释放时延时断开的动合触点	
35	当操作器件被吸合时延时闭合的动合触点	
36	当操作器件吸合时延时闭合和释放时延时断开的动合触点	
37	机电型指示器信号元件	
38	具有热元件的气体放电管、荧光灯启动器	
39	接通的连接片	形式 1  形式 2 
40	断开的连接片	

续表 1-9

序号	电器名称		图形符号
41	多极开关一般符号	单线表示	
		多线表示	
42	熔断器一般符号		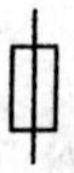
43	熔断器式开关		
44	熔断器式隔离开关		
45	熔断器式负荷开关		
46	负荷开关（负荷隔离开关）		
47	隔离开关		
48	跌落式熔断器		
49	接地开关		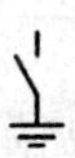
50	具有自动释放功能的负荷开关		

续表 1-9

序号	电器名称	图形符号
51	接触器（在非动作位置触点断开）	
52	具有自动释放功能的接触器	
53	接触器（在非动作位置触点闭合）	
54	断路器	
55	阀的一般符号	
56	电磁阀	
57	电动阀	 M
58	电磁分离器	
59	电磁制动器	
60	电锁	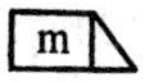 m
61	避雷器	

续表 1-9

序号	电器名称	图形符号
四、电气线路、防雷与接地		
1	导线、导线组、电线、电缆、电路、传输通路（如微波技术）、线路、母线（总线）一般符号 注：当用单线表示一组导线时，若需示出导线数可加小短斜线或画一条短斜线加数字表示	4
2	电话 电报和数据传输 视频通路（电视） 声道（电视或无线电广播） 示例：电话线路或电话电路	F T V S F
3	地下线路	
4	水下（海底）线路	
5	架空线路	
6	沿建筑物明敷设通信线路	
7	沿建筑物暗敷设通信线路	
8	挂在钢索上的线路	
9	管道线路	
10	事故照明线	
11	50V 及其以下电力及照明线路	
12	控制及信号线路（电力及照明用）	

续表 1-9

序号	电器名称	图形符号
13	用单线表示的多种线路	
14	用单线表示的多回路线路（或电缆管束）	
15	母线一般符号 当需要区别交直流时： （1）交流母线 （2）直线母线	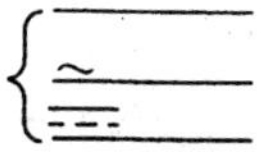
16	装在支柱上的封闭式母线	
17	装在员钩上的封闭式母线	
18	滑触线	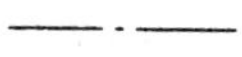
19	中性线	
20	保护线	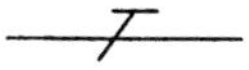
21	保护和中性共用线	
22	具有保护线和中性线的三相配线	
23	过孔线路	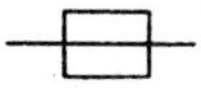
24	手孔的一般符号	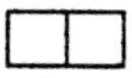
25	向上配线	
26	向下配线	

续表 1-9

序号	电器名称	图形符号
27	垂直通过配线	
28	示出配线的照明引出线位置	
29	在墙上的照明引出线（示出配线向右边）	
30	配电线路出线管口	
31	盒（箱）一般符号	
32	连接盒或接线盒	
33	带配线的用户端	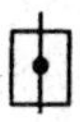
34	配线中心（示出 5 根导线管）	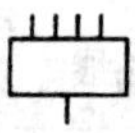
35	避雷针	
36	避雷线	
37	柔软导线	
38	绞合导线（示出 2 股）	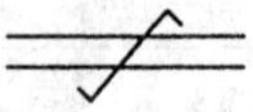
39	屏蔽导线	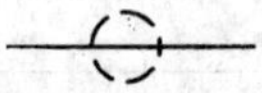
40	不需要示出电缆芯数的电缆终端头	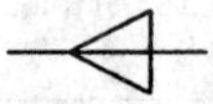
41	电缆直通接线盒（示出带 3 根导线）单线表示	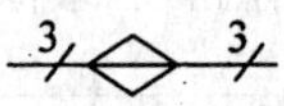 3 3
42	电缆连接盒，电缆分线盒（示出带 3 根导线 T 形连接）单线表示	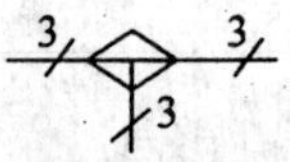 3 3 3

续表 1-9

序号	电器名称		图形符号
43	电缆铺砖保护		
44	电缆穿管保护 注：可加注文字符号表示其规格数量		
45	电缆预留		
46	母线伸缩接头		
47	电缆上方敷设防雷排流线		
48	拉线一般符号（示出单方向拉线）		
49	有高桩拉线的电杆		
50	电杆的一般符号（单杆、中间杆） 注：可加注文字符号表示： *A*—杆材或所属部分；*B*—杆长；*C*—杆号		*A*—*B* *C*
51	带撑杆的电杆		
52	带撑拉杆的电杆		
53	带照明灯的电杆	一般画法 *a*—编号；*b*—杆型；*c*—杆高；*A*—连接相序；*d*—容量	$a\frac{b}{c}Ad$
		需要示出灯具的投照方向时使用	
		需要示出灯具的图形时	

续表 1-9

序号	电器名称		图形符号
54	装有投光灯的架空线电杆一般画法 a—编号；b—投光灯型号；c—容量；d—投光灯安装高度；α—俯角；A—连接相序；θ—偏角 注：投照方向偏角的基准线可以是坐标轴线或其他基准线		$a \cdot b \cdot \frac{c}{d} \cdot a \cdot A$ θ
55	接地装置	无接地极	
		有接地极	
56	保护接地		
57	接地一般符号		
58	无噪声接地，抗干扰接地		
59	接机壳或底板		
60	等电位		
五、仪表、信号器件			
1	电压表		V
2	电流表		A
3	电能表（瓦时计） 电度表		Wh
4	无功电能表 无功电度表		varh

续表 1-9

序号	电器名称	图形符号
5	超量电能表 超量电度表	Wh P＞
6	复费率电能表（示出二费率） 复费率电度表	Wh
7	无功功率表	var
8	功率因数表	$\cos\varphi$
9	相位表	φ
10	频率表	Hz
11	同步表（同步指示器）	
12	记录式功率表	W
13	闪光型信号灯	
14	灯一般符号	
15	电铃	
16	电喇叭	
17	蜂鸣器	

续表 1-9

序号	电器名称	图形符号
18	电动汽笛	
19	调光器	
20	钟（二次钟、副钟）一般符号	
21	热电耦	− +
六、配电屏（箱）、控制台		
1	端子板（示出带线端标记的端子板）	11 12 13 14 15 16
2	屏、台、箱、柜一般符号	
3	动力或动力－照明配电箱 注：需要时符号内可标示电流种类符号	
4	信号板、信号箱（屏）	
5	照明配电箱（屏） 注：需要时允许涂红	
6	事故照明配电箱（屏）	
7	带熔断器的刀开关箱	
8	多种电源配电箱（屏）	
9	直流配电盘（屏）	

续表 1-9

序号	电器名称	图形符号
10	交流配电盘（屏）	
11	电源自动切换箱（屏）	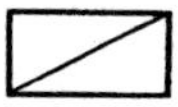
12	电阻箱	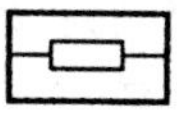
13	插座箱	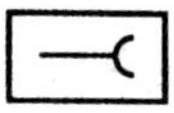
七、电话、电视、广播、共用天线		
1	屏、盘、架一般符号 注：可用文字符号或型号表示设备名称	
2	列架一般符号	
3	人工交换台、班长台、中继台、测量台、业务台等一般符号	
4	总配线架	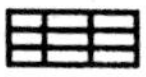
5	中间配线架	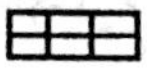
6	走线架、电缆走道	
7	地面上明装走线槽	
8	地面下暗装走线槽	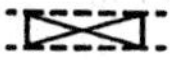
9	电缆交接间	
10	架空交接箱	

续表 1-9

序号	电器名称	图形符号
11	落地交接箱	
12	壁龛交接箱	
13	分线盒一般符号 注：可加注$\frac{A-B}{C}D$ A—编号；B—容量；C—线序；D—用户数	
14	室内分线盒	
15	室外分线盒	
16	分线箱	
17	壁龛分线箱	
18	两路分配器	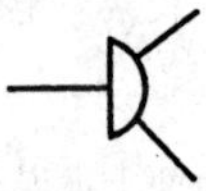
19	电话机一般符号	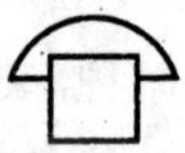
20	传声器一般符号	

续表 1-9

序号	电器名称	图形符号
21	扬声器一般符号	
22	传真机一般符号	
23	呼叫器	
24	电视电话机	 TV
25	天线一般符号	
26	放大器、中继器一般符号（示出输入和输出） 注：三角形指向传输方向	
27	滤波器一般符号	
28	检波器	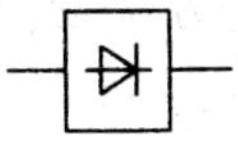
29	定向耦合器一般符号	
30	用户分支器（示出一路分支） 注：①圆内的线可用代号代替；②若不产生混乱，表示用户馈线支路的线可省略	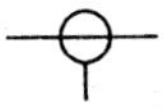
31	固定衰减器	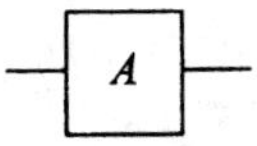 A

续表 1-9

序号	电器名称	图形符号
32	均衡器	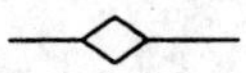
	八、消防报警设备	
1	电警笛、报警器	
2	警卫信号探测器	
3	警卫信号区域报警器	
4	警卫集号总报警器	
5	感烟火灾探测器	
6	感光火灾探测器	
7	气体火灾探测器	
8	手动报警装置	
9	报警电话	
10	火灾警铃	
11	火灾警报发声器	
12	火灾警报扬声器	

续表 1-9

序号	电器名称	图形符号
13	火灾光信号装置	
14	控制和指示设备	
15	报警启动装置（点式—手动或自动）	
16	火灾报警装置	
17	消防通风口	
18	感温火灾探测器	
19	照明信号	
20	热	
21	烟	
22	易爆气体	
23	手提式灭火器	
24	推车式灭火器	
25	疏散方向	
26	疏散通道终端出口	

续表 1-9

序号	电器名称	图形符号
九、其他		
1	电机一般符号 符号内的星号必须用下述字母代替：C—同步变流机；G—发电机；GS—同步发电机；M—电动机；MG—能作为发电机或电动机使用的电机；MS—同步电动机；SM—伺报电机；TG—测速发电机；TM—力矩电动机；IS—感应同步器	 *
2	交流电动机	 M ~
3	三相笼型异步电动机	 M 3~
4	三相绕线转子异步电动机	 M 3~
5	手摇发电机	 G
6	双绕组变压器	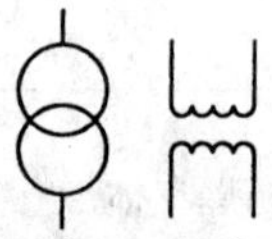 形式一 形式二
7	三绕组变压器	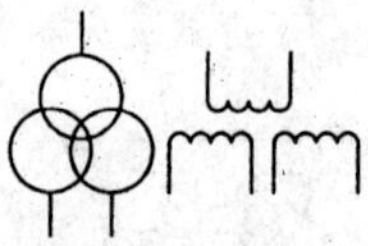 形式一 形式二
8	自耦变压器	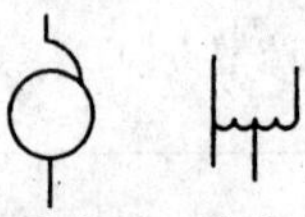 形式一 形式二

续表 1-9

序号	电器名称	图形符号
9	电抗器、扼流圈	形式一　形式二
10	电流互感器、脉冲变压器	形式一　形式二
11	电容器一般符号	
12	电阻器一般符号	
13	压敏电阻器	U
14	热敏电阻器	θ
15	电动机启动器一般符号 注：特殊类型的启动器可以在一般符号内加上限定符号	
16	自耦变压器式启动器	
17	星-三角启动器	
18	带可控整流器的调节-启动器	
19	原电池或蓄电池 注：长线代表阳极，短线代表阴极，为了强调短线可画粗些	

续表 1-9

序号	电器名称		图形符号
20	电阻加热装置		
21	吊风扇调速开关		
22	电弧炉		
23	感应加热炉		
24	电解槽或电镀槽		
25	直流电焊机		
26	交流电焊机		
27	热水器（示出引线）		
28	风扇一般符号（示出引线） 注：若不引起混淆，方框可省略不画		
29	变电所、配电所一般符号	规划（设计）的	V/V
		运行的	V/V

注：＊表示多费率表所测的不同时段的和数。

二、常用电工文字符号

常用电工文字符号见表1-10。

表1-10 常用电工文字符号

序号	设备安装和元器件种类	设备元件名称	基本文字符号	
			单字母	多字母
1	组件、部件	天线放大器	A	AA
		电桥		AB
		频道放大器		AC
		晶体管放大器		AD
		控制屏（台）		AC
		电容器屏		AC
		应急配电箱		AE
		集成电路放大器		AJ
		高压开关柜		AH
		前端设备		AH
		刀开关箱		AK
		低压配电屏		AL
		照明配电箱		AL
		线路放大器		AL
		自动重合闸装置		AR
		支架、配线架		AR
		仪表柜		AS
		模拟信号板		AS
		信号箱		AS
		电子管放大器		AV
		同步装置		AS
		载波机		AC
		接线箱		AW
		插座箱		AX
		抽屉柜		AT
		动力配电箱		—

续表 1-10

序号	设备安装和元器件种类	设备元件名称	基本文字符号	
			单字母	多字母
2	非电量到电量变换器或电量到非电量变换器	扬声器、送话器	B	—
		光电池、扩音机		—
		自整角机		BS
		测速发电机		BR
3	电容器	电容器	C	—
		放电电容器		CD
		电力电容器		CP
4	二进制元件延迟器件存储器件	数字集成电路和器件	D	
		延迟器件	D	
		双稳态元件	D	
		单稳态元件	D	
		磁芯存储器	D	
		寄存器	D	
		磁带记录机	D	
		盘式记录机	D	
5	其他元器件	本表其他未规定的器件	E	—
		电炉		EF
		发热器件		EH
		电焊机		EW
		静电除尘器		EP
		照明灯		EL
		空气调节器		EV
6	保护器件	具有瞬时动作的限流保护器件	F	FA
		具有延时动作的限流保护器件		FR
		具有延时和瞬时动作的限流保护器件		FS
		跌落式熔断器		FD
		快速熔断器		FQ
		熔断器		FU
		限压保护器件		FV
		报警熔断器		FW

续表 1-10

序号	设备安装和元器件种类	设备元件名称	基本文字符号	
			单字母	多字母
7	发生器、发电机及电源	发生器 蓄电池 柴油发电机 稳压装置 同步发电机 异步发电机 不间断电源设备 旋转式或固定式变频机	G	GS GB GD GV GS GA GU GF
8	信号器件	声响指示器 电铃 绿色指示灯 电喇叭 蜂鸣器 光指示器 指示灯 光字牌 电笛 透明灯 红色指示灯 蓝色指示灯 白色指示灯 黄色指示灯	H	HA HE HG HH HX HL HL HP HS HT HR HB HW HY
9	继电器、接触器	瞬时接触继电器 瞬时有或无继电器 交流继电器 差动继电器 接地故障继电器 双稳态继电器 位置继电器 气体继电器 冲击继电器 中间继电器 接触器 干簧继电器 信号继电器	K	KA KA KA KD KE KL KQ KG KL KM KM KR KS

续表 1-10

序号	设备安装和元器件种类	设备元件名称	基本文字符号	
			单字母	多字母
9	继电器、接触器	延时有或无继电器 阻抗继电器 电压继电器 零序电流继电器 保护出口中间继电器 极化继电器	K	KT KZ KV KZ KOM KP
10	电感器、电抗器	电感线圈 电抗器 扼流线圈 励磁线圈 启动电抗器 消弧线圈	L	— — LG LE LS LP
11	电动机	电动机 异步电动机 直流电动机 可做发电机或电动机用的电机 同步电动机 力矩电动机 伺服电动机 绕线转子异步电动机	M	— MA MD MG MS MT MV MM
12	测量设备、试验设备	电流表 脉冲计数器 功率因数表 频率表 电能表（电度表） 最大需量电能表（电度表） 最大需量指示器 无功电能表（电度表） 记录仪器 温度计	P	PA PC P PF PJ PM PM PR PS PH

续表 1-10

序号	设备安装和元器件种类	设备元件名称	基本文字符号	
			单字母	多字母
12	测量设备、试验设备	时钟 电压表 功率表 同步指示器	P	PT PV PW PY
13	电力电路的开关器件	断路器 刀开关 熔断器式刀开关 负荷开关 电动机保护开关 漏电保护器 隔离开关 接地开关 启动器 转换（组合）开关	Q	QF QK QKF QL QM QR QS QG QST QT
14	电阻器	电阻器、变阻器 频敏变阻器 光敏电阻（器） 电位器 分流器 热敏电阻器 压敏电阻器	R	— RF RL RP RS RT RV
15	控制、记忆信号电路的开关器件选择器	控制开关 选择开关 按钮 急停按钮 （启动）正转按钮 浮子开关 火警按钮 液体标高传感器 主邻开关 微动开关	S	SA SA SB SE SF SF SF SL SM SN

续表 1-10

序号	设备安装和元器件种类	设备元件名称	基本文字符号	
			单字母	多字母
15	控制、记忆信号电路的开关器件选择器	压力传感器 位置传感器 限位（行程）开关 反转按钮 旋转（钮）开关 停止按钮 烟感探测器 温度传感器 转数传感器 温感探测器 电压表转换开关	S	SP SQ SQ SR SR SS SS ST SR ST SV

第二章　电工电子基础

第一节　电 工 基 础

一、直流电路

1. 电位、电压和电动势

电位：电场中某点的电位是指电场力将单位正电荷从该点移动到参考点（零电位）所做的功。

电压：电场中某两点间的电压是该两点间的电位差；实际上是电场力将单位正电荷从某点移动到另一点所做的功。

电动势：电源的电动势是电源力将单位正电荷从电源的负极经电源内部移动到电源的正极所做的功。

它们的相同之处是：都是说明对正电荷移动而做功的事实，同用伏特作为衡量单位。

2. 部分电路的欧姆定律

在负载电路中（即不包括电源），电流强度 I 与电路两端的电压 U 成正比，和电路的电阻 R 成反比，这个结论就叫部分电路的欧姆定律，它的三种表达形式：

$$I=\frac{U}{R};\ U=I\cdot R;\ R=\frac{U}{I}$$

式中：

R——电阻 Ω；

I——电流 A；

U——电压 V。

3. 部分电路的欧姆定律与全电路的欧姆定律

部分电路的欧姆定律是描写负载电路中电压、电流、电阻之间的关系。全电路欧姆定律是在一个闭合电路中，电流 I 与电源的电动势 E 成正比，与电路中电源内部电阻 R_0 和外电阻 R 之和成反比，表达式为：

$$I=\frac{E}{R_0+R}$$

它们的相同之处是：都是描写电路中电压（电势）、电流和电阻这三个基本物理量之间关系的定律。

4. 电阻的并联电路及其规律

两个或两个以上的电阻其两端分别接于两个公共点上，承受同一电压的电路，就叫电阻的并联电路。并联电路的几个规律是：

①并联电阻两端所加的是同一个电压：

$$U=U_1=U_2=\cdots\cdots=U_n;$$

②并联电阻的总电流等于各分电流之和：

$$I = I_1 + I_2 + I_3 + \cdots\cdots + I_n;$$

③并联电阻的总电阻的倒数等于各个支路电阻的倒数之和或总电阻等于各个支路电阻倒数和之倒数：

$$\frac{1}{R} = \frac{1}{R_1} + \frac{1}{R_2} + \frac{1}{R_3} + \cdots\cdots + \frac{1}{R_n};$$

$$R = \frac{1}{\frac{1}{R_1} + \frac{1}{R_2} + \frac{1}{R_3} + \cdots\cdots + \frac{1}{R_n}}$$

④并联电路的每个电阻的分电流决定于电源电压和电阻的本身。

5. 电阻的串联电路及其规律

两个或两个以上的电阻首尾顺次相连，各电阻流过同一个电流的电路，叫作电阻的串联电路。电阻的串联电路的几个规律是：

①串联电阻流过同一个电流：

$$I = I_1 = I_2 = I_3 = I_n$$

②串联电阻的总电压等于各电阻上电压之和：

$$U = U_1 + U_2 + U_3 + \cdots\cdots + U_n$$

③串联电阻的总电阻等于各分电阻之和：

$$R = R_1 + R_2 + R_3 + \cdots\cdots + R_n$$

④每一个电阻上的电压等于总电流和分电阻的乘积。

$$U_1 = IR_1$$
$$U_2 = IR_2$$
$$\vdots$$
$$U_n = IR_n$$

6. 在纯直流电路中稳态和瞬态情况下电阻、电容、电感的作用

稳态时电阻 R 为阻碍电流的负载，而电容 C 的容抗 X_C 为无穷大，可看成是断路，而电感 L 的感抗 X_L 为无限小，可看成是短路。这是理想的状态，实际上，电容和电感都不会是理想状况的，电容会有漏电流存在，而电感也会有分布电容和电阻存在。

在瞬态（开、关电源时）情况下，电阻 R 为负载，电容 C 处于充电状态，可看成是通路，而电感 L 处于阻流状态，为暂时断路。

7. 电流的热效应和焦耳–楞次定律

电流通过导体将电能转换成热能的现象，叫电流的热效应。

这是因为电流通过导体时，克服导体的电阻而做了功，促使分子的热运动加剧，将其所消耗的电能全部转变成热能，从而使导体的温度升高。

电流通过导体，导体的电阻所消耗的电能越大，则每秒所产生的热量也越多，电流流过电阻所产生的热量，用 Q 表示，而热量 Q 和通电时间成正比、和导体的电阻成正比、和电流强度的平方成正比。其表达式为：

$$Q = 0.24 \cdot I^2 \cdot R \cdot t。$$

式中：I——电流（A）；

R——电阻（Ω）；

t——时间（s）；

Q——热量（cal）。

此定律简称为焦耳定律，是确定电流通过导体时产生热量的定律，全称为焦耳-楞次定律。

二、磁路

1．磁通

描述磁场在空间分布情况的物理量叫作磁通，用 φ 表示。磁通的定义是：磁感应强度 B 和与它垂直方向的某一截面面积 S 的乘积。

$$\varphi = B \cdot S$$

磁通的单位是韦伯（Wb），简称韦。

在工程上用麦克斯韦，简称麦（Mx）。

$$1\text{Mx} = 10^{-8}\text{Wb}$$

磁通的另一个定义：通过垂直于磁场方向上某一截面面积 S 的磁力线数叫作磁通。上式可写成：

$$B = \frac{\varphi}{S}$$

所以磁感应强度 B 就是单位面积上的磁通，磁感应强度又常叫作磁通密度。

2．电磁感应及感应电势的计算

通过闭合回路面的磁力线发生变化，在回路中产生电动势的现象称为电磁感应。这样产生的电动势，称为感生电动势。如果导体是一个闭合回路，将有电流流过，其电流称为感生电流。变压器、发电机、各种电感线圈都是根据电磁感应原理工作的。

电磁感应是一个很重要的物理现象，在研究电与磁、电场和磁场、电磁波、电磁场的时候都与之有关。所以说有电就有磁，有磁就有电。

感应电势的大小，与电感的大小成正比，和电流梯度$\frac{\mathrm{d}i}{\mathrm{d}t}$成正比，即和电流的变化有关。

感应电势的计算式为：

$$e = -L \cdot \frac{\mathrm{d}i}{\mathrm{d}t}$$

式中：e——感应电势（V）；

L——电感（H）；

i——电流（A）；

t——时间（s）；

$\frac{\mathrm{d}i}{\mathrm{d}t}$——电流梯度，即电流 i 对时间 t 的微分。

电流变化率：

$$\frac{\Delta i}{\Delta t} = \frac{i_2 - i_1}{t_2 - t_2}$$

而$\frac{\mathrm{d}i}{\mathrm{d}t} = \lim\limits_{\Delta t \to 0} \frac{\Delta i}{\Delta t}$即电流梯度是电流变化率，当 Δt 趋近零时的极限。

感应电势有时被利用，有时则需防止。

3. 左、右手定则

右手定则又叫发电机定则。它是确定导体在磁场中运动时导体中感生电动势方向的定则。伸开右手，使拇指与其余的四指垂直，并都和手掌在同一平面内。假想将右手放入磁场中，让磁力线从手心垂直地进入，使拇指指向导体的运动方向，这时其余四指指向的就是感生电动势的方向。

左手定则又叫电动机定则。它是确定通电导体在外磁场中受力方向的定则。伸开左手，使拇指与其余四指垂直，并都和手掌在同一平面内。假想将左手放入磁场中，使磁力线从手心垂直地进入，其余四指指向电流方向，这时拇指所指的就是磁场对通电导体的作用力的方向。

注：为了便于记忆，常说：右手定则是先有力后有电的定则，而左手定则是先有电而后有力的定则。

4. 楞次定律

楞次定律是用来确定感生电流（或感应电势）方向的定律，由物理学家楞次于1833年提出。该定律指出，感生电流的方向是使它所产生的磁场与引起感应的原有磁场的变化相对抗。例如：当线圈中的磁通量增加时，其中感生电流的方向是使它所产生的磁场反向，而当线圈中的磁通量减少时，则感生电流的方向是使它所产生的磁场与原磁场相同。楞次定律说明电磁现象也符合能量守恒和转换定律。

也可以这样叙述：当穿过闭合回路的磁通发生变化时，在回路内将产生感应电动势。感应电动势的数值等于每单位时间穿过回路磁通的变化率，其方向是使由感应电流产生的磁通反抗引起感应电动势的磁通的变化。

5. 自感和互感

自感。电路中因本身电流变化而引起电动势的现象叫自感应，在具有铁心的线圈中特别显著。自感应有时也作为自感系数的简称，自感系数也叫电感量，它是用以表示线圈自身产生自感电动势因有能力的重要参数，用符号 L_1 表示。自感系数在数值上等于单位时间内电流强度变化一单位时，由自感而引起感应电动势的量值。在实用单位制中，自感系数的单位为亨利（H），相当于电流强度变化1A/s时引起1V的自感应电动势。

互感。由于一个电路中电流变化，而在邻近另一电路中引起感应电动势的现象。有时也作为互感系数 M 的简称，数值上等于单位时间内一个电路中电流强度变化一单位时，由于互感而在另一电路中引起感应电动势的量值。在实用单位制中，互感系数的单位也为亨利。变压器就是根据互感应的原理工作的。

6. 涡流与集肤效应

涡流是涡电流的简称。迅速变化的磁场在整块导体（包括半导体）内引起的感生电流，其流动的路线呈旋涡形，这就是涡流。磁场变化越快，感生电动势就越大，因而涡流也就越强。涡流能使导体发热。在磁场发生变化的装置中，往往把导体分成一组相互绝缘的薄片（如电机、变压器的铁心）或一束细条（如感应圈铁心），以减低涡流强度，从而减少能量损耗。当需要产生高温时，又可利用涡流来取得热量，如高频电炉就是根据这一原理设计的。

电机、变压器的铁损就和涡流损失和磁滞损失有关。铁损的大小直接影响电机、变压器的效率和温升。

铁损的经验公式为：

$$p_{pe} = k \cdot B_m^{2.4}$$

式中：k——系数；

B_m——最大磁密。

交流电通过导体时，由于感应作用引起导体截面上电流分布不均匀，越近导体表面电流密度越大。这种现象叫作“集肤效应”，又叫“趋表效应”。

所以导线做成多股线而增加表面面积，从而提高导线的有效利用率。集肤效应在金属零件的热处理，如表面淬火等方面获得了广泛的应用。

7. 磁场强度和电磁力

磁场强度的大小等于磁场中某点的磁感应强度 B 与媒介质磁导率之比：

$$H = \frac{B}{\mu}$$

在均匀介质中，磁场强度 H 的数值与媒介质的性质无关。磁场强度 H 的单位是 A/m。磁场强度 H 是一个矢量，它的方向与该点磁感应强度的方向一致。

通电导体在外磁场里会受到该磁场对它的作用力，这个力叫作电磁力，用 F 表示。

电磁力的大小与磁场的强弱、电流的大小和通电导体的长度成正比。

即：

$$F = B \cdot I \cdot l$$

式中：B——磁感应强度（Wb/m^2）；

I——电流（A）；

l——导体的有效长度（m）；

F——电磁力（N）。

若通电导体的方向与磁感应强度 B 不垂直，而成 α 角时，则电磁力：

$$F = B \cdot I \cdot l \cdot \sin\alpha$$

8. 铁磁材料的主要磁性能

高导磁性：磁导率高，即 $\mu_r \gg 1$，具有被强烈磁化（呈现磁性）的特性。

磁饱和性：当外磁场增大到一定值时，则全部磁畴的磁场方向都转向与外磁场的方向一致，这时附加磁场不再增加，磁感应强度 B 达到最大值。

磁滞性：铁磁材料在交变外磁场作用下，其磁化曲线当磁场强度 H 减到零时，磁感应强度 B 要滞后一些时间才达到零位。从磁化曲线中可看到：有剩磁使 $B = 0$ 时的 H 值为矫顽磁力。

三、交流电路

1. 直流电、交流电

直流电。大小和方向不随时间而变化的电压、电流、电动势称为直流电压、直流电流、直流电动势，直流电的波形图见图 2-1。

交流电。大小和方向随时间而变化的电压、电流、电动势，分别称为交变电压、交变电流、交变电动势，统称为交流电。交流电波形图见图 2-2。

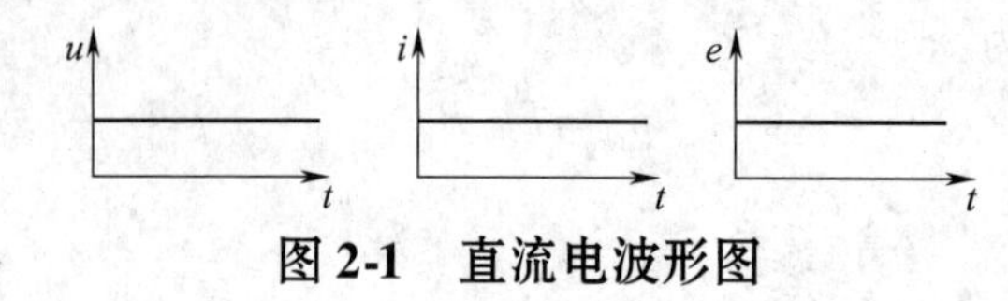

图 2-1　直流电波形图

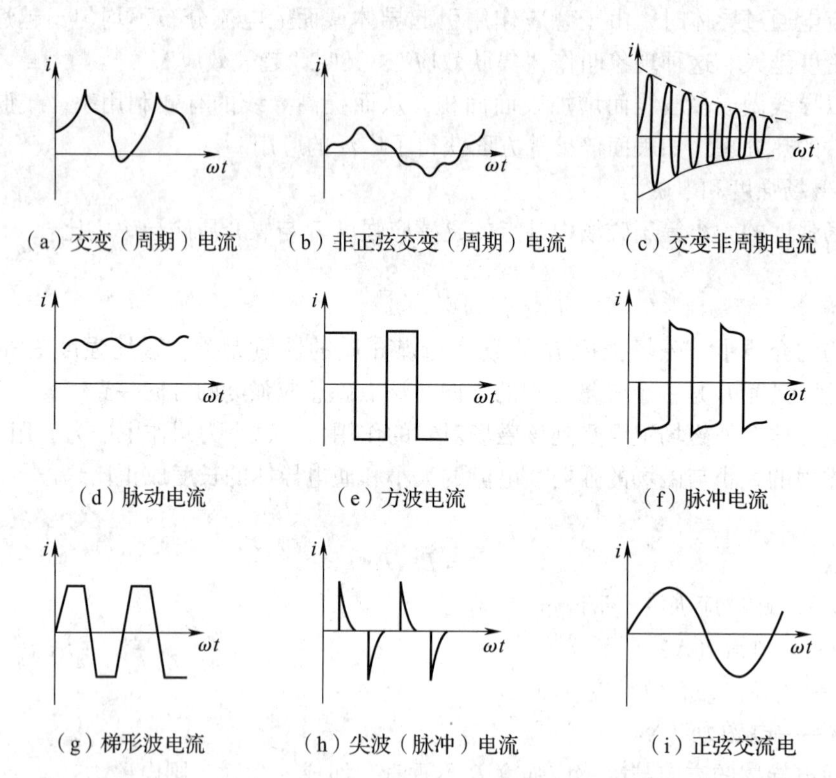

图 2-2　交流电波形图

2. 正弦交流电

按正弦规律随时间变化的交流电称正弦交流电。它和直流电不同，每一瞬间的值是不同的，有时为 0，有时达到最大，有时具有某一定数值，数值上有正有负（实际为正方向和反方向）。

正弦交流电波形图为正（余）弦曲线，见图 2-3。

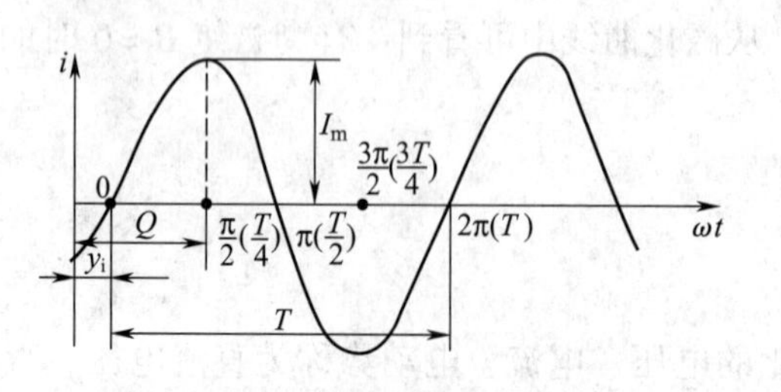

图 2-3　正弦交流电波形图

每一瞬间的值叫瞬时值。单相交流中，若用三角函数表示法：

$$i = I_m \cdot \sin \cdot (\omega t + \Psi_i);$$

$$u = U_m \cdot \sin \cdot (\omega t + \Psi_u);$$

$$e = E_m \cdot \sin \cdot (\omega t + \Psi_e)。$$

在此：i、u、e 分别为正弦交流电流、电压、电动势的瞬时值，采用小写字母，它是一个随时间或相角变化的函数。对应于不同的相角（时间）具有不同的值。

$\omega t+\Psi$ 为相角，当然 $\omega t+\Psi$ 也是一个角度，也是时间的函数，对应于某一个时间 t，就有一个角度，表明交流电在这一段时间内变化了多少角度，是表示正弦交流电变化进程的一个量，称为相位，又叫相角，也是交流电在任意时刻所具有的电角度，不同的相位就对应着不同的瞬时值。ω 是角频率，Ψ 是初相角。I_m、U_m、E_m 为最大值，T 为周期，是正弦交流电变化一周所需的时间。秒内交流电变化的周期数称为频率，用 f 来表示。

$$\omega=\frac{2\pi}{T}=2\pi f$$

振幅（最大值）、频率、初相角为交流电的三要素。

正弦交流电的表示法有：三角函数表示法、曲线图表示法、矢量图表示法和复数表示法。

3. 正弦交流电的有效值

在两个相同的电阻器中，分别通以直流电和交流电，如果经过同一时间，它们发出的势量相等，那么把此直流电的大小定作此交流电的有效值。对于正弦交流电流为：

$$I=\frac{I_m}{\sqrt{2}}=0.707I_m\text{（}I_m\text{：最大值）}$$

正弦交流电的有效值等于最大值除以 $\sqrt{2}$。

交流电流表测量的电流，交流电压表测量的电压均为有效值。

4. 有功功率、无功功率和视在功率

有功功率又叫平均功率。交流电的瞬时功率不是一个恒定值，功率在一个周期内的平均值叫有功功率，它是电路中实际所消耗的功率，是电路中电阻部分所消耗的功率，也就是电阻上的电压和电流的乘积，即：$P=U\cdot I$（对电动机来说是指它的出力，即输出机械功率，符号是 P，单位为 W/kW。

无功功率。在具有电感（或电容）的电路里，电感（或电容）在半个周期的时间里把电源的能量变成磁场（或电场）的能量贮存起来，在另外半个周期的时间里又把贮存的磁场（或电场）的能量送还给电源。它们只是与电源进行能量交换，并没有真正的消耗能量，我们把与电源交换能量的速率的振幅，也即电感和电容元件的瞬时功率的最大值，叫作无功功率。它表明电感元件和电容元件与电源之间能量转换的规模。用符号 Q 表示，单位为 Var（kVar）。

视在功率。电路中总电压的有效值 U 与电流的有效值 I 的乘积叫作视在功率。用符号 S 表示（或 P_s 表示），单位为 VA（kVA）。

有功功率 P、视在功率 S、无功功率 Q 三者有如下关系：

$$S=\sqrt{P^2+Q^2};\ P=\sqrt{S^2-Q^2};\ Q=\sqrt{S^2-P^2}。$$

S、P、Q 组成功率三角形，见图 2-4。

对纯电阻交流电路：

瞬时功率：$p=u\cdot i=U_m\cdot\sin\omega t\cdot I_m\cdot\sin\omega t$

$$=U_m\cdot I_m\cdot\sin^2\omega t=U_m\cdot I_m\left(\frac{1-\cos2\omega t}{2}\right)$$

$$=\frac{U_m \cdot I_m}{2}-\frac{U_m \cdot I_m}{2}\cos 2\omega t$$

$$=UI-UI\cos 2\omega t$$

（交变分量 $UI\cos 2\omega t$ 在一周期内的平均值为零）

有功功率：$P=UI=I^2 \cdot R=\frac{U^2}{R}$（$U$、$I$ 为有效值）

对纯电感电路：

瞬时功率：$p=u \cdot i=U_m \cdot \sin\left(\omega t+\frac{\pi}{2}\right) \cdot I_m \cdot \sin\omega t$

$$=U_m \cdot I_m \cdot \sin\omega t \cdot \cos\omega t$$

$$=\frac{1}{2}U_m \cdot I_m \cdot \sin 2\omega t=U \cdot I \cdot \sin 2\omega t$$

无功功率：$Q_L=U_L \cdot I=I^2 \cdot X_L=\frac{U_L^2}{X_L}$（$U_L$、$I$、$X_L$：电感电压、电流、感抗）

对电阻、电感串联电路：

有功功率：$P=U_R \cdot I=UI \cdot \cos\varphi=S \cdot \cos\varphi$；无功功率：$Q_L=U_L \cdot I=U \cdot I\sin\varphi$

在此：$U=\sqrt{U_R^2+U_L^2}$（电压三角形）

$Z=\sqrt{R^2+X_L^2}$（阻抗三角形）

$S=\sqrt{P^2+Q_L^2}$（功率三角形）

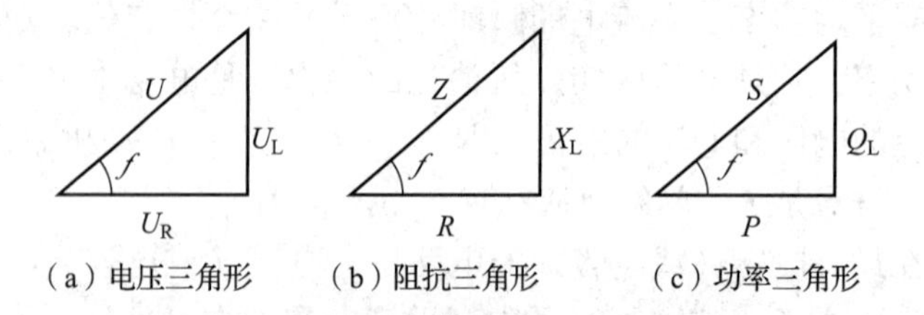

（a）电压三角形　（b）阻抗三角形　（c）功率三角形

图 2-4　电压、阻抗、功率三角形

5．功率因数与提高功率因数的方法

在功率三角形中，有功功率和视在功率之比，也即有功功率和视在功率或电压和电流矢量夹角 ϕ 的余弦，叫作功率因数，它反映着负载和电源交换能量的比例。

提高功率因数的意义是：充分发挥电源设备的潜在能力，功率因数越高，电源提供的有功功率就越大，输电线上的功率损失可以减小。提高功率因数可以提高电网的利用率。

提高功率因数常采用的方法有：

①采用电容补偿（如变、配电室高、低压侧，或在用户低压侧并联电容器）。

②采用同步电动机过励运行进行补偿，这时同步电动机又称为同步补偿器。

③异步电机同步化运行。

④采用高功率因数的负载。

⑤运行时，异步电动机避免空载运行（如采用空载停运措施），不要大马拉小车，即避免异步电动机轻载运行。

⑥减少电感负载（如大接触器采用线圈无电流运行，采用 PLC，淘汰大批继电器）。

⑦采用功率因数自动补偿装置。

6. 正弦交流电的三要素

（1）周期 T 与频率 f。

$$T=\frac{1}{f}$$

式中：T——正弦量的周期，s；

f——正弦量的频率，Hz。

我国电源频率为 50Hz，通常也称为工频。

表达式中的 ω 为角频率，单位是弧度/秒（rad/s）。

$$\omega=\frac{2\pi}{T}=2\pi f$$

（2）大小。

①幅值。表达式中 I_m、U_m、E_m 为正弦量的最大值，即随时间而变化的正弦量的幅值。

②瞬时值。表达式的 i、u、e，在不同时间 t 时，它有不同的数值。

③有效值。两个相同的电阻器中，分别通以直流电及交流电，在相同的时间内，两个电阻所发的热量是相同的话，则此直流电的数值定义为交流电的有效值，对于正弦交流有效值表达为：

$$I=\frac{I_m}{\sqrt{2}};\ U=\frac{U_m}{\sqrt{2}};\ E=\frac{E_m}{\sqrt{2}}$$

式中：I_m、U_m、E_m——交流电流、电压、电动势的最大值；

I、U、E——交流电流、电压、电动势的有效值。

最大值为有效值的 $\sqrt{2}$ 倍。

（3）相位、初相位、相位差。

①相位。正弦交流电的瞬时值除了与最大值有关外，还与（$\omega t+\psi$）值有关。（$\omega t+\omega$）称为正弦交流电的相位角，又称相位，它反映出正弦交流电变化的进程。

②初相位。$t=0$ 时的相位 ψ 称为初相位，又称初相角或初相。

③相位差。两个同频率的正弦交流电在任何瞬时的相位之差称为相位差。

正弦交流电的最大值、角频率和初相位，称为正弦交流电的三要素。正弦交流电的波形见图 2-5。

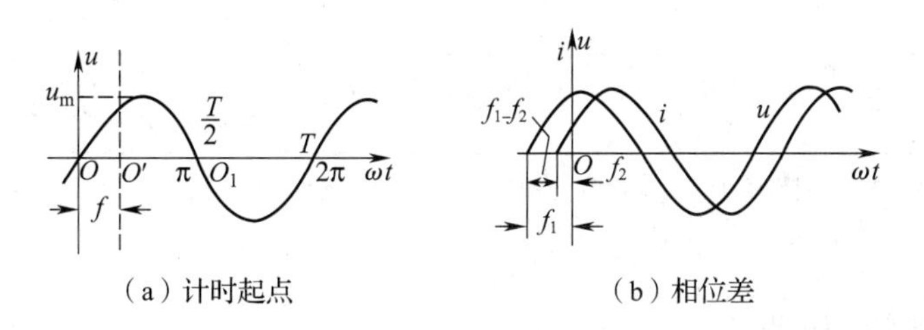

（a）计时起点　（b）相位差

图 2-5 正弦交流电的波形

第二节 电子基础

一、电子器件

电子器件包括电阻器、电位器、电容器、半导体二极管、半导体三极管、场效应晶体管、晶闸管、简单集成电路等。

（一）电阻器

电阻器常称电阻，分为固定电阻器和可调电阻器两大类。按其结构分为实芯电阻、薄膜电阻和线绕电阻三种。薄膜电阻根据材料不同又分为碳膜、金属膜和氧化膜等种类。各种电阻器的优缺点比较及主要用途见表2-1。

表2-1 各种电阻器的优缺点、主要用途对照表

类型	优点	缺点	主要用途
合成膜电阻	耐热、导热、防潮的性能较好，可承受脉冲负荷和短时间的过负荷	电压系数、噪声均较大、线性不好，高频性能不好，有显著的集肤效应	用于要求不高的民用电路
碳膜电阻	价格便宜	各项性能均不如金属膜电阻	适用于无线电设备的交、直流和脉冲电路
金属膜电阻	工作环境温度范围较宽，体积小，温度系数、电压系数和噪声均较小	脉冲负荷下的稳定性差，低阻值的防潮性差	用于要求较高的仪器仪表中
金属氧化膜电阻	除具备金属膜电阻的优点外，低阻（100Ω以内）性能好，耐高温	价格较贵	广泛用于交、直流脉冲电路、要求较高的仪器仪表中，也可适用于超负荷状态
线绕电阻	大功率下性能稳定	高频性能差	用于功率较大的场合，适宜做成高精密的电阻器，不宜用于高频电路
精密电阻	精度高、稳定性好	体积大、价格贵	适用于精密仪器

注：作为特殊用途的还有阻值可随温度而变化的热敏电阻和随光照而变化的光敏电阻，以及水电阻和铸铁电阻等。

电阻器的命名方法如下：

第一部分用字母表示主称，R——电阻器。

第二部分用字母表示电阻器的导电材料，见表2-2。

表 2-2　电阻器导电材料的表示方法表

字母	H	I	J	N	S	T	X	Y
导电材料	合成膜	玻璃釉膜	金属膜（箔）	无机实芯	有机实芯	碳膜	线绕	氧化膜

第三部分一般用数字表示分类，个别类型用字母表示，见表 2-3。

表 2-3　分类表示方法表

数字	1	2	3	4	5	6	7	8	9	G	T
类型	普通	普通	超高频	高阻	高温	精密	精密	高压	特殊	高功率	可调

第四部分用数字表示序号，以区别产品的外形尺寸和性能指标。举例如下：

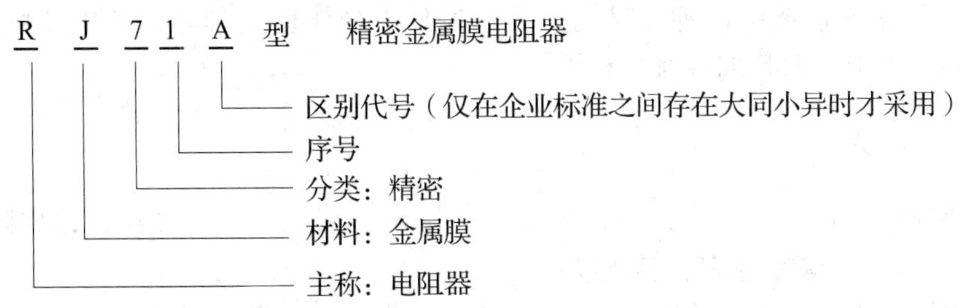

电阻器的色标是用不同颜色的带或点，标志出电阻器的主要参数的标志方法。电阻器的标称值及允许偏差、工作电压的色标符号，见表 2-4。

表 2-4　电阻器的色标符号

颜色	有效数字	乘数	允许偏差（%）	工作电压（V）
银色	—	10^{-2}	±10	—
金色	—	10^{-1}	±5	—
黑色	0	10^{0}	—	4
棕色	1	10^{1}	±1	6.3
红色	2	10^{2}	±2	10
橙色	3	10^{3}	—	16
黄色	4	10^{4}	—	25
绿色	5	10^{5}	±0.5	32
蓝色	6	10^{6}	±0.25	40
紫色	7	10^{7}	±0.1	50
灰色	8	10^{8}	—	63
白色	9	10^{9}	+50 −20	—
无色	—	—	±20	—

（二）电位器

常用的电位器主要有 WH 型碳膜电位器、WS 型有机实芯电位器、WI 型玻璃釉电位器、WX 型线绕电位器等几种。碳膜电位器因其价格便宜，在民用产品中仍大量使用，线绕电位器在大功率和高精度方面保持着重要地位，但因其分辨率差、可靠性差、阻值偏低时电阻丝要做得很细。容易断线，因此影响了它的使用。另外，因为线绕电位器分布电感及分布电容较大，不宜用于高频场合。

WS 型有机实芯电位器的优点是耐热性能较好，分辨率高、耐磨、可靠性高、体积小，所以得到广泛应用；其缺点是耐潮性能差，原因是有机材料有吸潮性。

WI 型金属玻璃釉电位器的优点是耐热性与耐磨性能好，分辨率高，高频性能及可靠性均较好，由于采用无机材料制成，所以耐潮性能好；其缺点是接触电阻较大，因而小电阻电位器不宜选用这种型号的产品。另外，金属玻璃釉电位器电流噪声较大，温度系数较难控制，选用时应加以注意。

（三）电容器

电容器是电子设备的基本元件，电容的特性是对交流电的阻力小，这种阻力称为容抗，用 X_c 表示。频率越高，容抗越小。

电容具有充放电特性，但在电路中的应用广泛，例如调谐、隔直、旁路、退耦、移相、升压、降压、分压、耦合、控制再生、滤波、作加速电容、作衰减器、波形变换、中短波垫整、负反馈、组成网络、组成微分电路与积分电路、振荡以及消调制交流声用等。

电容器种类很多，但基本结构是由两片金属，中间用绝缘介质隔开制成。按介质材料来分，有气体介质、液体介质、无机介质、纸介质和聚苯乙烯、聚四氟乙烯、涤纶、玻璃釉等介质的电容器。

电容器的型号命名及标志方法如下：

第一部分用字母表示产品名称，C——电容器。

第二部分用字母表示电容器的介质材料，见表 2-5。

表 2-5　表示电容器介质材料的符号表

字母	电容器介质材料	字母	电容器介质材料	字母	电容器介质材料
A	钽电解	B	聚苯乙烯等非极性有机薄膜	C	高频陶瓷
D	铝电解	E	其他材料电解	G	合金电解
H	纸膜复合	I	玻璃釉	J	金属化纸
λ	聚酯等极性有机薄膜	N	铌电解	O	玻璃膜
Q	漆膜	T	低频陶瓷	V	云母纸
Y	云母	Z	纸		

第三部分用数字表示分类，个别类型用字母表示，见表2-6。

表2-6 数字分类表示表

数字	瓷介电容器	云母电容器	有机电容器	电解电容器
1	圆形	非密封	非密封	箔式
2	管型	非密封	非密封	箔式
3	叠片	密封	密封	烧结粉、非固体
4	独石	密封	密封	烧结粉、固体
5	穿心		穿心	
6	支柱等			
7				无极性
8	高压	高压	高压	
9			特殊	特殊

注：G—高功率；W—微调。

第四部分用数字表示序号，规定与电阻器相同。

电容量的标志符号为：p（皮法）—$10^{-12}F$；n（纳法）—$10^{-9}F$；μ（微法）—$10^{-6}F$；m（毫法）—$10^{-3}F$；F（法拉）—$10^{0}F$。

电容器的色标规定与电阻器相同。

（四）半导体二极管

1．半导体二极管的用途和种类

半导体二极管可用于检波、调幅、限幅、整流和稳压等。其主要特性是单向导电性。

半导体二极管可分为点接触式和面接触式两种。点接触式的*PN*结的接触点小，不能通过大电流，正由于触点小，结间电容也小，适用于高频的场合，如检波和脉冲电路；面接触式的*PN*结的接触面上，可通过很大的电流，适用于作整流，但它的结间电容大，不适用于高频的场合。半导体二极管的外形见图2-6。

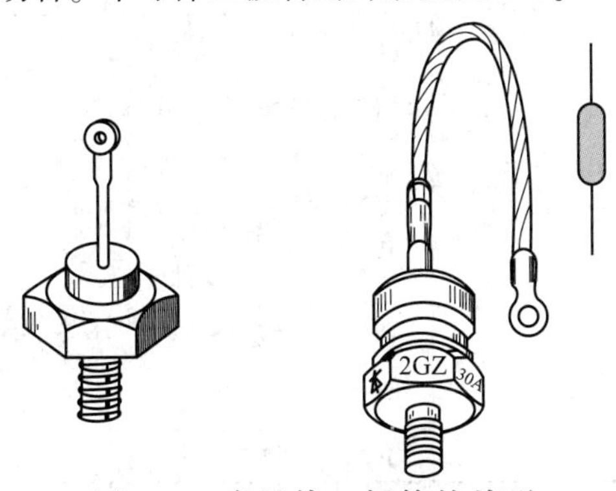

图2-6 半导体二极管的外形

半导体器件种类繁多，特性不一，对不同类型的半导体器件采用不同的符号来表示，各种器件的命名及符号见表2-7。

表 2-7 半导体器件的命名及符号表

第一部分		第二部分		第三部分		第四部分	第五部分
用数字表示器件的电极数目		用汉语拼音字母表示器件的材料和极性		用汉语拼音字母表示器件的类别		用数字表示器件序号	用汉语拼音字母表示规格号
符号	意义	符号	意义	符号	意义		
2	二极管	A	N 型锗材料	p	普通管		
3	二极管	B	P 型锗材料	V	微波管		
		C	N 型硅材料	W	稳压管		
		D	P 型硅材料	C	参量管		
		A	PNP 型锗材料	Z	整流器		
		B	NPN 型锗材料	h	整流堆		
		C	PNP 型硅材料	S	隧道管		
		D	NPN 型硅材料	N	阻尼管		
		E	化合物材料	U	光电器件		
				K	开关管		
				X	低频小功率管		
				G	高频小功率管		
				D	低频大功率管		
				A	高频大功率管		
				T	可控整流器		
				Y	体效应器件		
				B	雪崩管		
				J	阶跃恢复管		
				CS	场效应器件		
				BT	半导体特殊器件		
				FH	复合管		
				PIN	PIN 型管		
				JG	激光器件		

2. *PN* 结及其单向导电性能

我们在一杯清水中，滴入几滴红墨水，则一杯水会呈红色，这是由于红墨水在水中扩散运动的结果。如果我们把两块不同类型的半导体紧贴在一起，一边是空穴导电

为主的 P 型半导体，一边是电子导电为主的 N 型半导体，由于电子与空穴的分布不均匀，N 型区域的电子向 P 区域扩散［图 2-7（a)］，P 区的空穴向 N 区扩散［图 2-7（b)］，结果在 PN 区域的交界面上形成带正电的薄层 A 和带负电的薄层 B［图 2-7（c)］，这个带电薄层阻碍空穴与电子继续相互扩散称为阻挡层，也叫 PN 结。

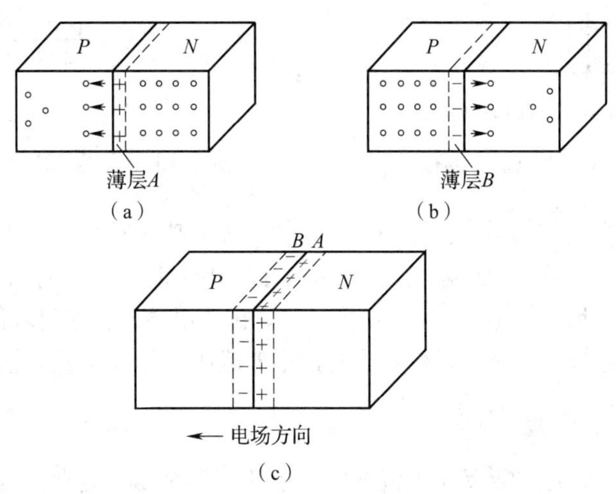

图 2-7　*PN* 结电子、空穴的扩散

如果把 PN 结的 P 区接电源正端，N 区接电源负端，如图 2-8 所示，外加电场的方向与 PN 结产生的电场方向相反，并且外电场很强，这样，在外电场作用下，空穴和电子不断越过阻挡层，形成正向电流。阻挡层对正向电流的电阻是比较小的，电流很容易通过。这种接法称为 PN 结的正向连接。

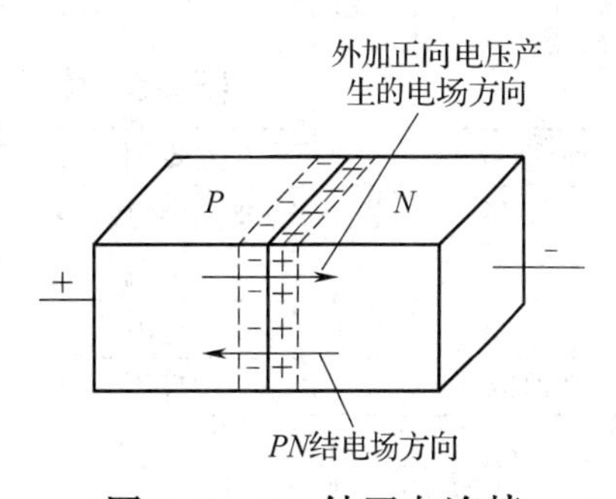

图 2-8　*PN* 结正向连接

相反，如把外电压反接（图 2-9），则外电场方向与 PN 结电场方向一致，因而加强了阻挡层，使空穴、电子很难越过 PN 结，反映出 PN 结对反向电流的电阻很大。这种接法称为反向连接。这就是半导体 PN 结具有单向导电性的基本原理。晶体二极管内部就是一个 PN 结，利用 PN 结的单向导电特性，广泛用在整流、检波等各种场合。

3．半导体二极管的伏安特性与主要参数

若给二极管加上不同的直流电压，测量其电流，可作出二极管的伏安特性（图 2-10）。从伏安特性曲线可见，二极管为非线性元件，当正向电压大于零点几伏时，二极管处于正向导通状态。二极管的正向电压降很小，一般不到 1 伏；同样，加上反向电压时，有极小的漏电流存在，可作出反向伏安特性。当反向电压增大到某一值时（击穿电压，图上为 1000 伏），反向漏电流迅速增大。漏电流过大，PN 结发热严重，会使二极管烧坏。

二极管的缺点是过载能力差，因此，在使用时必须根据二极管参数与使用线路的要求，正确选择管子，通常用作整流的二极管有两个主要参数：

（1）额定正向电流。是指长期使用时允许流过二极管的最大正向平均电流。因为

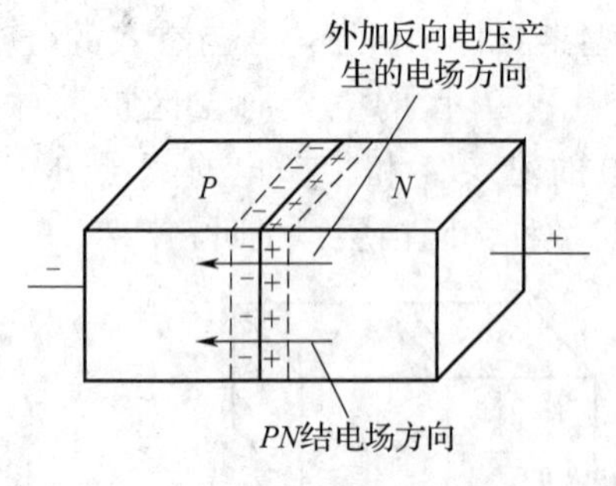

图 2-9 *PN* 结反向连接

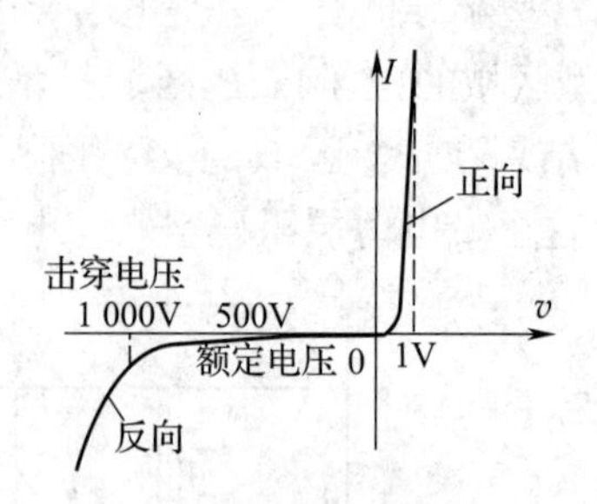

图 2-10 二极管的伏安特性曲线

平均电流与正向管压降的乘积为管子耗散功率，这个功率使管子发热，如平均电流太大，*PN* 结就会因温度过高而烧毁。在使用大功率二极管时，由于电流大，发热厉害，必须装置一定面积的散热片，不使 *PN* 结温度过高。由于晶体二极管过载能力差以及温度影响等原因，在实际选择管子时，最好管子的额定电流比实际最大工作电流有一定的余量。

（2）最高反向工作电压（额定电压）。按规定，工作电压为击穿电压的$\frac{1}{2}$（图 2-10）。选择管子时，要使实际反向峰值电压小于所规定的额定电压，最好也留有一定的余量。

常用整流＝极管的参数，见表 2-8。

表 2-8 常用整流晶体二极管型号与参数

型号	主要用途	额定正向电流	最高反向电压	最高工作频率
2AP9	检波、小电流整流	≤5 毫安	15 伏	100 兆赫
2CP6A－F	整流	100 毫安	100～800 伏	0.05 兆赫
2CZ11A－J	整流	1 安	100～1000 伏	1 千赫
2CZ10/600	整流	10 安	600 伏	1 千赫

4. 半导体二极管的型号与符号

二极管的品种很多，可用不同的型号来表示。我国规定的二极管型号是由四个部分组成，意义见表 2-9。

表 2-9 二极管型号说明

第一部分（数学）	第二部分（拼音）	第三部分（拼音）	第四部分（数学）
电极数目	材料与极性	晶体管类型	晶体管系号
2－二极管	A－*N* 型锗 B－*P* 型锗 C－*N* 型硅 D－*P* 型硅	P－普通管 W－稳压管 Z－整流管 L－整流堆 S－隧道管 U－光电管 K－开关管	表示某些性能与参数上的差别

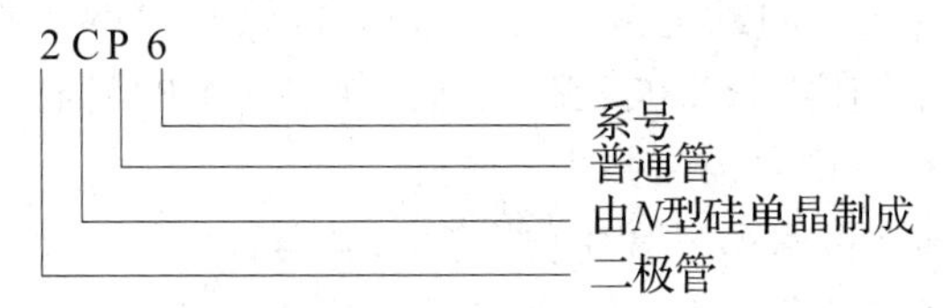

5. 半导体二极管极性与好坏判断

根据二极管正向电阻小，反向电阻大的特点，用万用表就能判断二极管极性与好坏。一般把万用表放在电阻 $R\times100$ 或 $R\times1000$ 这两档，测量二极管正反向电阻，如果量出电阻为几十至几百欧姆，则电表黑表棒相连的那一头为正，另一头为负。反向电阻一般为 200 千欧以上，反向电阻越大，说明反向漏电流越小。

二极管简易测试方法见表 2-10。

表 2-10　二极管简易测试方法

项目	正向电阻	反 向 电 阻
测试方法	硅管 锗管 红笔 ∞ 0 $R\times1\text{k}$ + 黑笔 −	硅管 锗管 红笔 ∞ 0 $R\times1\text{k}$ + 黑笔 −
测试情况	硅管：表针指示位置在中间或中间偏右一点；锗管：表针指示在右端靠近满度的地方（如上图所示），表明管子正向特性是好的。 如果表针在左端不动，则管子内部已经断路	硅管：表针在左端基本不动，极靠近∞位置；锗管：表针从左端启动一点，但不应超过满刻度的 1/4（如上图所示），则表明反向特性是好的。 如果表针指在 0 位，则管子内部已短路
极性判别	万用表⊖端（黑表笔）连接二极管的阳极，因为⊖端与万用表内电池正极相连	万用表⊖端（黑表笔）连接二极管的阴极

6. 半导体二极管的主要参数

（1）反向峰值击穿电压 U_B。锗检波、开关管在给定的反向电流下的电压值；硅整流、开关管反向为硬特性时，其反向伏安特性曲线急剧弯曲点的电压值（峰值）。

（2）反向工作电压 U_R。锗检波、硅开关二极管通过规定的反向电流（I_R）在极间产生的电压；硅整流管等于或小于 2/3 的击穿电压 U_B 值。

（3）正向电压降 U_F。通过规定的正向电流时在极间所产生的电压降。

（4）正向直流电流 I_F。锗检波、开关管通过规定的正向电压（U_F）在极间通过的电流；硅整流管在规定的使用条件下，在正弦半波中允许连续通过的最大工作电流（平均值），硅开关管在额定功率下允许通过的二极管的最大正向直流电流。

（5）反向直流电流（反向漏电流）I_R（I_B）。硅开关管两端加上反向工作电压 U_R 值时通过的电流；整流管在正弦半波最高反向工作电压下的漏电流。

7. 典型半导体二极管型号与参数表

（1）2AP 型锗普通二极管型号和主要参数，见表 2-11。

（2）2AK 型锗开关二极管型号和主要参数，见表 2-12。

（3）2CK 型硅开关二极管型号和主要参数，见表 2-13。

（4）2CZ 型硅整流二极管型号和主要参数，见表 2-14。

（5）2DZ 型硅整流二极管型号和主要参数，见表 2-15。

表 2-11 2AP 型锗普通二极管型号和主要参数

型号	反向击穿电压	反向工作电压	正向电流	反向电流	外形图
	U_B	U_R	I_F	I_R	
	V	V	mA	μA	
2AP1	≥40	≥10	≥2.5	≤250	
2AP2	≥45	≥25	≥2.5		
2AP3			≥7.5		
2AP4	≥75	≥50	≥5.0	≤250	
2AP5	≥110	≥75	≥2.5		
2AP6	≥150	≥100	≥1.0		
2AP7			≥5.0		
2AP8A	≥20	≥10	≥4	≤100	
2AP8B	≥15		≥6	≤200	
2AP9	20	10	≥8	≤200	
2AP10	30	20		40	
2AP11		≥10	≥10	200	
2AP12			≥90		
2AP13		≥30	≥10		
2AP14			≥30		
2AP15			≥60		
2AP16		≥50	≥30		
2AP17		≥100	≥10		
2AP21	15	7	≥50	200	
2AP27		150	2～10	200	
2AP30C	20	10	2	800	
2AP30D	20				
2AP30E	35				
2AP31A	25				
2AP31B	35				

表 2-12　2AK 型锗开关二极管型号和主要参数

型号	反向击穿电压	最大反向工作电压	正向电流	正向压降	额定功率	外　形　图
	U_B	U_{RM}	I_F	U_F	P_M	
	V	V	mA	V	mW	
2AK1	30	10	≥100	≤1		
2AK2	40	20	≥150			
2AK3	50	30	≥200			
2AK5	60	40	≥200	≤0.9		
2AK6	70	50	≥200			
2AK7	50	30	≥10	≤1	50	
2AK9	60	40				
2AK10	70	50	≥10	≤1		
2AK11	50	30		≤0.7		
2AK13	60	40				
2AK14	70	50				
2AK15	40		≥3	≤1	50	
2AK16	40	12	≥3			
2AK17	45	（55℃）	≥10			
2AK18	50	30	I_{FM} 250	≤0.65		
2AK19	60	40				
2AK20	70	50				

表 2-13　2CK 型硅开关二极管型号和主要参数

型号	反向击穿电压	最大反向工作电压	额定正向电流	正向压降	额定功率	外　形　图
	U_B	U_{RM}	I_F	U_F	P_M	
	V	V	mA	V	mW	
2CK70A	≥30	≥20	≥10	≤0.8	30	
2CK70B	≥45	≥30				
2CK70C	≥60	≥40				
2CK70D	≥75	≥50				
2CK70E	≥90	≥60				
2CK71A	≥30	≥20	≥20	≤0.8	30	
2CK71B	≥45	≥30				
2CK71C	≥60	≥40				
2CK71D	≥75	≥50				
2CK71E	≥90	≥60				

续表 2-13

型号	反向击穿电压	最大反向工作电压	额定正向电流	正向压降	额定功率	外形图
	U_B	U_{RM}	I_F	U_F	P_M	
	V	V	mA	V	mW	
2CK72A	≥30	≥20	≥30	≤0.8	30	正极
2CK72B	≥45	≥30				
2CK72C	≥60	≥40				
2CK72D	≥75	≥50				
2CK72E	≥90	≥60				
2CK73A	≥30	≥20	≥50	≤1	50	
2CK73B	≥45	≥30				
2CK73C	≥60	≥40				
2CK73D	≥75	≥50				
2CK74A	≥30	≥20	≥100	≤1	100	
2CK74B	≥45	≥30				
2CK74C	≥60	≥40				
2CK74D	≥75	≥50				
2CK75A	≥30	≥20	≥150	≤1	150	
2CK75B	≥45	≥30				
2CK75C	≥60	≥40				
2CK75D	≥75	≥50				
2CK76A	≥30	≥20	≥200	≤1	200	
2CK76B	≥45	≥30				
2CK76C	≥60	≥40				
2CK76D	≥75	≥50				
2CK77A	≥30	≥20	≥260	≤1	250	
2CK77B	≥45	≥30				
2CK77C	≥60	≥40				
2CK77D	≥75	≥50				
2CK78A	≥30	≥20	≥270	≤1	250	
2CK78B	≥45	≥30				
2CK78C	≥60	≥40				
2CK78D	≥75	≥50				

续表 2-13

型号	反向击穿电压	最大反向工作电压	额定正向电流	正向压降	额定功率	外形图
	U_B	U_{RM}	I_F	U_F	P_M	
	V	V	mA	V	mW	
2CK79A	≥30	≥20	≥280	≤1	250	正极
2CK79B	≥45	≥30				
2CK79C	≥60	≥40				
2CK79D	≥75	≥50				
2CK80A	≥30	≥20	≥300	≤1	250	
2CK80B	≥45	≥30				
2CK80C	≥60	≥40				
2CK80D	≥75	≥50				
2CK81A	≥30	≥20	≥320	≤1	250	
2CK81B	≥45	≥30				
2CK81C	≥60	≥40				
2CK81D	≥75	≥50				
2CK82A	≥15	≥10	≥10	≤1	-10*	或 正极
2CK82B	≥30	≥20				
2CK82C	≥45	≥30				
2CK82D	≥60	≥40				
2CK82E	≥75	≥50				
2CK83A	≥15	≥10	≥10	≤1	10*	
2CK83B	≥30	≥20				
2CK83C	≥45	≥30				
2CK83D	≥60	≥40				
2CK83E	≥75	≥50				
2CK84A	≥45	≥30	≥50	≤1	50	
2CK84B	≥90	≥60				
2CK84C	≥135	≥90				
2CK84D	≥180	≥120				
2CK84E	≥225	≥150				
2CK84F	≥270	≥180				
2CK85A	≥45	≥30	≥100	≤1	100	
2CK85B	≥60	≥45				
2CK85C	≥75	≥50				
2CK85D	≥90	≥60				

注：*2CK82～2CK83 系列，允许 10mW≤P_M≤30mW 使用。

表 2-14　2CZ 型硅整流二极管型号和主要参数

型号	额定正向整流电流	正向电压降	反向漏电流	散热器面积	冷却方式
	I_F	U_F	I_R		
	A	V	mA		
2CZ50A ~ X	0.03	≤1.2	5	60 × 60 × 1.5（mm） 60 × 60 × 1.5（mm） 80 × 80 × 1.5（mm） 100cm^2 × 2mm 200cm^2 × 2mm 400cm^2 600cm^2	自然冷却
2CZ51A ~ X	0.05				
2CZ52A ~ X	0.1	≤1.0			
2CZ53A ~ X	0.3				
2CZ54A ~ X	0.5	≤1.0	10		
2CZ55A ~ X	1				
2CZ56A ~ X	3	≤0.8	20		
2CZ57A ~ X	5				
2CZ58A ~ X	10		30		
2CZ59A ~ X	20		40		
2CZ60A ~ X	50		50		风冷风速 5m/s
2CZ80A ~ X	0.03	≤1.2	5		
2CZ81A ~ X	0.05				
2CZ82A ~ X	0.1	≤1.0	10		
2CZ83A ~ X	0.3				
2CZ84A ~ X	0.5				
2CZ85A ~ X	1				

最高反向工作电压（峰值）U_{RM}											
序号	A	B	C	D	E	F	G	H	J	K	L
电压（V）	25	50	100	200	300	400	500	600	700	800	900
序号	M	N	P	Q	R	S	T	U	V	W	X
电压（V）	1000	1200	1400	1600	1800	2000	2200	2400	2600	2800	3000

型号	最高反向工作电压	额定正向整流电流	正向电压降	反向漏电流	散热器面积	冷却方式
	U_{RM}	I_F	U_F	I_R		
	V	A	V	mA		
2CZ100	30 ~ 3000	100	≤0.7	≤8	900cm^2	风冷风速 5m/s
2CZ200		200		≤10	1200cm^2	
2CZ300		300	0.75	15		
2CZ500		500		20		

表 2-15 2DZ 型硅整流二极管型号和主要参数

型号	额定正向整流电流 I_F A	正向电压降 U_F V	反向漏电流 I_R mA	散热器面积	冷却方式
2DZ10A ~ X	0.03	≤1.2	5		自然冷却
2DZ11A ~ X	0.05				
2DZ12A ~ X	0.1	≤1.0			
2DZ13A ~ X	0.3				
2DZ14A ~ X	0.5		10	60×80×1.5（mm）	
2DZ15A ~ X	1	≤0.8		80×80×1.5（mm）	
2DZ16A ~ X	3		20	$100cm^2$	
2DZ17A ~ X	5			$200cm^2$	
2DZ18A ~ X	10		30	$400cm^2$	
2DZ19A ~ X	20		40	$600cm^2$	
2DZ20A ~ X	50		50		风冷风速 5m/s

最高反向工作电压（峰值）U_{RM}											
序号	A	B	C	D	E	F	G	H	J	K	L
电压（V）	25	50	100	200	300	400	500	600	700	800	900
序号	M	N	P	Q	R	S	T	U	V	W	X
电压（V）	1000	1200	1400	1600	1800	2000	2200	2400	2600	2800	3000

（五）半导体三极管

1. 三极管的结构

由两个 *PN* 结加上相应的电极引线就组成了半导体三极管，三个电极分别称为发射极 e、集电极 c 和基极 b。

半导体三极管有硅平面管和锗合金管两种。每种又有 NPN 型和 PNP 型两种结构型式。其结构见表 2-16。

表 2-16 晶体三极管的结构和符号

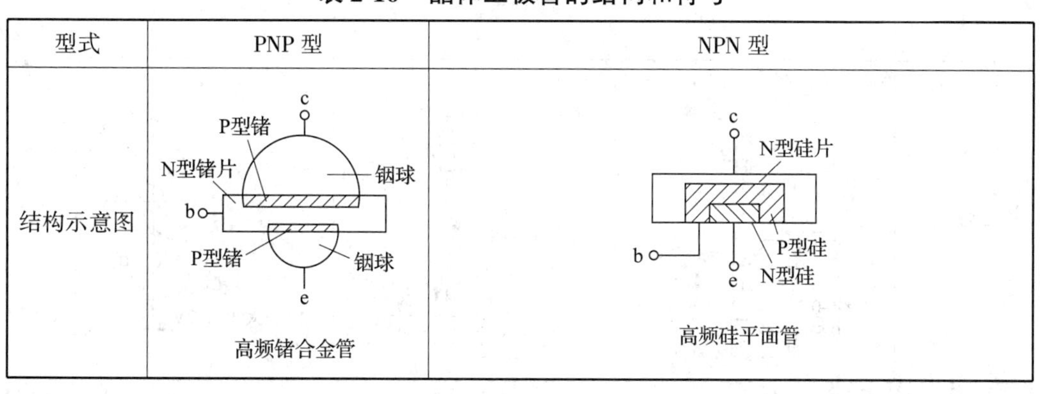

型式	PNP 型	NPN 型
结构示意图	高频锗合金管	高频硅平面管

续表 2-16

型式	PNP 型	NPN 型
原理图	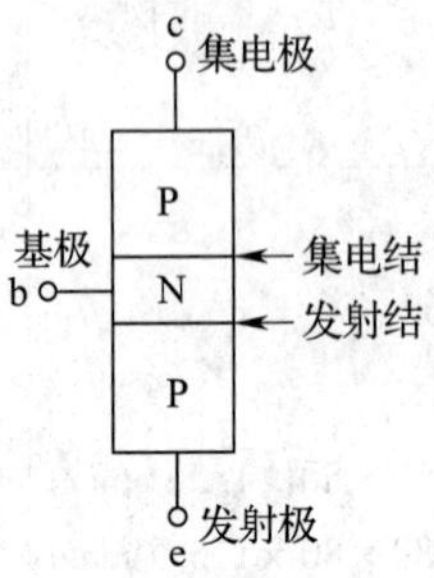 c 集电极 P 基极 b N 集电结 发射结 P 发射极 e	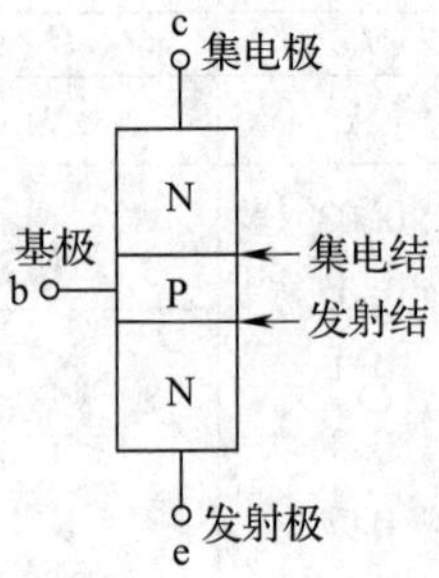 c 集电极 N 基极 b P 集电结 发射结 N 发射极 e
符号	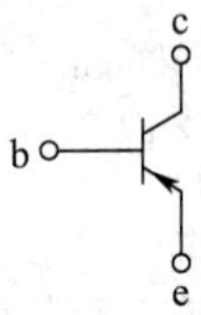 c b e	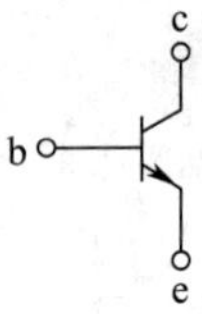 c b e

2. 半导体三极管的工作状态

三极管三种工作状态和数量关系见表 2-17。

表 2-17 三极管三种工作状态和数量关系

工作状态	截止状态	放大状态	饱和状态
PNP 型	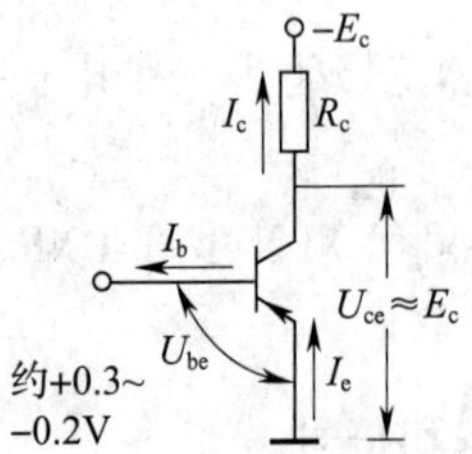 $-E_c$ I_c R_c I_b $U_{ce}\approx E_c$ U_{be} I_e 约+0.3~-0.2V	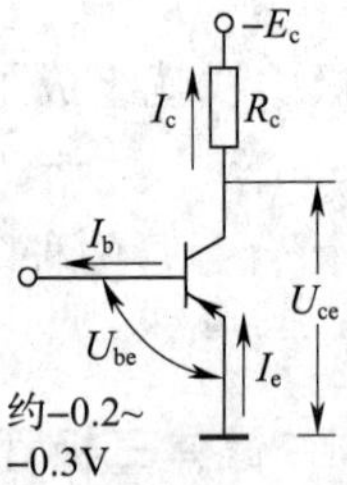 $-E_c$ I_c R_c I_b U_{ce} U_{be} I_e 约-0.2~-0.3V	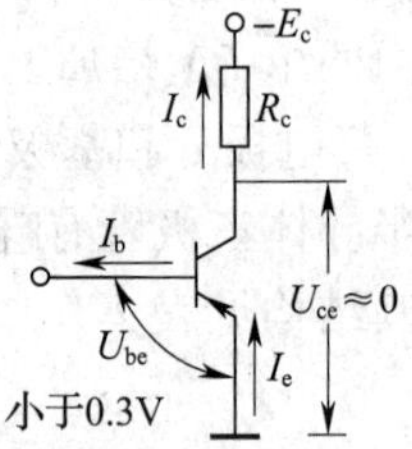 $-E_c$ I_c R_c I_b $U_{ce}\approx 0$ U_{be} I_e 小于0.3V
NPN 型	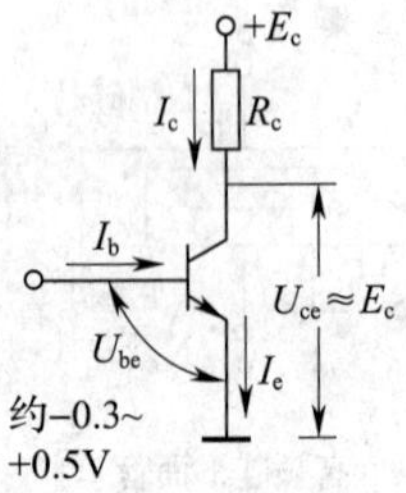 $+E_c$ I_c R_c I_b $U_{ce}\approx E_c$ U_{be} I_e 约-0.3~+0.5V	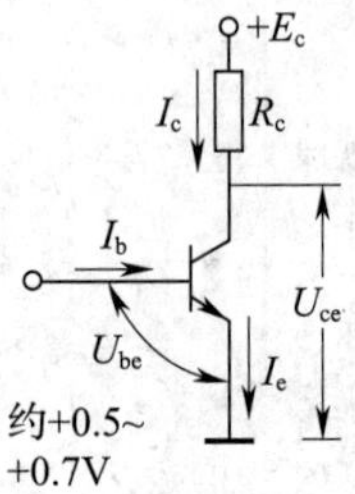 $+E_c$ I_c R_c I_b U_{ce} U_{be} I_e 约+0.5~+0.7V	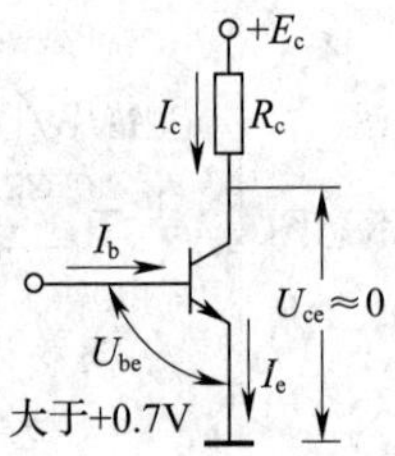 $+E_c$ I_c R_c I_b $U_{ce}\approx 0$ U_{be} I_e 大于+0.7V

续表 2-17

工作状态	截止状态	放大状态	饱和状态
参数范围	$I_b \leqslant 0$（I_b 为负，代表其实际方向，和图中所示相反，即与放大和饱和状态时的 I_b 方向相反）	$I_b > 0$ 其实际方向如图所示	$I_b > \frac{E_c}{\beta R_c}$
	锗管的 U_{be} 从 $+0.3 \sim -0.2$V 内 硅管的 U_{be} 从 $-0.3 \sim +0.5$V 内	锗管的 U_{be} 从 $-0.2 \sim -0.3$V 内 硅管的 U_{be} 从 $+0.5 \sim +0.7$V 内	锗管的 U_{be} 比 -0.3V 更负，硅管的 U_{be} 大于 $+0.7$V
	$I_c \leqslant I_{eo}$ 硅管几微安以下锗管几十微安几百微安	$I_c = \beta I_b + I_{ceo}$	$I_c \approx E_c/R_c$
	$U_{ce} \approx E_c$	$U_{ce} = E_c - I_c R_c$	$U_{ce} \approx 0.2 \sim 0.3$V（管子饱和压降）
工作状态的特点	当 $I_b \leqslant 0$ 时，I_c 很小（小于 I_{ceo}），三极管相当于开断，电源电压 E_c 几乎全部加在管子两端	I_b 从 0 逐渐增大，I_c 也按一定比例增加，微弱的 I_b 的变化能引起 I_c 较大幅度的变化，管子起放大作用	I_c 不再随 I_b 的增加而增大，管子两端压降很小，电源电压 E_c 几乎全部加在负载电阻 R_c 上

3. 半导体三极管电路接法和性能比较

三极管三种电路接法和性能比较见表 2-18。

表 2-18 三极管三种电路接法和性能比较

电路名称	共发射极电路	共集电极电路（射极输出电路）	共基极电路
电路原理图（PNP 型）	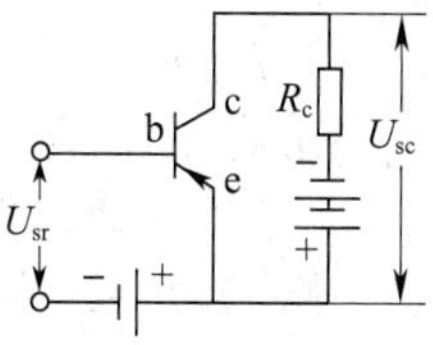	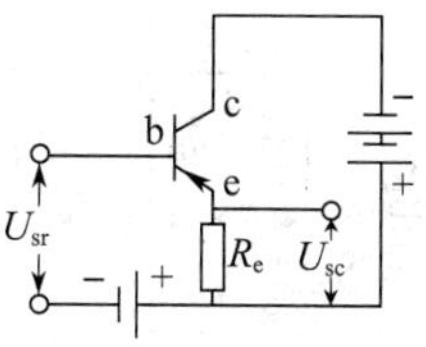	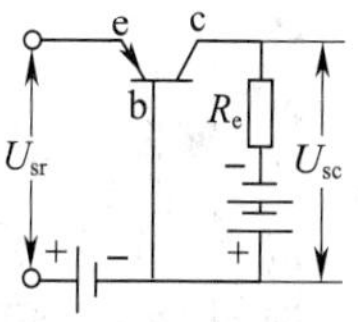

续表 2-18

电路名称	共发射极电路	共集电极电路 （射极输出电路）	共基极电路
输出与输入电压的相位	反相	同相	同相
输入阻抗	较小（几百欧）	大（几百千欧）	小（几十欧）
输出阻抗	较大（几十千欧）	小（几十欧）	大（几百千欧）
电流放大倍数	大（几十到两百倍）	大（几十到两百倍）	<1
电压放大倍数	大（几百到千倍）	<1	较大（几百倍）
功率放大倍数	大（几千倍）	小（几十倍）	较大（几百倍）
频率特性	较差	好	好
稳定性	差	较好	较好
失真情况	较大	较小	较小
对电源要求	采用偏置电路， 只需一个电源	采用偏置电路， 只需一个电源	需要两个独立电源
应用范围	放大、开关等电路	阻抗变换电路	高频放大、振荡

注：NPN 型三种接法的电源极性与 PNP 型相反。

4. 三极管的简易测试

（1）三极管电极的判别方法见表 2-19。

表 2-19　三极管电极的判别方法

项目		方法	说明
第一步判别基极	PNP 型三极管	红色 b 黑色 R×1k + −	可把三极管看作两个二极管来分析。将万用表的 + 端（红笔）接某一管脚，用 − 端（黑笔）分别接另外两管脚。这样可有三组（每组二次）读数，当其中一组二次测量的阻值均小时（指针指在右端），则 + 端所连接的管脚即为 PNP 型管子的基极
	NPN 型三极管	红色 b 黑色 R×1k + −	方法同上，但以 − 端（黑笔）为准，用 + 端（红笔）分别接另外两管脚，当其中一组二次测量的阻值均小时，则 − 端所连接的管脚为 NPN 型管子的基极

续表 2-19

项　目	方　法	说　明
第二步判别集电集	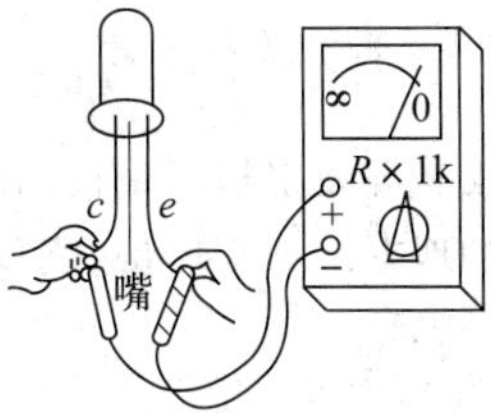 c e 嘴 ∞ 0 $R\times1k$ + −	利用三极管正向电流放大系数比反向电流放大系数大的原理确定集电极。将万用表两个表笔接到管子的另外两脚，用嘴含住基极（利用人体电阻实现偏置），看准表针位置，再将表笔对调，重复上述测试，比较两次指针位置，对于 PNP 型管子，阻值小的一次，+端所接的即为集电极；对于 NPN 型管子，阻值小的一次，−端所接的即为集电极

（2）三极管性能的判别方法见表 2-20。

表 2-20　三极管（PNP）性能的判别方法

项　目	方　法	说　明
穿透电流 I_{ceo}	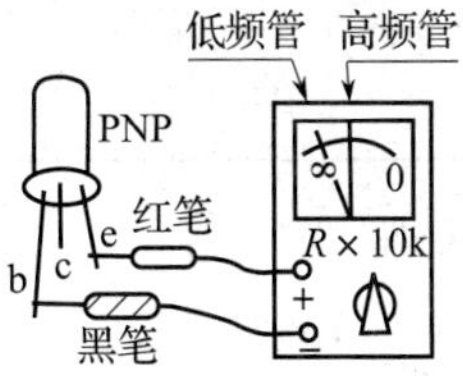 低频管 高频管 PNP ∞ 0 e 红笔 $R\times10k$ b c + 黑笔 −	用 $R\times1k$（或 $R\times100$）档测集电极－发射极反向电阻，指针越靠左端（阻值越大），说明 I_{ceo} 越小，管子性能越稳定。一般硅管比锗管阻值大；高频管比低频管阻值大；小功率管比大功率管阻值大。低频小功率锗管约在几千欧以上
电流放大系数 β	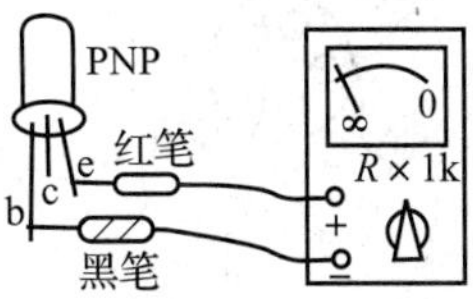 PNP ∞ 0 e 红笔 $R\times1k$ b c + 黑笔 −	在进行上述测试时，如果用嘴含住基极（或在基极－集电极间接入 100kΩ 电阻），集电极－发射极的反向电阻便减小，万用表指针将向右偏转，偏转的角度越大，说明 β 值越大
稳定性能	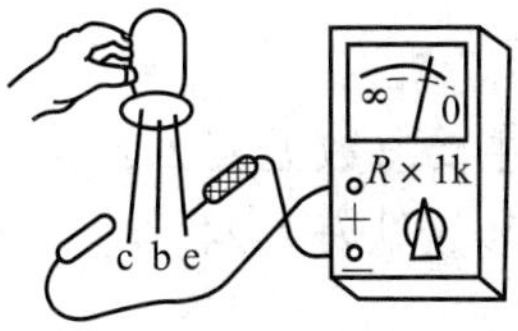 ∞ 0 $R\times1k$ + − c b e	在判别 I_{ceo} 同时，用手捏住管子，受人体体温影响，管子集电极－发射极反向电阻将有所减小。若指针变化不大，则管子稳定性较好。若指针迅速向右端偏转，则管子稳定性较差

注：测 NPN 管时将万用表的表笔对调即可。

（3）三极管是高频管还是低频管的判别方法见表 2-21。

表 2-21　三极管是高频管还是低频管的判别方法

步骤	方　法	说　明
第一步	红笔 c b e 黑笔 ∞ 0 $R\times1k$ + −	先用 $R\times1k$ 档测发射极－基极间的反向电阻，表针应指在靠近左端的地方，一般不超过满刻度的 1/10
第二步	红笔 b c e 100 黑笔 ∞ 0 $R\times1k$ +	再用 $R\times10k$ 档短时间测发射极－基极间的反向电阻，若表针位置与第一步测试时所在的位置没有多大变化，或变化甚小，一般不超过满刻度的 1/3，则所测管为低频管。若表针指示位置变化很大，超过了满刻度的 1/3 以上，则所测管为高频管

注：测 NPN 型管的发射结反向电阻时，应将表笔对调一下。

5. 半导体三极管的主要参数

（1）常用低频中、小功率晶体三极管主要参数见表 2-22。

电极位置图如下：

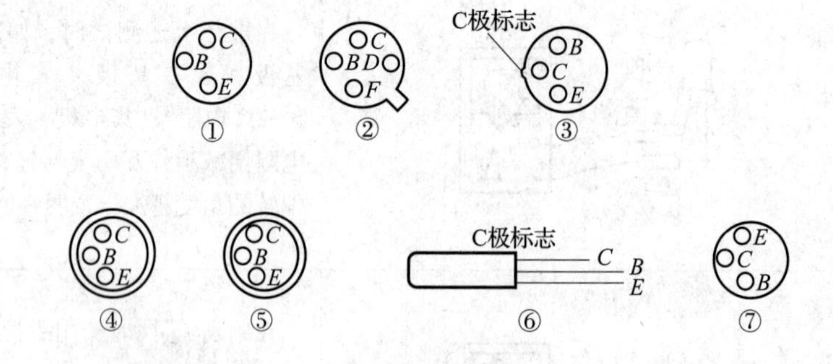

（2）常用高频中、小功率晶体三极管的主要参数见表 2-23。

（3）常用低频大功率晶体三极管的主要参数见表 2-24。

（4）常用小功率开关三极管主要参数见表 2-25。

表 2-22　常用低频中、小功率晶体三极管主要参数

型号	用途	直流参数			交流参数				极限参数				电极位置图
		集-基极反向截止电流	集-射极反向截止电流	共发射极直流放大系数	共基极小信号正向电流传输比	共发射极电流放大系数	α截止频率	β截止频率	噪声系数	集-射反向击穿电压	集电极最大容许电流	集电极最大耗散功率	
		I_{CBO}（μA）	I_{CEO}（μA）	h_{FE}	h_{fb}	h_{fe}	f_a（MHz）	$f_β$（MHz）	N_F（dB）	BU_{CEO}（V）	I_{cmax}（mA）	P_{cmax}（mW）	
3AX1	低放	≤30	≤250	—	≥0.9	—	≥0.1	—	—	≥10	10	150	①或②
3AX2		≤15					≥0.465		≤33				
3AX3			≤300		≥0.94								
3AX4			≤500		≥0.97		≥1						
3AX5	前置		≤350		≥0.9		≥0.465		≤12				
3AX21	低放	≤12	≤325	30～85	—	—	—	—	≤15	≥12	30	100	①
3AX21A		—	—	20～200					—	≥9			
3AX22	功放	≤12	≤300	40～150						≥18	100	125	
3AX22A		—	—	20～200						≥10			
3AX23	前置	≤12	≤550	30～150					≤8	≥12	30	100	
3AX24	低放			65～150					≤15				
3AX23A				35～150			≥1				50		
3AX27	低放振荡	≤20	≤300	—	—	>12	>0.2	—	≤33	≥10	50	100	①
3AX28		≤10				>20	>0.5						
3AX29			≤500			>35	>0.6						
3AX30						>50	>1						

续表 2-22

型号	用途	直流参数			交流参数					极限参数			电极位置图
		集－基极反向截止电流	集－射极反向截止电流	共发射极直流放大系数	共基极小信号正向电流传输比	共发射极电流放大系数	α截止频率	β截止频率	噪声系数	集－射反向击穿电压	集电极最大容许电流	集电极最大耗散功率	
		I_{CBO}（μA）	I_{CEO}（μA）	h_{FE}	h_{fb}	h_{fe}	f_a（MHz）	f_β（MHz）	N_F（dB）	BU_{CEO}（V）	I_{cmax}（mA）	P_{cmax}（mW）	
3AX31A	低放	≤20	≤1000	40～200	—	—	—	—	—	≥12	125	125	①
3AX31B	功放	≤10	≤750	50～150				≥8		≥18			
3AX31C	振荡	≤6	≤500							≥25			
3AX31D	低放	≤12	≤750	—		30～150			≤15	≥12	30	100	
3AX31E	前置		500			20～85		≥15	≤8				
3AX41	功放	≤50	—	≥20	—	—	≥0.5	—	—	≥30	300	300	②
3AX42A	低放	≤25	—	—	—	20～200	—	—	≤25	≥12	20	100	①
3AX42B	低放	≤12				30～150		≥6	≥15				
3AX42C								≥15					
3AX42D	前置							≥8	≤8				
3AX42E								≤15					
3AX45A	低放 功放	≤30	≤1000	20～250	—	—	—	≥6		≥10	200	200	①
3AX45B		≤15	≤750	40～200						≥15			
3AX45C		≤30	≤1000	30～250				≥10		≥10			
3AX61	功放	≤100	—	≥20	—	—	≥0.2	—	—	≥30*	500	500	③
3AX62				≥50			≥0.5						
3AX63				≥20			≥0.2			≥60*			

续表 2-22

型号	用途	直流参数			交流参数				极限参数				电极位置图
		集－基极反向截止电流	集－射极反向截止电流	共发射极直流放大系数	共基极小信号正向电流传输比	共发射极电流放大系数	α截止频率	β截止频率	噪声系数	集－射反向击穿电压	集电极最大容许电流	集电极最大耗散功率	
		I_{CBO}（μA）	I_{CEO}（μA）	h_{FE}	h_{fb}	h_{fe}	f_a（MHz）	f_β（MHz）	N_F（dB）	BU_{CEO}（V）	I_{cmax}（mA）	P_{cmax}（mW）	
3AX71A	低放功放	≤20	≤1000	30～200	—	30～150	—	≥8	≤15	≥12	125	125	④
3AX71B		≤10	≤750	50～150						≥18			
3AX71C		≤6	≤500							≥25			
3AX71D	低放	≤12	≤750						≤8	≥12	30	100	
3AX71E	前置		≤500										
3AX81A	功放	≤30	≤1000	30～250	—	—	—	—	—	≥10	200	200	④
3AX81B		≤15	≤700	40～200				≥6		≥15			
3AX81C		≤30	≤1000	30～250				≥10		≥10			
3AX83A	功放	≤40	≤1000	30～200	—	—	—	≥6	—	≥12	500	500	①
3AX83B		≤30	≤750	30～200				≥8		≥20			
3AX83C		≤20	≤500	50～180						≥30			
3BX1A	低放	≤30	—	—	—	≥10	≥0.465	—	—	≥10	—	150	
3BX1B		≤20				≥15				≥15			
3BX1C						≥20	≥1						
3BX1D						≥35	≥2						
3BX1E						≥10	≥0.465			≥25			

续表 2-22

型号	用途	直流参数			交流参数				极限参数				电极位置图
		集－基极反向截止电流	集－射极反向截止电流	共发射极直流放大系数	共基极小信号正向电流传输比	共发射极电流放大系数	α截止频率	β截止频率	噪声系数	集－射反向击穿电压	集电极最大容许电流	集电极最大耗散功率	
		I_{CBO}（μA）	I_{CEO}（μA）	h_{FE}	h_{fb}	h_{fe}	f_a（MHz）	f_β（MHz）	N_F（dB）	BU_{CEO}（V）	I_{cmax}（mA）	P_{cmax}（mW）	
3BX3A	低放	≤18	≤600	40～200	—	—	—	≥8	—	≥10	125	125	⑤
3BX3B		≤10	≤400	40～150						≥20			
3BX6A	互补	≤30	≤900	≥20	—	—	—	≥8	—	≥10	125	125	
3BX6B		≤20	≤700	≥30									
3BX6C		≤10	≤500	≥20						≥20			
3BX31A	功放	≤20	≤1000	40～200	—	—	—	≥8	—	≥12	125	125	
3BX31B		≤10	≤750	50～150						≥15			
3BX31C		≤6	≤500										
3DX101	低放	≤1	—	9～15	≥0.9	—	≥0.2	—	0.2	≥10	20	300	⑦
3DX102							≥0.5			>10			
3DX103													
3DX104	低速				≥0.93		≥1			≥30			
3DX105	开关				≥0.9		≥0.5			≥40			
3DX106							≥0.2			≥60			

续表 2-22

型号	用途	直流参数			交流参数				极限参数				电极位置图
		集－基极反向截止电流	集－射极反向截止电流	共发射极直流放大系数	共基极小信号正向电流传输比	共发射极电流放大系数	α截止频率	β截止频率	噪声系数	集－射反向击穿电压	集电极最大容许电流	集电极最大耗散功率	
		I_{CBO}（μA）	I_{CEO}（μA）	h_{FE}	h_{fb}	h_{fe}	f_a（MHz）	$f_β$（MHz）	N_F（dB）	BU_{CEO}（V）	I_{cmax}（mA）	P_{cmax}（mW）	
3DX2A	低放	≤5	≤25	10～20	—	—	≥0.2	—	—	≥15	100	500	⑥
3DX2B										≥30			
3DX2C				20～30						≥15			
3DX2D	功放									≥30			
3DX2E				≥30						≥15			
3DX2F										≥30			
3DX3A	低放	≤3	≤10	—	—	9～20	≥0.2	—	—	≥15	30	200	⑥
3DX3B										≥30			
3DX3C						20～30				≥15			
3DX3D										≥30			
3DX3E						≥30				≥15			
3DX3F										≥30			

注：＊指 h_{FE}。

表 2-23 常用高频中、小功率晶体三极管的主要参数

型号	用途	集电极最大耗散功率	集电极最大容许电流	共发射极或共基极电流放大系数（交流）	特征频率	集－基极反向截止电流	集－射极反向截止电流	集－射极反向击穿电压	电极位置图
		P_{cmax}（mW）	I_{cmax}（mA）	h_{fe}或h_{fb}	f_T（MHz）	I_{CBO}（μA）	I_{CEO}（μA）	BU_{CEO}（V）	
3AG1B	中放 高放 振荡 变频	50	10	20～200	≥25	≤7	—	≥10	①
3AG1C				30～200	≥40				
3AG1D					≥50				
3AG1E					≥65				
3AG6C	高放 振荡	50	10	30～250	≥40	≤10	—	≥10	①
3AG6D					≥65				
3AG6E					≥100				
3AG7	中放 高放	60	10	20～250	≥10	≤10	≤100	≥10	①
3AG8				30～250	≥20	≤5			
3AG9									
3AG10					≥30				
3AG11	高放 振荡	30	10	≥0.95	≥20	≤10	—	≥10	①
3AG12					≥30	≤5			
3AG13				0.95～0.98	≥40				
3AG14				≥0.97	≥50				

续表 2-23

型号	用途	集电极最大耗散功率 P_{cmax} (mW)	集电极最大容许电流 I_{cmax} (mA)	共发射极或共基极电流放大系数（交流）h_{fe}或h_{fb}	特征频率 f_T (MHz)	集－基极反向截止电流 I_{CBO} (μA)	集－射极反向截止电流 I_{CEO} (μA)	集－射极反向击穿电压 BU_{CEO} (V)	电极位置图
3AG21	中放 高放 振荡 变频	50	10	20～250	≥10	≤10	≤200	≥10	①
3AG22				30～250	≥30	≤5			
3AG23					≥50				
3AG24									
3AG25	中放 高放 振荡 变频	50	10	≥20	≥40	≤10	—	≥10	②
3AG26				≥30	≥60	≤5			
3AG27					≥80				
3AG28					≥120				
3AG29 3AG29A 3AG29B 3AG29C	高放	150	50	≥30*	≥150	≤10	—	≥15	④
3AG31	中放 高放	75	50	≥20	≥8▲	≤8	—	≥30○	③
3AG32				≥30		≤5			
3AG33	高放 振荡	60	30	>24	≥30	≤10	—	—	③
3AG34					≥50	≤3			

续表 2-23

型号	用途	集电极最大耗散功率	集电极最大容许电流	共发射极或共基极电流放大系数（交流）	特征频率	集－基极反向截止电流	集－射极反向截止电流	集－射极反向击穿电压	电极位置图
		P_{cmax}（mA）	I_{cmax}（mW）	h_{fe}或h_{fb}	f_T（MHz）	I_{CEO}（μA）	I_{CEO}（μA）	BU_{CEO}（V）	
3AG35	高放振荡	60	30	>24	≥100	≤3	—	—	③
3AG36			20		≥200	≤2			
3AG37					≥300				
3AG38A	中速开关	120	80	≥20*	≥2.5	≤10	≤350	≥10	⑤
3AG38B				≥30*	≥5	≤8	≤300	≥12	
3AG41	高放振荡	60	30	>24	>30	<10	—	—	③
3AG42					>50	<3			
3AG43					>100				
3AG44			20		>200	<2			
3AG45					>300				
3AG46	中放	120	100	>20	>8▲	<8	—	≥30○	③
3AG47	超高频放大振荡			>30		<5			
3AG48			50	>24	100～200	<3			
3AG49					200～300	<2			
3AG50		100	30		>300				

续表 2-23

型号	用途	集电极最大耗散功率	集电极最大容许电流	共发射极或共基极电流放大系数（交流）	特征频率	集－基极反向截止电流	集－射极反向截止电流	集－射极反向击穿电压	电极位置图
		P_{cmax}（mA）	I_{cmax}（mW）	h_{fe}或h_{fb}	f_T（MHz）	I_{CEO}（μA）	I_{CEO}（μA）	BU_{CEO}（V）	
3AG51A	中放 高放 振荡	50	10	≥20	≥15	≤10	≤200	≥10	②或⑥
3AG51B				20～200	≥25				
3AG51C				30～200	≥40				
3AG51D					≥50				
3AG51E					≥65				
3AG52A	高放 混频 振荡	60	10	30～200	≥50	≤10	≤200	≥10	②
3AG52B					≥65				
3AG52C					≥80				
3AG52D				≥20	≥120				
3AG61	高放	500	150	40～300*	≥30	≤70	≤500	≥20	⑦
3AG62				40～150*	≥60	≤50		≥30	
3AG63					≥100	≤30	≤200	≥35	
3AG64				80～200*		≤20	≤100		
3AG71	中速开关 中放同 步分离	50	10	≥30	≥3▲	≤10	≤600	≥10	①或⑥
3AG72					≥7▲				
3AG87A	超高频 放大 混频 振荡	300	50	≥8	≥500	≤10	—	≥15	②
3AG87B				≥10					
3AG87C					≥700				

注：* 指 h_{FE}；▲指 f_a；○指 BU_{CER}。

表 2-24　常用低频大功率晶体三极管的主要参数

型号	用途	直流参数			交流参数	极限参数				电极位置图
		集-基反向截止电流	集-射反向截止电流	共发射极电流（直）放大系数	共基极截止频率	集-基反向击穿电压	集-射反向击穿电压	集电极最大容许电流	集电极最大容许耗散功率	
		I_{CBO}（μA）	I_{CEO}（μA）	h_{FE}	f_{α}（MHz）	BU_{CBO}（V）	BU_{CEO}（V）	I_{cmax}（A）	P_{cmax}（W）	
3AD1	低频功率放大及直流电压变换	≤400		≥20	≥0.1	45		1.5	1W 加	①
3AD2		≤400		≥40	≥0.2	45		1.5	120×120×	
3AD3		≤400		≥60	≥0.2	45		1.5	$3mm^3$	
3AD4		≤400		≥20	≥0.1	70		1.5	散热片	
3AD5		≤400			≥0.2	70		1.5	可达 10W	
3AD6A		≤400	≤2500	≥12		50	18	2	1W 加 120×120×	②
3AD6B		≤300	≤2500	≥12		60	24	2	$4mm^3$ 散	
3AD6C		≤300	≤2500	≥12		70	30	2	热片 10W	
3AD11		≤500		≥5		60		5		①
3AD12		≤400		15~40		70		5		
3AD13		≤400		10~40		40		5	加 200×	
3AD14		≤400		15~40		60		5	200×$4mm^3$ 散	
3AD15		≤400		≥30		60		5	热片可达	
3AD16		≤400		≥30		40		5	20W	
3AD17		≤400		≥30		40		5		

续表 2-24

型号	用途	直流参数			交流参数	极限参数				电极位置图
		集－基反向截止电流	集－射反向截止电流	共发射极电流（直）放大系数	共基极截止频率	集－基反向击穿电压	集－射反向击穿电压	集电极最大容许电流	集电极最大容许耗散功率	
		I_{CBO}（μA）	I_{CEO}（μA）	h_{FE}	f_{α}（MHz）	BU_{CBO}（V）	BU_{CEO}（V）	I_{cmax}（A）	P_{cmax}（W）	
3AD18A	低频功率放大及直流电压变换	≤1000		≥25	≥100	80	40	15	$P_{CM}=\frac{90-T}{R_t}$ T—壳温 R_t—热阻＝1℃/W	③
3AD18B		≤1000		≥15	≥100	50	20	15		
3AD18C		≤1000		≥15	≥100	80	60	15		
3AD18D		≤1000		≥25	≥100	120	60	15		
3AD30A		≤500		12～100		50	12	4	2W 加 200×200×4mm^3 散热片 20W	②
3AD30B		≤500		12～100		60	18	4		
3AD30C		≤500		12～100		70	24	4		
3AD31A		≤500		≥20		45	20	6	1W 加 120×120×4mm^3 散热片 10W	
3AD31B		≤500		≥20		60	30	6		
3AD31C		≤400		≥20		90	40	6		
3AD31D		≤400		≥20		120	50	6		
3AD35A		≤400		≥20		60	20	15	2W 加 300×300×4mm^3 散热片 50W	⑤
3AD35B		≤300		≥20		80	40	15		
3AD35C		≤200		≥20		100	60	15		

续表 2-24

型号	用途	直流参数			交流参数	极限参数				电极位置图
		集－基反向截止电流	集－射反向截止电流	共发射极电流（直）放大系数	共基极截止频率	集－基反向击穿电压	集－射反向击穿电压	集电极最大容许电流	集电极最大容许耗散功率	
		I_{CBO}（μA）	I_{CEO}（μA）	h_{FE}	f_{α}（MHz）	BU_{CBO}（V）	BU_{CEO}（V）	I_{cmax}（A）	P_{cmax}（W）	
3DD1A 3DD1B 3DD1C 3DD1D 3DD1E	低频功率放大及直流电压变换	<15 <15 <15 <15 <15	<50	≥12 12～25 25～35 ≥35 ≥20	≥0.2	≥35 ≥35 ≥35 ≥35 ≥35	≥15 ≥30 ≥30 ≥30 ≥30	0.3 0.3 0.3 0.3 0.3	加散热片 1W	④
3DD2 3DD3 3DD4 3DD5		≤50 ≤100 ≤100 ≤300		≥10 ≥10 ≥10 ≥10		F: 100	A: 20 B: 30 C: 45 D: 60 E: 80 F: 100 G: 120	0.5 0.75 1.5 2.5	3 5 10 25.5 加散热片	②
3DD6A 3DD6B 3DD6C 3DD6D 3DD6E		≤500 ≤500 ≤500 ≤500 ≤500		≥10 ≥10 ≥10 ≥10 ≥10			30 45 60 80 100	5 5 5 5 5	50 50 50 50 50 加散热片	⑤

续表 2-24

型号	用途	直流参数			交流参数	极限参数				电极位置图
		集－基反向截止电流	集－射反向截止电流	共发射极电流（直）放大系数	共基极截止频率	集－基反向击穿电压	集－射反向击穿电压	集电极最大容许电流	集电极最大容许耗散功率	
		I_{CBO}（μA）	I_{CEO}（μA）	h_{FE}	f_{α}（MHz）	BU_{CBO}（V）	BU_{CEO}（V）	I_{cmax}（A）	P_{cmax}（W）	
3DD7A	低频功率放大及直流电压变换	100		10～20		50	40	6	75 加散热片	⑤
3DD7B		100		10～20		70	60	6	75	
3DD7C		100		>20		120	100	6	75	
3DD8A		100		10～20		60	50	7.5	100	⑤
3DD8B		100		10～20		70	60	7.5	100	
3DD8C		100		>20		120	100	7.5	100	

注：电极位置图如下：

①

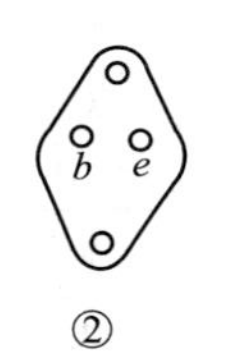

②

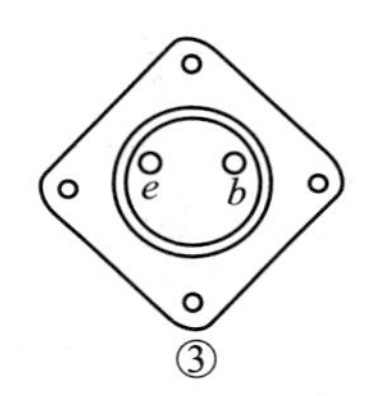

③

④

⑤

表 2-25 常用小功率开关三极管主要参数

型号	集电极最大容许电流	集电极最大耗散功率	射－基极反向击穿电压	集－射极反向击穿电压	集－射极饱和压降	共射极直流放大系数	特征频率	开关参数		电极位置图
	I_{cmax}	P_{cmax}	BU_{EBO}	BU_{CEO}	U_{CES}	h_{FE}	f_T	t_{on}	t_{off}	
	mA	mW	V	V	V		MHz	μs	μs	
3AK801A	20	50	≥3	≥12	≤0.4	30～150	≥100	≤60	≤180	①
3AK801B				≥15	≤0.35		≥150	≤50	≤160	
3AK801C					≤0.3		≥200		≤140	
3AK801D					≤0.35		≥150		≤120	
3AK802A	35	50	≥4	≥15	≤0.25	30～200	≥50	≤100	≤1200	
3AK802B				≥20					≤1000	
3AK802C							≥100	≤80	≤800	
3AK802D				≥15			≥150		≤700	
3AK802E							≥200	≤60		
3AK803A	30	100	≥3	≥12	≤0.4	30～150	≥100	≤60	≤180	②
3AK803B					≤0.35		≥150	≤50	≤160	
3AK803C				≥15	≤0.3		≥200		≤140	
3AK803D					≤0.35		≥150		≤120	
3AK804A	60	100	≥4	≥15	≤0.25	30～200	≥50	≤100	≤1200	
3AK804B				≥20					≤1000	
3AK804C							≥100	≤80	≤800	
3AK804D				≥15			≥150		≤700	
3AK804E	50						≥200	≤60		

续表 2-25

型号	集电极最大容许电流	集电极最大耗散功率	射－基极反向击穿电压	集－射极反向击穿电压	集－射极饱和压降	共射极直流放大系数	特征频率	开关参数		电极位置图
	I_{cmax}	P_{cmax}	BU_{EBO}	BU_{CEO}	U_{CES}	h_{FE}	f_T	t_{on}	t_{off}	
	mA	mW	V	V	V		MHz	μ_s	μ_s	
3AK805A	150	300	≥4	≥20	≤0.35	30～200	≥40	≤120	≤1600	①
3AK805B				≥18			≥80	≤80	≤1400	
3AK805C				≥16			≥120		≤1200	
3AK806A	70	1000	≥3	≥30	≤1.5	15～110	≥50	≤150	≤500	③
3AK806B							≥80	≤100	≤300	
3AK806C				≥45					≤200	
3AK806D			≥2.5	≥25			≥100	≤80	≤150	
3DK2A	200	500	5	25	1	25～50	200	40	40	①
3DK2B						50～100				
3DK2C						100～180				
3DK2D						25～50		60	60	
3DK2E						50～100				
3DK2F						100～180				
3DK3A	30	100	≥4	≥6	≤0.35	≥10	≥200	≤20	≤30	
3DK3B				≥9		≥20	≥300	≤15	≤20	
3DK4A	800	700	≥4	≥30	≤1	≥20	≥100	≤50	≤100	
3DK4B			4	45				50	100	
3DK4C				30				50	50	

续表 2-25

型号	集电极最大容许电流	集电极最大耗散功率	射－基极反向击穿电压	集－射极反向击穿电压	集－射极饱和压降	共射极直流放大系数	特征频率	开关参数		电极位置图
	I_{cmax}	P_{cmax}	BU_{EBO}	BU_{CEO}	U_{CES}	h_{FE}	f_T	t_{on}	t_{off}	
	mA	mW	V	V	V		MHz	μs	μs	
3DK7A	50	300	≥5	≥15	≤0.5	≥20	≥120	≤65	≤180	①
3DK7B						20～200				
3DK7C						≥20		≤45	≤130	
3DK8A	600	500	≥5	≥10	≤1	20～200	≥150			
3DK8B				≥20	≤0.4		≥300			
3DK8C					≤0.3		≥150			
3DK8D										
3DK8E										
3DK8F										
3DK8G			≥4	≥15	≤0.5		≥100			
3DK9A	800	700	≥5	≥20	≤0.7	30～200	≥100	≤100	≤180	
3DK9B				≥35			≥120			
3DK9C				≥60						
3DK9D				≥80				≤80		
3DK9E				≥20						
3DK9F				≥35						
3DK9G				≥60						
3DK9H				≥40						

注：电极位置图如下：

① ② ③

二、常用电子电路

(一) 整流电路

几乎所有的电子器件和电路都需要电源供给，都需要直流电，所以整流电路应用极为广泛，整流电路是利用二极管的单向导电性能，使交流电变换成直流电，从而为电子装置和设备提供直流电源。

1. 单向半波整流电路

单向半波整流电路图见图 2-11；其波形图见图 2-12。

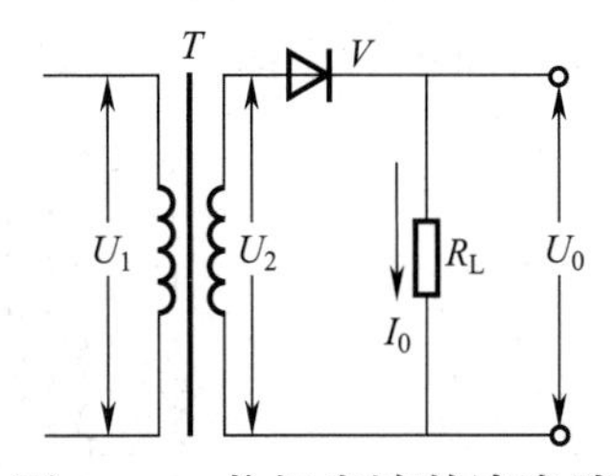

图 2-11　单相半波整流电路

T—变压器，V—二极管，R_L—负载电阻，U_1—变压器一次电压，U_2—变压器二次电压，U_0—整流电路输出电压

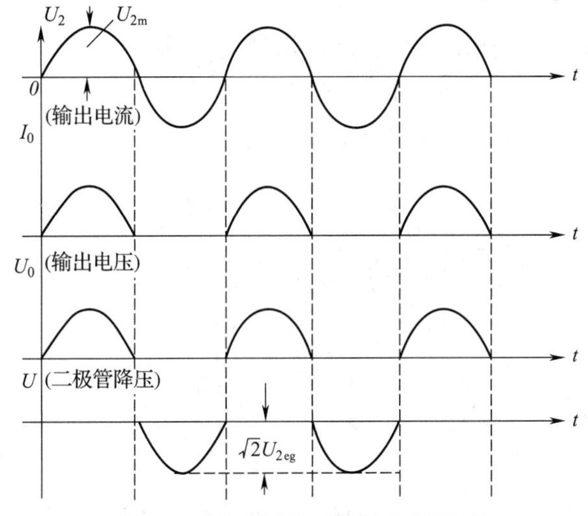

图 2-12　单相半波整流电路波形

从波形图中可以看出，输出电压 U_0 是一系列脉冲电压，其平均电压 U_0 有：

$$U_0 = \frac{1}{2\pi}\int_0^{2\pi} U_2 \mathrm{d}\ (\omega t)\ = \frac{U_{2m}}{\pi}$$

$$U_0 = 0.65U_{2eg}$$

式中：U_{2m}——最大值 (V)；

U_{2eg}——有效值 (V)。

整流管的平均电流：$I_0 = \frac{U_0}{R_L} = 0.45\frac{U_{2eg}}{R_L}$

变压器次级电流有效值：$I_{2eg} = \sqrt{\frac{1}{2\pi}\int_0^{2\pi} I_{2m}^2 \sin^2 wt\ \mathrm{d}(\omega t)} = 1.5FI_0$

整流管的最大反向电压：$U_v = U_{2m} = \sqrt{2}U_{2eg} = 3.14U_0$

半波整流的特点，在输出电压只有半个正弦波，因此输出电压的直流成分较低，交流成分较多。由于输出电压低，变压器利用效率低，且负载 R_L 上的直流电流会流过变压器次级绕组，而使变压器效率降低。此种电路仅用于小功率整流和纹波要求低的情况。

2. 单相全波整流电路

单相全波整流电路见图 2-13。

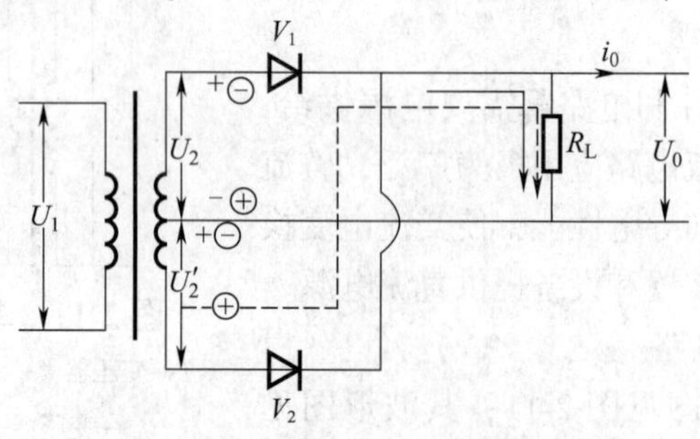

图 2-13 单相全波整流电路

从图 2-13 中可以看出，两二极管导电电流经负载 R_L 的方向是一致的，都从负载的上端流向下端，再回到变压器中心抽头，所以在负载 R_L 上的输出电压在交流电两个半周内都有，且同方向，其波形图见图 2-14。

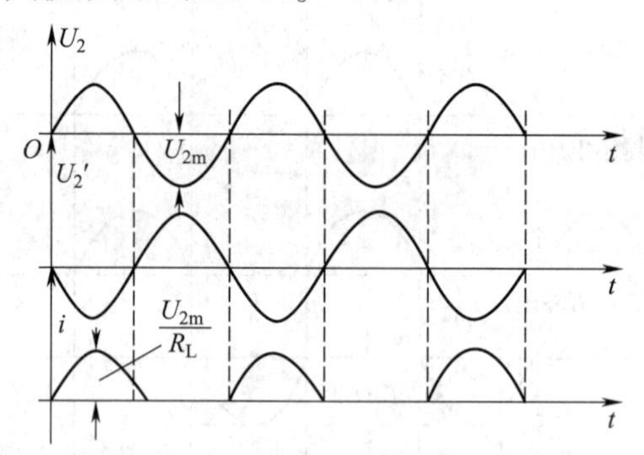

图 2-14 单相全波整流电路波形

从波形图中可以看出，全波整流电路输出的直流成分比半波整流输出的直流成分增加了一倍。有如下表达式：

$$U_0 = 2 \times 0.65U_{2eg} = 0.9U_{2eg}$$

$$I_0 = \frac{U_0}{R_L} = 0.9\frac{U_{2eg}}{R_L}$$

全波整流电路中两二极管交替导电，每个二极管通过的平均电流和单相半波时相同，而变压器二次绕组电流的有效值：

$$I_{eg} = 0.79I_0$$

但每个二极管所承受的最大反向电压 U_r 将增加一倍，即：

$$U_r = 2U_{2m} = 2.82U_{2eg}$$

并且在此种电路中，变压器有中心抽头，增加了变压器制造上的难度。所以在单相或三相整流电源中常采用桥式整流电路，它具有单相全波整流纹波好的优点，又克服了全波整流的缺点。

3. 桥式整流电路

单相桥式整流电路和波形图见图 2-15 和图 2-16。

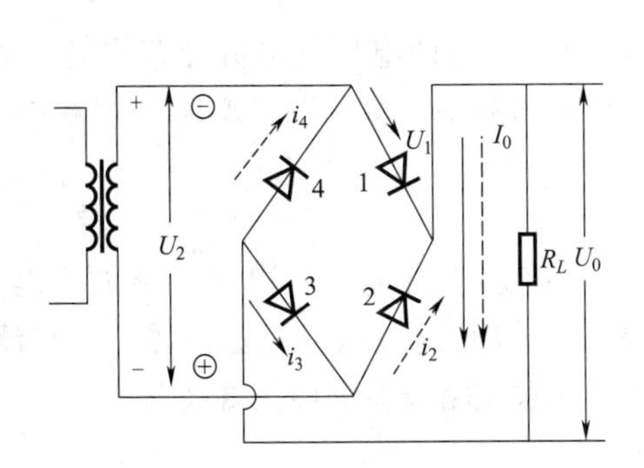

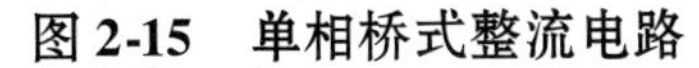
图 2-15　单相桥式整流电路

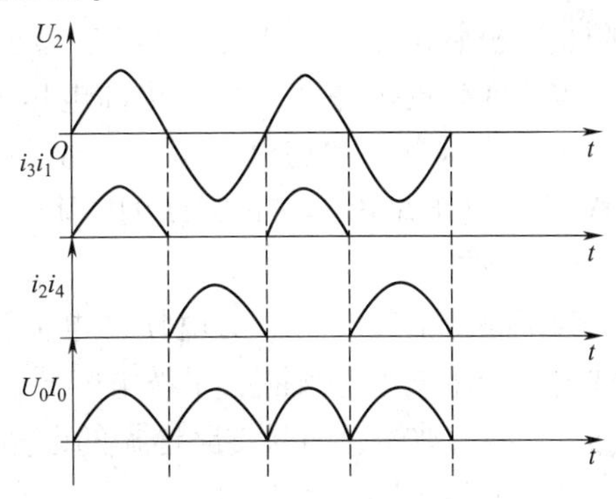

图 2-16　单相桥式整流电路波形

在单相桥式整流电路中，$U_0=0.9U_{2eg}$，又：

$$I_0=\frac{U_0}{R_L}=0.9\frac{U_{2eg}}{R_L}$$

$$I_1=I_2=I_3=I_4=0.5I_0=0.45\frac{U_{2eg}}{R_L}$$

三相桥式整流电路及波形图见图 2-17 和图 2-18。

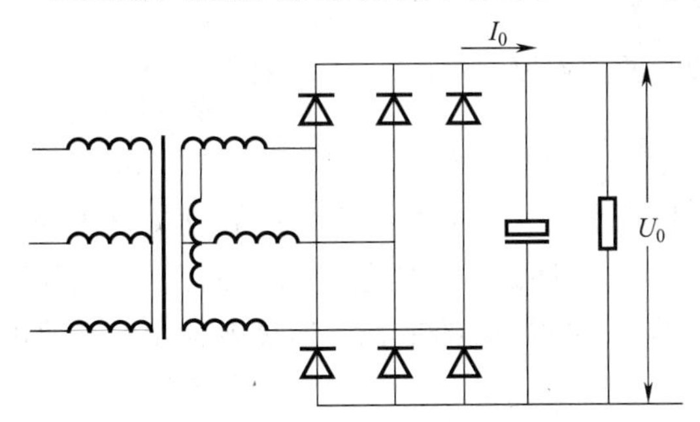

图 2-17　三相桥式整流电路

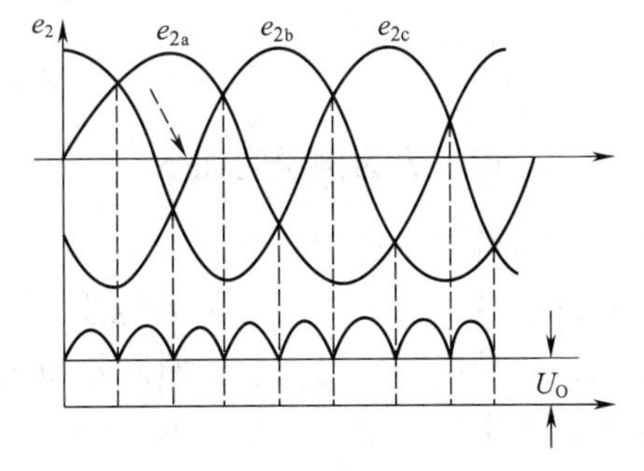

图 2-18　三相桥式整流电路波形

在此电路中：

$$U_2=0.816U_0$$

$$I_2=0.816I_0$$

整流元件电流 $I_0=0.577I_0$

整流器峰值电压 $U=1.05U_0$

三相桥式整流电路变压器利用率高，输出电压比三相半波电路大一倍，脉动小，二极管最大反向电压小，适用于要求脉动小而电压高的场合，且采用三相桥式整流时对电网三相平衡有好处。

4. 整流电路的保护和整流元件的串并联

整流电路常发生过载和短路，或因电感产生反电势$\left(E=-\angle\frac{di}{dt}\right)$，引起过电压。所以整流电路常采用保护线路，如接电容防止电压突变，又加电阻防止振荡，构成阻容吸收电路；另外，还可以采用一般熔断器和快速熔断器及过电流继电器作为保护。为了防止二极管击穿，滤波电容单个容量要大一些好。

整流元件的串并联以承受更高电压和更大电流，又为使电压、电流分布均匀，所以又采用均压电阻和均流电阻，一般手册上有规定的数值，如 2CZ11A-H，串联时每 100V 峰值电压并联 50 ~ 100kΩ 的电阻。

5. 滤波

为了整流器整流出来的电压、电流波动小，更接近于直流，所以采用滤波电路。滤波电路分平波电感线圈、平波电容器、厂型滤波器、RC 组成的 Γ 型滤波器、Π 型滤波器、T 型滤波器、串联支路谐振的谐振滤波器、并联支路谐振的谐振滤波器等。

各种滤波电路见图 2-19。

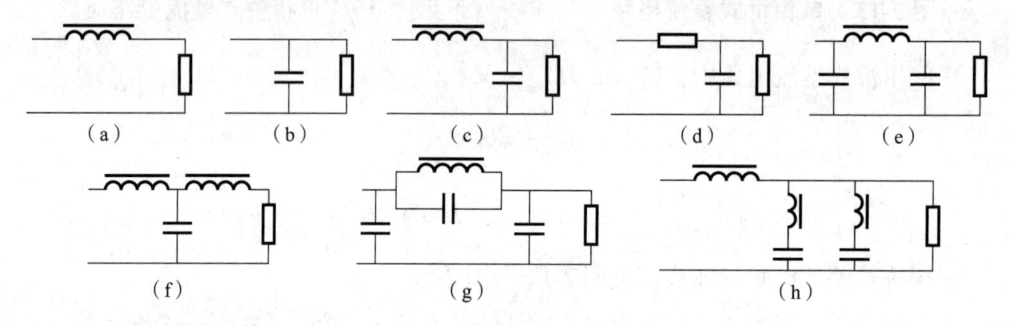

图 2-19　滤波电路

以电容为例说明如下：

设电容器上的初始电压为零，开始二极管导电，电容器充电，电容器上电压升高，当接入负载后，电容器与负载电阻组成一个放电回路，二极管不导电时，电容器贮存电荷经负载电阻放电，放电时间常数为电容与负载电阻的乘积，通过电容器的充放电，使负载上得到一个比较平稳的电流。

6. 整流电路的设计考虑

（1）选择整流电路、整流元件类型和滤波器电路，根据纹波的要求、电流和电压的要求、单相或三相电路来选择电路。

（2）初选整流元件的具体型号，根据整流管的电流及击穿电压等参数，查找手册，决定整流元件的具体型号。

（3）计算变压器电参数，以及校验整流元件。

（4）计算滤波器电参数。

（5）设计变压器和滤波扼流圈的结构。

（二）稳压电源电路

很多情况下需要电压稳定，否则就不能获得好的效率，甚至不能正常工作，尤其是在电源电压波动较大的情况下，就特别需要稳定电压。

1. 稳压管

稳压管也叫齐纳二极管，外形、结构和二极管类似，正向特性和二极管相同。稳压管的特性曲线见图 2-20。

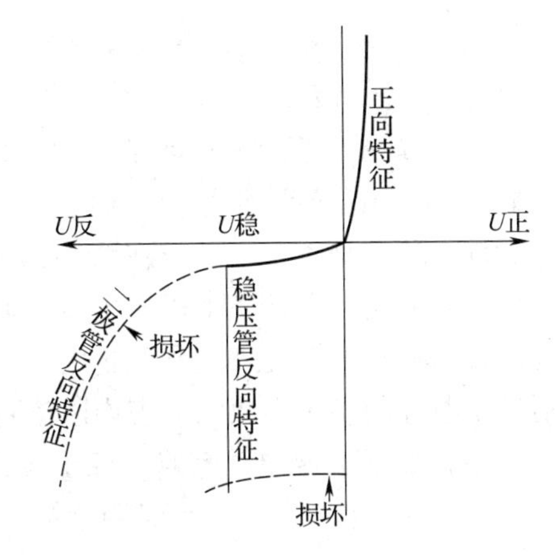

图 2-20　稳压管的特性曲线

从图 2-20 中可以看出，在稳压管上加正向电压能允许电流流过，而加反向电压时，如外加电压不超过某一数值时则稳压管呈现很大的电阻值，电流流不通。

但是二极管的反向特性是一条逐渐弯曲的曲线，当反向电压达到反向击穿电压后，电压若继续再增大，电流就增加得较快，并往往集中在 *PN* 结某一薄弱点，而引起局部过热，甚至击穿管子。所以一般二极管不允许工作到击穿电压以上，而稳压管因制造工艺的不同，当所加的反向电压到某一数值（即稳压值）后，流过的电流增大极快，但这个电流是通过整个 *PN* 结面的，只要流过的电流不超过允许值时，稳压管就不致损坏，并可长时间在这种状态下工作。由于稳压管在反向电压下有这种特性，所以可作稳定电压用。在电路中的稳压管阴极通常是和电源的“＋”端相连接，其阳极和电源“－”极相连接，这一点在实际安装时需注意。

2．稳压电源的主要环节

稳压电源有四个环节，即基准电压、取样环节、比较放大器和调整环节。

（1）基准电压。基准电压是一个稳定性较高的直流电压，否则由于基准电压值改变了，也会引起稳压电源直流输出电压的变化，破坏了输出电压的稳定性。基准电压往往用半导体稳压管来实现。

（2）取样环节。取样环节是一个电阻分压器，见图 2-21。

在图 2-21 中，虚线方框即为取样环节。取样电路的任务是将输出电压 U_0 的一部分取出送至比较放大器，放大后去控制调整环节。

输出电压的大小，是直接由取样分压比 n 和基准电压来决定的。

（3）比较放大器。比较放大器是一个直流放大器，它将取样电路得到的电压 nU_0 与基准电压 U_z 进行比较，然后以二者之差进行放大，再去控制调整管，以稳定输出电压。此放大器的增益将直接影响稳压电源的质量指标，最简单的比较环节是一个单级直流放大器，见图 2-22。

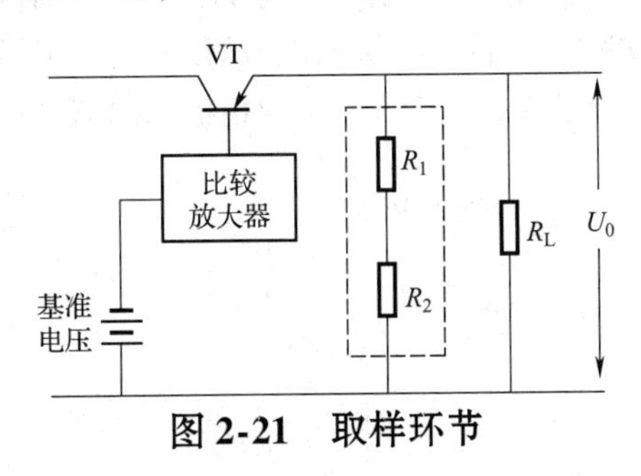

图 2-21　取样环节

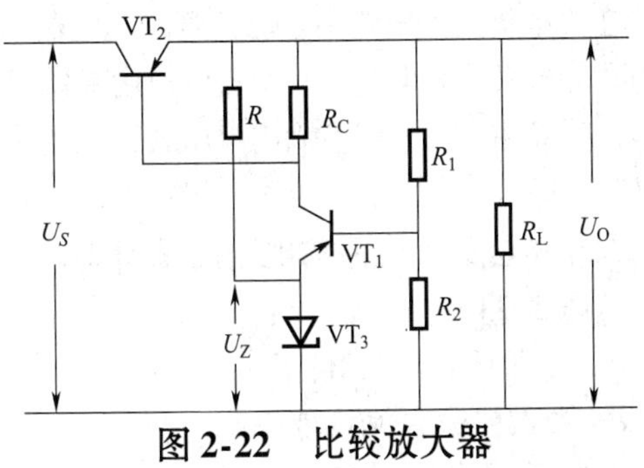

图 2-22　比较放大器

图 2-22 中，R_1、R_2 是取样环节，VT_3 是基准电压，真正作用在放大管 VT_1 上的输入电压是 $U_{be}=nU_0-U_z$。

（4）调整环节。调整环节是稳压电源的核心环节，因为输出电压最后要靠调整环节的调节作用才能达到稳定。而且，稳压电源能输出的最大电流也主要取决于调整环节。调整环节是由一个工作在线性区的功率管组成，它的基极注入电流受比较放大器输出信号控制。由于整个稳压电源的输出电流全部要经过调整管，因此应保证所选用的调整管具有足够的功耗和集电流 I_{cm}。调整管的电流增益 h_{fe} 越大，输出导纳 h_{oe} 越小，则稳压电源的稳压系数和动态内阻都将得到改善。

（5）稳压电源整体电路。稳压电源整体电路的例子，见图 2-23。

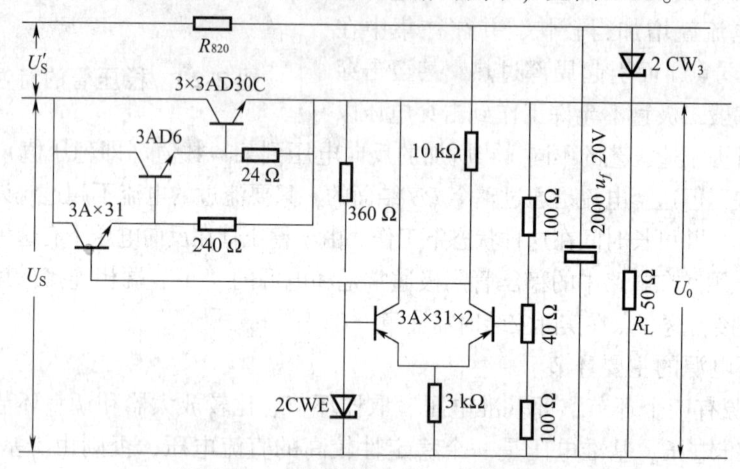

图 2-23 晶体管稳压电源电路图

（三）晶体管基本放大电路

晶体管放大电路工作在放大状态，晶体管和电阻电容等组成各种用途的放大电路。晶体管基本放大电路有晶体管共发射极放大电路、共集电极放大电路（射极输出器）、耦合放大电路（阻容耦合放大电路和直接耦合放大电路）、差动放大电路、场效应管放大电路（共源极放大电路和共漏极放大电路）等。

1. 共集电极放大电路

共集电极放大电路，又称射极输出器或射极跟随器。

在集电极放大电路中，晶体管的集电极为放大电路的输入、输出信号的公共端，所以称之为共集电极放大电路。其交流信号由晶体管的发射极经耦合电容输出，所以称之为射极输出器。射极输出器的射极输出电压紧紧跟随输入电压的变化而变化，因此射极输出器又称为射极跟随器。

共集电极放大电路的电路图见图 2-24。

从图 2-24 中可以看出：

R_B 为直流偏置电阻；

R_E 为发射极直流负载电阻；

u_0 为输入电压；

u_i 为输入信号；

c_1、c_2 为输入输出电容。

电路的阻抗由偏置电阻 R_B 和晶体管的等效输入阻抗 R_i 两部分并联组成。

在射极输出器中，晶体管的等效输入阻抗 R_i 要比一般共发射极电路的晶体管等效输入阻抗高得多。若要进一步提高射极输出器的输入阻抗就应选取较大的直流偏置电阻 R_B 和提高晶体管的等效输入阻抗 R_i。为了提高输入阻抗，又应选取电流增益 h_{fe} 大的晶体管和加大 R'_E。

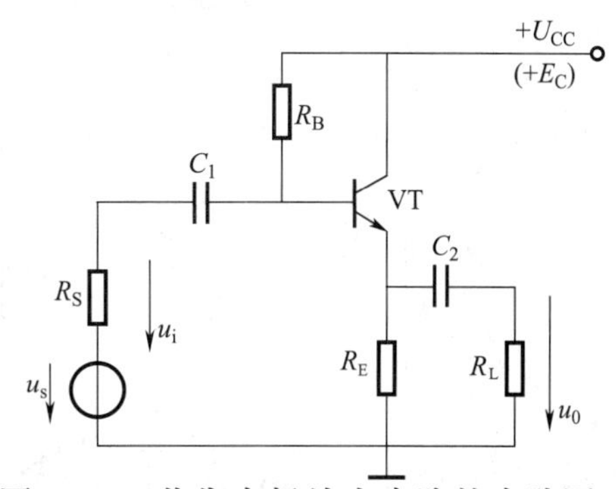

图 2-24　共集电极放大电路的电路图

$$R'_E = \frac{R_E \cdot R_L}{R_E + R_L}$$

关于射极输出器的输出阻抗，分析如下：

将输入信号源短路，在输出端加一电压，则产生的电流有两部分。输出阻抗也是由两部分并联组成：一部分就是 R_E，另一部分是发射极电流引起的晶体管的等效输出阻抗。射极输出器的阻出阻抗要比共发射极电路的输出阻抗小得多。影响输出阻抗的因素有：①晶体管的参数；②发射极电阻；③基极回路中的信号源内阻 R_s；④直流偏置电阻 R_B。

若要降低射极输出器的输出阻抗，应选取电流增益 h_{fe} 大、输入阻抗 h_{ie} 小的晶体管；还应减小发射极电阻 R_E、基极电阻 R_b 和信号源内阻 R_s。

射极输出器的电压放大倍数恒小于1，但接近1。输出电压和输入电压大小基本相等并相位同相，射极输出电压紧跟输入电压的变化而变化。

当输入信号的电压源换成电流源，信号电流分成三条支路：一是通过 R_s 的支路，二是通过基极电阻 R_B，三是通过晶体管基极。流进晶体管基极的电流 I_B 经放大后，从发射极输出。一部分流过直流负载电阻 R_E；另一部分流进外接负载 R_L，输出回路的分流系数 k_0。

$$k_0 = \frac{R_E}{R_E + R_L}$$

输出电流 I_L 只是射极电流的一部分。

射极输出器的电流放大倍数（电流增益）大于1，所以具有放大作用。在电压放大倍数接近于1时，对功率也具有放大能力。射极输出器具有深度的电压串联负反馈。

射极输出器的主要特点是输入阻抗高，输出阻抗低，电压放大倍数小于1，电流放大倍数大于1，功率放大倍数大于1。

常用射极输出器作为阻抗变换器，又常用它在低阻抗上得到较大的不失真输出幅度。用它作为高阻输入级，作为低阻抗输出级，作为中间隔离级。

2. 共发射极放大电路

（1）电路图。共发射极放大电路的电路图见图 2-25。

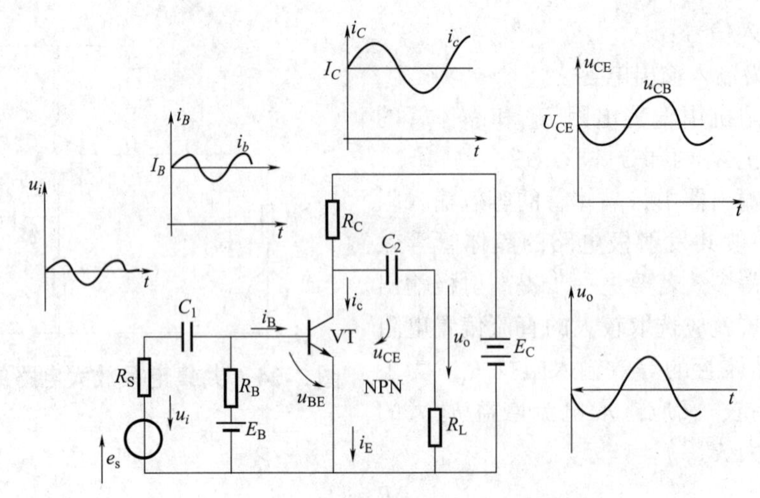

图 2-25　共发射极放大电路的电路图

(2) 电路组成。

1) 集电极电源 E_C，其作用：①给放大电路提供能量；②保证集电极处于反向偏置，使晶体管工作在放大区。

2) 基极电源 E_B 和基极电阻 R_B，其作用：①E_B 使晶体管发射极处于正向偏置，使晶体管工作在放大区；②改变 R_B 使晶体管有合适的静态工作点。

3) 晶体管 VT，其作用：①基极加入交变电压 U_i。②产生交变的基极电流 i_b；③经过晶体管 VT 放大后产生集电极电流 $i_c = \beta i_b$。

4) 集电极电阻 R_C，其作用：①R_C 是集电极负载电阻；②将集电极电流 i_c 的变化转变为电压的变化。

5) 耦合电容 C_1 和 C_2，其作用：①C_1 接在放大电路的输入回路，C_2 接在输出回路；②C_1、C_2 起隔直作用；③C_1、C_2 对交流信号起耦合作用。

6) E_C，其作用：①利用 E_C 调整基极电阻 R_B，可以选择合适的静态工作点；②E_c 同时为输入、输出回路提供直流电源。

电路输入、输出的公共端为发射极，所以称为共发射极放大电路，简称共射放大电路。电路的习惯画法见图 2-26。

3. 阻容耦合放大器

在实用放大电路中，往往需要经二、三级放大、甚至更多级放大，这样存在的问题是放大器的级与级之间怎样连接，以及放大器的输出与外接负载又是怎样连接。

级与级之间的耦合方式很多，最简单的方法是通过电容与电阻耦合，所以称为阻容耦合放大器。

(1) 电路图。阻容耦合放大器的电路图见图 2-27。

(2) 电路说明。

①VT_1、VT_2 是两个单级放大器。

②电容 C_1、C_2、C_3 和基极电阻 R'_{B1}、R'_{B2} 耦合。

③C_1、C_2、C_3 还起隔直作用。

④放大器对不同频率的放大作用不同。

⑤电容电阻对不同频率信号还会产生附加移相作用，因此出现放大器的相位特性问题，以及放大器的输入阻抗和输出阻抗会受到影响。

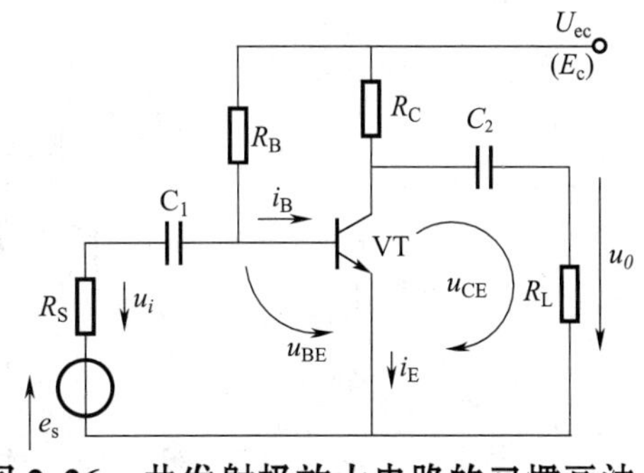

图 2-26　共发射极放大电路的习惯画法

4. 直接耦合的多级放大电路

直接耦合的多级放大电路是把前级的输出端直接接到后级的输入端。存在的问题是前、后级的静态工作点互相影响问题，以及零点漂移问题。

（1）电路图。直接耦合的多级放大电路的电路图见图 2-28。

（2）电路说明。

①提高后级的发射极电位，能使前、后级的静态工作点互相影响小。

②利用电阻 R_{E2} 上的压降可以提高发射极的电位。

③提高 VT_1 的集电极电位，可以使输出电压幅度得到提高，又能使晶体管 VT_2 获得合适的工作点。

④如要抑制零点漂移，就要分析零点漂移的原因。

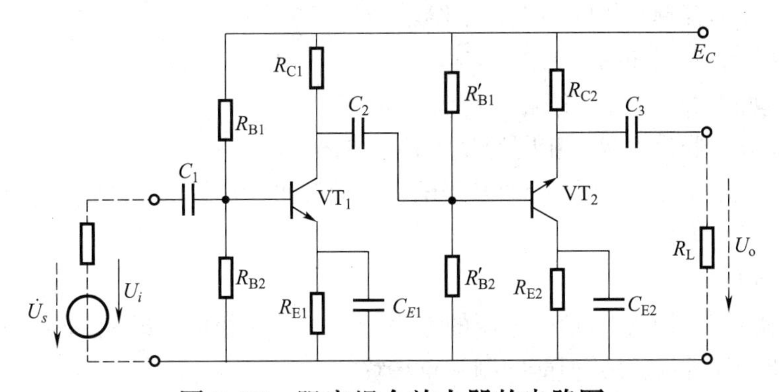

图 2-27　阻容耦合放大器的电路图

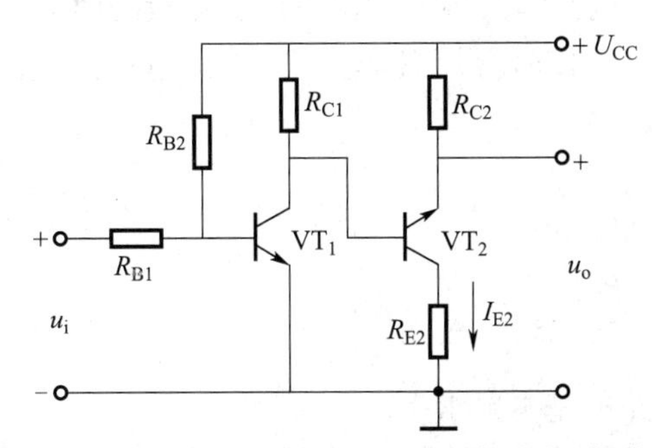

图 2-28　直接耦合的多级放大电路的电路图

5. 差动放大器

（1）电路图。差动放大器的电路图见图 2-29。

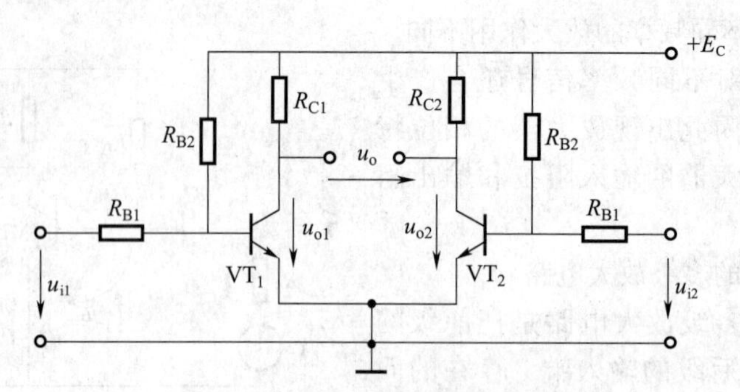

图 2-29　差动放大器的电路图

在图 2-29 中，R_{B1}、R_{B2}是基极电阻，R_C 是集电极电阻，VT_1、VT_2 是相同特性的晶体管，U_{i1}、U_{i2}是输入信号，U_{o1}、U_{o2}是输出信号，输出电压 $U_o = U_{o1} - U_{o2}$。

（2）电路特点。

1）左右两边对称：

①电路结构相同；

②元件特性相同；

③电路参数完全相同。

2）两个晶体管具有相同的静态工作点。

3）有两个输入端和两个输出端。

（3）差动放大器的工作情况。

1）差动放大器是用两个相同的晶体管组成的。

2）信号电压 u_{i1} 和 u_{i2} 由两管的基极输入，而输出电压 u_o 则取自两晶体管的集电极之间。

3）信号输入。

①共模输入。两个输入信号电压的大小相等，极性相同，即 $u_{i1} = u_{i2}$，称为共模输入。这种情况不进行放大，但能抑制零点漂移。

②差模输入。两个输入电压的大小相等。但极性相反，即 $u_{i1} = -u_{i2}$，称为差模输入。这种情况输出电压为两晶体管各自输出电压变化量的两倍。

③比较输入。两个输入信号电压既非共模，又非差模，它们的大小和相对极性是任意的，常作比较放大之用。

4）输入输出方式。

①双端输入——双端输出；

②单端输入——单端输出。

6. 功率放大器

（1）对功率放大电路的基本要求。

1）在不失真的情况下能输出尽可能大的功率。为了获得较大的输出功率，往往让放大器工作在极限状态。

2）由于功率较大，就要求提高效率（即负载得到的交流信号功率与电源供给的直流功率之比值)。提高效率的方法有两种：

①增加放大电路的动态工作范围，以增加输出功率；

②减小电源供给的功率。

3）功率放大电路有如下三种工作状态：

①甲类——静态工作点大致在交流负载线的中点。

②甲乙类——使静态电流 I_C 减小，静态工作点下移。

③乙类——静态工作点下移到 $I_C \approx 0$ 时，此时管耗很小。

功率放大器的工作状态图，见图 2-30。

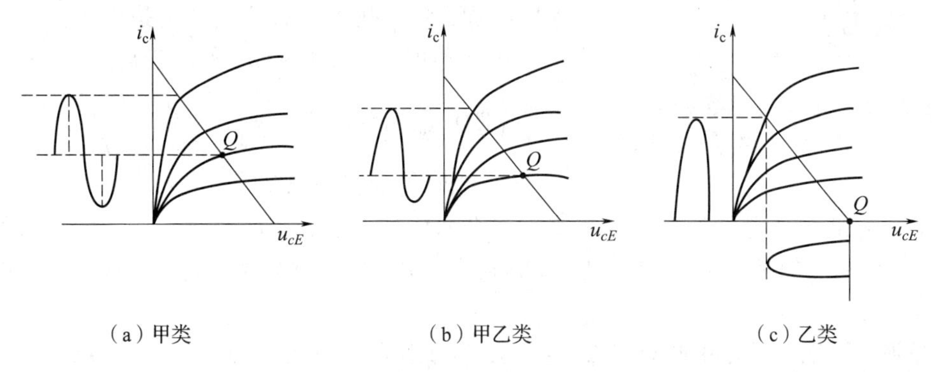

图 2-30　功率放大器的工作状态图

（2）互补电路。

1）无输出变压器的 OTL 电路，其电路图见图 2-31。

图 2-31 电路说明如下：

①在静态时，A 点的电位为$\frac{1}{2}U_{CC}$；

②输出耦合电容 C_L 上的电压为 A 点“地”间的电位差，等于$\frac{1}{2}U_{CC}$；

③在输入信号 u_i 的一周期内，电流 i_{c1} 和 i_{c2} 以正反不同的方向交替流过负载电阻 R_L，在 R_L 上合成得出一个输出信号电压 u_0；

④在输出信号的一个周期内，两只特性相同的晶体管交替导通，它们互相补足，所以称为互补对称放大电路，简称互补电路；

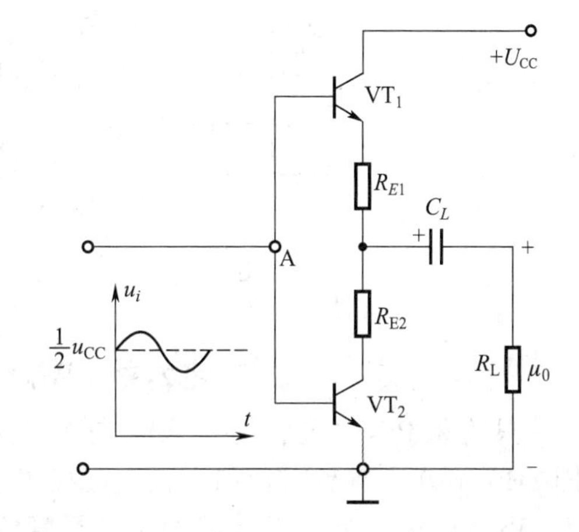

图 2-31　无输出变压器的 OTL 电路图

⑤实际上，该电路由两组射极输出器组成，具有输入阻抗高、输出阻抗低的特点；

⑥电路采用较大的电容 C_L 与负载耦合；

⑦在实际电路中，一般要有推动级。

2）无输出电容的 OCL 互补电路，其电路图见图 2-32。

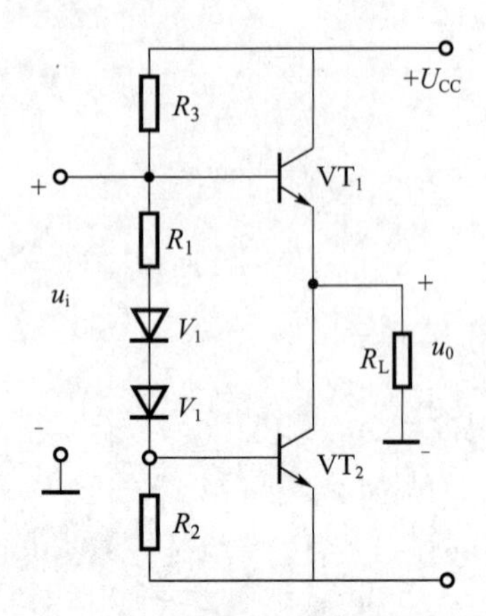

图 2-32　无输出电容的 OCL 互补电路图

图 2-32 电路说明如下：

①电路需采用正负两路电源；

②为避免失真，电路应工作在甲乙类状态；

③由于电路对称，静态时两个晶体管电流相等，负载电阻 R_L 中无电流通过，两晶体管的发射极电位 $U_A=0$；

④输入电压 u_i 在正半周期内，VT_1 导通，VT_2 截止，有电流流过负载电阻 R_L；而在负半周期内，VT_2 导通，VT_1 截止，R_L 上的电流是反向；

⑤理想时，OCL 电路的效率较高。

（四）晶闸管电路

1. 晶闸管的工作原理

晶闸管是由 P 型和 N 型半导体交替迭合而成的 P-N-P-N 四层半导体元件。从外层 P 型半导体引出的是阳极 a，从外层 N 型半导体引出的是阴极 e，而控制极 g 是从中间 P 型半导体引出的。

晶闸管可以看成是由两只三极管组成，其工作原理见图 2-33。

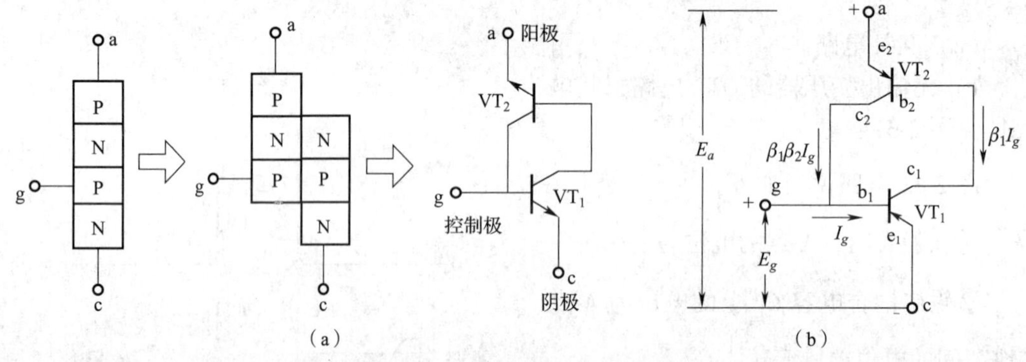

图 2-33　晶闸管工作原理图

一只管是 P-N-P 型，另一只管是 N-P-N 型，中间的 N、P 层是两只管子公用，见图 2-33（a）。当晶闸管加上正向阳极电压时，晶体管 VT_1、VT_2 都承受正向电压[图 2-33（b）]，处于放大状态，二只管的放大系数分别为 β_1、β_2，此时没有输入信号，晶闸管不导通。若在控制极 g 与阴极之间再加上一个正向触发电压 E_g，对 VT_1 来说，触发电压产生基极电流 I_g，经过 VT_1 放大，在集电极出现比 I_g 大 β_1 倍的电流 $\beta_1 I_g$，此电流恰好是 VT_2 的基极电流，经过 VT_2 的放大，在 VT_2 的集电极出现一个 $\beta_1\beta_2 I_g$ 的集电极电流，此电流又被送入 VT_1 的基极，再次得到放大，这样依次循环，直至晶闸管全部导通。这个导通过程是在很短时间内完成的。所以，当晶闸管阳极加上正向电压和控制极加上正向触发电压后，管子立即导通。晶闸管一经导通后，由于 VT_1 基极总有比触发电流大得多的电流流过，所以即使控制极触发电压消失，晶闸管仍能继续处于导通状态。如果把 E_a 的极性接反，此时两个管都承受反向电压，不具备放大条件，不管控制极有无触发电压，晶闸管始终处于截止状态。

晶闸管可组成单相半波可控整流电路、单相全波可控整流电路、三相桥式可控电路等，还可以作为逆变器元件以及组成各种晶闸直流无级调速系统。

2. 晶闸直流无级调速系统实际电路分析

MGB1420 磨床晶闸管无级调速系统原理图见图 2-34。

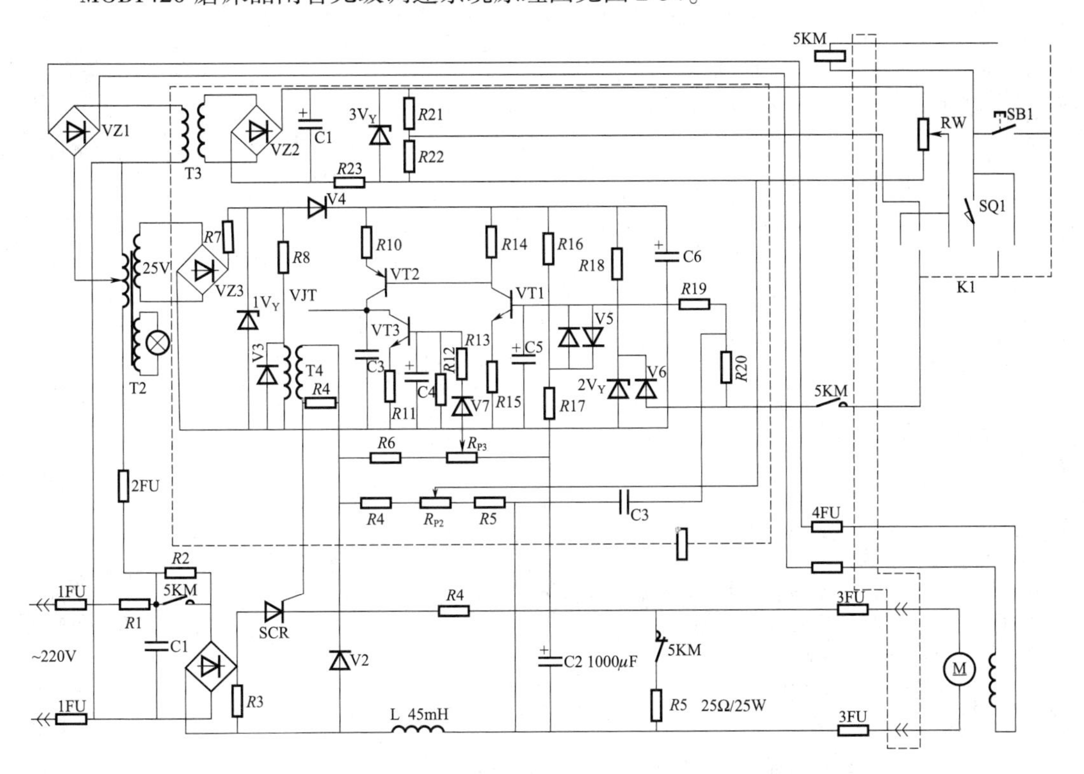

图 2-34　MGB1420 磨床晶闸管无级调速系统原理图

（1）主电路。电路直接采用 220V 电源，加在桥式整流器的交流端，经单相桥式整流后，供电给晶闸管 *SCR* 整流电路，利用脉冲移相原理来控制晶闸管整流器的开放角度，从而调节直流电动机 *M* 的端电压 $\left(n=\dfrac{V\text{-}IR}{c\Phi}\right)$ 以实现调速。扼流圈 *L* 的作用是限制电流的突变，它与电容器 C_2 组成滤波器，电阻 R_3 能使整流后的电压波过零，消除因感性负载而带来的冲击现象，使低速运转时稳定和均匀，二极管 V_2 是将反电势 E_L 反馈，也可使低速平稳，R_4 是反馈电阻，R_5 是作制动时的能耗电阻用，又使启动和负载时系统工作稳定和正常，又采用 R_1 和 C_1 起电压缓冲作用。

（2）触发电路。由电位器 R_W 来的综合信号，经电容 C_6 滤波，使晶体管 VT_1 导通，然后 VT_2 也导通，给电容 C_3 充电，达到单结晶体管 VJT 的峰点电压 U_P 时，VJT 导通，脉冲变压器 T_4 输出脉冲，这时 C_3 放电，当放到单结晶体管的谷点电压时，VJT

截止，此时 C_3 又开始充电，重复以上过程，T_4 不断输出脉冲去触发晶闸管 SCR，晶体管 VT_2 的导通程度改变了电容 C_3 的充电情况。

（3）其他环节。此电路还设计了励磁和给定信号电路、校正环节，电流截止保护环节、高速启动保护环节、限幅环节等。其中励磁和给定信号电路是很有特色的。

第三章 发 电

发电是指利用其他能量转变成电能的过程，发电机是将机械能转变成电能的设备。人们常常把热能通过汽轮机转变成机械能，再带动发电机发电，称为火力发电；利用水力通过水轮机，再带动发电机发电，称为水力发电；利用风力带动发电机发电，称为风力发电；利用原子能发电，称为核电；将太阳能转变成电能，称为太阳能发电；还有许多其他形式，如地热发电、磁流体发电、海洋能发电等。

第一节 小 水 电

水力发电是将水能转换为电能的一种发电形式。利用水的重量与水流的冲击力推动水轮机，再由水轮机带动发电机的转子转动，使发电机发出电来，这种把水的势能和动能转变为机械能，然后又将机械能转变为电能的方法叫作水力发电。而把水能转变为电能的一整套建筑物及其各种机械、电力设备称之为水力发电站。自然其中的关键设备是水轮机和发电机。

水电站的水轮机组见图 3-1；水轮发电机剖面图见图 3-2。

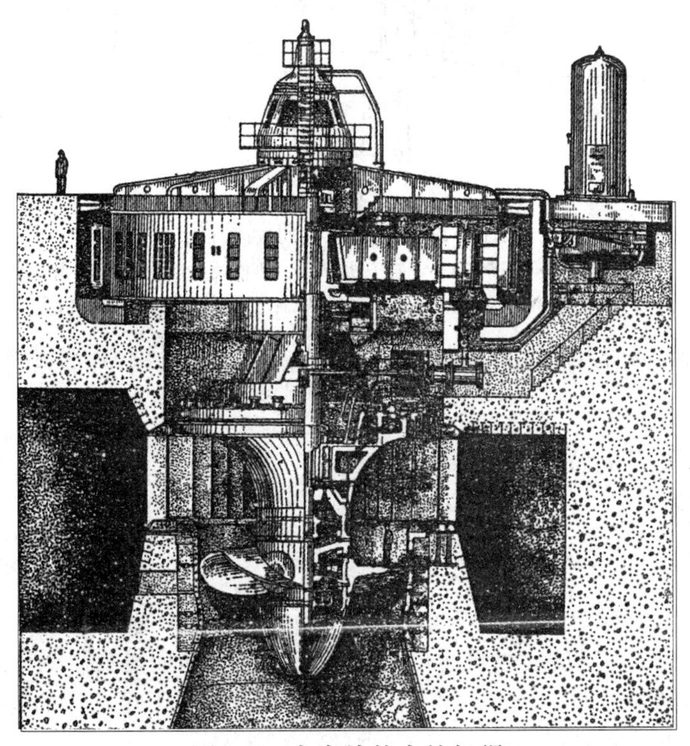

图 3-1 水电站的水轮机组

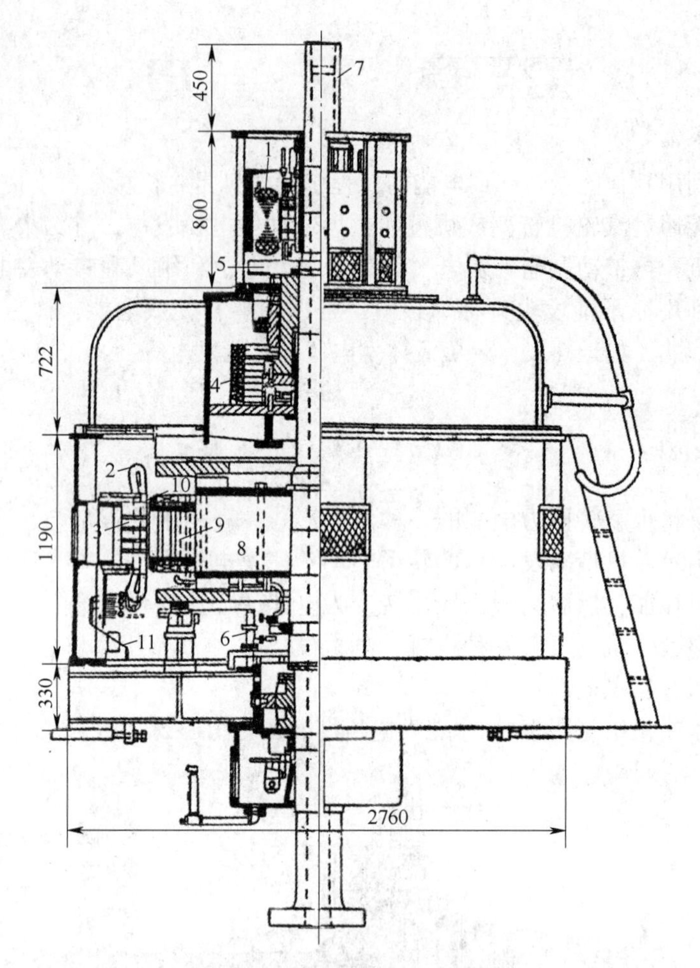

图 3-2　水轮发电机剖面图

1—励磁机；2—定子绕组；3—定子铁心；4—止推轴；5—风扇；6—刷架；
7—发电机轴；8—转子星轮；9—磁极铁心；10—励磁绕组；11—引线

小水电是指小型水电站，在农村分布数量很多，其功率较小，一般为几百 kW 或是几十 kW。

一、水力发电的优点及要素

（一）水力发电的优点

水力发电与其他发电方式（如火电、核电等）相比，有很多优点：

1．水能是取之不尽的、可再生的能源。江河湖水周而复始，循环再生，取之不尽，用之不竭。大力发展水电，就可以节约煤炭、石油等不可再生的能源，并转而用于生产其他价值更高的产品。

2．水电成本低廉。水力发电的“燃料”是廉价的水，和煤炭、石油相比，水电的发电成本低，因为水力发电是把一次能源（水）与二次能源（电）的开发同时完成的。

同时，水电是常温常压下进行能量转换的，因此水电设备比较简单，易于维修，管理费用低，成本也低廉。

3. 水电机组启停迅速，操作方便，运行灵活，易于调整出力。所以，水电是系统中最理想的调峰、调频和事故备用电源。

4. 水电能源无污染。在水电站附近不但没有烟雾、灰渣、二氧化碳、硫化物、粉尘、灰土等污染，而且由于新的建筑群体和人工湖泊的出现，会使人感到空气清新、环境优美。很多水电站甚至是很好的疗养场所和旅游景点。

当然，水电也有缺点，例如投资较大，施工期较长，输电距离较远，出力受自然条件影响大，以及土地淹没、环境影响等。因此，在选择能源时，要作全面的技术经济比较。

（二）水力发电的要素

水头和流量是表示水能大小的两个要素，因此也是水力发电的两大要素。

1. 水头。水头是指水流集中起来的落差，即上游水位与下游水位之间的差值，用 H 表示，单位为 m。

2. 流量。单位时间内流过河道（渠道）任一横断面的水量，称为该河道的流量，用 Q 表示，单位为 m^3/s。

衡量水电站的重要动能指标是装机容量。水电站的装机容量是电站中全部机组的铭牌容量的总和，也就是水电站的最大发电功率。水电站在运行过程中实际送出的功率称为水电站的出力。出力、容量和装机容量常用 N 表示，其单位是千瓦（kW），计算出力的计算式是：

$$N = 9.81\ QH\eta$$

式中：Q——通过水电站的流量（m^3/s）；

H——水头（m）；

η——效率，即输出端的功率与输入端的功率之比。

二、水电站和水轮机的类型

（一）水电站的类型

按集中水头的方式不同，水电站可分为坝式、引水式和混合式三种基本类型。

1. 坝式水电站

利用大坝抬高上游水位，形成水头，紧靠大坝引水发电，这就是坝式水电站。按照厂房位置的不同，坝式水电站又可分为河床式与坝后式。

2. 引水式水电站

主要利用引水道（渠道或隧洞）将河水平缓地引至与取水口有一定距离的河道下游，使引水道中的水位远高于河道下游的水位，在引水道与河道之间形成水头，电站厂房则修建在河道下游的岸边。引水式水电站按引水的方式可分为无压引水与有压引水。

3. 混合式水电站

顾名思义，混合式水电站就是兼有坝式与引水式特点的水电站。电站水头部分由筑坝取得，另一部分由引水道取得。所以，混合式水电站既利用了自然有利条件（弯道、陡坡、跌水等），又有水库可以调节流量。

除了以上的几种主要类型外，还有抽水蓄能电站和潮汐水电站等。

（二）水轮机的类型

水轮机是将水流能量转换为旋转机械能量的动力设备，它带动发电机旋转产生电能。水轮机和发电机连在一起称为水轮发电机组。

按照水流能量转换的特征，水轮机可分为反击式和冲击式两大类。

1. 反击式水轮机

反击式水轮机主要是利用水流的压能做功。水流通过转轮时，由于弯曲叶道迫使水流改变其流动的方向和流速的大小，因而对叶片产生反作用力，形成旋转力矩使转轮转动。反击式水轮机由蜗壳、导水机构、转轮和尾水管四大部件组成。

反击式水轮机有混流式、斜流式、轴流转桨式、轴流定桨式、贯流转桨式、贯流定桨式等几种型式。

2. 冲击式水轮机

冲击式水轮机主要是利用水流的动能做功。其构造比较简单，主要由喷管、针阀、转轮和折向器组成。

冲击式水轮机有水斗式、斜击式和双击式等几种型式。

三、水轮发电机

（一）水轮发电机的特点

1. 水轮发电机由水轮机带动，水轮机多数是立式的，因此水轮发电机也多为立式。由于水轮机的转速较低，每分钟几十转到几百转，因此同轴连接的发电机转速也较低，结果使发电机的极数增多，使直径增大，轴向长度相对较短，整个转子形成扁盘形，这点与汽轮发电机有很大的不同。

2. 由于水轮发电机是立式的，转动部分必须支撑在一个推力轴承上，推力轴承不但要承担发电机转子的重量，而且要承担水轮机转子的重量和水压力。从推力轴承所在位置分，立式水轮发电机可以分为悬吊式和伞式两种。伞式用于低速的水轮发电机，转速较高的水轮发电机则用悬吊式为宜。

3. 小型水电站常用的水轮发电机有同步发电机和异步发电机两种。一般都采用同步发电机，只有在容量很小的微型水电站中，才采用异步发电机。

4. 卧式的冲击式水轮机要求卧式的水轮发电机，也以同步发电机为主。中小型同步电机可用于发电机，也用于电动机。卧式小型同步电机的结构图见图 3-3。

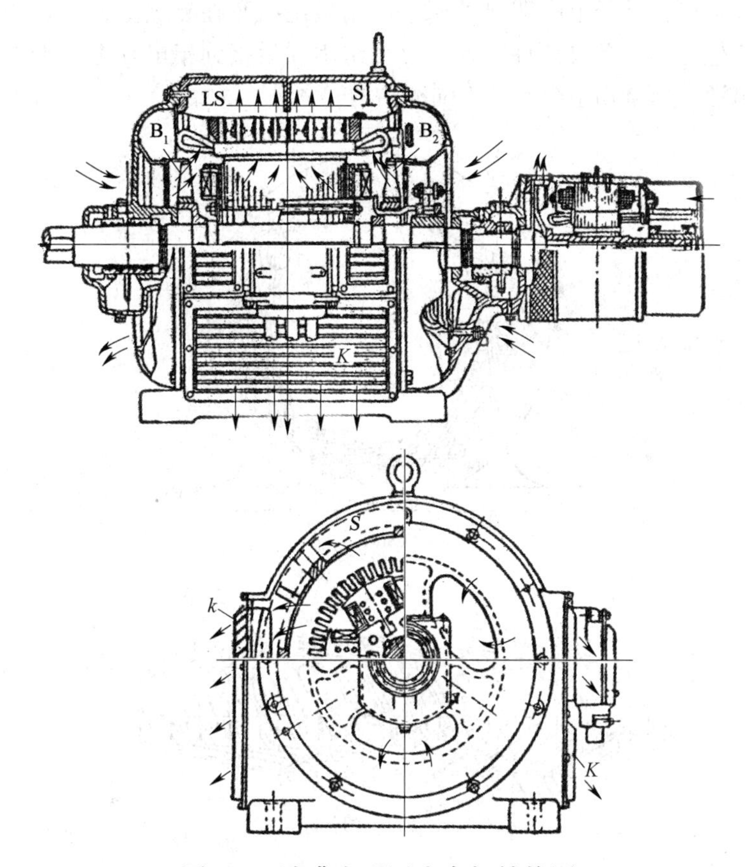

图 3-3　卧式小型同步电机结构图

5. 同步发电机的转子有凸极式和隐极式两种。中小型同步电机的转子一般为凸极式。

（二）水轮发电机的结构

以凸极式同步发电机为例进行说明。

1. 定子

定子是发电机的固定不动部分，由机座、定子铁心、定子绕组和接线盒等组成。

机座是发电机的骨架，小型水轮发电机的机座可用铸铁铸成。

定子铁心用硅钢片叠压而成，硅钢片涂绝缘漆，对于直径较大的水轮发电机，常采用扇形片结构。

定子绕组为三相正弦绕组，其形状见图 3-4。

发电机所发的交流电，即从三相正弦绕组通过接线盒引出、送入电网。定子绕组是发电机的核心部分。

2. 转子

转子是发电机的旋转部分，由铁心、磁极、励磁绕组、集电环和风扇等组成。

凸极式发电机，转子上有明显的磁极，励磁绕组套在磁极上，励磁绕组是集中式绕组，它是产生磁场的重要部件，各励磁绕组串联后接到集电环上，再由电刷引接到机外的直流电源。但自励系统有其不同的结构。

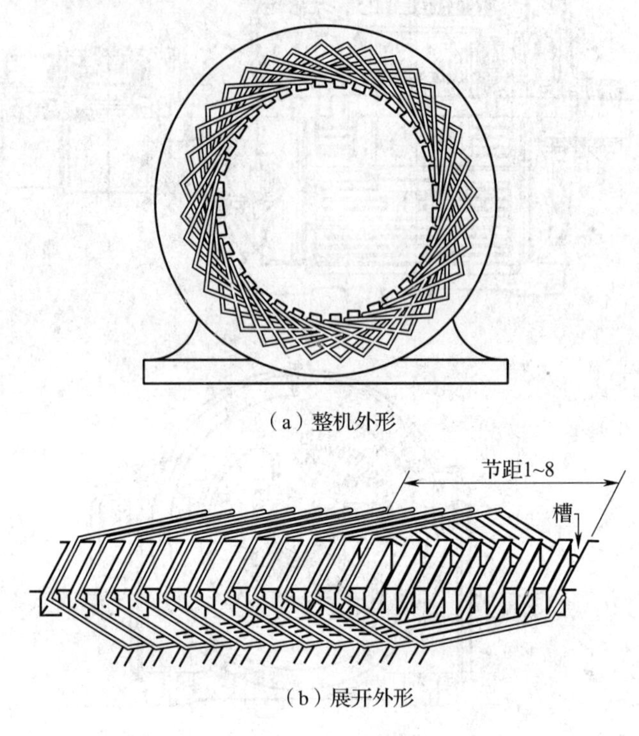

（a）整机外形

（b）展开外形

图 3-4　定子绕组

在有些发电机中，在磁极极面上还装有阻尼绕组，阻尼绕组是将一根根的裸铜条放入极靴上的阻尼槽中，然后与处在两个端面的铜环焊在一起，形成一个短接的回路，它的作用是防止同步机的振荡。

3．励磁装置

励磁装置又称励磁系统，有他励式和自励式两大类。他励式是指励磁电流的提供和控制都由另外的设备，如蓄电池、整流电源、直流发电机等和相应的电流（电压）调节器组成的励磁电源系统完成的励磁方式。这种励磁方式主要用于需要经常或反复大幅度调节电机输出电压或输出功率的场合。自励式是指励磁电流的提供是靠电机本身的功能，励磁电流的调节大部分由电机自身根据工作状态的变化自动进行，分为可控自励式和不可控自励式两种。

除了以上主要的部件外，水轮发电机还必须有前后端盖、轴承和轴承盖、电刷装置等。

（三）水轮发电机的工作原理

水轮发电机的工作原理，即同步发电机的工作原理，主要是要叙述三相正弦交流电的产生。

当导体做切割磁力线运动时，导体内就会产生感应电动势，它的大小与单位时间内切割磁力线数的多少成正比，其方向用右手定则判定，即伸开右手，让磁力线穿过手心，拇指指导体运动方向，则四指所指方向即为感应电动势的方向。

当导体为一条直线，在磁场中的有效长度为 e（m），它的运动方向和磁力线方向垂直，运动速度为 v（m/s），磁场为均匀磁场，磁感应强度为 B（T）均匀磁场时，导体内所产生的感应电动势 e 则为：

$$e = Blv \text{ (v)}$$

可以证明，当导体在磁场中不是做上述的直线运动，而是以角速度 ω（单位 rad/s）绕磁场内的一条轴线做匀速圆周运动时，某一时刻 t（单位 s）时导体内的感应电动势应为：

$$e = E\cos\omega t \text{ (v)}$$

式中 $E = Blv$

因为 $\cos\omega t = \sin(90° - \omega t)$，所以上式可写成：

$e = E\sin(90° - \omega t)$

这个电动势是一个按正弦规律变化的交流电动势，其最大值为 E，变化周期为 2π 电角度。这就是我们常说的“正弦交流电”。

如果有三套线圈，沿一个圆周上每隔 120°电角度安排，那么在三套线圈中的感应电动势分别为：

$$e_a = E\cos\omega t$$

$$e_b = E\cos(\omega t - 120°)$$

$$e_c = E\cos(\omega t + 120°)$$

这就是正弦三相交流电。

同步发电机所产生的感应电动势的频率 f 与转速 n 以及磁极对数 p 有关，即：

$$f = \frac{pn}{60}$$

在此还应强调一点，同步发电机的定子绕组必须是一个三相对称正弦绕组，而且所发的电的波形还与多种因素有关。

同步电机的理论相当复杂，对于初学者来说，我们只能这样简单地叙述。

（四）同步发电机的励磁系统

他励式励磁系统原理比较简单，在此重点介绍几种自励的励磁系统。

1. 自励原理

自励是一种内部反馈系统，整个系统无外来输入量。在发电机的转子磁极上存在一定剩磁的条件下，当转子即磁极以额定转速旋转磁时，在定子绕组中就感应产生一个较小的交流电动势，称为“剩磁电动势”。这个小电动势在整流器的交流线路中产生一个很小的电流 i_f。经过整流，向励磁绕组提供一个小的励磁电流 I_f。如果 I_f 所产生的磁场和原转子剩磁磁场方向相同，则使该磁场有所加强，加强后的磁场使定子绕组感应出加高的电动势，加高的电动势使励磁电流加大，磁场进一步增强……这样，经过一段时间的循环后，就能使发电机发出额定的交流电压。

自励系统线路示意图见图 3-5。

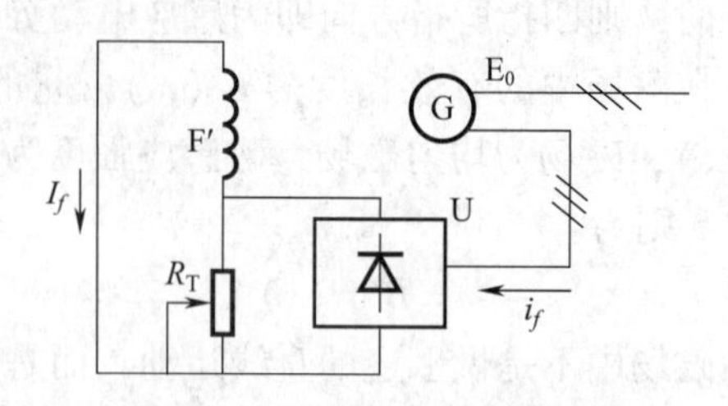

图 3-5　自励系统线路示意图

G—电机定子；F—转子；U—整流器；
R_T—励磁调节装置（可调电阻）

2．不可控电抗器移相相复励系统

不可控电抗器移相相复励系统原理图见图 3-6。

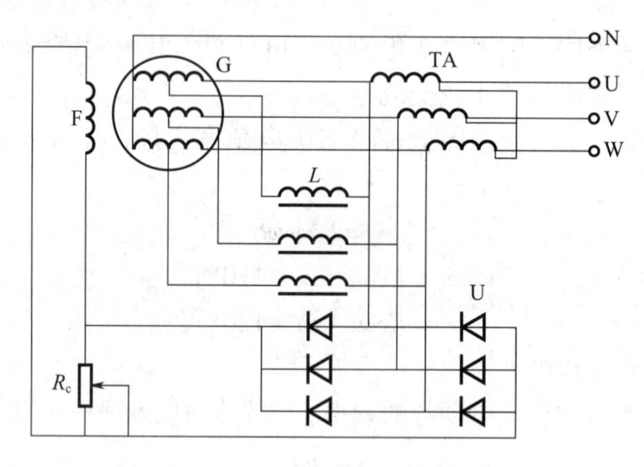

图 3-6　不可控相复励系统原理图

当发电机被拖动到额定转速附近时，由于转子铁心剩磁的作用，使定子绕组产生一定量的感应电动势。通过线性电抗器 L 施于三相桥式整流器 U 交流输入端。整流后通向励磁绕组 F 进行励磁，使定子电压逐渐提高，最后达到接近额定电压值。

当发电机带有负载时，负载电流 I_G 通过电流互感器 TA 的一次绕组，其二次绕组的输出电流与负载电流相位相同，大小成比例。它与由电抗器 L 提供的滞后于端电压 90°电角度的电流 I_R 做相量叠加，经过整流后通向励磁绕组。

电抗器的铁心为“ㅁ”形，其中“＿”和“山”两部分之间的距离可调，这个距离，或称之为气隙，在整个磁路的磁阻中占绝大部分。因为励磁电流和磁路的磁阻成比例。所以调节这个气隙的大小就可达到调节电抗器输出电流的目的，也就是达到了调节发电机输出电压的目的。

调节可调电阻 R_C，也可对发电机输出电压进行少量的调节。

这种励磁方式的优点是整个励磁装置均为静止元器件，因而工作稳定可靠，稳态和动态性能都较好，且维修方便。

3. 谐振式相复励系统

谐振式相复励系统和不可控电抗器移相相复励的区别在于，供给整流器交流端的电流不是由电抗器和互感器两个输出电流的直接电复合而成的，而是利用了一个三相三绕组相复励变压器 TX 进行磁复合后形成的。谐振式相复励系统原理图见图 3-7。

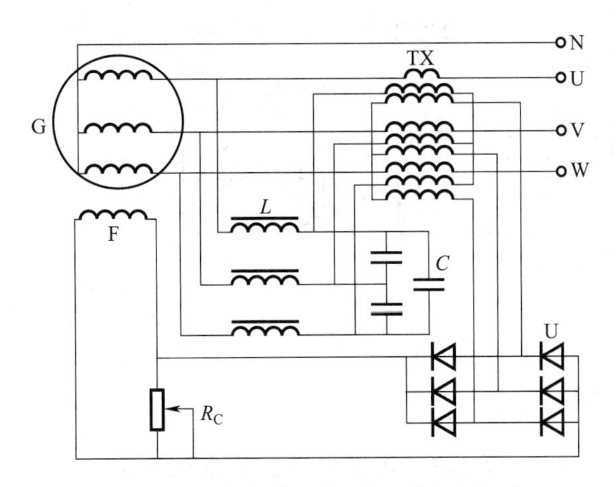

图 3-7 谐振式相复励系统原理图

从图 3-7 中可以看出，电抗器的输出端每两相之间并接了电容 C。这样，选择 C 的参数使通过 L 和 C 的电流频率达到 90% 左右时，电机发电频率额定值时产生串联谐振，从而使 C 上产生较高的电压。由于整流器件和 C 是并联关系，所以整流器输入端也就有了较高的电压，这样就能输出较大的电流为电机励磁，使发电机很快完成起励建压过程。这是这种励磁系统的主要优点。另外，它的冷热态电压变化率比不可控电抗器移相相复励系统的小。

4. 可控电抗器移相相复励系统

这种形式的励磁系统是在不可控电抗器移相相复励系统的基础上，附加一个励磁调节器 AFR，励磁调节器从发电机输出中分别采集电压和电流的变化量，然后通过测量比较电路等反馈到励磁回路中调节励磁电流的大小，从而控制发电机的输出电压。图 3-8 是这种励磁系统一种电路原理示意图。

图 3-8 中和 R_C 接在整流器的交流侧，用分流交流电流的方法达到改变励磁电流，从而调控发电机输出电压的目的。所以和图 3-6 相比，原理是一样的，只是位置不同。图中转换开关 S_2 用于手动和自动功能的转换。

5. 双绕组电抗分流式励磁系统

图 3-9 为双绕组电抗分流式励磁系统示意图。图中 W_1 为发电机工作电枢绕组（交流发电机的定子绕组又称电枢绕组，而直流电机的电枢绕组是指转子绕组），W_2 为辅助绕组，它的作用是产生空载励磁电流。发电机工作绕组的中性点是通过分流电抗器 LS 后接成的。负载时，部分定子电流流经 LS，以补偿电枢反应的去磁作用。

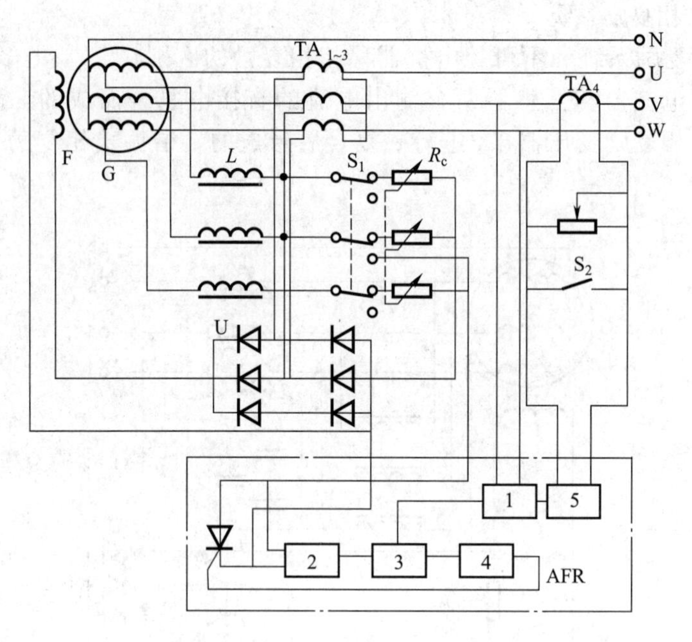

图 3-8　可控相复励系统原理图

注：点画线框内为励磁调节器主要部件关系图。

1—测量比较电路；2—同步信号整形电路；3—放大移相触发电路；

4—宽脉冲形成电路；5—调差环节

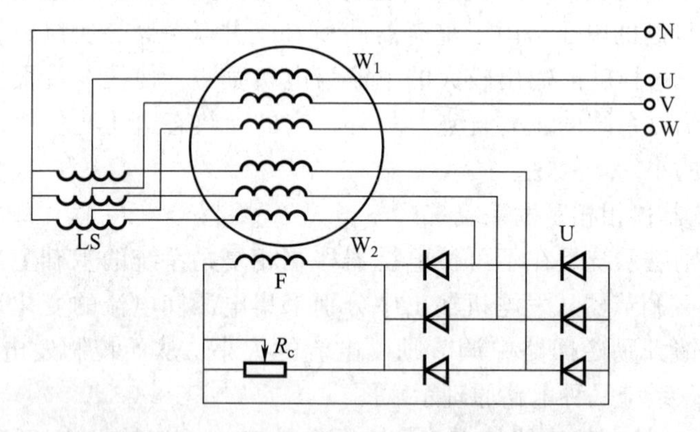

图 3-9　双绕组电抗器分流式励磁系统

6. 三次谐波励磁系统

采用三次谐波励磁系统的三相同步发电机定子铁心上嵌有两套绕组，一个是三相负载绕组，另一个是三次谐波绕组。三次谐波绕组有接成一相和三相两种。图 3-10 为两种形式的原理图。

这种励磁方式一般用于凸极转子同步电机中。它的工作原理简述如下：

当发电机被原动机拖动使磁极旋转时，定子主绕组 W 和谐波绕组 WH 同时切割转子剩磁磁场。由于谐波绕组的节距为主绕组的⅓，即≤⅔（2 为极距），所以它就能

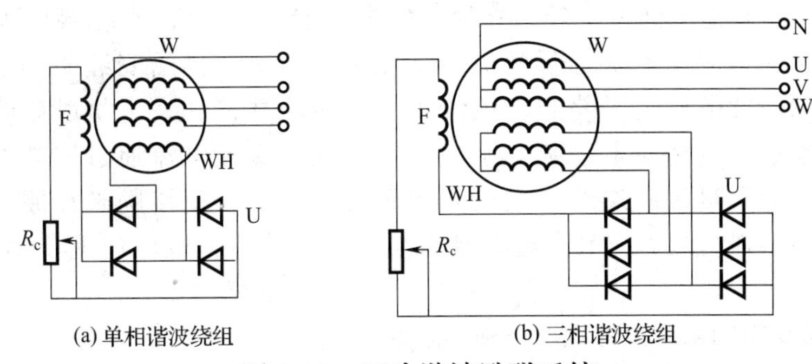

图 3-10 三次谐波励磁系统

感应出三次及三的奇数倍次数的谐波电动势和电流，这个电流经整流后供给电机励磁绕组，使主磁场加强。这样，经过一段时间后在电机定子主绕组端部形成一定的电压，即空载电压。

当发电机带有负载时，直、交轴电枢反应磁场也含有三次及三的奇数倍次数的谐波，并且它的大小随着负载的变化而变化。在感性负载时，它将随着负载的加大而增强。这样，就使谐波绕组的感应电动势也随之变化，即励磁电流也随之变化，达到自动控制发电机输出电压在一定水平上的目的。

简单的谐波励磁系统只采用励磁绕组串联或并联电阻 R_c 来小范围调整发电机输出电压；要求较高一些的发电机则采用晶闸管自动调压器，它可以做到自动控制，反应速度较快，同时能提高励磁功率的使用率，改善发电机冷热态电压变化性能。

谐波励磁系统结构简单，运行可靠，维护方便，通用性强，稳态性能较好，但动态性能不如相复励。和相复励相比，因产生励磁功率的谐波绕组需要单独制造和嵌线，因此其制造工艺复杂，要求高。但因各有优缺点，目前三次谐波励磁系统应用的也比较广泛。

7．无刷励磁系统

无刷励磁交流同步发电机主要部分联系图见图 3-11。

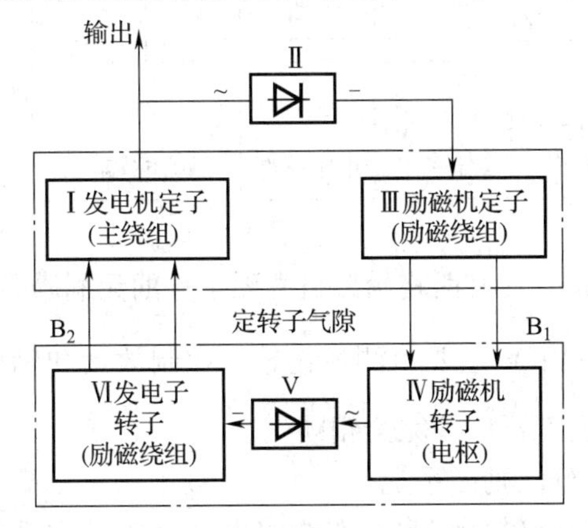

图 3-11 无刷励磁发电机主要部分联系图

发电机转子被拖动到一定转速之后，发电机定子主绕组感应出剩磁电动势，这个电动势产生的感应交流电通过整流器Ⅱ变成直流电，供给安装于和定子主绕组共用机座的励磁发电机定子绕组，该绕组产生磁场并使和发电机励磁绕组同轴旋转的励磁机电枢产生感应电动势和感应电流。这个交流电流通过安装在转轴上被称为旋转整流器▽整流后送给发电机转子励磁绕组Ⅱ，使该励磁在原有剩磁的基础上有一定的加强。之后，和其他自动系统一样，使电机端电压逐步达到一定值，完成空载建压过程。

电机励磁功率的来源，有以下三种不同方式：

(1) 直接来自发电机主绕组的出线端。这种方式的优点是简单方便；缺点是没有复励作用；在发电机输出短路时，没有短路维持电流。

(2) 来自定子中的三次谐波绕组。这种方式的优点和三次谐波电机基本相同。

(3) 有两个来源（见图3-12）。其中一路为电压分路。它直接来自电机定子主绕组输出端或通过变压器变压后送到被称为自动电压调节器（AVR）整流并控制，然后再送到励磁发电机定子励磁绕组之一的 WF_{j1} 为励磁机励磁；另一路为电流分路。它来自接于电机输出线的电流互感器二次，经过整流后供给 WF_{j2}。这一路所提供的励磁电流与负载电成正比，具有复励作用，使发电机具有良好的动态调整性能。

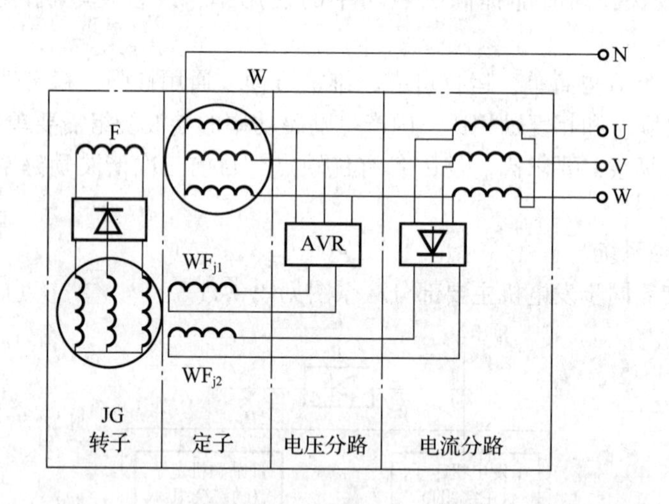

图3-12 具有两路励磁机励磁电源的无刷励磁系统

自动电压调节器（AVR）主要由测量比较、控制放大和励磁调节等单元组成。尽管具体线路各不相同，但工作原理完全相同。

8．可控双绕组电抗分流励磁系统

可控双绕组电抗分流励磁系统是在双绕组电抗分流励磁系统增设电压校正器，以实现复合控制。其电路原理图见图3-13。

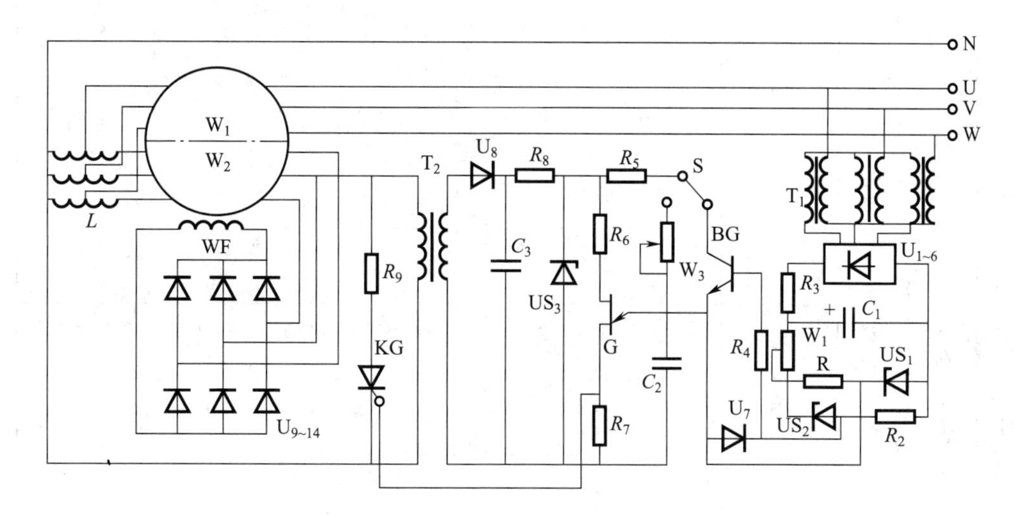

图 3-13 可控双绕组电抗分流励磁系统线路原理图

（五）小型水轮发电机的型号和部分技术数据

1. 小型水轮发电机的型号

以 TSWN 系列为例进行说明：

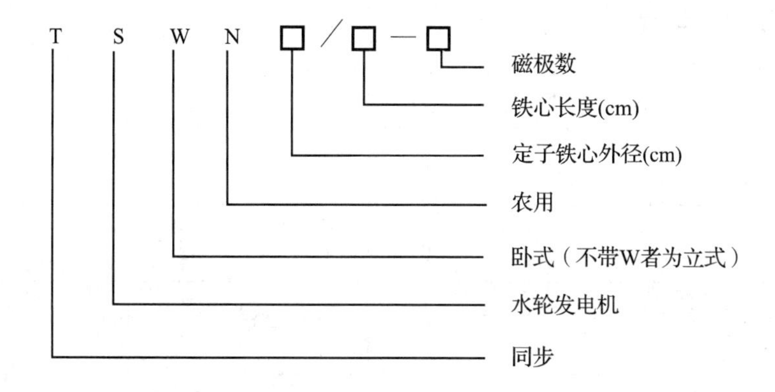

例如：TSWN 49. 3/25-8 表示农用卧式同步水轮发电机，定子铁心外径为 49. 3cm，铁心长度为 25cm，磁极数为 8 极。

2. 小型水轮发电机的部分技术数据

TSWN、TSN 系列水容量水轮发电机与混流式水轮机或定桨式水轮机配套，用于农村小型水电站，供农村动力和照明使用。

本系列发电机采用三次谐波励磁或双绕组电抗分流自励恒压励磁，可靠性高，有良好的电压调整率。

TSWN、TSN 系统小容量水轮发电机的部分技术数据见表 3-1。

表 3-1　TSWN、TSN 系统小容量水轮发电机部分技术数据

型号	额定功率（kW）	额定电压（V）	额定频率（Hz）	额定转速（r/min）	满载时						空载励磁电流（A）	定子铁心				磁极		气隙长度
					电流（A）	功率因数（滞后）	效率（%）		励磁电压（V）	励磁电流（A）		外径	内径	长度	槽数	极距	铁心长度	
							TSWN系列	TSN系列				mm				mm		
TSWN 或 TSN 36. 8/14-4	18	400	50	1500	32. 5	0. 8	85. 1	84. 2	32. 2	24. 5	9. 73	368	265	140	48	208	140	1. 1
TSWN 或 TSN 36. 8/20-4	26				46. 9		88. 5	87. 6	41. 6	24	9. 8			200			200	
TSWN 或 TSN 36. 8/12. 5-6	12	400	50	1000	21. 7	0. 8	84. 3	83. 5	27. 9	23. 7	8. 8	368	285	125	54	149	125	0. 7
TSWN 或 TSN 42. 3/18-6	18				32. 5		85. 5	85	41. 2	24. 2	9. 06			180			180	
TSWN 或 TSN 42. 3/20. 5-4	40	400	50	1500	72. 2	0. 8	88. 3	87. 4	24. 7	51. 2	19. 5	423	305	205	48	240	210	1. 45
TSWN 或 TSN 42. 3/27-4	55				99. 1		89. 7	89	30. 8	51. 6	19. 6			270			280	

续表 3-1

型号	额定功率(kW)	额定电压(V)	额定频率(Hz)	额定转速(r/min)	满载时 电流(A)	满载时 功率因数(滞后)	满载时 效率(%) TSWN系列	满载时 效率(%) TSN系列	满载时 励磁电压(V)	满载时 励磁电流(A)	空载励磁电流(A)	定子铁心 外径 (mm)	定子铁心 内径 (mm)	定子铁心 长度 (mm)	定子铁心 槽数	磁极 极距 (mm)	磁极 铁心长度 (mm)	气隙长度 (mm)
TSWN 或 TSN 42.3/19-6	26	400	50	1000	46.9	0.8	87.5	86.8	42.4	23.7	8.32	423	327	190	54	171	190	0.8
TSWN 或 TSN 42.3/25-6	40				72.2		88.6	88	30	49.1	16.4			250			260	
TSWN 或 TSN 49.3/25-6	55	400	50	1000	99.1	0.8	89.5	88.9	37	46.5	15.5	493	384	250	72	201	250	1.0
TSWN 或 TSN 49.3/30-6	75				135.5		91	90.4	43.3	40.6	13			300			300	
TSWN 或 TSN 49.3/25-8	40	400	50	750	72.2	0.8	88.2	87.8	36	47	18.6	493	384	250	72	151	250	
TSWN 或 TSN 49.3/30-8	45				99.1		89.5	89.1	45.6	45.5	17.1			300			310	

（六）水轮发电机的选择

1. 结构型式的选择

水轮发电机按其轴线位置分为立式和卧式两大类型。

立式水轮发电机又分悬式和伞式两种。

当 $D_i/l_t n_r \leqslant 0.035$ 时，采用悬式；

$D_i/l_t n_r \geqslant 0.035$ 时，采用伞式。

式中：D_i——定子铁心内径（m）；

l_t——定子铁心长度（m）；

n_r——额定转速（r/min）。

卧式水轮发电机又分普通卧式、全贯流式和半贯流式。

采用立式或卧式，应考虑水轮机以及传动方法。并且应注意发电机的飞轮力矩（GD^2），飞轮力矩是发电机转动部分的重量与惯性直径的平方的乘积，是影响运行稳定性、重量和造价的重要参数。

2. 功率的选择

水轮发电机的功率可按下式选择：

$$P_f = P_s \eta_1 \eta_2$$

式中：P_f——水轮发电机的功率（kW）；

P_s——水轮机的功率（kW）；

η_1——发电机的效率（500kW 以下取 0.9，500kW 以上取 0.95～0.97）；

η_2——机组传动效率（直接传动取 1，平带传动取 0.9，V 带传动取 0.95）。

3. 电压的选择

发电机的额定电压应符合国家标准，它是一个综合性的参数，和供配电设备以及负荷情况有着密切的关系。

一般小型水轮发电机的电压采用 400V，当发电机的容量大于 400kW 时，多采用 6300V。根据当地情况，若采用 10kV 较为合理时，较大容量的发电机应采用 10kV。

4. 转速的选择

水轮发电机的额定转速越低，电机的极数就越多。在选择水轮发电机的转速时，应尽量和水轮机的额定转速相同。当额定功率一定时，发电机的额定转速越高，其体积越小，重量就越轻，价格也越便宜，所以应优先选用较高转速的发电机。

四、小型水电站的运行和维修

（一）水电站的运行

水电站运行应在经济合理利用水力资源、满足电力系统供电质量的基础上，全面实现安全、满发、经济的要求。

水电站的运行与河川径流密切相关。河川径流的多变性和不重复性给水电站的经济运行带来很大困难。尤其是对于具有长期调节水库的水电站，由于缺乏准确、可靠的长期水文预报，在水库的运行管理上极易造成人为的失误，从而对水电站的安全经济运行和水库综合效益带来不利的影响。

水电站由于机组启动快，操作简单，效益高，成本低等优点，在电力系统中常担任调频、调峰、调相、备用等任务。机组的正常开停机，带负荷运行，以及调相、进相等特殊运行等，都是水电站运行的特点。

1. 运行前的检查

在水电站运行前应对水系部分、水轮机、水轮发电机和电气控制部分进行必要的检查。

（1）水系部分：

1）检查上、下游的水位，并应做好记录。

2）检查拦污栅和进水闸门有无损坏和阻塞物，若有问题，应进行修理和清除杂物。

3）闸门操作机构应灵活，运行前闸阀应在关闭位置，而尾水闸门应提起，放气阀应打开。

4）引水渠道和压力水管应无渗漏现象。

5）水轮机室、尾水管和尾水渠中应无杂物。

（2）水轮机部分：

1）应对水轮机进行外观检查，安装螺栓是否牢固，或有无其他异常情况。

2）应对水轮机转动部分进行检查，可用手推动看其转动是否灵活。

3）检查传动装置，如联轴器等是否正常，传动带松紧是否合适。

4）阀门和导叶应在关闭位置，导叶开度的指示应正确。

5）各部位的润滑应良好。

（3）发电机和电控部分：

1）检查发电机和电气控制装置的绝缘电阻，用兆欧表检测，其绝缘电阻值应符合规定。

2）检查发电机和电气控制装置的接线是否牢固，接地是否良好，互感器也应接地良好。

3）转动发电机转子，是否灵活，有无异常声音，电刷装置是否良好，电刷压力适当，电刷在刷握中能正常活动。

4）检查各种开关位置正确，分合灵活，熔断器完好。

5）互感器接线应正确，使用时，电流互感器二次不允许开路，电压互感器二次不允许短路。

6）检查各种仪表应完好。

2. 机组启动、停机的步骤和运行中的监视

（1）机组的启动步骤。水轮发电机组启动的步骤如下：

1）打开压力表阀门和放气阀门；

2）打开进水阀门，使压力水管和蜗壳充水。待放气阀门冒水时，即关闭放气阀门；

3）操作调速器，渐渐开启导叶，使机组在低速下运行，观察声音是否正常，检查有无异常现象；

4）低速运行正常后，合上发电机励磁开关，慢慢调节励磁变阻器，观察电压表，发电机电压逐渐升高；

5）调节变阻器和导叶开度，使发电机的电压和频率达到额定值；此时机组也达到额定转速；

6）合上发电机主开关，使发电机带轮负荷运行，此时电流表应有指示；

7）检查各部分轮负荷运行正常后，逐渐增加负荷，直至额定负荷运行。

（2）机组停机步骤。水轮发电机组停机的步骤如下：

1）慢慢地关闭水轮机导叶；

2）逐渐调节磁场电阻，增大阻值，减小励磁电流；

3）断开各支路开关，减小负荷；

4）断开主开关，切断负荷；

5）断开发电机灭磁开关；

6）关闭水轮机导叶，机组停止转动；

7）关闭调速器进油阀；

8）切断电源；

9）关闭进水阀门。

（3）运行中的监视。水轮发电机组在运行中应监视其运行情况，以保证机组正常运行，监视的内容如下：

1）监视水流情况，进水和出水情况应正常；

2）检查压力管道应无渗漏、水压表指示正常；

3）随时监听机组运转时有无异常声响，根据不同的异常声音，可以确定是否产生相关的故障；

4）随时嗅闻机组各处有无异常气味及冒烟情况。异常气味，甚至冒烟，是电气故障所致，应及时进行检查和排除；

5）通过各种仪表指示监视水轮发电机组的运行情况。电流表指示应正常，可及时调节负荷；电压表应指示正常，可调节励磁电阻；频率表应指示正常，可以调节转速。

6）经常检查机组各部分的温度，用于触摸或采用温度计测量，温度过高，有可能负荷过大，或是润滑不良，引起轴承和轴承座发热等；

7）用眼观察火花现象，如电刷火花是否正常等。

（二）水电站的维护和故障修理

1．水电站的维护和保养

水电站的各种机械和电气设备应进行经常性的维护和保养，以保证水电站的正常运行，维护保养的项目如下：

（1）检查水轮机各部分的密封情况，保证不漏水、不漏气；

（2）对转动部分应检查其润滑情况，进行清理和加油润滑；

（3）传动部分应及时清理，联轴器和传动带连接牢固；

（4）经常清理导叶、转轮间的污物；

（5）防止水分和油类、杂物等进入发电机内部，导电部分应保持干燥和清洁；

（6）保持电刷和集电环接触良好，定期检修电刷或是进行更换；

（7）各种开关接触良好、无变形，并及时修整、打磨；

（8）检查各种熔断器，熔断或损坏时应及时更换；

（9）应检查各种接线头是否牢固、颜色是否正常，并及时进行检修；

（10）当发生异常声响、异常气味、温度异常时应及时检修。

2. 水电站的常见故障和排除方法

水轮发电机组在运行中会发生各种故障，应根据故障现象分析原因，进行修理，以保证水电站的正常、经济、可靠的运行。水电站的常见故障及其排除方法如下：

（1）水轮机不转或转速度很低。

1）转轮与轴之间的键松脱，应重新安装转轮与轴之间的键，使其连接牢固、可靠；

2）转轮叶片被卡住或叶片与机壳严重摩擦，应清除机壳内的杂物，并重新安装转轮；

3）转轮叶片损坏，损坏不严重时，可以进行修复；严重时应更换转轮叶片。

（2）水轮机强烈振动。

1）水轮机汽蚀，应采取措施防止汽蚀；

2）地脚螺栓松动，应重新紧固螺栓，必要时应加弹簧垫圈；

3）主轴弯曲或安装不良，对主轴进行校直，严重时应更换主轴，并按工艺重新进行安装；

4）轴承损坏或安装不良，应更换损坏的轴承，并按工艺重新进行安装；

5）传动装置偏心或零部件损坏，应校正传动部件，消除偏心现象，对于损坏的零部件进行更换。

（3）水轮机发出异常声响。

1）水轮机强烈振动而引起异常声响，应根据发生振动的原因，排除故障，进行相应的处理；

2）转轮处进入异物，只要清除异物就可以了；

3）转轮叶片与机壳摩擦，首先检查有无零件损坏，若有损坏则应更换零件，然后校正转轮中心线，并按工艺重新进行安装；

4）水轮机零部件松动，应找出松动的零部件，重新进行紧固。

（4）水轮机轴承过热。

1）润滑油油量不足或油质变坏，应加足润滑油，对于油质变坏的润滑油应重新更换；

2）轴承损坏或安装不良，轴承受力不均匀，应更换损坏的轴承，并按工艺重新安装；

3）传动带过紧，应调整传动带的长度，使之合适；

4）主轴弯曲，应校直主轴。

（5）调速器不能活动。

1）有杂物卡住活动导叶，应清除杂物；

2）活动导叶轴锈蚀，应除锈或更换损坏的导叶轴；

3）传动装置卡住，应清除杂物，并调整传动装置，使之灵活。

（6）发电机不发电。

1）发电机或励磁机没有剩磁，应给发电机或励磁机充磁；

2）励磁回路有断路、短路或接地现象，不能提供励磁电流，应将断路接通，清除短路现象，对接地故障应找到接地点，并予以清除；

3）励磁机刷架松动或电刷和换向器接触不良，应紧固刷架，清除接触表面的积垢，打磨电刷表面，调整电刷弹簧压力，使电刷和换向器接触良好；

4）励磁绕组接线错误，极性相反，应重新接线，使极性正确；

5）发电机电刷与集电环接触不良，应擦净集电环表面，研磨电刷，并检查电刷弹簧压力，进行调整，使电刷和集电环接触良好；

6）发电机绕组断路，应用开口变压器进行测试，对于断路的定子绕组或转子绕组进行修复。这种故障很麻烦，往往要重新更换新绕组；

7）发电机引出线接线松动，甚至断路或开关接触不良，应将松动的接线重新接好，检修开关的接触部位，使之接触良好；

8）熔断器熔断，应确定发电机和线路正常后，更换新的熔断器熔体，切不可随意增大熔体的电流，以免造成更严重的故障。

（7）发电机电压过低。

1）发电机转速过低，应用转速表测量发电机转速，确定转速低时，应调整水轮机导叶开度，使转速正常；

2）励磁电流过小，此时应测量励磁电流，并检查磁场变阻器是否良好，然后调节磁场变阻器，使励磁电流正常；

3）励磁机电刷错位，在使用励磁机励磁的发电机，发生励磁机电刷错位时，应调节励磁机的刷架位置，以使励磁机直流电压升高；

4）发电机定子或转子励磁绕组短路，若是发生匝间短路，往往很快就会冒烟，应立即停止运行，拆卸发电机，找到短路点，进行局部处理、进行修复，否则就要更换新绕组；

5）发电机电刷接触不良，弹簧压力小，应清理集电环表面、研磨电刷，使之与集电环接触良好，并调整弹簧压力；

6）发电机引出线接线松动或开关接触不良，应重新接线牢固，并检修开关，使接触部位接触良好。

（8）发电机电压过高。

1）发电机转速过高，应调整水轮机导叶开度，使转速正常；

2）励磁电流过大，应调节磁场变阻器，加大磁场电阻，使励磁电流减小；

3）励磁装置故障，致使励磁回路电阻变小，应检修励磁装置，使其恢复正常；

4）发电机飞车，引起发电机电压剧增，应按紧急事故处理，使发电机转速保持正常。

（9）发电机电刷下火花严重。

1）各电刷的型号、规格不一致，致使片间电压不均匀而引起电刷火花大，应更换型号、规格一致的电刷；

2）电刷弹簧压力不一致，有的电刷接触太松，有的电刷接触太紧，引起火花大，应调整各电刷弹簧压力，使其保持一致；

3）集电环不圆、表面有灼伤，或有污垢，应车削集电环，以及擦净集电环，使集电环圆滑、清洁；

4）发电机振动，应消除引起振动的因素［参见“（11）发电机振动”的处理方法］。

（10）发电机过热。

1）过载或三相负载不平衡时间太长，应减小负荷，及时调整三相负荷使其保持平衡；

2）通风道阻塞或风扇损坏，应清除发电机内部的灰尘杂物，疏通风道，并检修风扇或更换风扇；

3）定子绕组短路或漏电，应寻找到短路点和漏电处，不严重时可做局部处理，严重时一般需重绕定子绕组；

4）铁心松动，转子扫膛，应紧固铁心，对于扫膛故障应区别是轴承造成，还是轴有变形，分别处理，检修轴承，或是较正主轴中心；

5）发电机受潮，应用热风法或红外线灯泡法烘干发电机。

（11）发电机振动。

1）定子铁心硅钢片松动或与机座的装配不紧密，应压紧硅钢片，用电焊点焊数处使铁心紧固；

2）发电机转子偏心或转子不平衡，应校正转子中心线，或更换轴承，并对转子调试动平衡；

3）地脚螺栓松动，应紧固地脚螺栓；

4）定、转子绕组局部短路或接地，应找出短路点和接地点，进行局部检修。

（12）控制屏仪表指针摆动。

1）仪表接线回路连接螺钉松动，应拧紧螺钉；

2）励磁回路接触不良，应检励磁装置；

3）电刷接触不良，应研磨电刷，并调整弹簧压力。

（13）开关跳闸或熔断器熔断。

1）发电机负载线路短路，应找出短路点，进行检修；

2）发电机过负荷，应减轻负荷；

3）发电机引出线及母线短路，应检修短路处；

4）发电机本身故障，应检修发电机。

第二节　风 力 发 电

一、风力发电场址的选择

风力发电是利用风能变成电能，先是由风能转变成机械能，再由机械能经发电机转变成电能。

我国地处亚洲大陆东部，濒临太平洋，位于东南季风带，海岸线长 1.8 万公里；内陆多山，改变了气压分布，全国约 20% 的国土面积有丰富的风能资源，陆地上可开发利用约为 2.53 亿 kW。风力发电事业的发展，为电网不及的广大偏远地区的生产、生活用电发挥了重要作用，同时使清洁能源得到广泛的利用，为子孙后代造福。

风力发电建设项目的确定，风力发电场址的选择，包括风能资源的评估、风电场的选址、风力发电机机组的选型、参数和装机容量的确定、风机联网方式的选择、机组控制方式的确定、土建及设备的选择及方案确定，后期扩建可能性、经济效益分析等内容。其中，风能资源的评估是风力发电建设项目的关键。

1. 风能资源的分区

根据全国有效风功率密度和一年中风速大于或等于 3m/s 时间的全年累积小时数，可以看出我国风能资源的地理分区。

（1）东南沿海及其岛屿为我国最大的风能资源区。有效风功率密度大于或等于 200W/m^2 的等值线平行于海岸线，沿海岛屿的风功率密度在 300W/m^2 以上，一年中风速大于或等于 3m/s 时间全年出现 7000h ~ 8000h。

（2）内蒙古和甘肃北部以北广大地带为次大区。这一带风功率密度在 200 ~ 300W/m^2，一年中风速大于或等于 3m/s 时间全年有 5000h 以上。

（3）黑龙江和吉林东部以及辽东半岛沿海风能也较大。风功率密度在 200W/m^2 以上，一年中风速大于或等于 3m/s 时间也在 5000h ~ 7000h 之间。

（4）青藏高原北部风功率密度在 150 ~ 200W/m^2 之间，一年中风速大于或等于 3m/s 时间可达 6500h。

（5）云贵川、甘肃、陕西南部，河南、湖南西部以及福建、广东、广西的山区，西藏、雅鲁藏布江以及新疆塔里木盆地等风能较小。

（6）其他地区为风能季节利用区。

2. 风能的测量

选址前应对风能进行测量。风的测量包括风向测量和风速测量。风向测量是指测量风的来向，风速测量是测量单位时间内空气在水平方向上所移动的距离。

采用自动测风系统进行风向和风速的测量。自动测风系统由传感器、主机、数据存储装置、电源、安全与保护装置等组成。传感器分风速传感器、风向传感器、温度传感器、气压传感器，输出信号为数字或模拟信号。主机利用微处理器对传感器发送的信号进行采集、计算和存储，主机由数据记录装置、数据读取装置、微处理器、就地显示装置组成。

测风数据要进行记录和处理。测风数据处理包括对测风数据的验证及计算处理。为风能资源的评估作依据。

3. 风能资源的评估

风能资源潜力的大小，是风能利用的关键。选择哪种风力发电机组，不但要考虑基本投资，更要根据当地的风能资源，选择适当的风力发电机组，使风力发电机组与风能资源相匹配，才能获得最大的经济效益。因此，风能建设项目的确定与选址，首先要进行风能资源的评估。先进行宏观选址，再进行微观选址。

4. 风力发电场址选择的原则和条件

风力发电场址选择，应根据如下原则和条件进行：

（1）场址选在风能质量好的地区。即年平均风速高，风功率密度大，风频分布好，可利用小时数高；

（2）风向基本稳定；

（3）风速变化小；

（4）风力发电机组高度范围内风垂直切变要小；

（5）湍流强度小；

（6）尽量避开灾害性天气频繁出现的地区；

（7）尽可能靠近电网；

（8）交通方便；

（9）对环境的不利影响最小；

（10）要考虑地理位置、地形和地质的情况；

（11）要考虑温度、气压、湿度的变化，以及海拔高度的因素。

二、风力发电机机组的结构和种类

（一）风力发电机机组的结构

典型的风力发电机机组结构见图 3-14。

从图 3-14 中可以看出，风力发电机机组组成部分，包括发电机、联轴器、制动器、齿轮箱、主轴、叶片、机舱和偏航系统，以及电气控制等几部分，完成风能经过风力机转换成机械能，再经过发电机转换成电能的过程。

对于风力发电机组结构的要求如下：

1. 强度、刚度要求

各受力构件及其组合部件必须能够承受规范规定的各种状态载荷。除此以外，还应满足刚度的要求，尤其是机舱底盘平台、叶片、塔架等部件。

2. 空气动力要求

风力发电机组是利用风能转换为机械能，再转化为电能的一个系统，因此，对于构成气动外形的部件应满足空气动力方面的要求，如气动效率高、气阻小等。这个要求不仅影响部件的外形，还影响到部件的结构，即气动外形既要考虑有效外形要求，又要考虑结构强度和刚度的要求。例如叶片由于强度不够，运行中时有叶片折断的事故发生。

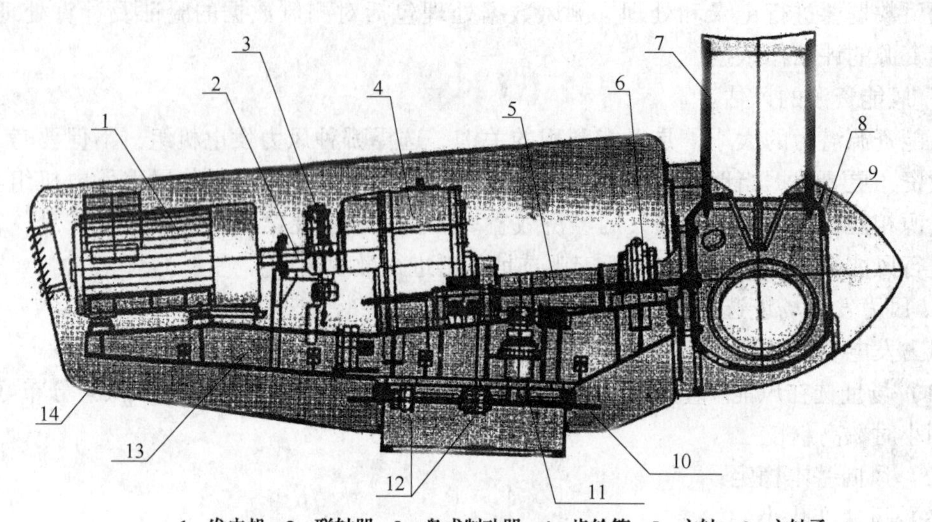

1—发电机；2—联轴器；3—盘式制动器；4—齿轮箱；5—主轴；6—主轴承；
7—叶片；8—轮毂；9—整流罩；10—偏航轴承；11—偏航电动机；12—偏航制动；13—机舱底座；14—机舱

（a）侧视图

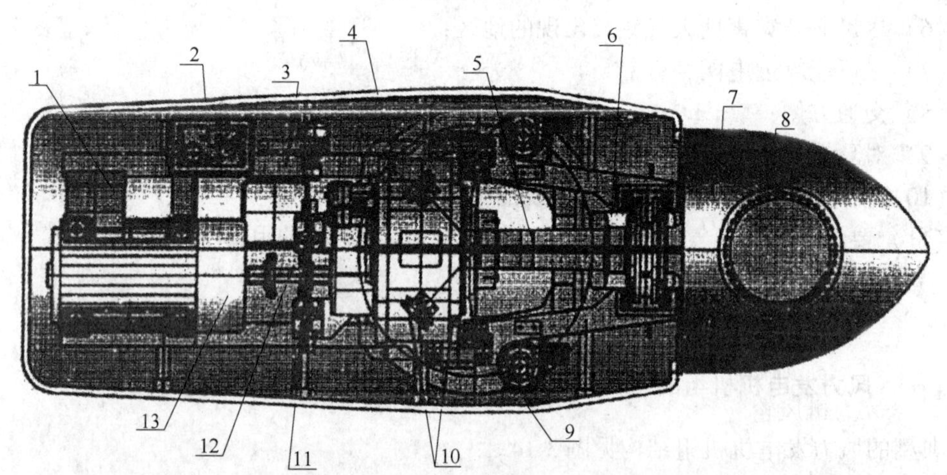

1—机舱；2—液压站；3—机舱底座；4—齿轮箱；5—主轴；6—主轴承；7—轮毂；8—整流罩；
9—偏航电动机；10—偏航制动；11—盘式制动器；12—联轴器；13—发电机

（b）顶视图

图 3-14　风力发电机机组结构图

3．动力学要求

区别于一般机械结构的要求，风力发电机机组动力部件所受载荷是交变载荷，其结构应考虑质量、刚度分布对构件、整机的固有特性的影响，使部件、整机的固有频率避开激振力频率，降低动应力水平，提高部件以及整机的寿命、可靠性。

4．工艺性要求

结构的工艺性是指在具体生产条件和一定质量的前提下，其结构能否在生产过程中达到多快好省的可能性程度。工艺性也是风力发电机机组能否实现产业化的关键。

满足以上要求，最终应达到风力发电机组的技术性、经济性和可靠性的要求。所以，要对结构中的变量进行对比、分析，以达到结构优化的目的。

（二）风力发电机机组的种类

风力发电机机组有定桨距风力发电机组和变桨距风力发电机组两类。

1. 定桨距风力发电机组

定桨距风力发电机组结构简单、性能可靠。

（1）风轮结构。定桨距风力发电机组的主要结构特点是：桨叶与轮毂的连接是固定的，即当风速变化时，桨叶的迎风角度不能随之变化。这样，存在两个问题：一是当风速高于额定风速时，桨叶必须能够自动地将功率限制在额定值附近，称为自动失速性能；二是运行中的风力发电机组在突然失去电网（突甩负载）的情况下，桨叶自身必须具备制动能力，使风力发电机组能够在大风情况下安全停机。

采用玻璃钢复合材料的失速性能良好的风力机桨叶，解决了定桨距风力发电机组在大风时的功率控制问题；又将叶尖扰流器应用在风力发电机组上，解决了在突甩负载情况下的安全停机问题。

（2）桨叶的失速调节

当气流流经上下翼面上下形状不同的叶片时，因凸面的弯曲而使气流加速，压力较低；凹面较平缓面使气流速度缓慢，压力较高，因而产生升力。

采用失速调节后，叶片的改角沿轴向由根部向叶尖逐渐减少，因而根部叶面先进入失速，随风速增大，失速部分向叶尖处扩展，原先已失速的部分，失速程度加深，未失速的部分逐渐进入失速区。失速部分使功率减少，未失速部分仍有功率增加。从而使输入功率保持在额定功率附近。

（3）叶尖扰流器

由于风力机风轮巨大的转动惯量，如果风轮自身不具备有效的制动能力，在高风速下要求脱网停机是不可想象的。

采用叶尖扰流器，当风力机正常运行时，在液压系统的作用下，叶尖扰流器与桨叶主体部分合为一体，组成完整的桨叶。当风力机需要脱网停机时，液压系统按控制指令将扰流器释放并旋转一定角度形成阻尼板，由于阻力相当高，能使风力机迅速减速，这就是桨叶空气动力刹车。

空气动力刹车是一种失效保护装置，它使整个风力发电机组的制动系统具有很高的可靠性。

（4）双速发电机

定桨距风力发电机组普遍采用双速发电机，如异步发电机的定子绕组有 4 极和 6 极两种，一般 6 极发电机的额定功率为 4 极发电机的 1/4 到 1/5。当风力发电机组在低风速段进行时，不仅桨叶具有较高的气动效率，发电机的效率也能保持在较高水平。

（5）功率输出

风力发电机组的功率输出主要取决于风速，但除此以外，气压、气温和气流扰动等因素也显著地影响其功率输出。

采用主动失速的风力机开机时，将桨叶节距推进到可获得最大功率位置，当风力发电机组超过额定功率后，桨叶节距主动向失速方向调节，将功率调整在额定值上。

（6）节距角与额定转速的设定对功率输出的影响

改变桨叶节距角的设定，显著影响额定功率的输出。调整桨叶的节距角，只是改变了桨叶对气流的失速点，节距角越大，气流对桨叶的失速点越高，其最大输出功率也越高。

2. 变桨距风力发电机组

从空气动力学角度考虑，当风速过高时，只有通过调整桨叶节距，改变气流对叶片改角，从而改变风力发电机组获得的空气动力转矩，才能使功率输出保持稳定。同时，风力机在启动过程中也需要通过变距来获得足够的启动转矩。还有，采用变桨距的风力发电机组可使桨叶和整机的受力状况大大改善。

（1）输出功率特性

变桨距风力发电机组与定桨距风力发电机组相比，具有在额定功率点以上输出功率平稳的特点。变桨距风力发电机组的功率调节不完全依靠叶片的气动性能。

变桨距机构调整叶片节距角，将发电机的输出功率限制在额定值附近。除了对桨叶进行节距控制以外，还通过控制发电机转子电流来控制发电机转差率，使发电机转速在一定范围内能够快速响应风速的变化，以吸收瞬变风能，使输出的功率曲线更加平稳。

（2）在额定点具有较高的风能利用系数

变桨距风力发电机组，由于桨叶节距可以控制，无须担心风速超过额定点后的功率控制问题，可以使额定功率点仍然具有较高的功率系数。

（3）确保高风速段的额定功率

由于变桨距风力发电机组的桨叶节距角是根据发电机输出功率的反馈信号来控制的，它不受气流密度变化的影响。变桨距系统总是能通过调整叶片角度获得额定功率输出。

（4）启动性能与制动性能

变桨距风力发电机组比定桨距风力发电机组更容易启动，因为变桨距风力发电机组在低风速时，桨叶节距可以转动到合适的角度，使风轮具有最大的启动力矩。

当风力发电机组需要脱离电网时，变桨距系统可以先转动叶片使之减小功率，在发电机与电网断开之前功率减小至0。变桨距风力发电机组没有定桨距发电机组的脱网问题。

三、风力发电机

（一）对风力发电机的要求

1. 发电机的外壳防护等级宜选用IP44或IP54，即全封闭式电机；
2. 发电机的冷却方式选用IC411，即电机外壳表面带散热筋加外风扇；

3. 发电机的绝缘等级选用F级，而且经VP1（真空压力无溶剂浸渍）处理；

4. 发电机内带空间加热器；

5. 发电机底部要有气压平衡孔，此孔又能起到排出凝露水的作用；

6. 安装在北方地区的发电机，其轴承润滑脂选用时要考虑到冬天的低温；

7. 发电机振动要小，振速不超过2.8mm/s；噪声要低，一般要求$L_P \leqslant 85$dB（A），大机组的$L_P \leqslant 82$dB（A）；

8. 发电机的飞逸转速要高，一般大于1.5倍同步转速；

9. 发电机的效率要高，且转差率要大，效率曲线要平坦；

10. 发电机的自然功率因数要尽可能高，以减少对电网无功功率的吸收或降低补偿电容器的电容量；

11. 发电机的外形尺寸要小，重量要轻，以减小机舱的体积，减轻机舱的重量；

12. 发电机端电压的波动一般为±5%，最好考虑到±8%，甚至±10%的波动；

13. 发电机的堵转电流要小。

（二）感应发电机

1. 基本原理

感应发电机是感应电机的一种运行方式：电动机运行时，它的转速n只能低于同步转速n_s，此时转差率$S=(n_s-n)/n_s>0$；发电机运行时，它的转速n高于同步转速n_s，此时转差率$S=(n_s-n)/n_s<0$；制动状态运行时感应电机的转子逆着旋转磁场方向旋转，此时转差率$S=[n_s-(-n)]/n_s=(n_s+n)/n_s>1$。

并网运行的异步发电机（感应发电机）的电压一定是电网电压，其频率也一定是电网频率，输出功率变化也不会使异步发电机产生振荡及失步，异步发电机的输出功率与转差率几乎成线性关系，感应发电机的并网不像同步发电机那样繁杂，不需要设置同步、整步装置。但是，感应发电机并网瞬间与电动机相似，存在很大的冲击电流。

风力发电机的主要技术指标有：发电机的效率、功率因数、额定转速、最大转矩倍数（即过载能力）和温升限值。另外，发电机的堵转电流倍数和堵转转矩倍数也是重要的技术控制参数。

2. 双馈异步风力发电机

变速恒频风力发电机系统一般采用双馈电机作为发电机，双馈电机实际上是绕线转子异步电机，通过变桨距控制风力机使整个系统在很大的速度范围内按照最佳的效率运行，这是当前风力发电发展的一个趋势。

双馈异步发电系统中发电机的定子绕组直接接到工频电网上，其转子绕组接到频率、相位、幅值和相序均可以调节的变频电源上，如果改变转子绕组电源的频率、相位、幅值，就可以调节电机的有功功率和无功功率。

（1）双馈异步风力发电机的特点：

1）电机可以制成空—空冷却（IC411）或强迫风冷（IC616）两种类型；

2）结构紧凑、体积小、重量轻；

3）安装方式为 IMB3，防护等级 IP54，绝缘等级为 H 极；

4）定子铁心采用外压装工艺，装配质量好，维修方便；

5）定、转子绕组均经过真空压力浸漆处理，从而提高了绕组绝缘的可靠性；

6）特殊的绝缘系统，抗高频谐波冲击；

7）采用绝缘结构的轴承系统及接地刷，消除轴电流的影响；

8）电机所有零部件经过三防处理，满足三防要求；

9）发电机定子绕组中安装有 Pt100 铂热电阻，用于实时监控绕组温度；

10）发电机轴承中安装有 Pt100 铂热电阻，用于实时监控轴承温度；

11）发电机内部安装有防潮加热器，在停机时使用；

12）电刷磨损自动监测；

13）变频功率小，变频损耗小，整机运行效率高；

14）可以平滑调节有功及无功功率，无须功率因数补偿，控制方式相对简单；

15）转速范围（输出功率范围）宽，并网快速高效，对电网冲击及干扰小；

16）谐波畸变小；

17）较高的转子绕组开口电压，改善了转子变流器的运行状况。

（2）双馈异步风力发电机的技术数据

1）YRKFF 系列 1.0MW 双馈异步风力发电机的技术数据，见表 3-2。

表 3-2 YRKFF 系列 1.0MW 双馈异步风力发电机的技术数据

轴转矩（N·m）	转速（r/min）	轴功率（kW）	定子功率（kW）	转子功率（kW）	定子电流（A）	转子电流（A）	发电量（kW）
2006	1000	210	295	-100	247	152	195
2431	1100	280	362	-99	303	165	263
2865	1200	360	430	-88	360	181	342
3379	1300	460	510	-71	427	200	439
3922	1400	575	594	-43	497	222	551
4520	1500	710	687	-4	575	247	683
5133	1600	860	772	57	646	270	829
5820	1700	1036	876	124	733	300	1000
5502	1800	1037	828	172	693	286	1000
5222	1900	1039	785	215	657	274	1000
4971	2000	1041	746	254	624	263	1000

2）YRKFF 系列 1.2MW 双馈异步风力发电机的技术数据，见表 3-3。

表 3-3 YRKFF 系列 1.2MW 双馈异步风力发电机的技术数据

轴转矩 (N·m)	转速 (r/min)	轴功率 (kW)	定子功率 (kW)	转子功率 (kW)	定子电流 (A)	转子电流 (A)	发电量 (kW)
2006	1000	210	296	-99	248	131	197
2431	1100	280	363	-98	304	145	265
2865	1200	360	431	-87	360	161	344
3379	1300	460	511	-70	427	180	441
3922	1400	575	595	-42	498	202	553
4520	1500	710	688	-2	575	226	686
5133	1600	860	777	55	650	250	832
5842	1700	1040	885	122	740	280	1007
6568	1800	1238	995	205	833	311	1200
6228	1900	1239	943	257	789	296	1200
5926	2000	1241	896	304	750	283	1200

3）YRKFF 系列 1.5MW 双馈异步风力发电机的技术数据，见表 3-4。

表 3-4 YRKFF 系列 1.5MW 双馈异步风力发电机的技术数据

轴转矩 (N·m)	转速 (r/min)	轴功率 (kW)	定子功率 (kW)	转子功率 (kW)	定子电流 (A)	转子电流 (A)	发电量 (kW)
2483	1000	260	369	-124	308	132	245
3089	1100	350	456	-123	381	151	333
3581	1200	450	541	-110	453	171	431
4261	1300	580	647	-88	541	197	559
4911	1400	720	748	-53	626	223	695
5666	1500	890	865	-3	724	253	862
6446	1600	1080	978	70	818	283	1048
7275	1700	1295	1105	153	924	316	1258
8186	1800	1543	1244	256	1041	354	1500
7761	1900	1544	1178	322	986	336	1500
7377	2000	1545	1119	381	936	320	1500

4）YRKFF 系列 2.0MW 双馈异步风力发电机的技术数据，见表 3-5。

表 3-5　YRKFF 系列 2.0MW 双馈异步风力发电机的技术数据

轴转矩（N·m）	转速（r/min）	轴功率（kW）	定子功率（kW）	转子功率（kW）	定子电流（A）	转子电流（A）	发电量（kW）
3343	1000	350	503	-169	420	179	334
4037	1100	465	612	-165	512	207	447
4775	1200	600	727	-147	608	238	580
5657	1300	770	864	-118	723	275	746
6549	1400	960	1003	-70	839	314	933
7513	1500	1180	1152	-4	964	356	1148
8535	1600	1430	1301	92	1088	399	1393
9662	1700	1720	1473	204	1233	449	1677
10876	1800	2050	1658	342	1387	502	2000
10309	1900	2051	1571	429	1314	477	2000
9798	2000	2052	1493	507	1249	454	2000

（3）双馈异步风力发电机的控制系统

1）系统控制框图。双馈异步风力发电机的控制系统框图见图 3-15。

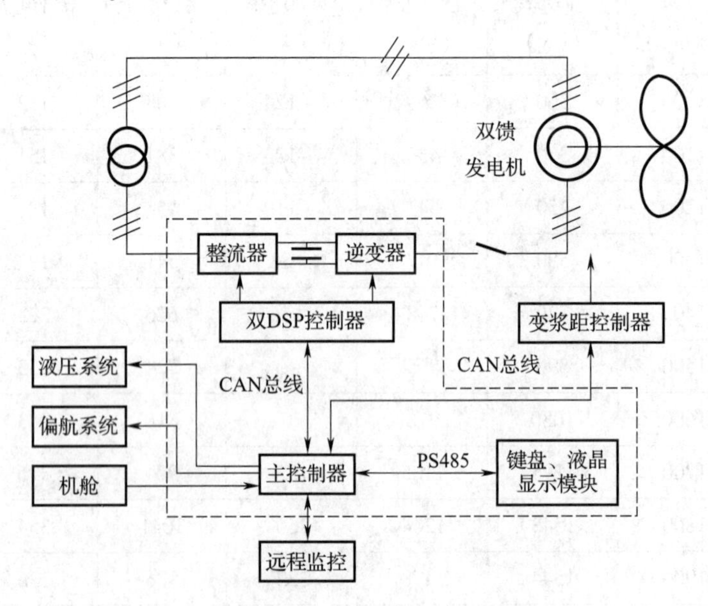

图 3-15　双馈异步风力发电机系统控制框图

2）双馈异步风力发电机的励磁系统。双馈异步风力发电机的励磁系统是一种专用于双馈异步风力发电系统的交直交双向功率变换器，采用基于同步旋转坐标变换的PWM整流技术和基于定子磁链定向的矢量控制技术，可实现风力发电机组的有功功率和无功功率的解耦控制。整流与逆变功率单元均采用IGBT作为功率开关器件，并由一组双DSP芯片进行适时、快速控制。

系统采用的自动软并网、解列控制方式，是通过控制转子电流的幅值、相位和频率使定子绕组电压的幅值、相位和频率快速跟随电网电压变化，迅速达到同步，从而实现自动软并网与解列控制。

基于DSP控制的最大功率输出的控制方式，能够实现在低于额定风速时，跟踪最佳风能利用系数Cpmax曲线，让风机以最佳叶尖速比运行，产生最大的电能输出；高于额定风速时，跟踪最佳功率Pmax曲线，保持功率输出恒定。从而大大提高了风机在较大的风速变化范围内的风能转换效率。

3）集中控制技术、主从控制结构。双馈异步风力发电系统主控器通过CAN总线实现发电机励磁系统、风机变桨距系统、偏航系统、液压系统等的控制，实现风电机组正常运行控制、运行状态监测、运行数据处理、故障处理与报警、机组维护、运行参数设置、记录运行数据、产生功率曲线、远程监控等多种功能。

4）变桨距控制系统。双馈异步风力发电系统主控器通过CAN总线实现发电机励磁系统、风机变桨距系统、偏行系统、液压系统的控制，实现风电机组正常运行控制、运行状态监测等多种功能。

5）偏航系统控制。依据风向、风速、电缆绕等传感器信号，控制两台偏航电机，实现风力机的风轮跟踪变化的风向，使风轮始终处于迎风状态。电缆发生缠绕时，自动解缆或停止运行后解缆。

6）分级制动。包括电磁制动和机械制动，分软制动、硬制动和紧急制动。

7）远程监控。远程监控，即实现风电机组正常运行控制、运行状态监测、运行数据处理、故障处理与报警、机组维护、运行参数设置、记录运行数据、产生功率曲线等各种图表与远程监控计算机通信和机组安全保护等多种功能。

（三）液压随动风力发电机

1．液压随动风力发电机的工作流程

液压随动风力发电机的工作流程图见图3-16。

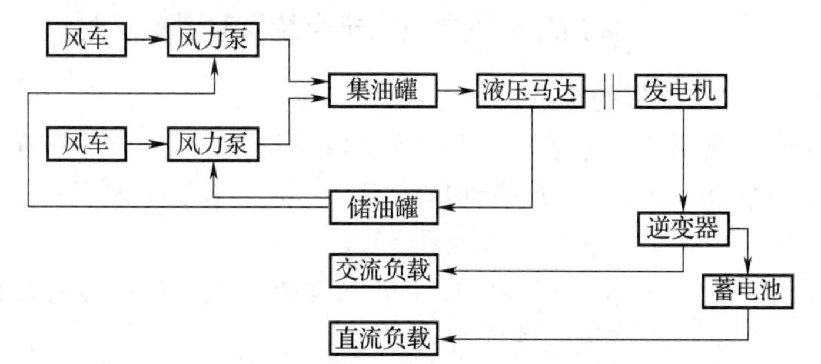

图3-16 液压随动风力发电机的工作流程图

2. 液压随动风力发电机组示意图

液压随动风力发电机组的示意图见图3-17。

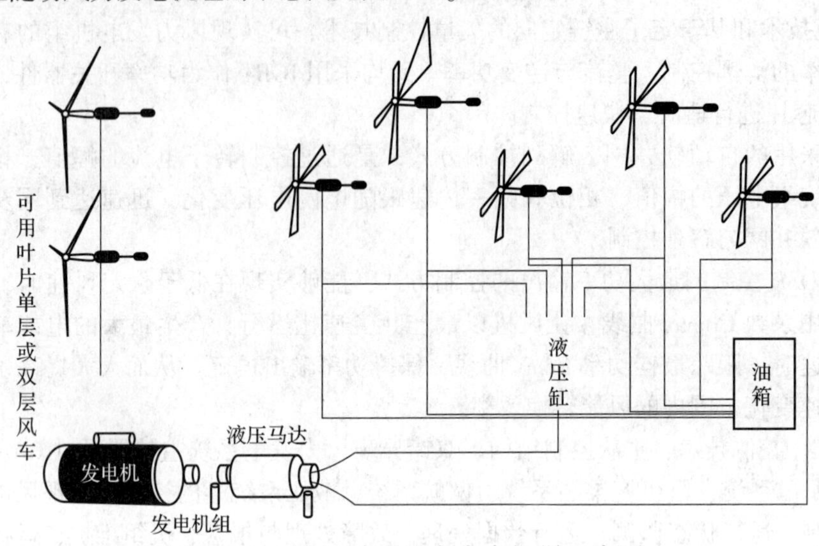

图3-17　液压随动风力发电机组示意图

3. 液压随动风力发电机组结构原理示意图

液压随动风力发电机组结构原理示意图见图3-18。

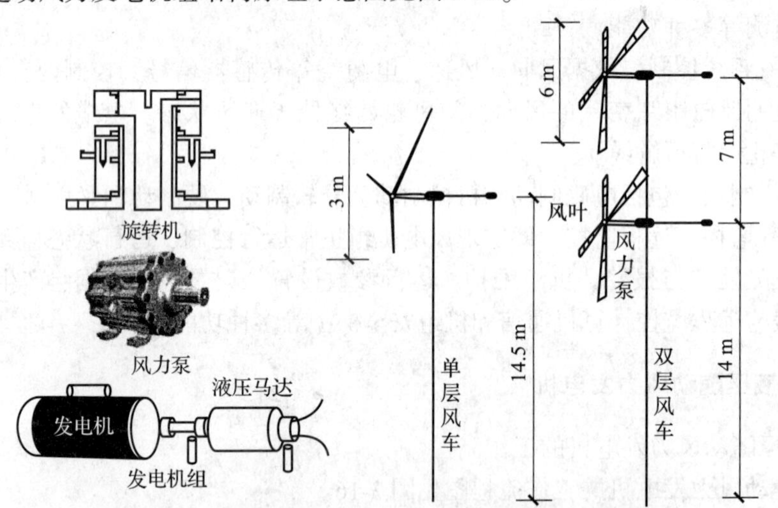

图3-18　液压随动风力发电机组结构原理示意图

4. 液压随动风力发电机的特点

液压随动风力发电机组，系统中采用了许多小风力机，分散分布在风场，每个小风力机带动一个油泵（风力泵），汇集到集油罐，用油管输送至液压马达，使液压马达旋转，再去拖动发电机发电。这样的系统具有以下特点：

（1）由于采用小风机分散分布在风场，可以避免大风力机的设计、制造、施工上的困难，分散分布又可以提高风的采集效果。

（2）由于用油管输送至液压马达，这样发电机组就可以远离风场。

（3）可以避开环境较恶劣的风场，选址建立发电厂。

（4）由于不是由风力机带动发电机，而是由液压马达拖动发电机，可以不采用专用的风力发电机，而采用普通的同步发电机，设计制造较为容易，可以直接选用传统的产品规格。

（5）由于发电机是普通的同步发电机，其控制设备技术已很成熟，便于施工和生产。

（6）该系统可以建在室内，发电机的运行条件大大得到改善，维护和维修也大为方便。

（四）小型风力发电机

小型风力发电机按风力机与发电机的连接方式不同，可分为直接连接和变速连接两种类型。一般没有调速装置或只有比较简单的单级调速装置，常见的单级调速装置如离心增阻式制动翼和旋转叶尖调节，又有改变风轮的迎风面积实现调速的机头壳体偏心调速法和侧翼调速法两种。

小型风力发电机的迎风调向装置（对风装置），常采用尾舵法，尾舵采用薄钢制造，对风效果较好。

由于风力具有不稳定性，使得发电机的输出不断变化，为了保证无风或风小时用户正常用电，必须采用足够数量的蓄电池，这时的供电通过蓄电池来提供。

和小型风力发电机配套的风力机，分为大、中、小型三类，有水平轴式与垂直轴式两种，又有少叶风力机和多叶风力机之分，多叶机为低速风力机，少叶风力机为高速风力机。2～4 个叶片的水平轴式风力机具有转速高、单位功率的平均重量轻、结构紧凑等优点，常用于平均风速高的地区。双叶式风力机成本低，三叶式风力机运转平稳、效率高。多叶式风力机具有在低风速下容易启动的优点。

小型风力发电机的技术数据见表 3-6。

表 3-6 小型风力发电机的技术数据

型号	风轮直径（m）	额定功率（W）	额定风速（m/s）	启动风速（m/s）	工作风速（m/s）	叶片数（片）	最大抗风能力（m/s）	塔架高度（m）	重量（kg）
F1.5a	3	1500	12.5	3.6		3	53.6	12～36	76
F0.6a	2.44	560	8	3			53.6	9	50
博力 600w	2.44	560		3			54	9	50
FD 2.2－0.2/7	2.2	200	7	3.5		2	40	6	88
FD 2.5－0.3/8	2.5	300	8	3.5		3	40	6.2	120
FD 3.0－0.5/8	3	500	8	3.5		3	40	7	140
FD 2－200	2	200	8	3	3～25	2	40	5.5～7	85
FD 2.2－300	2.2	300	8	3	3～25	3	40	5.5～7	96
FD 2.5－500	2.5	500	8	3	3～25	3	40	5.5～7	125
FD 2.8－1000	2.8	1000	9	3	3～25	2	40	5.5～7	175

四、风力发电机组的控制系统

（一）风力发电机组的控制技术

风力发电机组的控制技术，是风力发电的关键技术，控制技术发展得非常快。

1．风力发电机组的控制系统的作用

风力发电机组的控制系统是综合性控制系统。它不仅要监视电网、风况和机组运行参数，对机组进行并网与脱网控制，以确保运行过程的安全性与可靠性，而且还要根据风速与风向的变化，对机组进行优化控制，以提高机组的运行效率和发电量。

目前采用的软并网技术、空气动力刹车技术、偏航与解缆技术都是风力发电机组正常运行的保证。

2．风力发电机控制系统的特点

风力发电机组的控制技术从机组的定桨距恒速运行发展到基于变速恒频技术的变速运行。其特点是：低于额定风速时，它能跟踪最佳功率曲线，使风力发电机组具有最高的风能转换效率；高于额定风速时，它增加了传动系统的柔性，使功率输出稳定，特别是解决了高次谐波与功率因数等问题后，达到了高效率、高质量地向电网提供电力的目的。

3．控制系统的结构

目前绝大多数风力发电机组的控制系统都采用基于 DCS（总线系统）技术的专用控制器。这种控制器的最大优点是有各种功能的专用模块可供选择，可以方便地实现就地控制，许多控制模块可直接布置在控制对象的工作点，就地采集信号进行处理。避免了各类传感器和舱内执行机构与地面主控制器之间大量的通信线路及控制线路。同时，DCS 现场适应性强，便于控制程序现场调试及在机组运行时可随时修改控制参数。主控制器通过各类安装在现场的模块，对电网、风况及风力发电机组运行参数进行监控，并与其他功能模块保持通信，对各方面的情况作出综合分析后，发出各种控制指令。

（二）定桨距风力发电机组的软并网

1．并网方式

（1）同步风力发电机的并网。同步发电机在运行中，既能输出有功功率，又能提供无功功率，周波稳定，电能质量高。但是，把它移植到风力发电机组上却不理想，由于风速时大时小，作用在转子上的转矩不稳定，并网后常会发生无功振荡与失步问题。但是在同步发电机与电网之间采用变频装置，解决了这些问题，同步发电机方案又引起人们的重视。

（2）异步风力发电机组的并网。异步发电机投入运行时，不需要同步设备和整步操作，只要转速接近同步转速时就可并网，不仅控制装置简单，而且并网后不会产生振荡和失步，运行非常稳定。并网方式主要有直接并网方式、准同期并网方式、降压并网方式、捕捉式准同步快速并网方式等。

2．软并网方式

采用双向晶闸管的软切入法，使异步发电机并网。有两种连接方式：

（1）发电机与系统之间通过双向晶闸管直接连接。在异步发电机转速小于同步转速时，异步发电机作为电动机运行，随着转速升高，转差率逐渐趋于零，当转差率为零时，双向晶闸管全部导通，并网过程也就结束。并网平稳，这就是软切法的优点。

（2）发电机与系统之间软并网过渡，零转差自动并网，开关切换连接。当转差率趋于零时，双向晶闸管逐渐导通，开始自动并网开关尚未动作，发电机通过双向晶闸管平稳地进入电网，当转差率为零时，双向晶闸管全部导通，这时自动并网开关动作，并短接了已全部导通的双向晶闸管，发电机输出电流通过自动开关流向电网。

（三）变桨距控制系统

1．变距控制

变距控制系统实际上是一个随动系统。

变距控制器是一个非线性比例控制器，它可以补偿比例阀的死区和极限。变距系统的执行机构是液压系统，节距控制器的输出信号绕 O/A（数/模）转换后变成电压信号控制比例阀，驱动液压缸活塞，推动变桨距机构，使桨叶节距角变化。

2．发电机脱网速度控制

转速控制系统在风力发电机组进入待机状态或从待机状态重新启动时投入工作，通过对节距角的控制，转速以一定的变化率上升，控制器也用于在同步转速时的控制。当发电机转速在同步转速内持续少许时间，发电机将切入电网。

3．发电机并网速度控制

发电机切入电网以后，速度控制系统受发电机转速和风速的双重控制。在达到额定值前，速度给定值随功率给定值按比例增加。如果风速和功率输出一直低于额定值、发电机转差率将降低，节距控制将根据风速优化叶尖速比，调整到最佳状态。如果风速高于额定值，发电机转速通过改变节距来跟踪相应的速度给定值，功率输出将稳定地保持在额定值上。

（四）功率控制

为了有效地控制高速变化的风速引起的功率波动，变桨距风力发电机组采用了发电机转子电流控制技术。通过对发电机转子电流的控制来迅速改变发电机转差率，从而改变风力机转速，吸收由于瞬变风速引起的功率波动。

1．功率控制系统

功率控制系统由两个控制环组成。外环通过测量转速产生功率参考曲线，参考功率以额定功率的百分比的形式给出；内环是一个功率伺服环，它通过转子电流控制器对发电机转差率进行控制。控制环改变桨叶节距角，调节低于额定值的功率。

2．转子电流控制器

功率控制环实际上是一个发电机转子电流控制环。转子电流控制器由快速数字式 PI 调节器和一个等效变阻器构成。它根据给定的电流值，通过改变转子电路的电阻来改变发电机的转差率。当功率变化即转子电流变化时，PI 调节器迅速调节转子电阻，使转子电流跟踪给定值，如果从主控制器传出的电流给定值是恒定的，它将保持转子电流恒定，从而使功率输出保持不变。

（五）偏航系统

1．偏航系统的作用

偏航系统是风力发电机组特有的伺服系统。它主要有两个功能：一是使风力机跟踪变化稳定的风向；二是当风力发电机组由于偏航作用，机舱内引出的电缆发生缠绕时自动解除缠绕。

2．偏航控制系统

偏航控制系统是一个随动系统，当风向与风力机轴线偏离一个角度时，控制系统经过一段时间的确认后，会控制偏航电动机将风力机调整到与风向一致的方位。

偏航控制系统由控制器、放大器、偏航机构、偏航计数器及检测元件组成。

（六）变速恒频发电机的控制

双馈异步发电机的变速运行是建立在交流励磁变速恒频发电技术基础上的。

1．变速恒频发电机的控制方法

交流励磁变速恒频发电是在异步发电机的转子中施加三相低频交流电流实现励磁。调节励磁电流的幅值、频率、相序，确保发电机输出功率恒频恒压。同时采用矢量变换控制技术，实现发电机有功功率、无功功率的调节。

2．有功功率和无功功率的调节

调节有功功率可调节风力机转速，进而实现最大风能捕获的追踪控制；调节无功功率可调节电网功率因数，提高风电机组及所并电网系统的动、静态运行稳定性。

（七）低于额定风速时的转速控制和高于额定风速时的功率控制

1．低于额定风速时的转速控制

额定风速以下是风力发电机组的运行可以不受功率限制的风速范围。在这一运行区域，风力发电机组控制系统的主要任务是通过对转速的控制来跟踪最佳运行功率系数曲线，以获得最大能量。

通常，对转速的控制是通过对发电机转矩的控制来实现的。

2．高于额定风速时的功率控制

在高风速下，当风速大幅度变化时，保持发电机恒定的功率输出，并使风力发电机组的传动系统具有良好的柔性，是高于额定风速时控制系统的基本目标。

在这一运行区域，变速风力发电机组的控制系统主要是通过调节风力机的功率系数，将功率输出限制在允许范围之内；同时使发电机转速能随功率的输入做快速变化，这样发电机就可以在允许的转速范围内持续工作，并保持传动系统良好的柔性。

通常采用两个方法控制风力机的功率系数，一是控制变速发电机的反力矩，通过改变发电机转速来改变风力机的叶尖速比；二是改变桨叶节距角以改变空气动力转矩。

（八）风力发电机组的智能控制

1．模糊控制

对于风力发电机组，这个模糊系统建立了一个模糊控制系统。模糊逻辑控制器根据功率偏差及其变化率调整 PWM 逆变器的调制点，从而取得在额定风速以下运行时的最大功率。采用异步发电机和双边 PWM 逆变器的变速风力发电机组模糊逻辑控制器，具体有三个模糊控制器：一个用于跟踪不同风速下的发电机转速，从而优化风力机的气动性能；一个在低负载时调节发电机的磁通，从而优化发电机—整流器系统的效率；第二个控制器用以保证转速控制系统的鲁棒性能。

2. 自适应控制

采用自适应控制器，以改善风力发电机组在较大运行范围中功率系数的衰减特性。在自适应控制器中，通过测量系统的输入输出值，实时估计出控制过程中的参数，因此控制器中的增益是可调节。在遇到干扰和电网不稳定时，自适应控制器与具有固定增益的 PI 调节器相比有许多优点。

3. 神经网络控制

神经网络是由神经元组成的。神经网络控制是神经网络和控制技术相结合的结果，神经网络控制引入风力发电机组的控制系统中，使风力发电机组的控制向智能化迈进了。

（1）神经转速控制环。转速控制可用传统方式来处理，即将设备的一系列工作点线性化后建立一个传统控制器。可是对于一个复杂的非线性设备如风力发电机组，这种处理方法需要通过精确的计算和大量和设计工作，为此引入神经转速控制环。例如采集端电压、负载电流和风速的风轮控制环。

（2）多层神经网络控制器。调节桨叶节距角的多层神经网络控制器，达到了在变化的风力中获取最大的能量并使转速、功率和机械负载变化最小的控制目标。采用反向传播学习算法的双层神经网络结构，并将其训练成具有对风力的反向动态模型离线学习的能力，不仅可以运用于控制系统，还可用于生成节距角全范围变化时的功率系数曲线。神经网络控制鲁棒性好，可以应用于实时控制。

五、小型风力发电机组的运行与维修

（一）小型风力发电机组的运行

1. 建立运行技术档案。

建立运行技术档案，加强运行情况的记录，便于制订检修计划。

2. 加强运行管理。

（1）使用者必须注意天气预报，在有大风警报的天气时，应采取措施，停机或放倒风机。

（2）要经常对机组的运行情况进行巡查，如机组是否有异常响声和振动、电压是否正常、蓄电池接头有无异常，等等。

（3）在机组运行中禁止攀登塔杆，要防止牲畜将机组撞倒。

（二）小型风力发电机组的维护

1. 定期检查和维护

（1）北方干旱风沙较多的地区和草原风沙危害较严重的地区，应经常对风力发电机组进行维护，定期进行清理工作，以保证风力发电机组正常运行。

（2）沿海小岛地区，对机组的腐蚀较为严重，应采取措施，如定期加涂油漆。

（3）在日照强烈情况下运行的机组，其轴承的润滑油容易干固，影响机组的正常运行，应定期加油。

（4）对紧固件应经常检查，发现有松动、移位、锈蚀等情况，应及时进行调整和更换。

（5）在运行中发现运行声响不正常时，应及时查出原因，进行处理。

（6）要定期检基础情况，特别是拉线基础。当出现基础松动时，应及时加固，尤其在大风来临之前，应加强检查工作。

2. 对电气控制器及其线路的检查与维护

电气控制器将风力发电机的交流电变为直流，并经过线路送到蓄电池，进行充电。一般电器件寿命比机组短，必须经常检查，应备有备品备件，在发生故障时应及时处理，或更换新品。

内、外线路也常发生问题，必须加强维护。

（三）小型风力发电机组的常见故障和排除方法

1. 机组部分的常见故障和排除方法

（1）限速部分出现卡死现象。风力发电机的限速装置是为在风速超过额定风速值时，通过由弹簧组成的平衡系统，限制风力机的风速，使风轮转速不再上升，避免发生飞车事故。

由于进入砂粒、草尖和锈蚀等原因，限速装置会发生卡死现象。首先应清除相对运动件间的污物，加上润滑油，再反复移动，使得各运动件间平滑无阻。此外再检查弹簧，若弹簧锈蚀、失去弹力，则应换新弹簧，恢复限速机构的功能。

（2）刹车机构出现卡死现象。对于小型风力发电机来说，刹车机构是不经常使用的，主要用于维修时的停车使用。常由于发生锈蚀现象刹车后不能复原，使风力机不能正常运转，发生这种情况，一是可用工具使刹车机构复原，或加油润滑，使刹车机构转动灵活，二是更换生锈的弹簧，并检查刹车盘和刹车带之间的间隙，若间隙太小，可用锯条片刮刹车片，加大间隙。

（3）输电线扭曲。有的小型风力发电机的输电线由机组通过塔杆直接送到地面，而中间未通过滑环。当出现旋风时，风机的机体就会绕支撑轴旋转好多圈，致使输电线扭曲，发生这种情况时，应及时处理，改进措施是在输电线上加一对插头座，发生电线扭曲时，可以拔开插头反转几圈，使电线恢复正常。

2. 发电机的常见故障和排除方法

（1）发电机不发电，原因是没有剩磁、励磁回路断线、发电机绕组断线、熔断器熔断等，应做相应的处理。

（2）发电机振动或异常声响，原因是紧固件松动、零部件损坏、机组进入异物、运转件相擦，应做相应的处理。

（3）发电机温度升高和零部件发热，原因是润滑不良、绕组短路、电流大、对地、接线松动、电路接触不良等，应根据各种情况做相应的处理。

应指出的是，若电机绕组发生匝间短路时，这种故障发展非常快，很快电机就会冒烟，应立即将发电机停止运行，拆卸发电机，对电机绕组做局部的修理，严重匝间短路时，一般应更换电机绕组。

第三节　柴油发电

柴油发电机组是以柴油机为动力，拖动发电机发电的电源设备。柴油发电机组具有效率高、体积小，重量轻、启动及停机时间短、成套性好、建站速度快、操作方便、维护简单等优点。柴油发电机在城市宾馆、饭店常用来作备用电源，在农村中广泛用作发电电源之用，柴油发电机机组安装在汽车或拖车上，常作为移动电站使用。柴油发电机机组的发电机，常采用同步发电机。

一、柴油发电机组的组成

柴油发电机组由柴油机、发电机、联轴器、底盘、控制屏、燃油箱、蓄电池以及备件工具箱等组成。主要组成部分是柴油机、发电机、控制屏三大部分。

（一）柴油机

1. 柴油机的类型

柴油机的分类方法很多，主要有下述几种：

（1）按机体结构型式分类，有单缸柴油机和多缸柴油机两类。

（2）按工作循环的方式分类，有二冲程柴油机和四冲程柴油机两类。

（3）按额转速分类，有高、中、低速柴油机三类。

（4）按进气方式分类，有非增压柴油机和增压柴油机两类。

（5）按气缸的布置方式分类，有单列式柴油机、双列V型柴油机和其他气缸布置型式柴油机等几类。

（6）按冷却方式分类，有水冷式柴油机和风冷式柴油机两类。

（7）按控制方式分类，有普通型柴油机和自动化型柴油机两类。

（8）按启动方式分类，有电启动柴油机和气启动柴油机两类。

（9）按安装型式分类，有固定式柴油机和移动式柴油机两类。

2. 柴油机的结构

柴油机的类型多种多样，结构也就各有其特点。但是，不同类型的柴油机虽然在具体结构上有一定的差别，而其基本结构相同。

一般情况下，柴油机由如下机构和系统组成：机体组件、曲柄连杆机构、配气机构、燃油供给系统、润滑系统、冷却系统和启动系统等。

（二）发电机

通常与柴油机配套使用的发电机为交流同步发电机，其基本结构、工作原理、励磁方式与水轮发电机类同。常采用的有 T_2 系列三相交流同步发电机和 ST_2 系列单相同步发电机。

1. T_2 系列三相交流同步发电机

（1）T_2 系列三相交流同步发电机简介。T_2 系列三相交流同步发电机常采用有刷自励恒压三相同步发电机。它通常与柴油机配套成机组或作为移动电站，供小型城镇、农村、车站、工地照明电源及动力用电源。该发电机的防护型式为防滴式；发电机的转子装有后倾式离心风扇；50kW 及以下的发电机，转子一般为凸极式，64kW 及以上的发电机，转子一般为隐极式。定子绕组一般为星形联结，中性线引出。发电机为自励、有刷励磁，励磁方式有三次谐波励磁、晶闸管励磁和相复励励磁三种。

（2）T_2S 系列三相交流同步发电机的技术数据。T_2S 系列三相交流同步发电机的技术数据，见表 3-7。

表 3-7　T_2S 系列三相交流同步发电机的技术数据

型号	额定功率（kW）	额定电压（V）	额定电流（A）	额定转速（r/min）	效率（%）	功率因数（滞后）	稳态电压调整率（%）	飞逸转速（r/min）	励磁方式	励磁电压（V）	励磁电流（A）	外形尺寸（mm）			重量（kg）
												长	宽	高	
T_2 S－8	8	400/230	14.4	1500	84	0.8		1800	三次谐波励磁	67	5	605	427	405	100
T_2 S－10	10	400/230	18	1500	86.5	0.8	±5	1800							
T_2 S－15	12	400/230	21.7	1500	86.5	0.8	±5	1800							
T_2 S－16	16（15）	400/230	28.9	1500	86.5	0.8	±3	1800							
T_2 S－20	20	400	36.1	1500	89.3	0.8	±3	1800		48.5	11	630	388	500	180
T_2 S－24	24	400	43.3	1500	87.8	0.8	±5	1800		50	11.3	670	388	500	200
T_2 S－30	30	400	54.1	1500	89.3	0.8	±5	1800		60	11.3	730	515	470	250
T_2 S－32	32	400/230	57.8	1500	89	0.8		1800		73	12	820	440	585	310
T_2 S－50	50	400/230	90.2	1500	90.5	0.8	±3	1800		45	20	865	470	585	380
T_2 S－64	64	400	115.5	1500	90	0.8	±5	1800		90	11	770	600	580	400
T_2 S－75	75	400	135.5	1500	91.4	0.8	±3	1800		100	12	755	610	610	440

2. ST_2 系列单相交流同步发电机

（1）ST_2 系列单相交流同步发电机简介。ST_2 系列小型单相交流同步发电机通常与小型汽油机或柴油机配套，组成小型单相交流电机组，适用于小型船舶照明以及农村、别墅用的小型电源，或作为小型应急使用电源，还可作为 220V 用户直接使用。ST_2 系列小型单相交流同步发电机为防滴式，转子采用凸极结构，励磁方式为晶闸管励磁。

（2）ST_2 系列单相交流同步发电机的技术数据。ST_2 系列单相交流同步发电机的技术数据，见表 3-8。

表 3-8　ST_2 系列单相交流同步发电机的技术数据

型号	额定功率（kW）	电压（V）		电流（A）		转速（r/min）	频率（Hz）	效率（%）	重量（kg）
		串联	并联	串联	并联				
ST_2－2－4	2	230	115	8.7	17.4	1500/1800	50/60	73	65
ST_2－3－4	3	230	115	13	26	1500/1800	50/60	76	70
ST_2－5－4	5	230	115	21.7	43.5	1500/1800	50/60	80	120
ST_2－7.5－4	7.5	230	115	32.6	65.2	1500/1800	50/60	81	140
ST_2－10－4	10	230	115	43.5	87	1500/180	50/60	82	200
ST_2－12－4	12	230	115	52.2	104.3	1500/1800	50/60	83	225
ST_2－15－4	15	230	115	65.2	130.4	1500/1800	50/60	84	300
ST_2－20－4	20	230	115	87	174	1500/1800	50/60	85	350

二、柴油发电机组的运行和维修

（一）使用前的准备工作

（1）选用符合要求的柴油；
（2）选用符合要求的机油；
（3）选用符合要求的冷却水。

（二）机组启动前的准备工作

（1）检查发电机绕组冷态绝缘电阻，用500V兆欧表测量，发电机对机壳的绝缘电阻应不低于2MΩ。对于由电子元件构成的自动电压调节器的发电机，为防止电子元件损坏，测量前应采取措施。

（2）检查柴油机、发电机、控制屏及各附件的固定和连接是否牢固。

（3）检查控制屏上的仪表和开关是否完好，启动前开关均应在断开位置，检查手动/自动转换开关位置是否正确，励磁电压调节器应置于启动位置。

（4）检查传动装置是否正常。

（5）检查机油油位是否在规定范围。

（6）按规定加足经过沉淀过滤的柴油。

（7）加足冷却水。

（8）冬季应采取防冻及预热措施。

（三）机组的运行和维修

（1）正确掌握机组的启动方法，以及停机的方法和步骤。

（2）机组运行中，应监视的项目如下：

1）监视油压、机油和冷却水的温度，仪表指示是否正常；

2）观察排气颜色是否正常；

3）观察集电环、换向器火花是否正常；

4）观察机组的各部位固定和连接情况；

5）检查机组有无漏油、漏水、漏风、漏气、漏电现象；

6）观察励磁装置及电气接头是否正常；

7）观察有无异味；

8）观察声音是否正常，一般操作者应采取防噪声措施。

3. 柴油发电机组的常见故障及其排除方法

（1）电表无读数。可能是发电机不发电、熔断器熔断、电表损坏或电路中有断路现象。对于发电机不发电可参照水轮发电机的叙述进行检查诊断和排除；对于熔断器熔断，应查明原因并排除故障，再更换新的熔体；电表损坏应进行检修或更换新表；对于电路有断路情况发生，应找出断路处，并重新接好。

（2）电路各接点，触头过热。可能是接头松动、接触不良或触头烧伤。应找出松动的接头，擦净并接牢；对于烧伤的触头，应修磨触头，并调整触头的位置，使其接触良好。

（3）机组振动过大。产生这种故障的原因有：联轴器中心不对，紧固件松动、轴承损坏、发电机转子偏心、柴油机曲轴不平衡等，应根据相应的情况进行处理。

（4）接地的金属部分有电。产生这种故障的原因有：接地不良，发电机绕组的绝缘电阻降低或发电机引出线碰机壳。首先应检修接地装置，对于受潮的发电机应进行烘干处理；引出线碰机壳，应确定相碰的部位，再用绝缘胶布包扎引出线，对于绝缘严重老化的引出线，应进行更换。

第四章 变 压 器

第一节 变压器的用途、分类、结构和工作原理

一、用途和分类

（一）用途

变压器是一种将交流电压升高或降低，又能保持频率不变的静止电气设备。输送同样功率的电能时，电压越高，电流就越小，输送线路上的功率损耗也就越小，输电线的截面积可以减小，这样可以节省金属导线的用量。因此，发电厂必须用电力变压器将电压升高，才能将大量的电能送往远处的用电地区，输电距离越远，电压就应越高；农村是地域广阔的用电区域，所以在适当的地方要安装降压变压器，把电压降低下来，以适应农村用户的各种用电设备和安全用电的需要。

变压器还可作为阻抗变换之用，小型变压器还可作为隔离之用。

（二）分类

变压器的种类很多，可以按用途、相数、铁心结构、绕组和冷却方式等进行分类：

（1）按用途分为电力变压器、特种变压器和小型专用变压器。

1）电力变压器又可分为升压变压器、降压变压器、配电变压器和联络变压器等。

2）特种变压器又分为整流变压器、电炉变压器、矿用变压器、船用变压器、仪用变压器和试验变压器等。

（2）按相数分为单相、三相和多相变压器。

（3）按变压器铁心结构分为心式变压器和壳式变压器。

（4）按绕组数分为双绕组变压器、自耦变压器、三绕组变压器和多绕组变压器。

（5）按冷却方式分为油浸式变压器、干式变压器和光气式变压器。

二、结构和工作原理

（一）结构

1. 外形图

（1）油浸变压器。油浸式电力变压器的结构主要由铁心、绕组、油箱和绝缘套管等组成，见图 4-1。

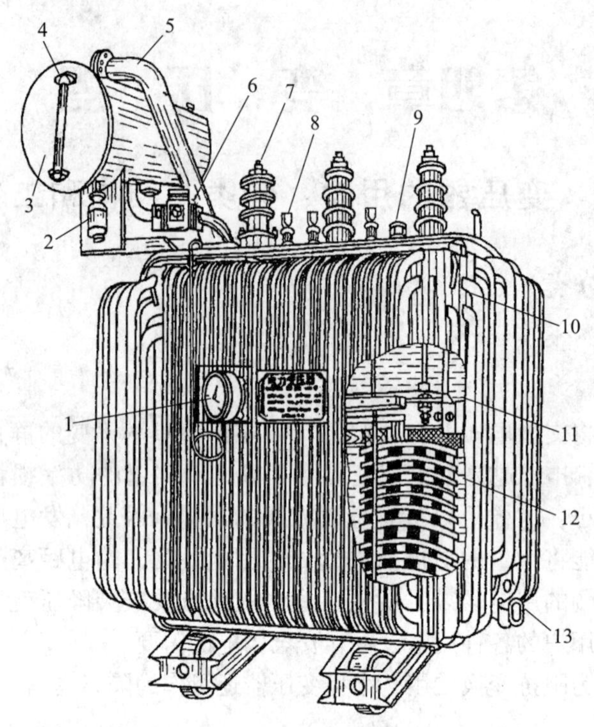

图 4-1 油浸式电力变压器

1—信号式温度计；2—吸湿器；3—储油柜；4—油位度；5—安全气道；
6—气体继电器；7—高压套管；8—低压套管；9—分接开关；
10—油箱；11—铁心；12—绕组及绝缘；13—放油阀门

铁心和绕组是变压器进行电磁感应的基本部分，它们构成了变压器的主体，统称为器身；油箱起机械支撑、冷却、散热和保护作用；油箱内的油起冷却和绝缘作用；套管主要起绝缘作用。

（2）干式电力变压器。干式电力变压器的外形见图 4-2。

图 4-2 干式电力变压器的外形

（3）小容量配电变压器。小容量配电变压器的外形结构见图4-3。

（4）单相自耦调压器。单相自耦调压器的特点是一、二次绕组既有电路上的联系，又有磁路上的联系。其外形见图4-4。

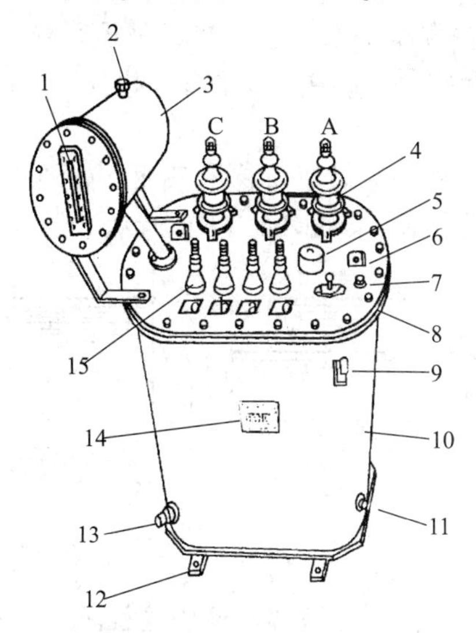

图4-3　小容量配电变压器的外形结构

1—油表；2—呼吸器；3—储油箱；4—高压接线柱；
5—无载分接开关；6—器芯吊攀；7—加油阀；
8—器温测量孔；9—器身吊攀；10—外壳；11—接地螺丝；
12—底脚安装孔；13—放油阀；14—铭牌；15—低压接线柱

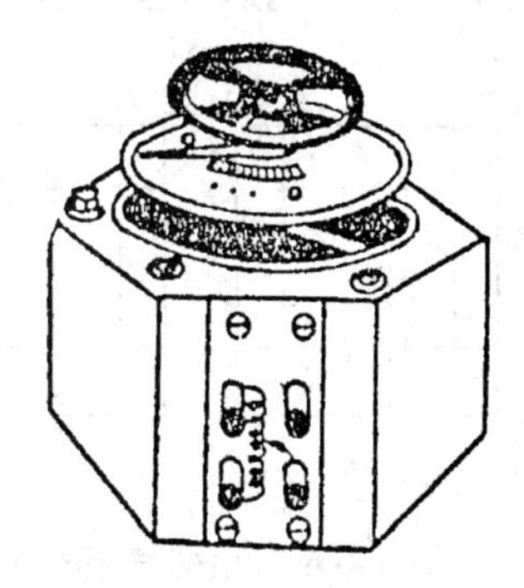

图4-4　单相自耦调压器的外形

2. 铁心

变压器的铁心由铁心柱（外面套绕组的部分）和铁轭（连接铁心柱的部分）组成。

按铁心与线圈的不同配置方式，变压器分为心式和壳式两种基本结构，见图4-5。

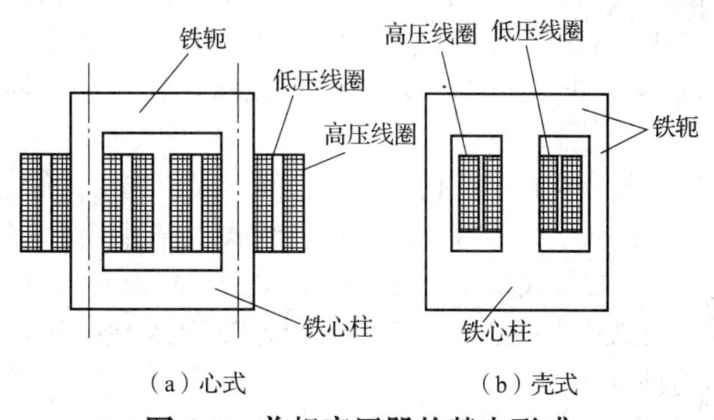

图4-5　单相变压器的基本形式

图4-5（a）为心式结构，两个同样的线图套在两个铁心柱上。

图4-5（b）为壳式结构，铁轭包围着线圈，形成线圈的“外壳”。

心式变压器的结构简单，线圈的套装与绝缘都比较容易，所以被广泛采用；而壳式变压器的机械强度好，常用于低压、大电流的变压器和小容量的控制变压器。

为了提高变压器的磁性能，铁心常采用含硅量较高的硅钢片叠压而成，为了减小涡流损耗，以降低铁损耗，在硅钢片两表面常涂以绝缘漆。叠装时相邻两层铁心叠片的接缝要互相错开，以减少接缝间隙，降低磁阻，图 4-6 中（a）和（b）是相邻两层硅钢片的不同叠法。

为了充分利用空间，大型变压器的铁心柱一般做成阶梯形截面，如图 4-7（a）所示；而小型变压器铁心柱截面可采用矩形或方形，如图 4-7（b）所示。

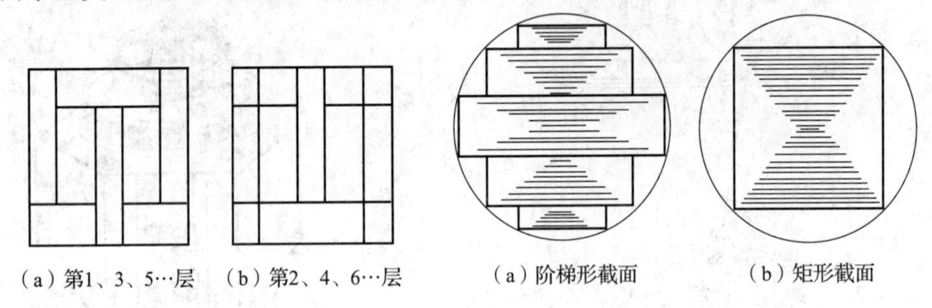

图 4-6　硅钢片的排法　　**图 4-7　铁心柱截面**

3. 绕组

变压器绕组俗称线圈，是变压器输入和输出电能的电气回路，是变压器的导电部件，也是变压器检修的主要部件。一般是同心地套在铁心的芯柱上，由铜、铝材料的圆、扁导线绕制，再配置各种绝缘件组成。

因变压器的电压等级和容量的不同，变压器绕组采用不同的形式和结构，例如不同的匝数、导线截面、并联导线换位、绕向、线圈连接方式等。但是变压器绕组必须具有足够的电气强度、机械强度和耐热程度，以保证变压器可靠地运行。

（1）变压器绕组的种类。变压器绕组大致分为层式和饼式两种。

1）层式线圈。线圈的线匝沿其轴线按层依次排列的称为层式线圈。

层式线圈又分圆筒式和箔式线圈两种。圆筒式又分单层圆筒式、双层圆筒式、多层圆筒式和分段圆筒式；箔式又分一般箔式和分段箔式。

2）饼式线圈。线圈的线匝在轴向形成线饼（线段）后，再沿轴向排列的称为饼式线圈。

饼式线圈又分连续式、纠结式、内屏蔽式、螺旋式、交错式等。连续式线圈又分一般连续式和半连续式；纠结式线圈又分纠结连续式、普通纠结式和插花纠结式；内屏蔽式即内屏蔽连续式；螺旋式线圈又分单螺旋式（单半螺旋式）、双螺旋式（双半螺旋式）和四螺旋式；交错式线圈是由连续式或螺旋式线段交错排列而成。

（2）各种绕组的特点。

1）双层式线圈分两层绕组，由 1 ~ 6 根扁导线并绕而成，层间用瓦楞纸等形成油道。其外形，见图 4-8。

2）多层式线圈多数以圆导线分层绕制，层间为电缆纸或油道；35kV 时内层有静电屏。其外形见图 4-9。

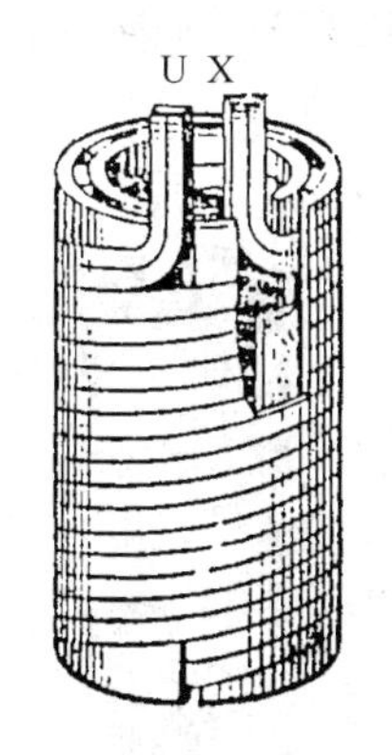

图 4-8　双层式线圈外形

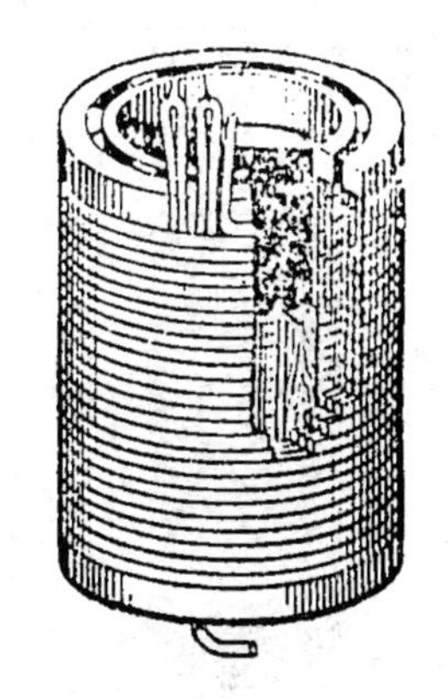

图 4-9　多层式线圈外形

3）分段式线圈分层又分段绕制，线段间放置绝缘垫圈。其外形见图 4-10。

4）连续式线圈相当于一段多匝的螺旋式，段间有油道，由 1～6 根扁导线绕制。其外形见图 4-11。

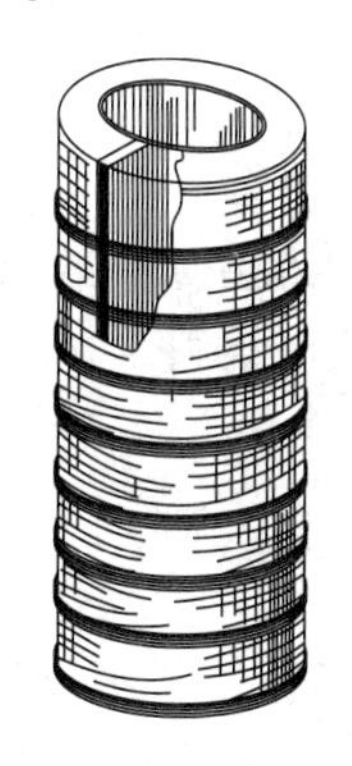

图 4-10　分段式线圈外形

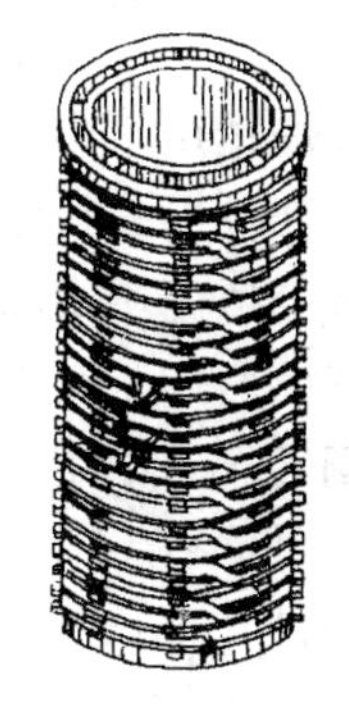

图 4-11　连续式线圈外形

5）纠结式线圈与连续式相似，但其段间是交叉纠结相连，以增大匝间电容。其外形见图 4-12。

6）单、双、四螺旋线圈相当于多根扁导线叠绕的单层式，但线匝为段式，段间有油道。单螺旋式线圈外形见图 4-13；双螺旋式线圈的外形见图 4-14。

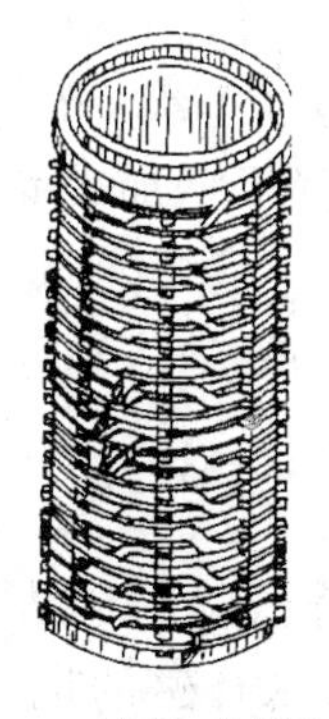

图 4-12　纠结式线圈外形

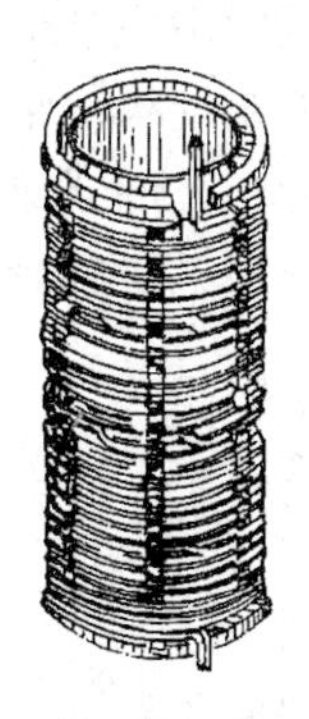

图 4-13　单螺旋式线圈外形

7）箔式线圈一般是一层为一匝的多层式，用铝箔或铜箔绕制。其外形见图4-15。

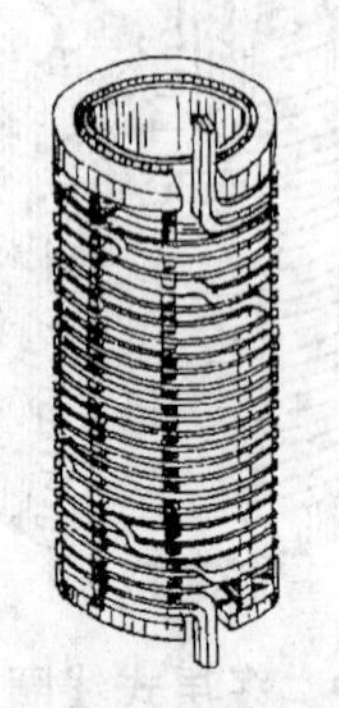

图 4-14　双螺旋式线圈外形

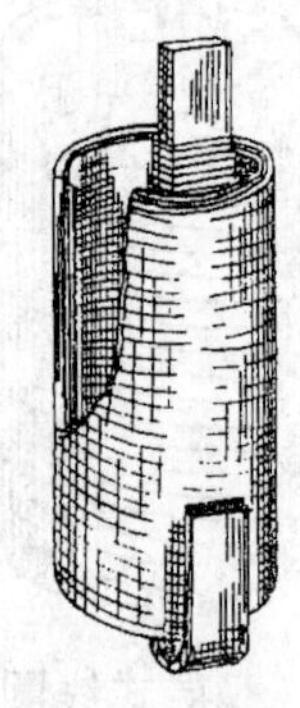

图 4-15　箔式线圈外形

（3）各种绕组的适用范围。

1）双层式线圈适用于中小型变压器的低压绕组。

2）多层式线圈适用于中小型变压器的高压绕组，少量情况也用于大中型变压器的低压绕组。

3）分段式线圈适用于中小型 35 ~ 63kV 变压器的高压绕组。

4）单、双、四螺旋式线圈适用于大中型变压器的低压绕组和大电流绕组。

5）连续式线圈适用于中型变压器 3 ~ 110kV 的高、低压绕组。

6）纠结式线圈适用于大型变压器 110 ~ 500kV 绕组。

7）箔式线圈适用于中小型变压器的低压或高压绕组。

4. 油箱

除干式变压器外，相当多的电力变压器是油浸式变压器，这种变压器将器身放置在盛满变压器油的油箱里。油箱内变压器油既是冷却介质，又是绝缘介质。

油箱包括油箱体和油箱盖。为了把变压器运行时铁心和绕组中产生的热量及时散出去，一般在油箱的箱壁上焊有许多散热管，有的则安装散热器，散热效果更好。

油箱上方还没有储油柜，起储油及补油的调节作用，从而保证油箱内充满油，减少了油与空气的接触面，并有油位计可以监视油位的变化。

5. 绝缘套管

变压器的绕组引出线从油箱内穿过油箱盖时，必须经过瓷质绝缘套管，以使带电的引线和接地的油箱绝缘。绝缘套管的结构主要取决于电压等级，有采用实心瓷套管、空心充气绝缘套管、充油式绝缘套管和电容式套管等。为了增加表面放电距离，套管外形做成多级伞形，电压越高级数越多。

（二）工作原理

1. 变压器工作原理

变压器是利用电磁感应原理来实现电压的升高或降低的。在结构上，变压器由绕制在同一铁心上的两个或多个线圈组成，线圈之间只有磁的耦合，并没有电的直接联系，也就是说如同旋转电动机，变压器也是以磁场为媒介的。为说明方便起见，在图4-16所示的变压器工作原理图中，只引入两个绕组，并画成分别套在铁心的两侧。

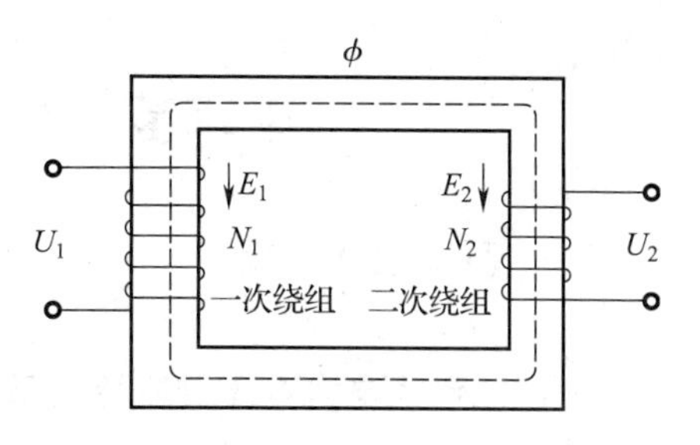

图4-16　变压器的工作原理图

通常将接交流电源的绕组称为一次绕组，有关一次绕组的物理量均以下标“1”来表示，例如一次功率、电压、电流、电阻分别为P_1、U_1、I_1、R_1；另一个接负荷的绕组称为二次绕组，有关二次绕组的物理量均以下标“2”来表示，例如二次功率、电压、电流、电阻为P_2、U_2、I_2、R_2。当在一次侧上施加一交流电压U_1，便有电流i_1流过，并且在铁心中产生一交变磁通ϕ，其频率与外加电源的频率一致。磁通ϕ同时与一次、二次绕组交链，根据电磁感应定律，在一次、二次绕组中将感应出电动势e_1、e_2，绕组的感应电动势正比于它们的匝数。因此只要改变一次、二次绕组的匝数，便能改变感应电动势e_2的数值，达到改变电压的目的。如果二次绕组接上用电设备，便向负载供电、实现了能量传递，这就是变压器利用电磁感应作用进行变压工作原理的叙述。

2. 基本表达式

交变主磁通ϕ在一、二次绕组中产生的感应电动势E_1、E_2：

$$E_1 = 4.44f \cdot N_1 \cdot \phi_m \times 10^{-8}$$

$$E_2 = 4.44f \cdot N_2 \cdot \phi_m \times 10^{-8}$$

式中：f —— 电源频率；

N_1、N_2 —— 一、二次绕组的匝数；

E_1、E_2 —— 一、二次绕组内的感应电动势；

ϕ_m —— 主磁通ϕ的最大值。

变压器一次绕组电压与二次绕组电压的比值称为变压比，简称变比，以K表示。当变压器空载时，$U_1 = E_1$、$I_2 = 0$、$U_2 = E_2$，则变比K为：

$$K = \frac{U_1}{U_2} \approx \frac{E_1}{E_2} = \frac{4.44fN_1\phi_m \times 10^{-8}}{4.44fN_2\phi_m \times 10^{-8}} = \frac{N_1}{N_2}$$

对单相变压器，一、二次的额定电流为：

$$I_{1N} = \frac{S_N}{U_{1N}} \quad I_{2N} = \frac{S_N}{U_{2N}}$$

式中：S_N ——额定容量，单位为V·A、kV·A。

对三相变压器，一、二次的额定电流为：

$$I_{1N} = \frac{S_N}{\sqrt{3}U_{1N}}$$

$$I_{2N} = \frac{S_N}{\sqrt{3}U_{2N}}$$

若二次电压大于一次电压，变压器就称为升压变压器；反之，若二次电压小于一次电压，变压器就称为降压变压器。另外，电压高的绕组称为高压绕组，电压低的绕组称为低压绕组。

第二节　变压器的安装和运行

一、变压器的安装

（一）油浸式电力变压器安装的基本要求

安装油浸式电力变压器的基本要求如下：

1. 容量为560kV · A及以上的变压器，应采用高压测量。

2. 安装在居住建筑物内的油浸变压器，每台容量不应超过400kV · A。

3. 变压器二次侧应采用断路器控制，熔断器保护。

4. 变压器安装应考虑运行、维修及运输的方便。

5. 变压器的铭牌项目应齐全，安装位置应便于带电巡视。

6. 变压器的安装应考虑到能带电检查变压器的油色、油位及上层油面温度和气体继电器。

7. 变压器的温度计安装运行前应进行检查，保证其密封良好，带报警提示的应动作正确。

8. 装有气体继电器的变压器，由变压器到储油柜的油管应有2% ~4%的升高坡度。安装变压器时，顶盖沿气体继电器水平安装，玻璃窗应向外，便于观察。

9. 变压器的吸湿器与储油柜的连接要紧密，吸潮剂应充实干燥，出气孔应畅通。

10. 变压器室的门及栅栏，应悬挂“高压危险”的警告牌，门应加锁，变压器室门的上下应有使空气对流的通风百叶窗，百叶窗应加铁丝纱。多台变压器应统一编号。

（二）干式电力变压器安装的要求

1. 干式电力变压器到达现场后应进行下列内容的检验：

（1）包装及防潮设施完好，无雨水浸入痕迹；

（2）产品的铭牌参数、外形尺寸、外形结构、重量、引线方向等符合合同要求和国家现行有关标准的规定；

（3）产品说明书、检验合格证、出厂试验报告、装箱清单等随机文件齐全；

（4）附件和备品的规格、数量与装箱清单相符。

2. 干式电力变压器安装时，经检查应符合下列要求：

（1）所有紧固件紧固，绝缘件完好；

（2）金属部件无锈蚀、无损伤，铁心无多点接地；

（3）绕组完好，无变形、无位移、无损伤，内部无杂物，表面光滑无裂纹；

（4）引线、连接导体间和对地的距离符合国家现行有关标准的规定或合同要求，裸导体表面无损伤、毛刺和尖角，焊接良好；

（5）规定接地的部位有明显的标志，并配有符合标准的螺帽、螺栓（就位后即行接地，器身水平固定牢固）。

3. 无励磁分接开关安装时，经检查应符合下列要求：

（1）无励磁分接开关完好无损，安装正确，操作灵活，分接位置指示与绕组分接头位置对应正确；

（2）操作部件完好，绝缘良好，无损伤和受潮，固定良好；

（3）无励磁分接开关在操作 3 个循环后，每个分接位置测量触头接触电阻值不大于 500μΩ；

（4）无励磁分接开关调换使用接线柱和连接导体者，接线柱所标示分接位置与绕组分接头位置对应正确；

（5）无励磁分接开关的接线柱和连接导体，表面清洁、无裂纹、无损伤、螺纹完好；片形连接导体表面光滑、无气孔、无砂眼、无夹渣，以及无其他影响载流和机械强度等缺陷。

4. 有载分接开关安装时，经检查应符合下列要求：

（1）有载分接开关装置符合设计要求；

（2）手动、电动操作均应灵活，无卡滞，逐级控制正常，限位和重负荷保护正确可靠；

（3）干式电力变压器未带电时，有载分接开关在操作 10 个循环后，切换动作正常，位置指示正确；

（4）触头完好无损，接触良好，每对触头的接触电阻值不大于 500μΩ；

（5）过渡电阻和连接完好，电阻值与铭牌数值相差不大于 ±10%；

（6）切换动作顺序和切换过程符合产品技术要求和国家现行有关标准的规定；

（7）按制造厂的要求进行检查和调整试验。

5. 冷却装置安装时，经检查应符合下列要求：

（1）冷却装置整体完好，无损伤；

（2）风扇电动机绝缘良好，并经绝缘试验合格，绝缘电阻大于 0.5MΩ，工频耐压 1kV/min；

（3）风扇叶片无裂纹，无变形，转动无卡阻现象；

（4）电源导线绝缘良好，并经绝缘试验合格，绝缘电阻大于 0.5MΩ，工频耐压 1kV/min，过流保护完好；

（5）风道清洁无杂物；

（6）冷却装置安装牢固，运转时无异常振动，无异常噪声，电动机无异常发热。

6. 温控、温显装置经检验应符合下列要求：

（1）产品说明书、检验合格证、出厂校验报告、计量许可证或标志、质量认证书或标志、装箱清单等随机文件齐全；

（2）温控、温显装置完好无损，有符合规定的产品标志；

（3）温控、温显指示正确，温控开关可在全量程内任意整定，变压器制造厂要求的整定值不受限制，温控装置各开关接点动作正确，指示灯完好；

（4）温控装置对电磁干扰不敏感；

（5）温显装置自检定程序正常，输出接口制式符合订货要求；

（6）温显装置输入和输出端子全部采用插拔式接插件。

7. 干式电力变压器的安装环境应符合下列规定：

（1）干式电力变压器安装的场所符合制造厂对环境的要求。室内清洁，无其他非建筑结构的贯穿设施，顶板不渗漏；

（2）基础设施满足载荷、防震、底部通风等要求；

（3）室内通风和消防设施符合有关规定，通风管道密封良好，通风孔洞不与其他通风系统相通；

（4）温控、温显装置设在明显位置，以便于观察；

（5）室内照明布置符合有关规定；

（6）室门采用不燃或难燃材料，门向外开，门上标有设备名称和安全警告标志，保护性网门、栏杆等安全设施完善。

8. 干式电力变压器与配电装置连接安装时，应符合下列规定：

（1）配电装置的安装符合设计要求和有关标准的规定，柜、网门的开启互不影响；

（2）导体连接紧固，相色表示清晰正确；

（3）带电部分的相间和对地距离等符合有关设计标准的要求；

（4）接地部分牢固可靠；

（5）温控装置的电源引自与变压器低压侧直接连接的母排上，且有足够开断容量的熔断器保护，并根据应急使用的重要程度采用自动切换的双路电源系统供电；

（6）柜、网门和遮栏以及可攀登接近带电设备的设施，标有符合规定的设备名称和安全警告标志；

（7）配电装置按国家现行有关标准进行绝缘试验并合格。

（三）变压器安装前外观检查的内容和进行铁心检查应遵守的条件

1. 变压器安装前应进行外观检查，检查内容如下：

（1）检查变压器铭牌上所列各项技术参数与图样上的型号、规格是否相符；

（2）变压器本身不应有机械损伤，箱盖螺栓应完整无缺，密封衬垫要求严密良好，并且无渗油现象；

（3）外表不可有锈蚀，油漆应完好；

（4）套管不应有渗油，表面无缺陷；

（5）滚轮轮距应与基础铁轨距相符。

2. 变压器安装前进行铁心检查应遵守的条件。变压器在长途运输和装卸过程中，必然会受到振动和冲击，铁心有可能产生位移，穿心螺栓也常因绝缘损坏而造成接地，个别紧固件也会因松动而脱落。通过铁心检查，可以及时发现问题并进行处理。另处，制造厂的产品明显缺陷，也可以通过检查发现，便于及时和厂家联系，进行消除。所以变压器安装时，均要进行铁心检查。铁心检查应遵守以下条件：

（1）检查铁心一般在干燥清洁的室内进行，如条件不允许而需要在室外检查时，最好在晴天无风沙时进行。否则应搭篷布，以防临时雨雪或尘土落入；

（2）冬天检查铁心时，周围的空气温度不低于0℃。变压器铁心温度应高于周围空气温度10℃，以免检查铁心时绕组受潮；

（3）铁心在空气中的停放时间：干燥天气，空气中相对湿度不超过65%时，在空气中停放不应超过16h；空气中相对湿度不超过75%时，在空气中停放不应超过12h。计算时间从开始放油时算起，到注油时为止，对不带油运输的变压器从揭开顶盖或打开盖板算起；

（4）雨天或雾天不宜吊铁心检查，如遇特殊情况时，应在室内进行，其温度比室外温度高10℃，室内的相对湿度也不应超过75%。变压器运到室内后应停放24h以上；

（5）场地应清洁，并有防尘措施。

（四）变压器安装在室内或室外的要求

1. 变压器安装在室内时，应满足以下要求：

（1）变压器宽面推进时，低压侧应向外；变压器窄面推进时，储油柜侧向外，便于带电巡视检查；

（2）室内变压器外壳，距室门距离不应小于1.0m，距墙面距离不应小于0.8m；

（3）35kV及以上的变压器，距室门距离不应小于2m，距墙面距离不应小于1.5m；

（4）变压器室设有操作用的开关时，在操作方向上应留有1.2m以上的操作宽度；

（5）变压器采用地面下通风时，室内地面高度一般比室外地面高出1.1m；

（6）变压器室不能开窗户，通风口应采用百叶窗铁丝纱，变压器室门应为铁门。采用木质门应包铁皮，变压器巡视小门应开在变压器室门的上方或侧面的墙上；

（7）变压器母线的安装，不应妨碍变压器吊心的检查；

（8）变压器母线的支架距地面不应小于2.3m，高压母线两侧应加遮栏；

（9）单台变压器的油量超过600kg时，应设储油坑。

2. 变压器安装在室外时，应满足以下要求：

（1）室外变压器容量为320kVA及以下时，可采用柱上安装方式，变压器底部距地面不应小于2.5m；

（2）柱上变压器的高、低压引线及其母线，应采用绝缘导线；

（3）变压器安装要平稳、牢固。腰栏采用直径为4.0mm的铁线缠绕4圈以上，铁线不许有接头，缠后应坚固，腰栏距带电部分不应小于0.2m；

（4）变压器高压跌开式熔断器的安装，其对地安装高度不得低于4.5m，相间距离不小于0.7m，熔断器与垂线夹角为15°~30°；

（5）变压器二次侧熔断器安装，应符合以下两条要求：

1）二次侧有隔离开关时，熔断器应安装于隔离开关与低压绝缘子之间；

2）二次侧无隔离开关时，熔断器安装于低压绝缘子外侧，并且与熔断器绝缘台两端的绝缘导线跨接。

（五）配电变压器安装在电杆变台上或落地式变台上的要求

1. 配电变压器安装在电杆变台上时的要求。

配电变压器安装在电杆上时，电杆上设置放置变压器的构架，称为杆上变台，有双杆变台和单杆变台两种。两种变台在安装时要注意以下问题：

（1）10/0.4kV 的配电变压器通常安装在电杆上，单杆变台一般适用于 30kV·A 以下的变压器，双杆变台适用于容量为 180kV·A 以下的变压器；

（2）电杆可采用 9～10m 长的水泥电杆，电杆应埋入地下 2m。对单杆变台其杆底应设置底盘和卡盘，对双杆变台可根据需要设置底盘和卡盘；

（3）变台离地面高度应为 2.5m；

（4）变压器的高压侧装设避雷器及跌落式熔断器。跌落式熔断器的装设高度，应便于地面操作，但距离变压器台面的高度不宜低于 2.3m。各相熔断器间的水平距离不应小于 0.5m。杆顶高低压线架设应做到高压在上，并保证有 1.5m 的距离；

（5）杆顶 10kV 三相母线之间的距离应大于 350mm，低压三相四线制母线间的距离一般应大于 150～200mm，防止三相母线之间相碰短路；

（6）变台角铁（或槽钢）支架必须安装牢固，严防向下滑动。高低压线路横担也必须安装牢固。同时变台的平面坡度不应大于 1%；

（7）变压器外壳、变压器中性点及避雷器接地端，可合用一组接地引线。接地线的杆上水平敷设部分，可采用截面积为 $25mm^2$ 的金属绞线。接地引线必须用焊接或螺栓螺母压紧办法与接地体牢固连接，严禁缠绕方法连接，变压器的接地体可采用多根上端连接在一起的垂直接地体，每根接地体长度不宜小于 2m。垂直接地体所使用的钢管，其壁厚不应小于 3.5mm，角钢厚度不应小于 4mm，接地体极间距离一般为长度的 2 倍，顶端应距地面 0.6m。地上部分可用直径为 6mm 的圆钢连接。

2. 配电变压器安装在落地式变台上时的要求。

农村许多地方本着就地取材的原则，采用以砖石砌成的落地式变台。这种变台造价低，操作方便，但由于离地较近，动植物容易接近，造成事故。为了安全，要求把变台砌得高一点，同时四周应装设围栏，并挂上“止步，高压危险！”的警示牌。变台的位置应选择离生活区和人员集中区较远的地方，地势要高一点，防止洪水冲淹。变压器高压侧的导线离地面应在 3m 以上，其他要求基本上与杆上变台一样。

近年来，箱式变压器得到广泛应用，而箱式变压器具有完善的防护措施，所以常常安装在地面上，但是，安装箱式变压器和引线等应按照相关规定进行，以确保安全。

二、变压器的运行

（一）变压器的运行方式

1. 空载运行

变压器的空载运行是指变压器不带负载，即一次侧接通电源，二次侧开路时运行。此时产生空载电流和空载损耗，空载电流为励磁电流，空载损耗主要是铁损耗。

2. 负载运行

变压器的负载运行是指一次侧接通电源后，二次侧接上用电设备后运行。负载运行时产生负载电流和负载损耗，负载损耗中除铁损耗外，还有相当数量的一、二次绕组中的电阻通过电流时产生的铜损耗，与负载电流的二次方成正比。

负载运行时应注意以下问题：

（1）运行电压一般不应高于运行分接头额定电压的105%。

（2）无励磁调压变压器在额定电压的±5%范围内改变分接头位置运行时，其额定容量不变。如为-10%～-7.5%分接时，其容量按制造厂规定；如无制造厂规定，则容量应降低2.5%和5%。

3. 变压器并列运行

如果一台变压器的容量不能满足负荷增长的需要时，把两台以上的变压器的高、低压侧分别并联起来使用，以增加供电容量。这种运行方式称为变压器并列运行，又叫并联运行。

变压器的并列运行，变压器应满足下列条件：

（1）变压器的电压比应相等，允许误差为0.5%。

（2）并列运行的变压器的阻挠电压必须基本相同，其相对差值不能超过10%。

（3）并列运行的变压器的联结组标号必须相同。

（4）两台并联变压器的容量比不能超过3∶1。

（二）变压器投入运行前的检查

在变压器投入运行前，应进行下列项目的检查：

（1）检查试验合格证，如果试验合格证签发日期超过3个月，应重新测试绝缘电阻，其阻值应大于允许值，不小于原试验值的70%，比较时应换算到相同温度。

（2）套管完整，无损坏裂纹现象，外壳无漏油、渗油情况。

（3）高低压引线完整可靠，各处接点符合要求。

（4）引线与外壳及电杆的距离符合要求，油位正常。

（5）一、二次侧熔断器熔体符合要求。

（6）防雷保护齐全，接地电阻合格。

（7）从外地购入，经过长途运输的变压器，要重新进行试验。

（三）变压器运行中发生的问题及处理方法

1. 变压器声音异常

变压器正常运行时，由于铁心的振动而发出轻微的“嗡嗡”声，声音清晰而有规律。声音异常情况如下：

（1）“嗡嗡”声音大或比平时尖锐，但声音仍均匀，这通常不是变压器本身的故障，而是由于电源电压过高所致，可通过电压表查看电压的实际值。造成电压高的原因，一是高压线路电压过高，二是高压侧投入电容器容量过大造成过电压。可根据实际情况或与供电部门联系降低电压，或切除电压侧的部分电容器。

（2）“嗡嗡”声忽高忽低地变化，但无杂音。一般是变压器负荷变化较大引起，可通过调整使变压器负荷尽量均衡。只要变压器在额定容量内运行，一般不会造成危害。

(3)“嗡嗡”声大而沉重，但无杂音。一般是过负荷引起，可通过调整负荷加以解决。变压器在不同程度只允许在一定时间内存在，而且和上层油的温度有关。如过负荷倍数为 1.05 时，上层油温度为 18℃时可运行 5h ~ 6h；而上层油温度为 48℃时，只允许运行 1.5h；如果过负荷倍数为 1.50 时，即使油温在 18℃，也只允许运行 0.5h。

在变压器中性点不直接接地系统中发生单相接地，或发生短时穿越性短路故障时，变压器过电流也会引发“嗡嗡”的响声。

(4)“嗡嗡”声大而嘈杂，有时会出现惊人的“叮当”锤击声或“呼呼”的吹气声。通常是内部结构松动时受到振动而引起的。内部结构一般为铁心缺片、铁心未夹紧，铁心紧固螺钉松动等。可停电进行吊心检查并做相应处理。若不能停电处理，应首先减小负荷，并加强监视。

(5) 有“吱吱”放电声或“噼啪”爆裂声。这可能是跌落式熔断器有接触不良、变压器内部有放电闪络或绝缘击穿的情况。当绝缘击穿造成严重短路时甚至会出现巨大的轰鸣声，并有可能喷油或冒烟着火。发生这种现象时应进行停电检查。重点检查绝缘套管、高低压引线连接处、高低压线圈与铁心之间的绝缘是否有损坏等。

(6) 变压器油箱内有“吱吱”放电声，电流表指针随着响声发生摆动，有时气体保护发出信号。一般是由于调压开关触头接触不良，切换错误或抽头引线绝缘不良等原因，引起油箱内部闪络。应对调压开关进行检修。

(7) 有“嘶嘶”声。这可能是变压器高压套管脏污、表面釉质脱落或有裂纹而产生的电晕放电所致。也可能是由于引线离地面的距离不足而出现间隙放电，这种情况会伴有放电火花。

(8) 有“轰轰”声。这常是因变压器低压侧的架空线发生接地引起的。

(9) 有“咕噜咕噜”声。这可能是变压器绕组有匝间短路产生短路电流，使变压器油局部发热沸腾。

(10) 间歇性的“哧哧”声。常由铁心接地不良引起，应及时处理，避免故障扩大。

2. 变压器运行中熔断器熔断

熔断器熔体熔断有三种情况：一是断点在压接螺钉附近，断口较小，往往可以看到螺钉变色，生成黑色氧化层，这是由于压接过松或螺钉松动，或螺钉锈死所致；二是熔体外露部分大部分全部熔爆，仅有螺钉压接部位残存，这是由于短路大电流在很短的时间内产生大量热量而使熔体熔爆所致；三是熔体中部产生较小的断口，这是由于流过熔体的电流长时间超过其额定电流所致，由于熔体两端的热量能经压接螺钉散发掉，而中间部位的热量积聚较快，以致被熔断。

(1) 变压器低压侧熔断器熔体熔断。变压器低压侧熔断器熔体熔断后，可通过对熔体熔断部位及其现象的分析初步判断故障原因。例如熔体在压接处熔断且无严重烧伤痕迹，多为熔体容量过小，也可能是安装时不慎造成熔体伤痕或没有压紧。相应的处理方法是，增加熔体容量，对安装不慎的应清洁螺钉、垫圈，更换螺钉、垫圈，重新安装好新熔体。对于由于短路电流引起的熔体熔爆情况，应找出并消除短路点。对于熔体中部产生较小的断口情况，应查明过负荷原因，选择合适的熔体重新装上，并应调整负荷，使之不超过额定值。

（2）变压器高压侧熔丝熔断。变压器高压侧熔丝熔断后，首先根据变压器高压侧熔断器熔体熔断情况判断是一相、二相或三相熔断。如果一相熔体熔断，对于单相变压器，会造成全部用户断电；对于三相变压器△－Y 接线，使低压侧两相电压降低一半，一相正常；对于三相变压器 Y－Y 接线，造成低压一相断电；如果两相熔体熔断，对于各种接线方式的变压器都会造成全部停电。可根据熔丝熔断情况分析判断故障原因：

1）熔体一相熔断又无明显弧光烧伤痕迹。此种情况可能是熔体容量太小、质量不好或机械强度较差和安装方法不当所造成，应更换合适的熔体，将变压器重新投入运行，如果声音没有异常即可正常运行。

2）熔体一相或两相熔断，并伴着低压侧熔体熔断。此种情况一般是因低压侧短路，电流过大而引起高压侧熔体熔断。应将低压侧熔断器全部取下，使变压器低压侧开路，换上合适的高压侧熔体后将变压器送电，如果没有异常，说明变压器本身无故障，然后排除低压侧的故障，最后再将变压器重新投入运行。

3）熔体两相或三相熔断，烧伤明显。此种情况发生时，应检查高压侧熔断器和防雷间隙有无短路或接地，并检查变压器有无冒烟或漏油，温度是否正常。如有条件的话，应进行全电压空载试验，检查三相空载电流是否平衡或是否过大。若空载试验没发现问题，说明变压器没有问题，应进一步检查高压侧接线柱以外是否存在故障。

3. 变压器运行中气体继电器动作，并发出信号

（1）气体继电器动作跳闸。当变压器内部发生严重故障时，就会产生大量气体，从油箱内上升到储油柜，急速的油流冲击气体继电器的挡板，使下油环干簧触点闭合，接通断路器的掉闸回路，使断路器跳闸。

当油面急剧下降、变压器内部有严重故障产生大量可燃气体时，应立即将变压器停止运行，进行大修处理。若是局部故障引起气体继电器动作跳闸，应做相应的检修。若是由于保护装置不良造成跳闸误动作，应拆下进行检测和修理。

（2）气体继电器发出信号。气体继电器发出信号有两种情况，一是二次线路及继电器造成误动作，应对气体继电器和二次线路作相应的检查；二是油内分解出大量气体聚集在气体继电器上部，应迅速收集气体做点燃试验，若气体可燃，说明变压器内部有故障，同时可观察到变压器油面下降，还应观察气体的颜色和气味，要及时分析故障原因，进行相应的检修。

（3）气体继电器频繁动作。新安装或大修后的变压器，由于在加油、滤油过程中将空气带入变压器的油箱内，未及时排出而引起气体继电器动作。

由于变压器投入运行后，油温逐渐上升，油箱内的油形成对流，将内部储存的空气逐渐排出，从而使气体继电器动作。

气体继电器动作的次数与变压器内部储存的气体多少有关，气体越多气体继电器动作越频繁。

如果发现气体继电器动作频繁，应根据变压器的响声、温度及加油、滤油等情况进行综合分析。也可取气体做点燃试验，若气体不可燃，说明变压器运行正常，可判断是变压器内部进入空气所致。

4. 变压器运行中风扇损坏

变压器运行中造成风扇损坏的原因一般有：风扇进水受潮，运行维护差和缺相运行等。

（1）风扇进水受潮。变压器风扇常安装在室外电力变压器的散热器外，因此极易进水受潮。进水受潮的部位一般出现在电动机轴的止口处，严重时雨水可沿电动机轴的轴向浸入，进水后电动机绝缘性能降低、轴承锈蚀，使电动机不能正常运行。一般可用密封胶封堵。

（2）运行维护差。运行值班人员往往重视对变压器进行巡视检查，而忽视了对风扇的维护，日久天长，进而发生故障。

（3）缺相运行。风扇电动机由于一相熔断器熔断或其他原因，造成电动机缺相运行，此时产生极大的过电流，很快就使电动机烧坏，影响风扇的正常运行。解决办法是采用缺相保护措施，使电动机不产生单相运行和两相运行的情况。

5. 变压器运行中温升过高，油变色、产生臭味

（1）温升过高。变压器的上层油温一般不能超过85℃。最高不能超过95℃。变压器温升过高，说明变压器内部发生了故障，例如调压开关接触不良，线圈匝间短路或铁心片间短路等。

铁心片间短路时可使铁损增大，引起油温升高，加速油的老化，油色变暗，闪点降低。铁心片间短路多由夹紧铁心用的穿心螺钉绝缘损坏所致，严重时会引起铁心打火过热熔化，产生严重的后果。应进行吊心检查，事先做好准备工作，采取必要的技术措施，按一定的顺序进行。

（2）油变色、产生臭味。发生这种情况，原因分析和相应的措施如下：

1）由于过负荷使温度升高，应降低负荷运行。

2）紧固螺栓松动，长时间过热，使接触面氧化，引起导电部分接线端子过热，产生变色、臭味，应修磨接触面，紧固螺栓。

3）涡流及漏磁通使外壳局部过热引起油漆变色，产生臭味，应及时进行内部检修。

4）电晕闪络放电或冷却风扇、输油泵烧坏，产生焦臭味，应清扫或更换套管和绝缘子，更换风扇或输油泵。

5）绝缘材料和密封件老化，应采集气体分析后再进行处理或更换材料和密封件。

6）受潮使干燥剂变色，应更换干燥剂或进行再生处理。

6. 干式变压器运行时噪声大，温升高，甚至冒烟

造成干式变压器在接通电源后噪声大、温升过高或冒烟的原因有：

（1）变压器一次侧输入电压过高。当一次侧输入电压过高时，铁心损耗与空载电流都将明显增大，同时出现噪声大和温升过高。此时应检查输入电压，若确实是电压过高引起，则应调整输入电压。

（2）变压器本身的故障。发现干式变压器温升过高时，可将变压器二次侧负荷断开，重新进行空载送电试验，测量变压器空载损耗和空载电流，并与变压器出厂试验数据相比较，如果实测数据与出厂试验值相差甚多，一般空载时变压器

仍然发热，说明变压器本身发生故障。变压器本身的故障可能是一次侧或二次侧有匝间短路、层间短路，也可能是铁心绝缘不良，在铁心中形成很大的涡流导致铁心发热。

（3）二次侧负荷过大或短路。二次侧负荷过大时，应减轻负荷；发生短路时，应找出短路故障处并进行处理。

第三节　变压器的修理

一、绕组故障

（一）匝间或层间短路

当绕组的导线绝缘或层间绝缘损坏时，少数线匝或层间一些线匝发生短路，被短路的线匝在交变磁通的感应下，产生短路电流，故障往往发展很快，出现冒烟现象，一般情况下使油温上升，并使变压器油分解出气体，进入气体继电器。在故障不严重时，气体继电器发出警报，切断变压器的电源。匝间或层间短路故障原因分析如下：

（1）匝间或层间绝缘的自然损坏或由于过载或散热不良，使线圈过热，造成绝缘老化，降低了导线的机械性能并导致破损。

（2）变压器油中含有腐蚀性杂质或水分，腐蚀并损坏了导线的绝缘。

（3）由于工作不慎，在制造或维修时线圈内夹有铜线、铁片及焊锡等导电物体，或存在未被发现的缺陷。

（4）由于外部短路使线圈受力发生机械变形，造成匝间或层间绝缘的损坏。

为了确定是否发生匝间或层间短路，可分别测量每相线圈的直流电阻，比较所测数据有无明显差别。然后吊出器身，在线圈上施加不超过15kV的电压做空载试验。如有匝间或层间短路故障，短路线匝会发热冒烟，损坏会显著扩大。如无法用小修补的方法消除故障，则应更换线圈。

所以，匝间或层间短路故障带来的危害较大，在施工、运行以及维护中应采取防范措施。

（二）断线故障

1. 故障现象

在变压器内部发生断路时，其测量仪表指针摆动，断线处产生电弧，使变压器油分解，气体继电器内有灰黑色可燃气体，气体继电器动作，断开变压器两侧的开关使变压器停止运行。

2. 故障原因

断线故障的一般原因可能是由于导线接头焊接不良，线圈引出线连接不良，匝间或层间短路后把线匝烧断或短路应力使线圈断裂。

3. 排除方法

发生断线故障后，首先应检查各相线圈的直流电阻，进行数值比较，然后吊出器身，找出断线进行消除。

（三）绕组相间短路

1. 绕组相间短路的原因

变压器绕组发生相间短路的原因如下：

（1）由于主绝缘老化而破裂、折断等缺陷。

（2）绝缘油受潮，绝缘和绝缘油引起相间击穿。

（3）绕组内有杂物落入、绝缘损坏。

（4）过电压冲击波的作用。

（5）电磁作用力的破坏，可能引起套管间的短路。

（6）短路故障时产生的作用力使绕组变形损坏。

2. 处理方法

绕组发生相间短路，通常伴随着放炮声，应做停电检查，如发生在外部（如引线部分），则可做局部处理，如发生在绕组内部，则应进行绕组的修理，严重时应进行绕组的重绕。

（四）绕组对地击穿

1. 绕组对地击穿的原因

绕组对地击穿的原因和绕组相间短路原因相似，绝缘老化、破裂等缺陷而引起绕组对地击穿。发生绕组对地击穿，时常发生高压熔丝熔断、油温剧增，甚至有时造成储油柜喷油。

2. 处理方法

发生这种故障时，有时还会同时有匝间短路和相间短路，造成比较严重的后果。

应立即停电检查，吊心后视故障情况，局部故障通常可以用肉眼看见，做局部处理，严重时也要进行绕组的重绕。

二、铁心故障

（一）变压器铁心的常见故障

1. 变压器振动而噪声大

变压器往往由于内部结构松动，如铁心缺片、铁心未夹紧、铁心紧固螺钉松动等原因，引起变压器振动，伴随着产生“嗡嗡”噪声，有时还会有锤击声或吹气声，此时应停电吊心检查，并做相应的处理。

对缺片、多片情况应进行补片或抽片。螺栓松动时，应采取紧固措施。

2. 铁心片间绝缘损坏

铁心片间绝缘损坏，将会使变压器的铁损增大，致使空载电流也增大，变压器温度升高，油的闪点降低、油色变褐、油质变坏。片间绝缘损坏的原因，可能是铁心受到剧烈振动，铁心片间发生摩擦，也可能是铁心片间绝缘老化。

铁心片间绝缘老化并有局部损坏，使涡流增大，造成局部过热，严重时还会熔化。应将铁心吊出器身进行检查，用直流电压电流表法测量片间绝缘电阻，如损坏不严重，可涂以1611号或1030号绝缘漆；如果严重应清除老化绝缘层，重新涂漆烘干处理。若硅钢片质量太差，影响变压器运行性能时应考虑更换铁心。

3. 接地片断裂

接地片断裂，再加上变压器组装工艺不符合要求，当电压升高时内部可能发出轻微的放电声，此时应做吊心检查，并应更换断裂的接地片。

应指出的是，往往在吊心检查时，不慎使接地片受机械损伤，变压器运行时有振动，使接地片断裂；或者在吊心检查时直接将接地碰断。所以，在做吊心检查时应严格按操作工艺要求进行。

铁心通过接地片接地，只能有一个接地点，如果铁心有两点接地，便可能产生环流，严重时会烧损铁心。

4. 铁心的烧熔故障

正常的变压器铁心叠片表面是经过绝缘处理的，对片间绝缘良好的变压器铁心，涡流被限制在每片的内部，其引起的损耗是很小的。如果片间绝缘损坏，涡流损耗便会增大，损坏处的温度就会上升。由于温度的升高，又造成周围绝缘迅速的老化，直到片间短路，故障范围又进一步扩大，严重时能把叠片熔化。熔化的铁液一部分渗入片间间隙，一部分流到油箱底部形成小钢珠。

铁心局部熔化的另外原因，是铁心螺栓的绝缘损坏使叠片片间短路，以及铁心接地不正确（如有两个接地点），引起环流和放电。

在铁心熔化时温度很高，高温的钢液与变压器油接触后分解出气体，产生一定量的气体以后，气体继电器便会动作。当故障发展到相当严重时，油的温度就会显著升高，甚至冒烟，过载继电器也会动作。

这种铁心故障大多数发生在较大容量的变压器中，中小型变压器中较少发生。

对烧熔不很严重的铁心，可用风动砂轮将熔化处刮除，再涂上绝缘漆；对严重烧毁的铁心，则应进行大修理或更换铁心。

（二）变压器铁心吊出检查

1. 变压器铁心检查前的准备工作

变压器铁心检查前应做好以下准备工作：

（1）材料工具准备。吊铁心前应准备好需用的工具和材料，如各种活扳手、塞尺、绝缘带（白布带、黄蜡带、塑料带）、白布、绝缘纸板以及垫放铁心的道木和存放变压器油的油桶等。如果变压器油箱的密封衬垫使用软木，吊铁心前应制作好，软木厚度为10mm~20mm，现在均用耐油橡皮制成。

（2）起重设备的准备。起吊铁心，可用起重机或倒链。所用工具设备应预先经过检查，钢丝绳应完整、无断股、清洁干净。

(3) 变压器油的处理。吊铁心前应将变压器油取出油样，进行耐压试验及化学分析。如需补充油，还需做油混合试验，这项工作应提早做好；如油不合格，要将变压器油用滤油机过滤。

2. 变压器铁心检查的主要技术措施

变压器铁心检查时，应采取如下技术措施：

(1) 进入现场的工作人员，要有统一指挥，明确各自的工作岗位，与工作无关的人员不得进入现场。

(2) 现场的工具材料要有专人管理，登记造册，事后要进行检查。铁心检查全过程要由专人负责记录。

(3) 攀登变压器的梯子不允许搭在绕组引线和绝缘件上，不得攀登引线、支架上下变压器。检查铁心的工作人员的手套及鞋应清洁，不允许携带任何与工作无关的金属物体及其他杂物（钥匙、硬币等）。

(4) 现场应保持清洁，地面的油污要随时处理。在铁心、油箱、梯子上的工作人员应注意安全，防止高空摔跌发生人身伤亡事故。

(5) 工作现场严禁烟火，并应配备灭火器具等消防器材，以防发生火灾。

(6) 工作人员应穿工作服，不准使用金属衣扣。

(7) 工作人员应严格遵守各项工作操作规程和安全工作规程，重要工作要有人监护。

(8) 工作完成后，严格检查现场，防止把工具、材料及其他零星物件遗忘，落失在变压器器身上和油箱内。

3. 变压器铁心吊出检查的顺序

变压器铁心吊出检查要按如下顺序进行：

(1) 放油。吊出铁心前应将油箱中的油放出一部分，放至箱顶盖的密封衬垫以下，防止卸开顶盖螺钉时油溢出来。

(2) 吊铁心。起吊铁心前应将油箱放平，卸开顶盖与油箱连接的螺钉，将钢丝绳系在顶盖上的全部吊环（或吊钩）上，经检查后，在有指挥的情况下进行起吊。先要试吊，在检查没有问题时，再将铁心吊出。

(3) 检查铁心。铁心吊出后，应立即检查，并有专人负责记录，将发现的问题和处理结果记录下来。检查步骤和要求如下：

1) 用干净的白布擦净绕组、铁心支架及绝缘隔板，并检查有无铁屑金属物附在铁心上。

2) 拧紧铁心上的全部螺钉，检查绕组两端的绝缘楔或垫片是否松动或变形，如有松动或变形的，应用绝缘纸板垫紧。

3) 旋转电压切换装置，检查切换器与传动装置的相互动作是否正常和灵活，其动触点与静触点应接触严密，以0.05mm厚的塞尺检查应塞不进去；转动节点应正确停留在各个位置上，且与指示器的指示位置一致；切换装置的拉杆、分接头的凸轮、小轴、销子都应完整无损；转动盘应动作灵活，密封良好，无渗油现象；对有载分接开关尚应检查油箱内选择开关的触点部分，其触点和铜软线应完整，无磨损折断现象，触点应接触良好。

（4）检查铁心上下接地片接触是否良好，有无缺少或损坏，拆开接地螺钉使其不接地，用绝缘电阻表测量铁心对地的绝缘电阻，用500V 绝缘电阻表测量穿心螺栓对地的绝缘电阻，并用1000V 交流或2500V 直流电压试验 1min。穿心螺栓的绝缘电阻虽无规定标准，但一般 10kV 以下的变压器穿心螺栓最低允许绝缘电阻值为 2MΩ；20 ~ 35kV 的变压器为 5MΩ，如不符合要求，可卸下穿心螺钉检查并处理，铁心只允许以一点接地。

5）检查铁心有无变形，表面漆层是否完好，铁心及绕组间有无油垢，油路是否畅通。检查绕组的绝缘有无脆裂、击穿、表面变色等缺陷。

6）检查绕组线圈的排列是否整齐、间隔是否均匀、有无移动错位；绝缘围板的绑扎是否牢固；线间有无异物。

7）检查引出线是否良好，固定和焊接是否牢固，包扎是否完好。

8）变压器油应注意注意保持干燥和清洁，并应清理和清洗油箱。

9）吊心检查处理完毕，应测量绕组的绝缘电阻、吸收比，测量切换开关触点的接触电阻等，全部正常后，即可将铁心吊入油箱内，将顶盖与油箱间的密封衬垫放好，将盖板上的螺栓均匀拧紧，以防渗油，最后将变压器油加入变压器中。

在吊入过程中应稳妥、不要碰撞，以免发生新的损坏。

第五章　电机和电器

第一节　电动机的分类、型号和工作原理

一、电机的分类

电机的分类方法很多，电机学中常分四大电机，有变压器（又称静止电机，因为它的工作原理和等值电路和交流电动机相同，所以归属于电机类中）、同步电机（有发电机和电动机）、直流电机（有发电机和电动机）、异步电机（大部分是电动机）。后三种电机又称为旋转电机。

（一）电机的分类方法

电机常按电源分类，按运行方式分类，按容量分类，按冷却方式分类，按安装型式分类，按结构分类，按电压分类，按频率分类，按用途分类等。

（二）电动机的分类

电动机的分类如下：

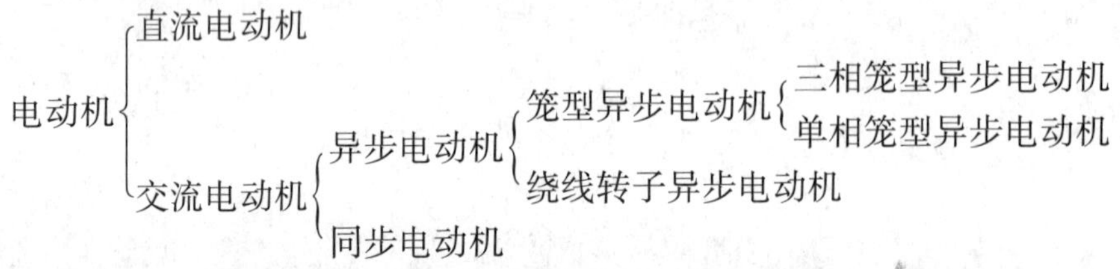

其中，三相笼型异步电动机具有结构简单、坚固耐用、工作可靠、维修方便、价格低廉等优点，在农村和乡镇企业中广泛应用，如用于拖动水泵、农机具、农机修造设备等。单相笼型异步电动机同样具有上述特点，被广泛应用于农业生产、电动工具和家用电器等。

本书重点介绍三相和单相异步电动机，又以笼型异步电动机为主。

二、电动机型号及适用场合

（一）电动机的型号

产品型号是为了统一产品的种类，便于使用、制造、设计等部门进行业务联系和简化技术文件中产品名称、规格、型式等叙述而引用的一种代号，应以简明、不重复为基本原则。型号以大写汉语拼音字母以及国际通用符号和阿拉伯数字组成。

（二）电动机型号的排列顺序

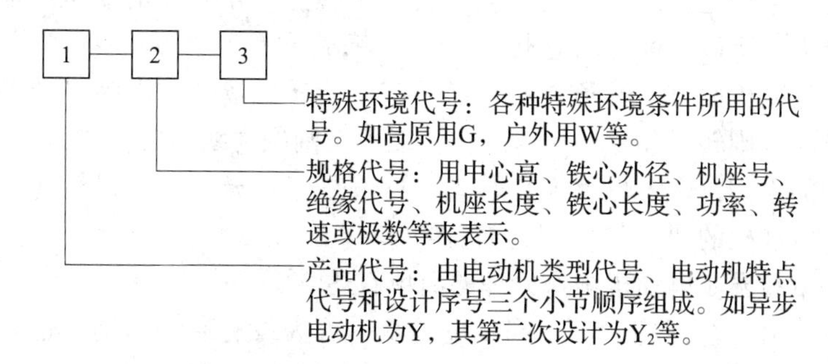

（三）型号举例

1. Y100L2－4

表示三相异步电动机，中心高为100mm，长机座、2 号铁心长、4 极。

2. Y112S－6

表示三相异步电动机，中心高为112mm，短机座、6 极。

三、电动机的工作原理

以三相异步电动机为例进行说明。

（一）工作条件

三相异步电动机工作有两个必要条件：

（1）有三相对称正弦交流电存在；

（2）有三相对称正弦绕组存在。

必要条件是必须具备的条件，三相异步电动机工作还有其他条件，如转子、转轴、轴承、端盖等，没有这些条件也是不行的，但是它们不是必要条件，或者说它们不是说明工作原理的必要条件。

（二）旋转磁场的产生

三相对称正弦交流电通入电动机的三相对称正弦绕组后，在电动机气隙中产生旋转磁场。产生旋转磁场的说明方法有三种：

（1）数学分析法。此种方法最为精确、严格，但是初学者不好懂。

（2）磁势图法。此种方法比数学分析法形象，但磁势图的物理概念也不太好理解。

（3）作图法。此种方法是画一个三相对称正弦交流电的波形，再在其对称的时刻画若干个电机定子绕组的示意图，有电流进出，再用右手螺旋定则确定磁场的方向，用箭头表示。当交流电通过一个周期，其磁场方向就转过了一圈，形象地说明了旋转磁场产生，便于初学者理解。但这种方法不十分精确和严格。

（三）三相异步电动机的工作原理

电动机的三相对称正弦绕组通以三相对称正弦交流电以后，产生了旋转磁场。定子旋转磁场切割转子笼条，在转子中感应电流（因为有端环，就有电流回路），力的方向可用左手定则来确定，这个力就推动了转子旋转。三相异步电动机的运转，是因为电磁感应的原理，所以又称为感应电动机。

对于异步电动机而言，转子一定是滞后定子旋转磁场的，因为当转子转速和定子旋转磁场相同时，则转子和磁场相对静止，就不切割磁力线，转子中因而不感应电流，就不会产生力的作用，转子也就停止转动，这就是三相异步电动机转速小于同步转速的原因。异步电动机的“异步”因此而得名。

这也就是三相异步电动机工作原理的简单叙述。

顺便提一下另一个问题，对于同步电动机，因为没有启动力矩，也要采用异步启动，即异步电动机的原因，而当同步电动机转子加速到接近同步转速时，即给予励磁，然后以同步转速运转，这就是所谓“异步启动、牵入同步”。

第二节　电动机的结构和拆装方法

一、三相异步电动机的结构

三相异步电动机的外形图，见图5-1；三相异步电动机的内部结构图，见图5-2。

图5-1　三相异步电动机的外形图

图5-2　三相异步电动机的内部结构图

三相异步电动机由两个基本部分组成：固定的部分，称为定子；旋转的部分，称为转子。转子装在定子腔内，为了保证转子能在定子内自由转动，定、转子之间必须有一定间隙，称为气隙。此外转轴两端还装有轴承，前后轴承装在前后端盖的轴承室内，端盖固定在机座上，构成整机。拆卸后的零件图，见图 5-3。

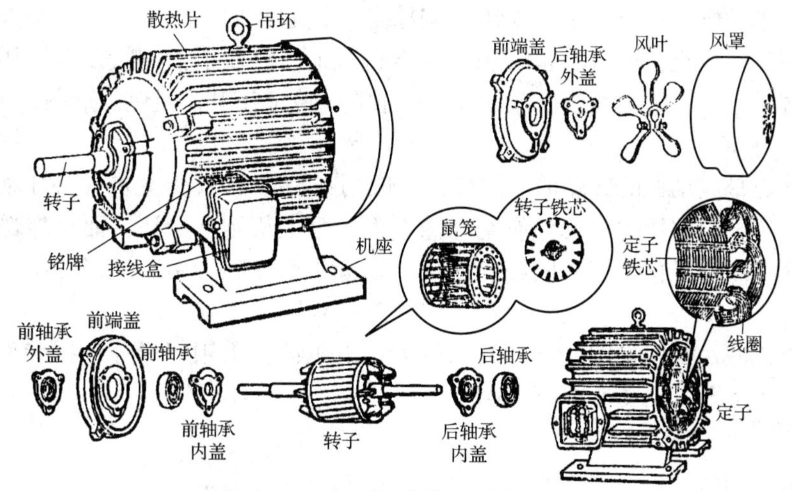

图 5-3　电动机拆卸后的零件图

三相异步电动机结构按其作用分为四大部分：

（1）导电部分：定子绕组、转子绕组（或导条）；

（2）导磁部分：定子铁心、转子铁心；

（3）机械结构件：机座、端盖、转轴（轴）、支架、轴承盖等；

（4）散热部分：风扇、内风扇、风罩，还有机座上的散热片（有传导、对流和辐射三种散热方式）。

零部件组成框图，见图 5-4。

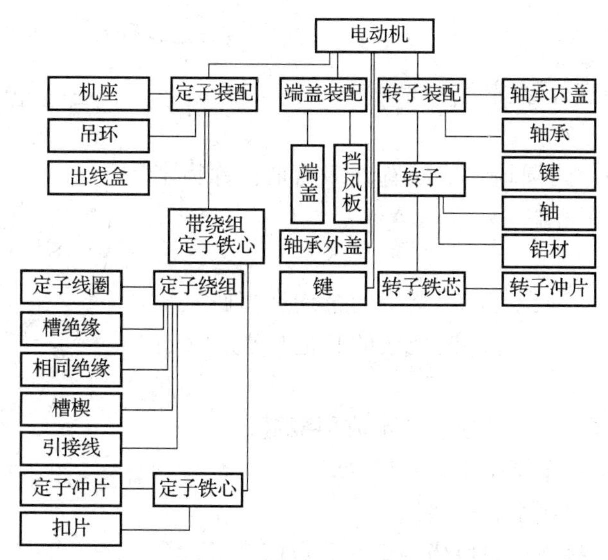

图 5-4　三相笼型异步电动机零部件组成框图

（一）定子

定子由机座、定子铁心、定子绕组等三部分组成。

1. 机座

机座是电动机的外壳，主要是用来支撑定子铁心和固定端盖。中小型异步电动机一般都采用铸铁铸成，小机座也有用铝合金铸成的。机座上没有接线盒，用以连接绕组引线和接入电源；机座表面有散热片用以散热，降低温升。机座外形图，见图5-5。

2. 定子铁心

定子铁心是电动机的磁路的一部分，一般用0.5mm的硅钢片冲片叠压而成。对于中型电机，定子硅钢片的表面涂有绝缘漆，而小型电机则不涂漆，而是靠硅钢片经氧化处理表面形成的氧化膜使片间相互绝缘，以减小交变磁通引起的涡流损耗，提高电机的效率。

小型电机冲片采用整圆硅钢冲片，较大型电机冲片采用扇形冲片拼装而成，在冲片上冲有定子槽形。见图5-6、图5-7。

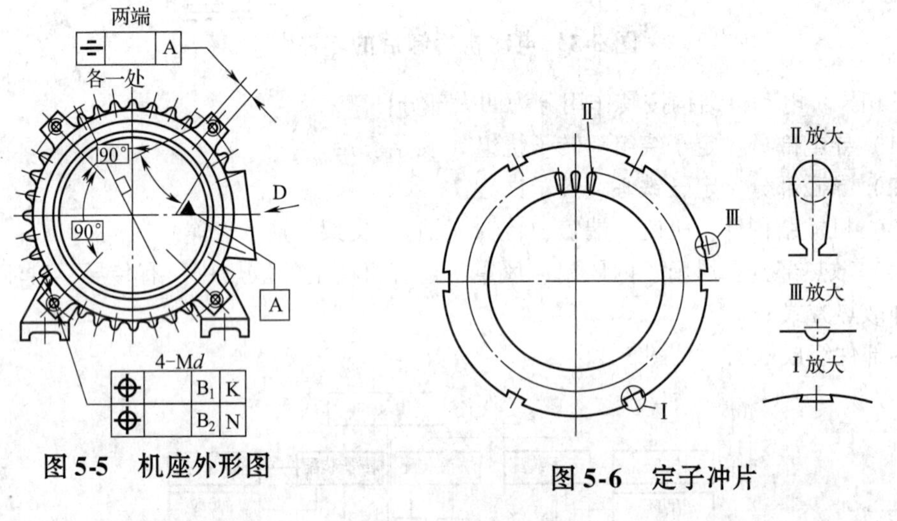

图5-5 机座外形图

图5-6 定子冲片

在定子铁心冲片内圆均匀地冲有许多槽形，称为定子槽，用以嵌放定子绕组。

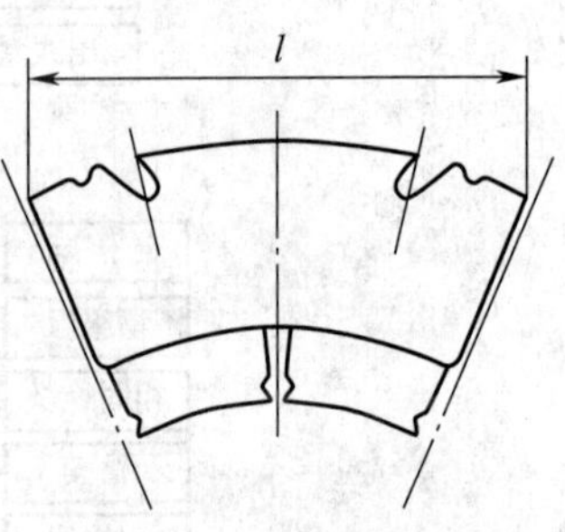

图5-7 扇形冲片

3. 定子绕组

（1）定子绕组的种类。定子绕组的结构有多匝式绕组、条式绕组、特殊绕组等。按绕组的其他特点，又有如下划分：

1）按加工方法：手绕、成型、半成型绕组。

2）按绕组层数：单层绕组和双层绕组。

3）按绕组数：单绕组和多绕组。

4）按每极每相槽数：整数槽绕组和分数槽绕组。

三相异步电动机的定子绕组是三相对称的正弦绕组，分 U、V、W 三相，是通以三相对称正弦交流电后产生旋转磁场的核心。

定子绕组一般采用圆线或扁线；铜线或铝线。

定子绕组常是嵌入式绕组。

小型三相异步电动机常采用单层绕组。

（2）单层绕组

单层绕组的优点：

1）槽内无层间绝缘，槽的利用率高；

2）同一槽内的导线都属于同一相，在槽内不会发生相间击穿；

3）线圈总数比双层绕组少一半，嵌线比较方便，常采用一相连绕绕组，这种结构嵌线后避免了许多接线，工艺性好，对电机质量有好处。

单层绕组的缺点：

1）一般不易做成短距绕组，磁动势波形比双层绕组差；

2）容量大时，电机导线较粗时，嵌线和端部整形较困难，所以，一般只用于小功率电机中；

3）一相连绕绕组，在嵌线时较为复杂，操作人员需经专门训练。

单层绕组有三种基本型式：单层同心式、单层交叉式、单层链式。

单层同心式。在同一极相组内，绕组由节距不等的大小线圈组成，使各线圈的中心线重合成回字形，这种绕组称为单层同心式绕组，其一相展开图的例子，见图 5-8。

单层交叉式。交叉式绕组是同心式绕组的改进型，即把两个（或多个）同心元件改变成相同节距的绕组，其一相展开图的例子，见图 5-9。

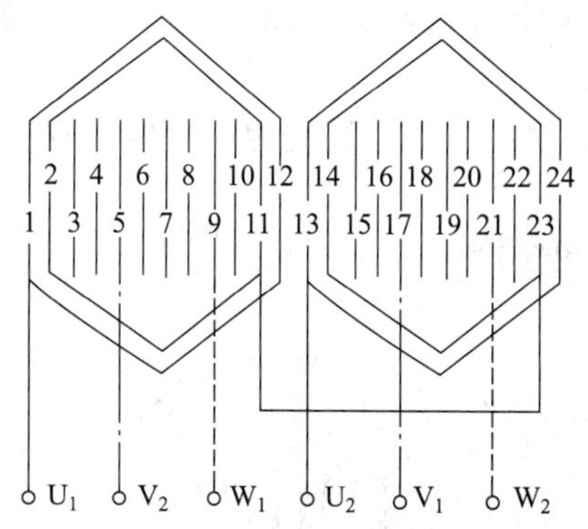

图 5-8　三相二极单层同心式绕组一相展开图

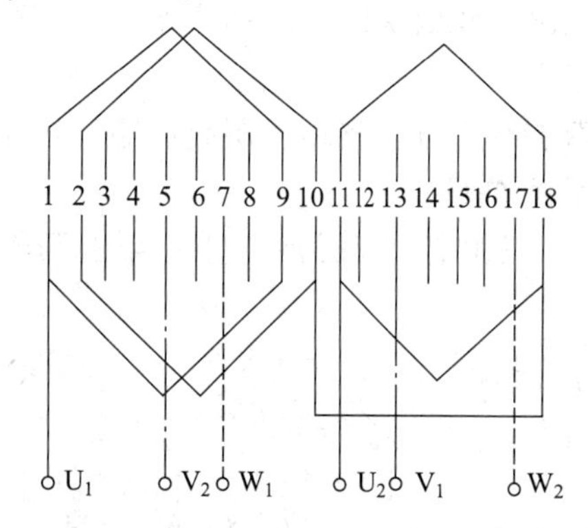

图 5-9　三相二极单层交叉式绕组一相展开图

单层链式。为了克服同心式绕组以及变形线圈所造成的三相不平衡，在保持绕组原有槽电势不变的情况下，可以反接串联，三相绕组犹如连扣，故名“单层链式”绕组。单层链式绕组的线圈节距必定是奇数，由于单层链式绕组的线圈端部缩短，比同心式绕组省铜，因此单层链式绕组在小容量电动机中普遍采用。单层链式绕组一相展开图的例子，见图 5-10。

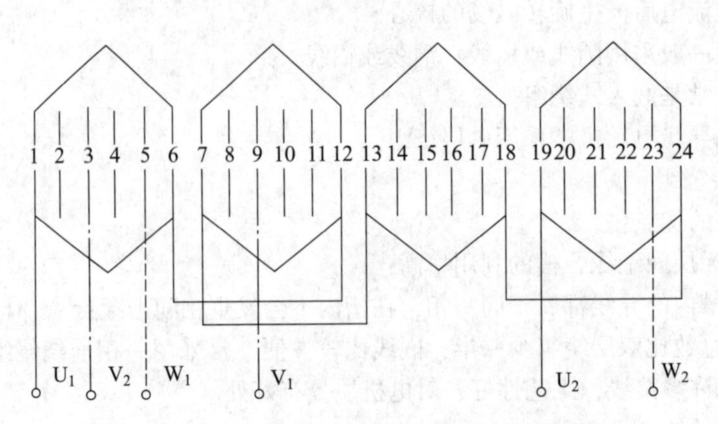

图 5-10　三相四极单层链式绕组一相展开图

(3) 双层绕组

双层绕组的每个槽中可以放置两个有效边，一个线圈的两个边中，一边在槽的上层，另一边在槽的下层，整个绕组的线圈数正好等于槽数，故名“双层绕组”。

双层绕组，有整数槽绕组和分数槽绕组之分，又有整距和短距之分，叠绕和波绕之分。双层绕组都是等元件式，每个元件的节距 y 完全一样。双层绕组在同一槽中，可能出现两相绕组，所以双层绕组的层间绝缘要按相间绝缘来要求。采用适当的短距的双层绕组能收到改善元件电势和磁场波形的效果。

双层绕组的优点是：可选择最有利的节距，使异步电机的磁场波形更接近正弦分布，改善电机性能，所有线圈具有同样形状、同样尺寸，便于制造，又可组成较多的并联支路，双层绕组的端部整齐，功率较大的三相异步电动机（如 Y180 以上）均采用双层绕组。

双层绕组分：整距双层叠绕组、短距双层叠绕组、双层波绕组、分数槽双层叠绕组。举例如下：

1）三相整距双层叠绕组一相的展开图，见图 5-11。

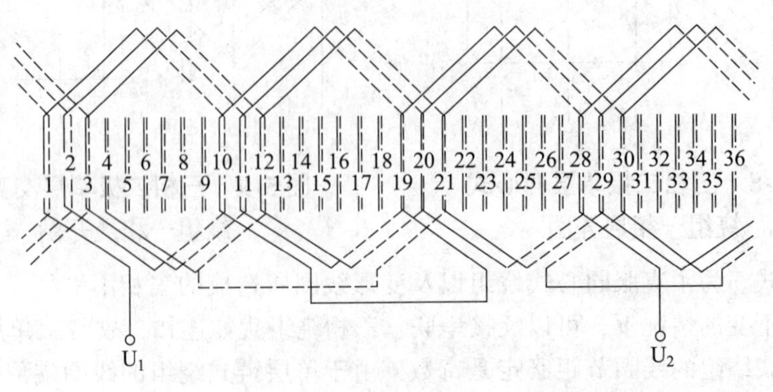

图 5-11　三相整距双层叠绕组一相的展开图

2）三相短距（$y=8$）双层叠绕组一相的展开图，见图 5-12。

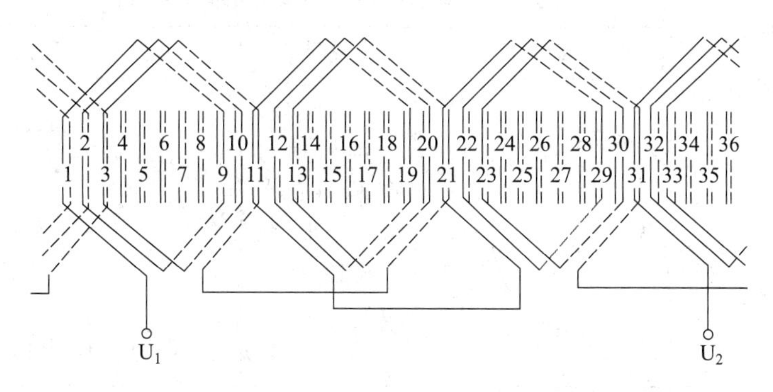

图 5-12　三相短距（$y=8$）双层叠绕组一相的展开图

3）三相短距双层波绕组一相的展开图，见图 5-13。

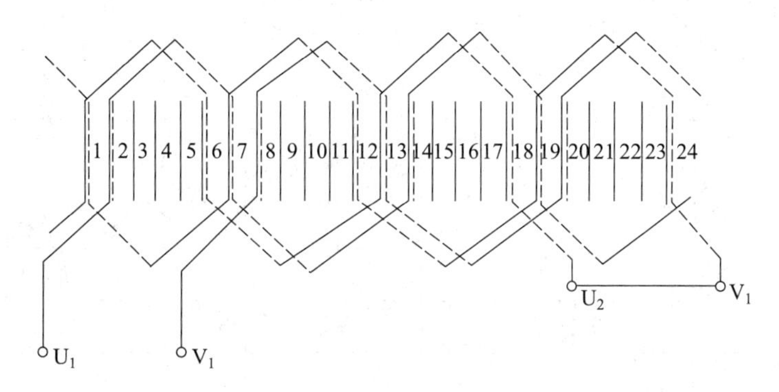

图 5-13　三相短距双层波绕组一相的展开图

4）$2p=8$，$a=1$，$z=30$，$y=1-4$ 的分数槽双层叠绕组一相展开图，见图 5-14。

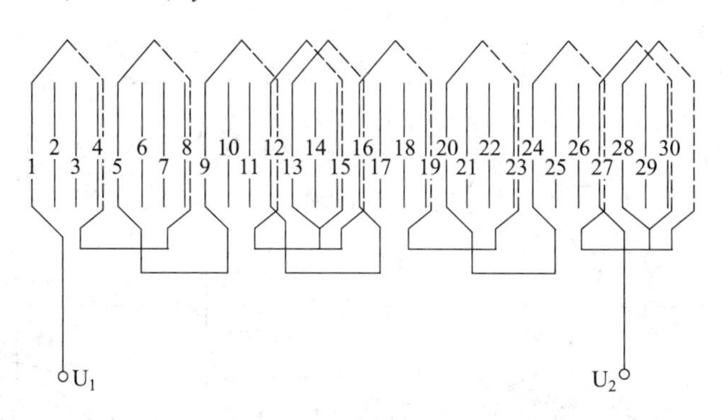

图 5-14　$2p=8$，$a=1$，$z=30$，$y=1-4$ 的分数槽双层叠绕组一相展开图

在图 5-14 中，p 为极对数，a 为并联支路数，z 为定子槽数，y 为节距。

双层叠绕组接线时非常实用的方法就是画电机绕组接线图，画接线图的依据是绕组展开图，而接线图是双层叠绕组接线时的依据。这一方法比较简单，2 人比较容易掌握，不像绕组图那样繁杂。画接线图的步骤，见表 5-1。

表 5-1　电机绕组接线图的画法（对双层绕组）

说明	第一步	说明	第二步
画圆作水平和垂直线	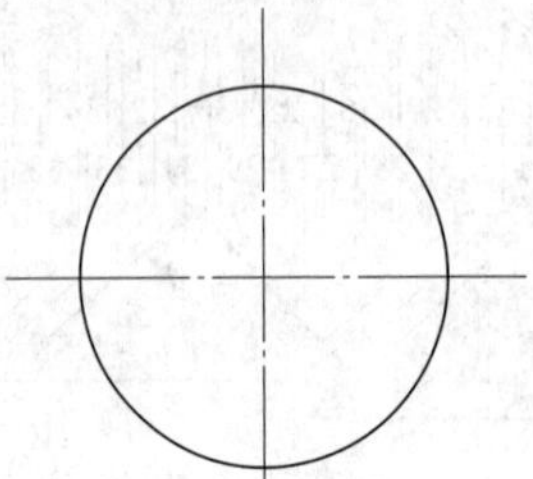	画极相组圆弧线、半开口形状（图中为四极）	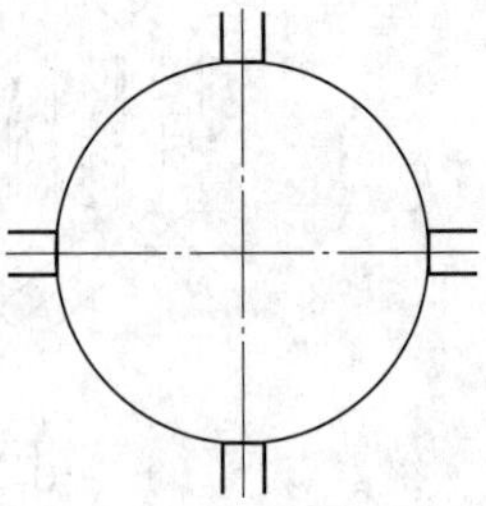
	第三步		第四步
以四极为例，画三相线圈共 12 个极相组，每极相组相差 30°	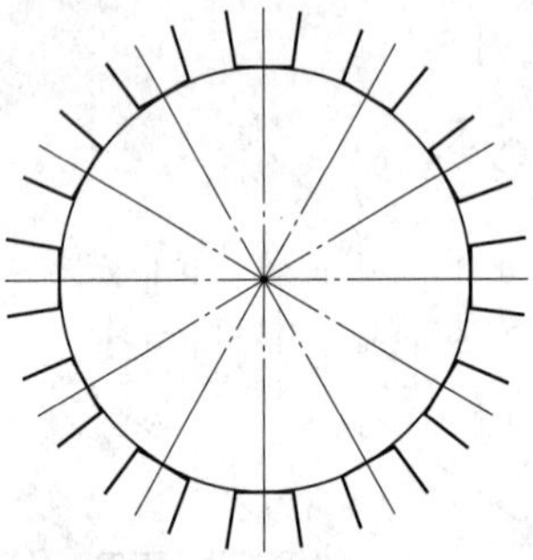	标注电流方向。任选一个极相组标上箭头，则相邻的和其相顶，即箭头对箭头	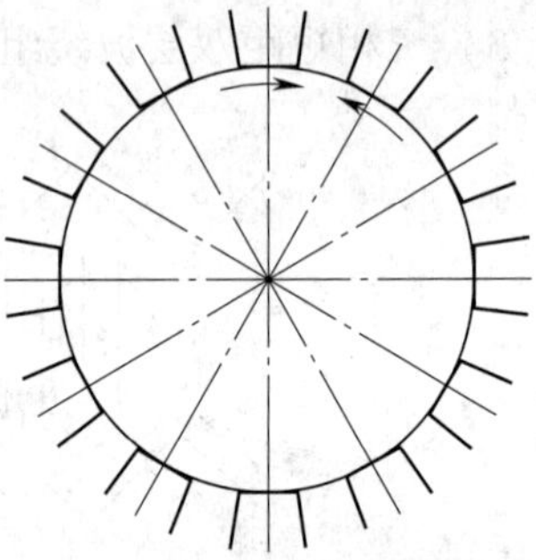
	第五步		第六步
标注全部极相组的电流方向，箭头对箭头，箭尾对箭尾，必然是第一个和最后一个相反	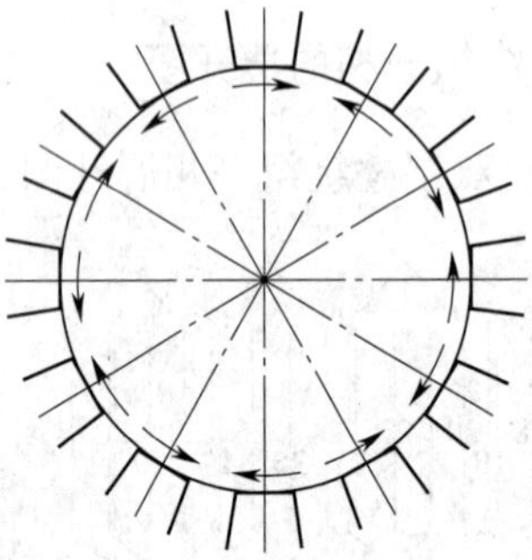	以四级、支路数 a = 1 为例，画联结线，几极则画几个极相组，联结时顺电流方向联线	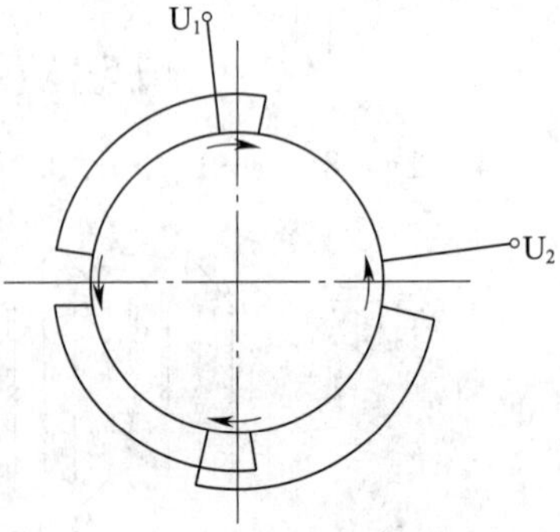 U_1 U_2
	第七步		第八步
以四极、支路数 a = 2 为例，两路进入，两路引出	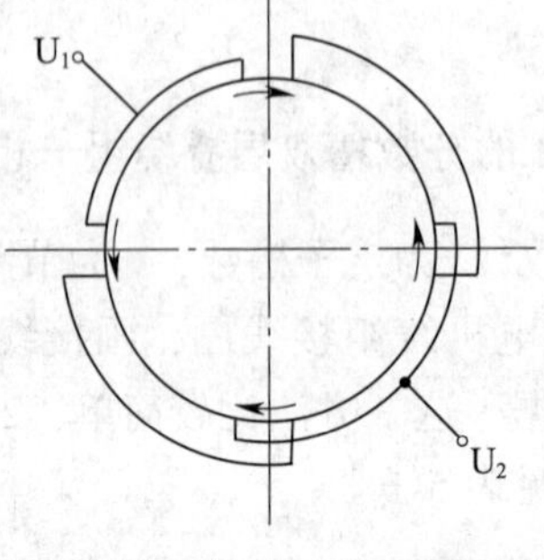 U_1 U_2	以四极、支路数 a = 4 为例，四路进入、四路引出、四个线圈并联联结。支路数 a 的最大值为极数	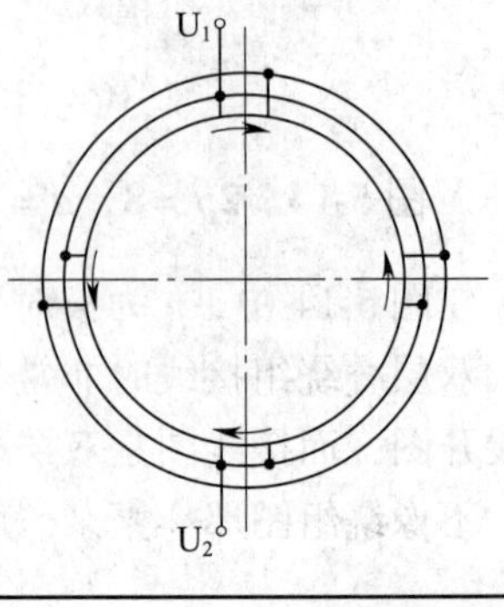 U_1 U_2

（二）转子

转子由转子铁心、转子绕组和转轴等三部分组成。整个转子靠轴承和端盖支撑着。

1．转子铁心

转子铁心也是电动机磁路的一部分，一般用0.5mm厚的硅钢片叠压而成。在转子铁心硅钢片的外圆上均匀地冲有许多槽，见图5-15。转子槽形有多种，见图5-16。

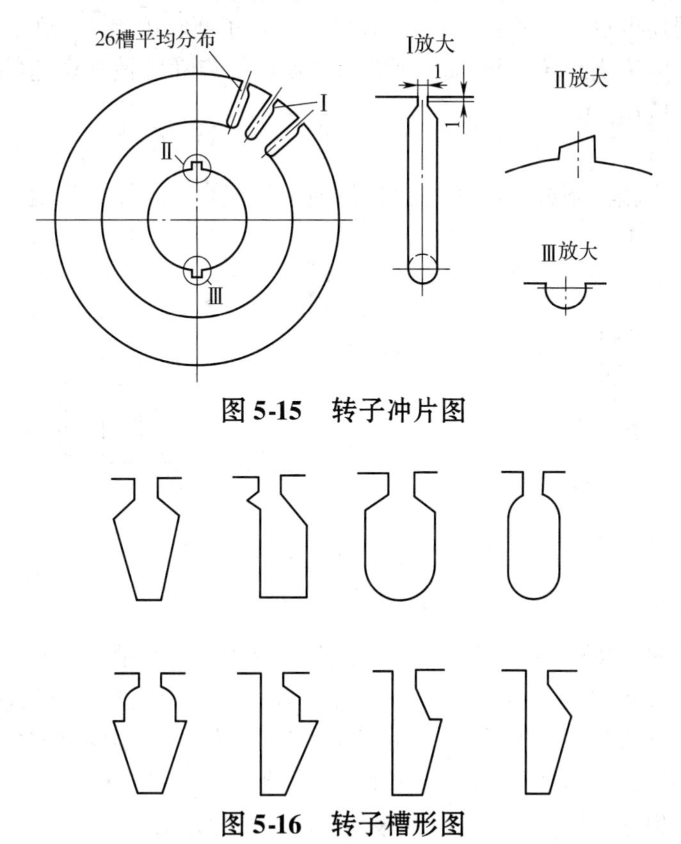

图5-15　转子冲片图

图5-16　转子槽形图

为了改善启动特性，转子槽形还有双笼式和深槽式，整个转子的槽还采用斜槽型式。

转子槽中嵌放转子绕组（绕线转子型）或浇铸铝条（笼型），整个转子呈圆柱形。小型转子直接固定在转轴上，中型电机的转子先固定在转子支架上，然后再固定在转轴上。

2．转子绕组

转子绕组分为笼型和绕线型两种。

（1）笼型转子绕组。该绕组是由插入每个转子铁心槽中的导条和两端的环形端环连接组成，形成闭合感应电流回路。如果去掉铁心，整个绕组的外形就像一个圆笼，故称为笼型转子。小型笼型电动机一般都采用铸铝转子，这种转子的导条、端环都是用熔化的铝液一次浇铸出来的。对于容量较大的电动机，由于铸铝质量不易保证，常用铜条插入转子槽中，再在两端焊上端环而成。

(2) 绕线转子。绕线转子的绕组和定子相似，是用绝缘导线嵌放在槽中，接成三相对称绕组，一般小型绕线转子的绕组采用叠绕组，用软铜线，而中型绕线转子的绕组采用波绕组，用扁铜条插入转子槽中，再用并头套进行连接。绕线转子的绕组，一般采用星形（Y）联结，三根引出线分别接到转轴（钻有中心孔）上的三个彼此绝缘的集电环（俗称滑环）上，转子绕组可心通过集电环和电刷在转子绕组回路中接入变阻器，用以改善电动机的启动性能（使启动转矩增大、启动电流减小、启动过程平稳，采用频敏变阻器还可自动完成良好的启动过程），转子回路中串入电阻器，还可调节电动机的转速。正因为绕线转子异步电动机具有良好的启动特性和调速特性，虽然结构复杂，仍被广泛应用。

3. 转轴

转轴一般由中碳钢制成，两端的轴颈与轴承相配合，支撑在端盖上。典型的转轴（简称轴），见图 5-17。

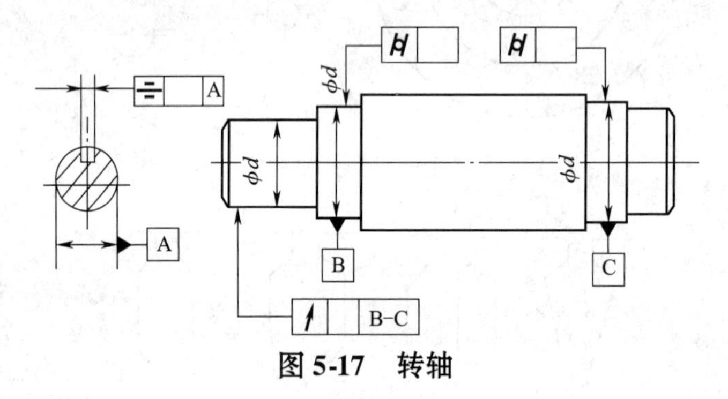

图 5-17　转轴

轴的种类很多，按照轴上有无阶梯，分为光轴和阶梯形轴；按照制造方式，分为圆钢轴、锻造轴和焊接轴；按照与铁心结合方式，分为滚花轴、热套轴和带键的轴；按照轴伸形状，分为圆柱形轴伸轴、圆锥形轴伸轴和轴伸带半联轴器的轴；按照轴心形状，分为实心轴、一端带深孔的轴和有中心通孔的轴；按照轴是否导磁，分为导磁轴与非导磁轴。根据电机不同的要求，采用不同种类的转轴。

转轴的作用是支撑转子，传递电动机输出的机械转矩，一般转轴的轴伸铣有键槽，以固定皮带轮和联轴器，带动机械负载。

转轴的装配应保证定子与转子之间具有均匀的气隙。气隙是电动机磁路的构成部分，气隙越小，越可以提高功率因数和减小励磁电流；但气隙太小，又不均匀，则容易引起定子、转子相擦，影响性能甚至损坏电动机。

（三）其他结构件

1. 端盖

端盖一般由铸铁制成，用螺钉固定在机座两端，轴伸端的称为前端盖，风罩端的称为后端盖，前后端盖形状相似，但不相同。端盖的作用是安装固定轴承，支撑转子和遮盖电动机。小容量电动机，一般没有轴承盖；较大容量的电动机的端盖，还设计成有轴承盖的结构，见图 5-18。

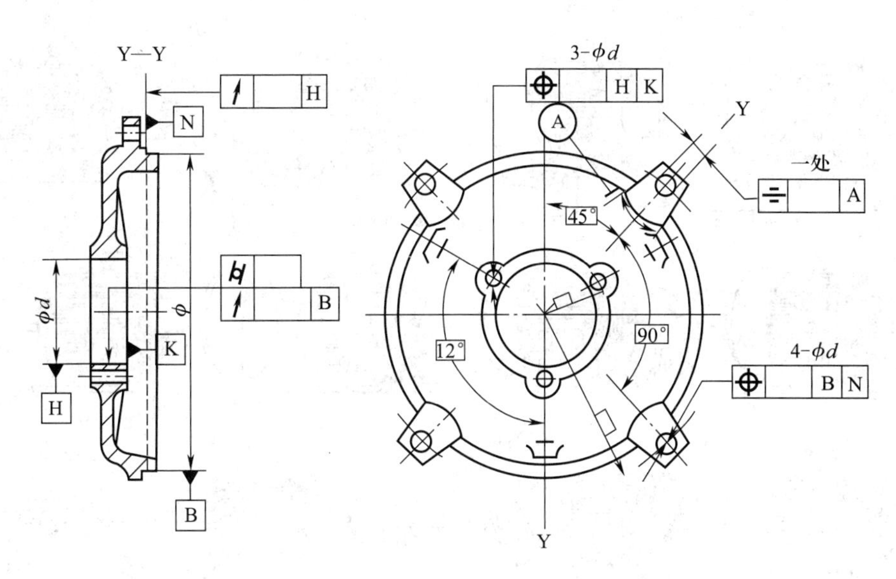

图 5-18　端盖

2．轴承盖

轴承盖一般也是铸铁件，用来保护和固定轴承，并防止润滑油外流及灰尘进入。轴承盖有内轴承盖和外轴承盖，安装在端盖里侧的为内轴承盖，安装在端盖外部的为外轴承盖，内、外轴承盖用螺钉连接和固定。

3．风扇

风扇一般称外风扇，其位置在后端盖外部、风罩内，起通风冷却作用，一般为铸铝件。目前小型电动机通常采用塑料风扇。

4．风罩

风罩由薄钢板冲制而成，主要起导风散热，保护风扇的作用。

二、电动机的拆装方法

电动机的正确拆卸和装配直接影响着电动机的质量，甚至影响着电动机是否能正常运行。电动机的拆装是个实际操作问题，有时要借助于一定的工装和工具，要采用正确的拆装方法。

（一）电动机的拆卸

电动机的拆卸也就是电动机的解体，是生产、使用、运行和维修中经常遇到的事情。

1．电动机的拆卸程序

小型三相异步电动机的拆卸程序，见图 5-19。

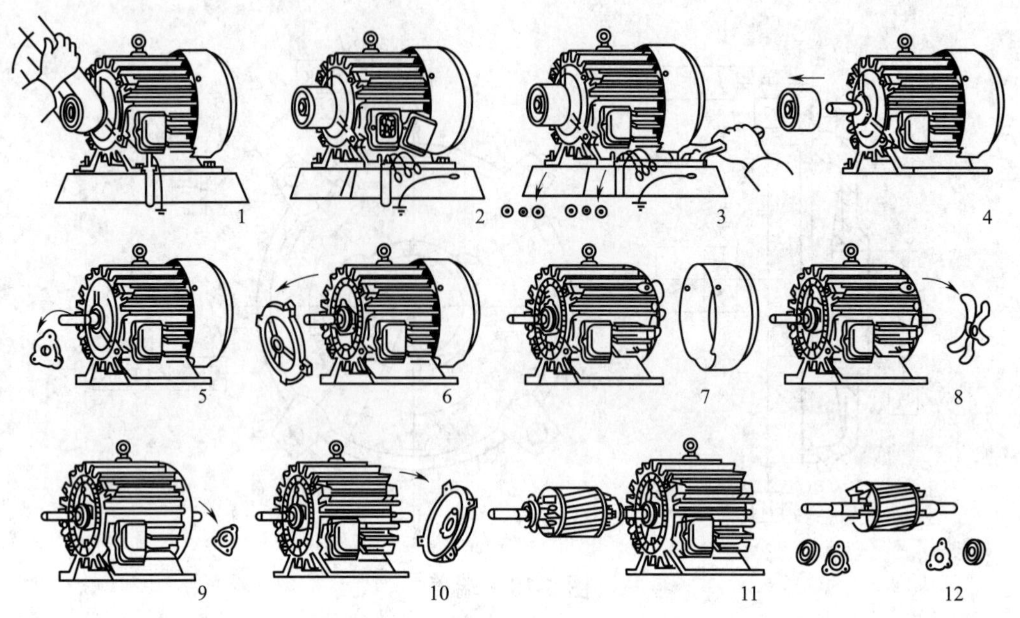

图 5-19　电动机的拆卸程序

在图 5-19 中，1 是拆卸皮带；2 是卸下接线盒盖，将电源线拆除；3 是将接线盒盖复原，卸下地脚螺钉；4 是将皮带轮卸下，将电动机搬下平台；5 是拆卸前轴承外盖；6 是卸下前端盖；7 是拆下风罩；8 是卸下外风扇；9 是拆下后轴承外盖；10 是拆下后端盖；11 是取出转子；12 是卸下轴承和前后轴承内盖。完成这 12 个步骤，电动机就被解体了。

2. 联轴器拆卸方法

电动机和负载的联接，除了采用皮带和皮带轮外，还常采用联轴器的方法，所以要拆卸电机前，首先要拆卸联轴器，拆卸方法，见图 5-20。

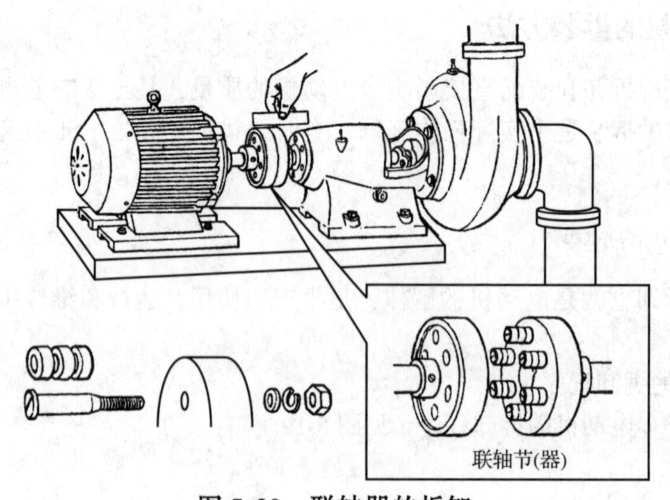

图 5-20　联轴器的拆卸

从图 5-20 中可以看出，在拆卸联轴器时，首先要将电动机的地脚螺钉卸下，再将电机拉出，使之脱离负载，这时联轴器的两部分就分开了，这时再卸下紧固螺钉、卸下联轴节，并可将其上部的零件拆卸。

3. 端盖的拆卸方法

在解体电动机时，首先要将前端盖拆下，端盖的拆卸方法，见图 5-21。

从图 5-21 中可以看出，拆卸端盖时，采用扳手和旋具（俗称改锥），先将固定螺钉拆下，然后用旋具将端盖松动后即可卸下端盖。

4. 转子的拆卸方法

对于转子的拆卸，小型电机和较大容量的电机拆卸方法略有不同。

（1）小型电动机转子的拆卸方法见图 5-22。

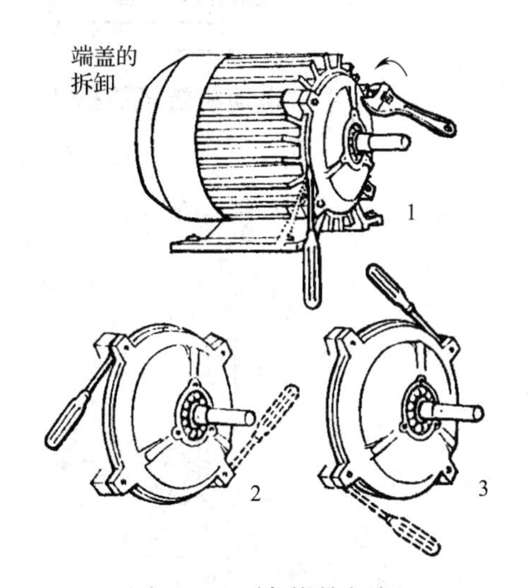

图 5-21　端盖的拆卸

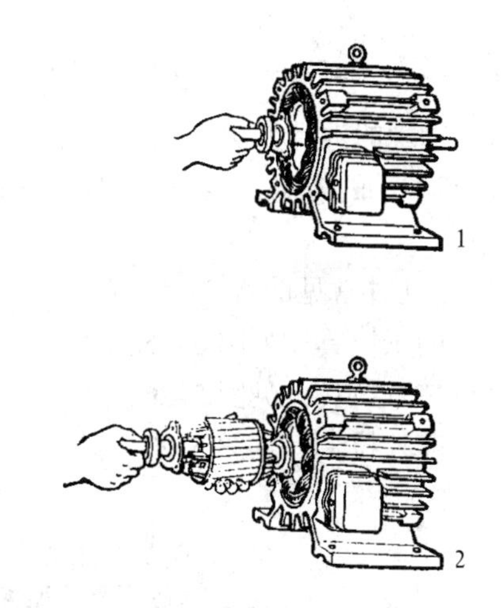

图 5-22　小型电动机转子的拆卸

从图 5-22 中可以看出，小型电动机转子的拆卸，是一个人操作，一只手抓住轴伸，将转子轻轻地从定子内膛抽出，应注意避免划伤，然后另一只手托住转子，将转子取出。

（2）较大容量的电动机转子的拆卸方法见图 5-23。

从图 5-23 中可以看出，因为转子重量较大，所以需要两人操作，一个人两只手抓住轴伸，另一个人两只手抓住另一端，两个人将转子抬出定子内膛。

（3）中型电动机转子的拆卸方法见图 5-24。

从图 5-24 中可以看出，中型电动机转子的拆卸，因为转子重量很大，要借助于专用工装，采用起重设备，将转子从定子内腔内取出，在转子取出时，要有人指挥，有人观察定子、转子的情况，宜用手扶着转子，将转子稳妥地拆卸。

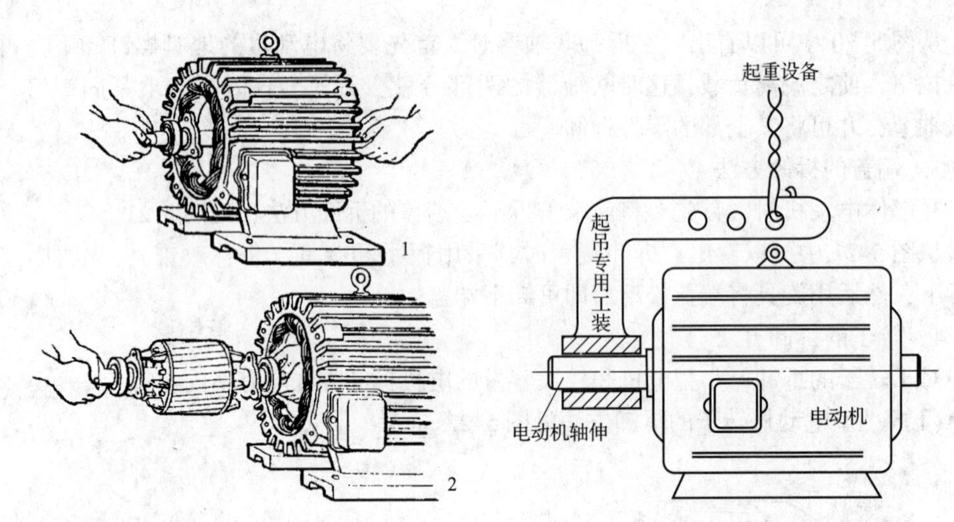

图 5-23　较大容量电动机转子的拆卸　　图 5-24　中型电动机转子的拆卸

5. 轴承的拆卸方法

拆卸轴承的方法，最简单的是敲打方法，但常常是采用拉具（俗称拔子）进行轴承拆卸。

（1）几种常见的拉具。

1）两爪拉具，见图 5-25；

2）三爪拉具，见图 5-26；

3）薄片拉具，见图 5-27。

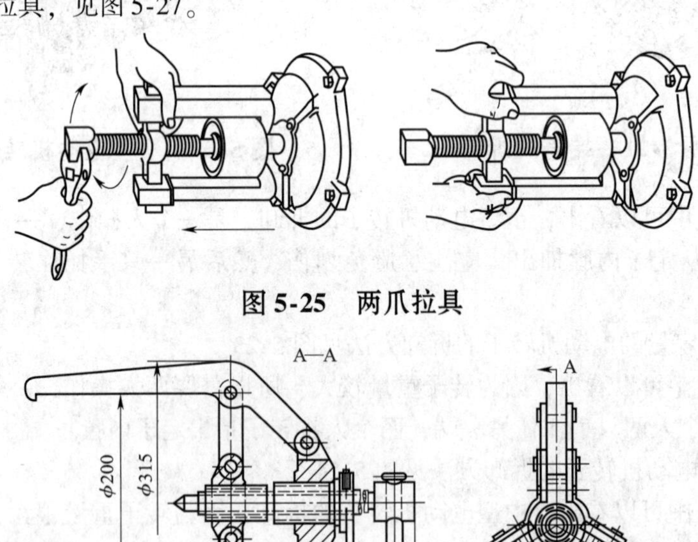

图 5-25　两爪拉具

图 5-26　三爪拉具

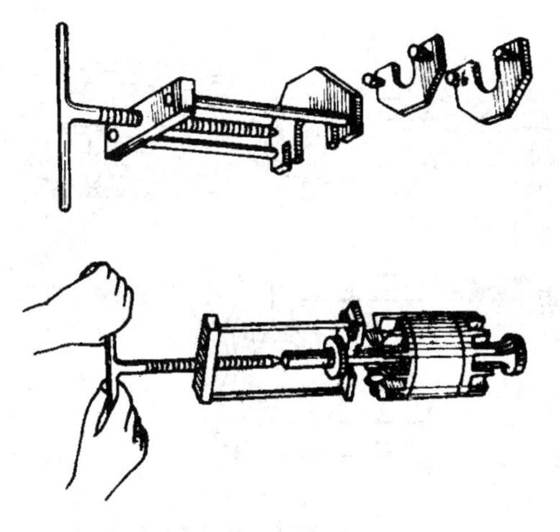

图 5-27 薄片拉具

对于小型电动机轴承的拆卸，最常使用的是两爪拉具；而对于较大物件的拆卸，要用三爪拉具，这种拉具拉力较大，且用力均衡，效果极好，但成本较大；当轴承和邻近零件之间的间隙较小时，采用薄片拉具，一般这种拉具力量较小。

（2）用敲打的方法拆卸轴承

用敲打的方法拆卸轴承是较为简单的方法，利用夹板将轴承夹持，再敲打轴伸，即可卸下轴承。但敲打时不可直接用铁锤敲打轴伸，以免损坏转轴，见图 5-28。

图 5-28 用敲打的方法拆卸轴承

（3）用两爪拉具拆卸轴承

用两爪拉具拆卸轴承是最常用的方法，见图 5-29。

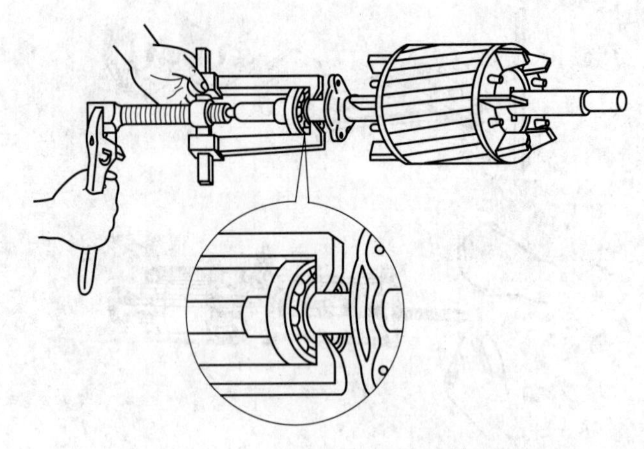

图 5-29　用两爪拉具拆卸轴承

（4）拆端盖轴承孔内的轴承

借助于木柱，用锤敲打来拆卸端盖轴承孔内的轴承，见图 5-30。

6．定子绕组的拆除方法

定子绕组的拆除方法有三种：

（1）焚烧法。焚烧法是传统的最常用的方法，即借助于木材及燃烧材料点燃后将电机的带绕组铁心加以焚烧，焚烧以后即可容易地拆除绕组，为重绕做准备，这种方法简单，且可获得绕组线径、绕组的节距、接法、线圈尺寸的各种数据。但是，这种方法对铁心的损坏较大，使磁性能变坏，铁损增加，效率降低。目前，采用这种方法的越来越少。

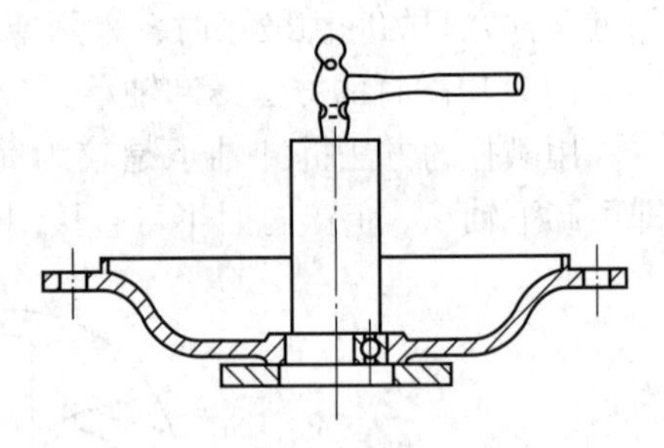

图 5-30　拆卸端盖轴承孔内的轴承

（2）电流法。即在三相绕组中通以电流，用调节三相电压的方法来控制电流，应保持电流略大于额定电流，电流使定子绕组温度升高，绝缘软化后，即可拆除定子绕组。这种方法还常用来对硬绕组进行局部修理。但是这种方法要求备有一定的加压、加温和电流的测量设备。

（3）绕组端部錾除法。用錾子将定子绕组的一端端部錾除，则可在定子绕组另一端将绕组拆除。这种方法也比较简单，但是不能保存线圈尺寸的数据，不能给绕线模制作提供依据，所以，这种方法只适合于已有线圈数据的情况。

（二）电动机的装配

电动机的装配包括定子装配、转子装配和总装配三部分。本书以三相异步电动机为例进行说明。

1．定子装配

首先要准备好定子铁心、线圈及各种绝缘，以及机座。由硅钢片进行落料，得到定子冲片，进行冲槽、叠压成定子铁心。用绕线模绕制好的定子线圈在定子铁心中进行嵌线，在嵌线中要使用槽绝缘、相间绝缘和槽楔，双层绕组还使用层间绝缘。嵌线完成后，对于单层一相连绕的定子绕组无须接线，而对于双层叠绕组还要接线工序，至此，就装配成了带绕组定子铁心，还应经过耐电压试验和绝缘处理。许多修理部门绝缘处理限于条件，很不规范，严重影响了电机质量，使电机使用寿命大大降低。

经过绝缘处理后的带绕组定子铁心，在表面处理，清除漆瘤、漆皮后再压入机座，定子的装配到此告一段落。

2. 转子装配

硅钢片经过落料后，在得到定子冲片的同时，还得到了转子冲片，所以落料模俗称为分家模，即将定子冲片和转子冲片分了家。转子冲片和定子冲片一样，要进行冲槽，冲槽后的转子冲片在带有斜键槽的心轴上进行叠片，再用铸铝模进行铸铝，便成了转子毛坯。

在事先车削好的转轴准备好后，将它压入转子毛坯，然后再进行车削，车削的尺寸要保证定、转子之间气隙，气隙的大小对于电动机的性能有极大的影响；车削之后的转子一定要经过动平衡调试，许多修理部门无此条件，所以总装配后的电动机产生振动和噪声，甚至不能正常运行。

转子准备好以后，要再装上轴承和轴承盖（小容量的电动机一般没有轴承盖），装配轴承的方法有几种，较好的方法是在油压机上将轴承压装到转轴上；简单的方法是用套管轻敲的方法，见图 5-31。

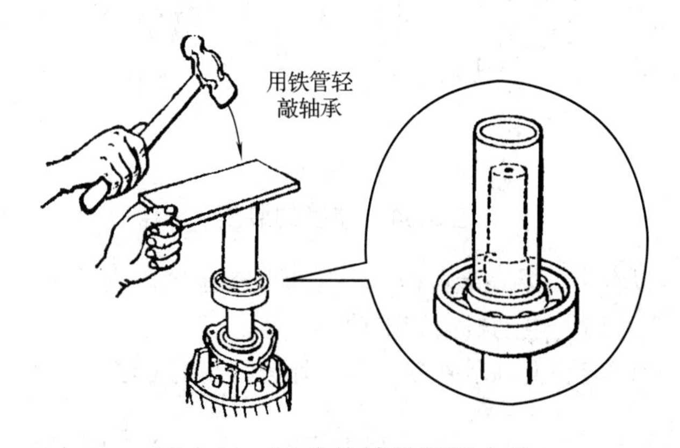

图 5-31　正确的轴承装配方法

用铁管敲打轴承的装配轴承方法，因为受力不均，不宜采用。这种错误的方法，见图 5-32。

轴承装配好后，还应在轴承和轴承盖中加上润滑脂，润滑脂应符合规定，加注润滑脂的方法，见图 5-33。

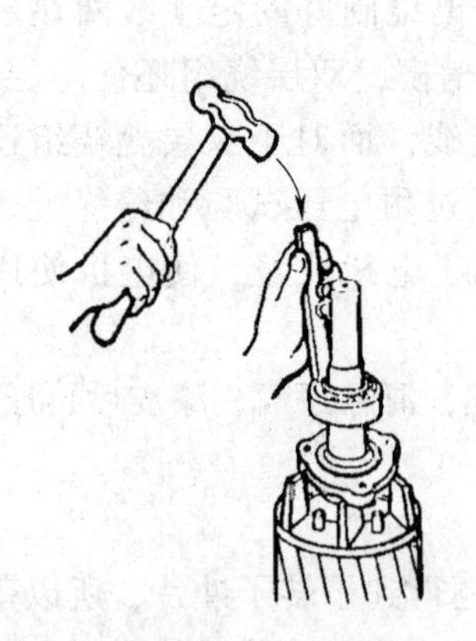

图 5-32　错误的轴承装配方法

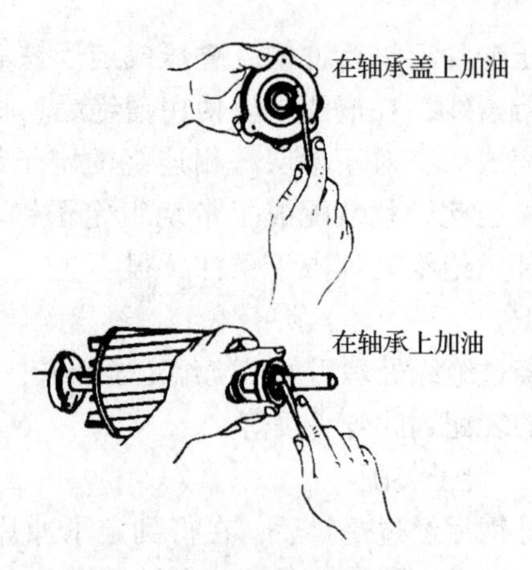

图 5-33　加注润滑脂的方法

3. 总装配

定、转子都装配结束，再准备事先铸造、车削完成后的端盖、接线盒、轴承内盖（小容量电机没有轴承内盖）、外风扇（需经过静平衡调试）、风扇和安装螺钉进行总装配。

将转子装上端盖（有轴承盖的电动机，则应先套上轴承内盖）后，则手握转子的轴伸，将转子慢慢送入定子中，千万要注意，不能将定子绕组，特别是端部划伤。然后装上端盖。端盖的装配方法，见图 5-34。

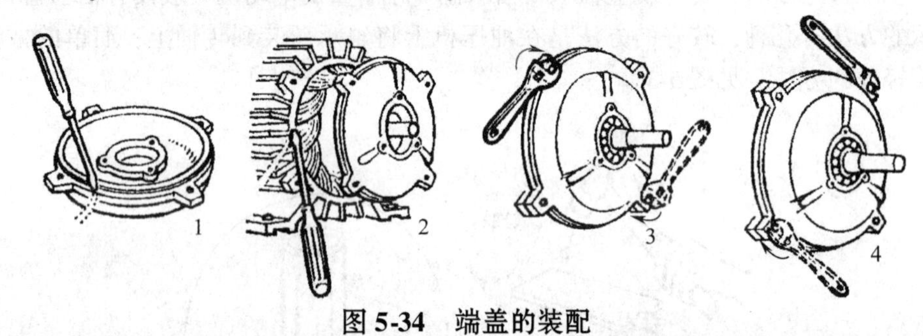

图 5-34　端盖的装配

从图 5-34 中可以看出，端盖装配时，一定要均匀地紧固安装螺钉，端盖装配不好，影响电动机转动，严重时，电动机会转不动。

有轴承盖的，此时应装上轴承外盖，轴承外盖的装配方法，见图 5-35。

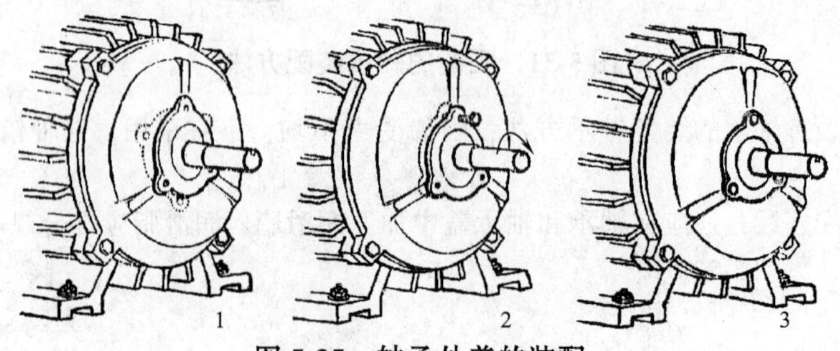

图 5-35　轴承外盖的装配

从图5-35中可以看出，轴承外盖装配时，要用螺钉和轴承内盖固定。在装配时，先将电机倾斜，让内盖贴近端盖，再慢慢转动转子，凭手上的感觉，将螺钉对准内盖上的螺孔，用手向外拉一下，这时内盖就更贴近端盖，便可顺利地将其他螺钉安装好。

轴承盖装配完成后，还应装配外风扇和风罩，以及接线盒，接线盒的装配很重要，应符合规定，且一定要有接线标志和接地标志，要保证安全，尤其是铸铁接线盒盖离接线柱太近时，容易引起接线盒内相间短路，应采取措施。使用塑料接线盒盖能避免这个问题，但塑料接线盒坚固性又不好。

第三节　电动机的性能指标和技术数据

一、三相异步电动机的主要性能指标

电动机的性能指标是国家标准规定的，达不到指标的，视为不合格产品，不允许出厂，不允许交付用户使用。

三相异步电动机的主要性能指标有：效率、功率因数、堵转电流、堵转转矩、最小转矩、最大转矩、温升、噪声和振动（对绕线转子异步电动机，堵转电流、堵转转矩、最小转矩三项除外）。

1. 效率

电机的效率是电机的有功输出功率和有功输入功率之比，通常用百分数表示。

三相异步电动机的效率也就是电动机轴上输出的机械功率占从电网取得的电功率的百分比。可用下式表示：

$$\eta = \frac{P_2}{P_1}$$

式中：η——效率；

P_2——输出功率；

P_1——输入功率。

电动机的满载效率是指电动机输出为额定功率时的电动机效率。同一台电动机，当输出功率不同时，电动机的效率也不同。

在国家标准规定的技术数据中，电动机的功率越大，所规定的效率越高。而效率越高，表明电动机本身的损耗占输入功率的比例越小。

2. 功率因数

交流电动机的有功功率与视在功率之比称为功率因数。

对功率因数作如下说明：在正弦交流电路中，接有电感性负载时，电源供给的电功率可以分成两种：一种为有功功率，是指把电能转换成其他形式的能量的功率；一种叫无功功率，这是电源和电感负载之间进行交换的能量，它并不做功，但是负载建立磁场所必需的，电源（发电机、变压器）发出的总功率，称为视在功率。视在功率S、有功功率P和无功功率Q之间组成功率三角形。S和P之间的夹角ϕ的余弦，称为功率因数，用$\cos\phi$表示。

$$\cos\phi = \frac{P}{S}$$

功率三角形，见图5-36。

在功率三角形中：

$$S = \sqrt{P^2 + Q^2}\ (\mathrm{VA})$$

$$P = S \cdot \cos\phi\ (\mathrm{W})$$

$$Q = S \cdot \sin\phi\ (\mathrm{Var})$$

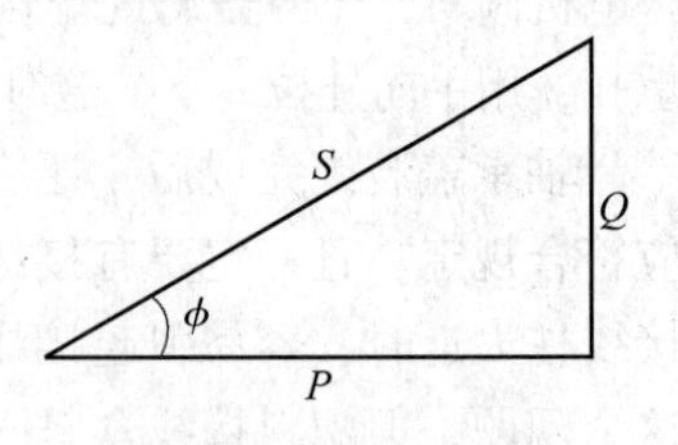

图5-36 功率三角形

可以看出，在同样的视在功率 S 的情况下，功率因数 $\cos\phi$ 越低，有功功率 P 就越小，无功功率 Q 也就越大，这样电源容量不能充分利用，并且增加了供电设备及线路中的功率损失。功率因数表明了电路中有效利用功率所占的比例；功率因数越高，表明在同样电压下，传送同样的功率所需的电流越小。

在单相电路中：

$$\cos\phi = \frac{P}{U \times I}$$

式中：$\cos\phi$——功率因数；

P——功率；

U——电压；

I——电流。

在三相电路中：

$$\cos\phi = \frac{P_1}{\sqrt{3}U_A I_A} = \frac{P_1}{3U_a I_a}$$

式中：$\cos\phi$——功率因数；

P_1——输入功率；

U_A、I_A——线电压和线电流；

U_a、I_a——相电压和相电流。

额定输出时的功率因数称为满载功率因数，同一台电动机在不同负载时的功率因数不同。

在国家标准规定的技术数据中，电机极数越小的电机，功率因数越高；电机容量越大的电动机，功率因数越高。功率因数有容差的规定。

电动机的气隙越小，空载励磁电流越小，功率因数 $\cos\phi$ 就越高。但由于制造的原因，气隙又不能做得太小。

$\cos\phi$ 中的 ϕ，也是电压和电流的夹角。

3. 温升（定、转子的满载温升）

电动机在满负荷下运行，待发热稳定后，定子（转子）线圈比环境温度高出的强度称为温升。温度以℃表示，温升以 K 表示。

温升是越低越好，但太低了又浪费材料。

绝缘材料的允许温升，见表5-2。

表 5-2　绝缘材料的允许温升

绝缘材料等级	允许温升（K）	
	极限值	Y 系列电动机
A	65	60
E	80	75
B	90	80
F	115	105
H	140	125

4．堵转（启动）电流倍数

（1）堵转（启动）电流。新标准中规定的指标命名为堵转电流，而老标准中规定的指标命名为启动电流。堵转电流和启动电流分别定义如下：

堵转电流：电动机在额定电压、额定频率和转子堵住时（转子不动）从供电回路输入的稳态电流有效值。

启动电流：电动机在启动的瞬间，电流达到的最高稳态电流。

启动电流可以用示波器拍摄求取，一般用电流表读取难以得到准确的数值，所以试验时均以堵住转子来测得堵转电流。从定义上讲，堵转电流和启动电流都是电动机在转差 $S=1$ 时的稳态电流。

（2）堵转（启动）电流倍数。电动机的性能指标是堵转（启动）电流，但性能数据考核规定为堵转（启动）电流倍数，即堵转（启动）电流和额定电流的比值，一般为 5～8 倍。

（3）堵转（启动）电流分析。堵转（启动）电流如此之大，是因为电动机定子绕组接入三相交流电后立即建立了旋转磁场，旋转磁场以同步转速转动，但转子不动，所以这时（瞬间）转子的导条切割磁力线的速度很快，感应电势也很大，转子电流也就很大，去磁作用就很强，使旋转磁场大量削弱，就使得定子及电势大大降低，定子电流就大量地注入。这就是堵转（启动）时，堵转（启动）电流很大的原因。

一般情况下，堵转（启动）电流倍数 I_k/I_n（I_{st}/I_n）越低越好，可以对启动设备要求低些。

电动机的绕组匝数增加时，电抗增加，所以可以使堵转（启动）电流降低。

另外，堵转（启动）电流虽然很大，但此时因为转子的电抗原因，即电抗很高，是因为转子电流频率高而很高（而转子电流频率 f_2 高的原因，是因为转子不动时，定子旋转磁场和转子的相对速度很高）。此时，功率因数 $\cos\phi_0$ 很低，而且各转子导体的力有一部分互相抵消，剩下能起作用的力不多，所以合力就不大，使得启动时虽然电流很大，而启动转矩并不很大。

5．转矩、额定转矩、堵转（启动）转矩、最大转矩、最小转矩

（1）转矩。电动机在工作时轴上的扭力称为电动机的转矩（力矩）。单位为牛－米（N－m）。在一定的转速下，转矩越大，输出功率也越大。

（2）额定转矩。额定电压、额定功率、额定转速下的转矩称为额定转矩。

（3）堵转（启动）转矩。

1）堵转转矩。电动机在额定频率、额定电压下，转子堵住时所测得的转矩的最小值。

2）启动转矩。电动机在启动时能够输出的转矩，称为启动转矩。

3）堵转（启动）转矩倍数。和堵转电流倍数相同，指标数据考核时规定为堵转（启动）转矩倍数，它是和额定转矩的比值。

（4）最大转矩。

1）交流电动机的最大转矩。最大转矩是指电动机在额定频率、额定电压、运行温度和不会导致转速突然降低的情况下所产生的最大运行转矩。

在旧标准中定义为：交流电动机的最大转矩即当额定电压、额定频率及各绕组按额定运行的接法时，在稳定状态下电动机所产生的最大转矩。或电机在额定电压下所能够输出的最大转矩。

电机的负载力矩，如果超过了这个转矩，电动机就会停止转动，因此这个数值表明了电动机的过载能力。

三相异步电动机有个特性，即电动机转子电阻改变时，电动机的最大转矩不变。这是绕线转子三相异步电动机具有良好的启动特性和调速性能的原因。

2）最大转矩倍数。与上相同，考核时规定最大转矩倍数，即最大转矩和额定转矩的比值。

（5）最小转矩。

1）交流电动机的最小转矩。交流电动机的最小转矩是指电动机在额定频率、额定电压下，在零转至对应最大转矩的转速之间所产生的最小转矩。此定义不适用于转矩随转速增加而连续下降的电动机。

另外，还有两种定义方法：一是当额定电压、额定频率及各绕组按额定运行的接法时，电动机从静止状态达到最大转矩时的转速的启动过程中所出现的最低转矩；二是电动机在启动过程中，在各个不同的转速之下，所能输出的转矩是不同的，在某一转速之下，电动机的转矩会达到最小的数值，这一转矩称为电动机在启动过程中的最小转矩（简称最小转矩）。

2）最小转矩倍数。指标考核时规定为最小转矩倍数，即最小转矩和额定转矩的比值。

最小转矩过小的电动机，往往会在启动到某一转速（特别是带负荷情况下）就不再加速，而低速运行。这时电动机的电流很大，很容易烧毁电动机定子绕组。

二、三相异步电动机的技术数据

（一）Y 系列（IP44）三相异步电动机部分技术数据（见表 5-3）

（二）Y_2 系列（IP54）三相异步电动机部分技术数据（见表 5-4）

表 5-3 Y 系列（IP44）三相异步电动机部分技术数据（380V，50Hz）

型号	额定功率（kW）	满载时				堵转电流/额定电流	堵转转矩/额定转矩	最大转矩/额定转矩	重量（kg）
		电流（A）	转速（r/min）	效率（%）	功率因数				
Y801－2	0.75	1.8	2830	75	0.84	6.5	2.2	2.3	16
Y802－2	1.1	2.5	2830	77	0.86	7.0	2.2	2.3	17
Y90S－2	1.5	3.4	2840	78	0.85	7.0	2.2	2.3	22
Y90L－2	2.2	4.8	2840	80.5	0.86	7.0	2.2	2.3	25
Y100L－2	3.0	6.4	2880	82	0.87	7.0	2.2	2.3	33
Y112M－2	4.0	8.2	2890	85.5	0.87	7.0	2.2	2.3	45
Y132S1－2	5.5	11.1	2900	85.5	0.88	7.0	2.0	2.3	64
Y132S2－2	7.5	15	2900	86.2	0.88	7.0	2.0	2.3	70
Y160M1－2	11	21.8	2900	87.2	0.88	7.0	2.0	2.3	117
Y160M2－2	15	29.4	2930	88.2	0.88	7.0	2.0	2.3	125
Y160L－2	18.5	35.5	2930	89	0.89	7.0	2.0	2.2	147
Y180M－2	22	42.2	2940	89	0.89	7.0	2.0	2.2	180
Y200L1－2	30	56.9	2950	90	0.89	7.0	2.0	2.2	240
Y200L2－2	37	69.8	2950	90.5	0.89	7.0	2.0	2.2	255
Y225M－2	45	84	2970	91.5	0.89	7.0	2.0	2.2	309
Y250M－2	55	103	2970	91.5	0.89	7.0	2.2	2.2	403
Y280S－2	75	139	2970	92	0.89	7.0	2.0	2.2	544
Y280M－2	90	166	2970	92.5	0.89	7.0	2.0	2.2	620
Y801－4	0.55	1.5	1390	7.3	0.76	6.0	2.0	2.3	17
Y802－4	0.75	2	1390	74.5	0.76	6.0	2.0	2.3	18
Y90S－4	1.1	2.7	1400	78	0.78	6.5	2.0	2.3	25
Y90L－4	1.5	3.7	1400	79	0.79	6.5	2.2	2.3	26
Y100L1－4	2.2	5	1430	81	0.82	7.0	2.2	2.3	34

续表 5-3

型号	额定功率（kW）	满载时				堵转电流/额定电流	堵转转矩/额定转矩	最大转矩/额定转矩	重量（kg）
		电流（A）	转速（r/min）	效率（%）	功率因数				
Y100L2－4	3.0	6.8	1430	82.5	0.81	7.0	2.2	2.3	35
Y112M－4	4.0	8.8	1440	84.5	0.82	7.0	2.2	2.3	47
Y132S－4	5.5	11.6	1440	85.5	0.84	7.0	2.2	2.3	68
Y132M－4	7.5	15.4	1440	87	0.85	7.0	2.2	2.3	79
Y160M－4	11.0	22.6	1460	88	0.84	7.0	2.2	2.3	122
Y160L－4	15.0	30.3	1460	88.5	0.85	7.0	2.2	2.3	142
Y180M－4	18.5	35.9	1470	91	0.86	7.0	2.0	2.2	174
Y180L－4	22	42.5	1470	91.5	0.86	7.0	2.0	2.2	192
Y200L－4	30	56.8	1470	92.2	0.87	7.0	2.0	2.2	253
Y225S－4	37	70.4	1480	91.8	0.87	7.0	1.9	2.2	294
Y225M－4	45	84.2	1480	92.3	0.88	7.0	1.9	2.2	327
Y250M－4	55	103	1480	92.6	0.88	7.0	2.0	2.2	381
Y280S－4	75	140	1480	92.7	0.88	7.0	1.9	2.2	535
Y280M－4	90	164	1480	93.5	0.89	7.0	1.9	2.2	634
Y90S－6	0.75	2.3	910	72.5	0.70	5.5	2.0	2.2	21
Y90L－6	1.1	3.2	910	73.5	0.72	5.5	2.0	2.2	24
Y100L－6	1.5	4	940	77.5	0.74	6.0	2.0	2.2	35
Y112M－6	2.2	5.6	940	80.5	0.74	6.0	2.0	2.2	45
Y132S－6	3.0	7.2	960	83	0.76	6.5	2.0	2.2	66
Y132M1－6	4.0	9.4	960	84	0.77	6.5	2.0	2.2	75
Y132M2－6	5.5	12.6	960	85.3	0.78	6.5	2.0	2.2	85
Y160M－6	7.5	17	970	86	0.78	6.5	2.0	2.0	116
Y160L－6	11	24.6	970	87	0.78	6.5	2.0	2.0	139
Y180L－6	15	31.4	970	89.5	0.81	6.5	1.8	2.0	182
Y200L1－6	18.5	37.7	970	89.8	0.83	6.5	1.8	2.0	228
Y200L2－6	22	44.6	970	90.2	0.83	6.5	1.8	2.0	246
Y225M－6	30	59.5	980	90.2	0.85	6.5	1.7	2.0	294
Y250M－6	37	72	980	90.8	0.86	6.5	1.8	2.0	395
Y280S－6	45	85.4	980	92	0.87	6.5	1.8	2.0	505

续表 5-3

型号	额定功率（kW）	满载时				堵转电流/额定电流	堵转转矩/额定转矩	最大转矩/额定转矩	重量（kg）
		电流（A）	转速（r/min）	效率（%）	功率因数				
Y280M－6	55	104	980	92	0. 87	6. 5	1. 8	2. 0	566
Y315S－6	75	141	980	92. 8	0. 87	6. 5	1. 6	2. 0	850
Y315M－6	90	169	980	93. 2	0. 87	6. 5	1. 6	2. 0	965
Y132S－8	2. 2	5. 8	710	80. 5	0. 71	5. 5	2. 0	2. 0	66
Y132M－8	3	7. 7	710	82	0. 72	5. 5	2. 0	2. 0	76
Y160M1－8	4	9. 9	720	84	0. 73	6. 0	2. 0	2. 0	105
Y160M2－8	5. 5	13. 3	720	85	0. 74	6. 0	2. 0	2. 0	115
Y160L－8	7. 5	17. 7	720	86	0. 75	5. 5	2. 0	2. 0	140
Y180L－8	11	24. 8	730	87. 5	0. 77	6. 0	1. 7	2. 0	180
Y200L－8	15	34. 1	730	88	0. 76	6. 0	1. 8	2. 0	228
Y225S－8	18. 5	41. 3	730	89. 5	0. 76	6. 0	1. 7	2. 0	265
Y225M－8	22	47. 6	730	90	0. 78	6. 0	1. 8	2. 0	296
Y250M－8	30	63	730	90. 5	0. 80	6. 0	1. 8	2. 0	391
Y280S－8	37	78. 7	740	91	0. 79	6. 0	1. 8	2. 0	500
Y280M－8	45	93. 2	740	91. 7	0. 80	6. 0	1. 8	2. 0	562

表 5-4　Y2 系列（IP54）三相异步电动机技术数据

型号	额定功率（kW）	额定电流（A）	额定转速（r/min）	效率（%）	功率因数	堵转电流/额定电流	堵转转矩/额定转矩	最大转矩/额定转矩	重量（kg）
同步转速 3000r/min　2 极　380V									
Y2－631－2	0. 18	0. 53	2720	65. 0	0. 80	5. 5	2. 2	2. 2	
Y2－632－2	0. 25	0. 69	2720	68. 0	0. 81	5. 5	2. 2	2. 2	
Y2－711－2	0. 37	0. 99	2740	70. 0	0. 81	6. 1	2. 2	2. 3	
Y2－712－2	0. 55	1. 4	2740	73. 0	0. 82	6. 1	2. 2	2. 3	
Y2－801－2	0. 75	1. 8	2830	75. 0	0. 83	6. 1	2. 2	2. 3	16
Y2－802－2	1. 1	2. 6	2830	77. 0	0. 84	7. 0	2. 2	2. 3	17
Y2－90S－2	1. 5	3. 4	2840	79. 0	0. 84	7. 0	2. 2	2. 3	22
Y2－90L－2	2. 2	4. 9	2840	81. 0	0. 85	7. 0	2. 2	2. 3	25

续表 5-4

型号	额定功率(kW)	额定电流(A)	额定转速(r/min)	效率(%)	功率因数	堵转电流/额定电流	堵转转矩/额定转矩	最大转矩/额定转矩	重量(kg)
同步转速 3000r/min　2 极　380V									
Y2－100L－2	3	6.3	2880	83.0	0.87	7.5	2.2	2.3	33
Y2－112M－2	4	8.1	2890	85.0	0.88	7.5	2.2	2.3	45
Y2－132S1－2	5.5	11.0	2890	86.0	0.88	7.5	2.2	2.3	64
Y2－132S2－2	7.5	14.9	2890	87.0	0.88	7.5	2.2	2.3	70
Y2－160M1－2	11	21.3	2930	88.0	0.89	7.5	2.2	2.3	117
Y2－160M2－2	15	28.8	2930	89.0	0.89	7.5	2.2	2.3	125
Y2－160L－2	18.5	34.7	2930	90.0	0.90	7.5	2.2	2.3	147
Y2－180M－2	22	41.0	2940	90.0	0.90	7.5	2.0	2.3	180
Y2－200L1－2	30	55.5	2950	91.2	0.90	7.5	2.0	2.3	240
Y2－631－4	0.12	0.44	1310	57.0	0.72	4.4	2.1	2.2	
Y2－632－4	0.18	0.62	1310	60.0	0.73	4.4	2.1	2.2	
Y2－711－4	0.25	0.79	1330	65.0	0.74	5.2	2.1	2.2	
Y2－712－4	0.37	1.12	1330	67.0	0.75	5.2	2.1	2.2	
Y2－801－4	0.55	1.6	1390	71.0	0.75	5.0	2.4	2.3	17
Y2－802－4	0.75	2.0	1390	73.0	0.77	6.0	2.4	2.3	18
Y2－90S－4	1.1	2.9	1400	75.0	0.77	6.0	2.3	2.3	22
Y2－90L－4	1.5	3.7	1400	78.0	0.79	6.0	2.3	2.3	27
Y2－100L1－4	2.2	5.2	1430	80.0	0.81	7.0	2.3	2.3	34
Y2－100L2－4	3	6.8	1430	82.0	0.82	7.0	2.3	2.3	38
Y2－112M－4	4	8.8	1440	84.0	0.82	7.0	2.3	2.3	43
Y2－132S－4	5.5	11.8	1440	85.0	0.83	7.0	2.3	2.3	68
Y2－132M－4	7.5	15.6	1440	87.0	0.84	7.0	2.3	2.3	81
Y2－160M－4	11	22.3	1460	88.0	0.85	7.0	2.2	2.3	123
Y2－160L－4	15	30.1	1460	89.0	0.85	7.5	2.2	2.3	144
Y2－180M－4	18.5	36.5	1470	90.5	0.86	7.5	2.2	2.3	182
Y2－180L－4	22	43.2	1470	91.0	0.86	7.5	2.2	2.3	190
Y2－200L－4	30	57.6	1470	92.0	0.86	7.2	2.2	2.3	270
Y2－711－6	0.18	0.74	850	56.0	0.66	4.0	1.9	2.0	

续表 5-4

型号	额定功率（kW）	额定电流（A）	额定转速（r/min）	效率（%）	功率因数	堵转电流/额定电流	堵转转矩/额定转矩	最大转矩/额定转矩	重量（kg）
同步转速 3000r/min 2 极 380V									
Y2－712－6	0.25	0.95	850	59.0	0.66	4.0	1.9	2.0	
Y2－801－6	0.37	1.3	900	62.0	0.70	4.7	1.9	2.0	17
Y2－802－6	0.55	1.8	900	65.0	0.72	4.7	1.9	2.1	19
Y2－90S－6	0.75	2.3	910	69.0	0.72	5.5	2.0	2.1	23
Y2－90L－6	1.1	3.2	910	72.0	0.73	5.5	2.0	2.1	25
Y2－100L－6	1.5	3.9	940	76.0	0.76	5.5	2.0	2.1	33
Y2－112M－6	2.2	5.6	940	79.0	0.76		2.0	2.1	45
Y2－132S－6	3	7.4	960	81.0	0.76	6.5	2.1	2.1	63
Y2－132M1－6	4	9.8	960	82.0	0.76	6.5	2.1	2.1	73
Y2－132M2－6	5.5	12.9	960	84.0	0.77	6.5	2.1	2.1	84
Y2－160M－6	7.5	17.0	970	86.0	0.77	6.5	2.0	2.1	119
Y2－160L－6	11	24.2	970	87.5	0.78	6.5	2.0	2.1	147
Y2－180L－6	15	31.6	970	89.0	0.81	7.0	2.0	2.1	195
Y2－200L1－6	18.5	38.6	980	90.0	0.81	7.0	2.1	2.1	220
Y2－200L2－6	22	44.7	980	90.0	0.83	7.0	2.1	2.1	250
Y2－225M－6	30	59.3	980	91.5	0.84	7.0	2.0	2.1	292
Y2－801－8	0.18	0.9	700	51.0	0.61	3.3	1.8	1.9	17
Y2－802－8	0.25	1.2	700	54.0	0.61	3.3	1.8	1.9	19
Y2－90S－8	0.37	1.5	700	62.0	0.61	4.0	1.8	1.9	23
Y2－90L－8	0.55	1.2	700	63.0	0.61	4.0	1.8	2.0	25
Y2－100L1－8	0.75	2.4	700	71.0	0.67	4.0	1.8	2.0	33
Y2－100L2－8	1.1	3.4	700	73.0	0.69	5.0	1.8	2.0	38
Y2－112M－8	1.5	4.5	710	75.0	0.69	5.0	1.8	2.0	50
Y2－132S－8	2.2	6.0	710	78.0	0.71	6.0	1.8	2.0	63
Y2－132M－8	3	7.9	710	79.0	0.73	6.0	1.8	2.0	79
Y2－160M1－8	4	10.3	720	81.0	0.73	6.0	1.9	2.0	118
Y2－160M2－8	5.5	13.6	720	83.0	0.74	6.0	2.0	2.0	119
Y2－160L－8	7.5	17.8	720	83.5	0.75	6.0	2.0	2.0	145

续表 5-4

型号	额定功率(kW)	额定电流(A)	额定转速(r/min)	效率(%)	功率因数	堵转电流/额定电流	堵转转矩/额定转矩	最大转矩/额定转矩	重量(kg)
同步转速 3000r/min　2 极　380V									
Y2－180L－8	11	25.1	730	87.5	0.76	6.6	2.0	2.0	184
Y2－200L－8	15	34.1	730	88.0	0.76	6.6	2.0	2.0	250
Y2－225S－8	18.5	41.1	730	90.0	0.76	6.6	1.9	2.0	266
Y2－225M－8	22	47.4	730	90.5	0.78	6.6	1.9	2.0	292
Y2－250M－8	30	64	730	91.0	0.79	6.6	1.9	2.0	405

第四节　电动机的选择、安装、使用和维修

一、电动机的选择

选择电动机时，应根据设备的技术特点和使用环境的要求进行合理的选用，既要保证运行的安全可靠性，又要注意维护的方便性，以及投资运行的经济性。

电动机的正确选择，主要从类型的选择、电动机功率的选择、电动机转速的选择，以及电动机防护型式的选择几方面考虑。

（一）电动机类型的选择

选择电动机的类型，主要是从调速性能、启动性能、使用维护以及经济性等方面来考虑的。如以下几点：

（1）对于无特殊调速要求一般负载，如功率不大的水泵、小型农业机械等，应尽可能选用结构简单、坚固耐用、价格低廉的小型三相笼型异步电动机。

（2）对于启动性能要求较高，或需要调节速度的设备，可选用三相绕线转子异步电动机。对于仅仅是要求启动性能好的场合，还可以选用双笼型和深槽型的三相异步电动机。

（3）对于立式安装的场合，可选用有凸缘端盖的立式电动机。

（4）对于功率因数要求较高的场合，如大功率水泵和空气压缩机等，可选用同步电动机；而空气压缩机又常常采用绕线转子的三相异步电动机。

（二）电动机功率的选择

电动机的功率，应根据负载功率，以及长期运行、短时运行、重复短时运行等情况进行选择。

选择电动机功率时，应尽量使电动机在接近额定负载下运行，一般电动机的效率

和功率因数在额定负载的70%至满负荷时最高。

若电动机功率选择过大，就会出现“大马拉小车”的现象，其输出机械功率不能得到充分利用，功率因数和效率都不高，引起电能的浪费，长期轻载运行的三角形联结的电动机，可以改成星形联结运行，以达到节能和充分利用的效果。

若电动机功率选择过小，会造成电动机长期过载，使其绝缘受热而加速损坏，严重时引起电动机烧毁。

一般电动机的功率，可以选择为1～1.15倍负载功率，短时运行的可取较小的数值。另外，还要考虑到配电变压器容量的大小。一般情况下，直接启动时最大一台电动机的功率，不宜超过变压器容量的30%。频繁启动或经常满负荷启动的电动机，其功率应取较大的数值。

（三）电动机转速的选择

电动机与它拖动的负载设备的转速应该匹配。如采用联轴器直接传动，电动机的额定转速，应等于负载设备的额定转速。如果采用皮带传动，电动机的额定转速与负载设备的额定转速应和皮带轮的周长成比例，而且两转速不应相差太多，其变速比一般不宜大于3。如果负载设备的转速与电动机的额定转速相关很多，则可选择高于负载设备转速的电动机，再配以减速器，使二者都在各自的额定转速下运行。

在选择电动机转速时，不宜选得太低，因为电动机的额定转速越低，极数越多，体积越大，价格越高，而且效率越低。但高转速的电动机，启动转矩小，启动电流大，电动机的轴承易于磨损，而且传动装置过于复杂。通常电动机多采用四极、同步转速为1500r/min或六极、同步转速为1000r/min的电动机，这类电动机适用性强，功率因数和效率也较高。

（四）电动机防护型式的选择

电动机的防护型式有开启式、防护式、封闭式和防爆式等。应根据电动机的工作环境进行选择。

（1）开启式电动机内部的空气能与外界畅通，散热条件好，但电动机的导电和转动部门没有专门的保护，只能在干燥和清洁的工作环境下使用。

（2）防护式电动机有防滴式、防溅式和网罩式等类型，可以防止一定方向的水滴、杂物等落入电动机内部，虽然它的散热条件比开启式差，但应用比较广泛。

（3）封闭式电动机的机壳是完全封闭的，可防止水和灰尘进入电动机内部，应用最为广泛。

（4）防爆式电动机的外壳具有严密的密封结构和较高的机械强度，但其结构较为复杂，体积较大，价格较贵，只有在有爆炸性气体的场合，才选用防爆式电动机。

二、电动机的安装

（一）安装地点的选择

选择安装电动机的地点时，应注意如下事项：

（1）尽量安装在干燥、灰尘较少的地方。

（2）尽量安装在通风较好的地方。

（3）尽量安装在较宽敞的地方，以便进行日常操作和维护。

（4）因为电动机是旋转设备，应安装在能保证安全的地方。

（二）电动机的整机安装

电动机有立式和卧式两种。立式电动机靠法兰端盖和机械进行连接和安装，卧式电动机是通过机座地脚孔和底座进行安装。电动机和负载传动，一般有皮带传动和联轴节传动两种。一般情况下，联轴节传动方式时，电动机的负载机械的中心高是相同的；皮带传动时，电动机和负载机械的中心可以不相同。对于电动机机座在底座上安装，有如下应注意的事项：

（1）电动机底座基础的建造。电动机底座可以是铸铁和钢板平台，或是用混凝土浇筑而成。对于混凝土底座基础，应安装符合电动机机座地脚孔尺寸的安装螺钉，安装螺钉应预埋在混凝土中，并应保证牢固。

（2）电动机在底座上安装应保证下列几点：

1）要有防震措施；

2）电动机安装应平整；

3）应保证电动机的中心高符合要求；

4）电动机安装螺钉应牢固，并应便于拆卸；

5）电动机安装后应做检查，保证电动机转动灵活。

三、电动机的运行和维修

（一）电动机的运行

1. 电动机启动前的准备和检查

对于新安装或长期停用的电动机，启动前的检查项目如下：

（1）用绝缘电阻表（俗称摇表）检查电动机绕组间和绕组对地的绝缘电阻。一般绝缘电阻应大于0.5MΩ。

（2）按电动机铭牌的技术数据，检查电动机的容量、额定电压、额定频率、接法等项目。

（3）检查电动机基础是否稳固，螺栓是否坚固，检查接地是否可靠，并应检查润滑是否良好。

（4）检查启动设备的接线是否正确，启动装置是否灵活；熔断器熔体是否符合要求。

（5）对于绕线转子三相异步电动机，还应检查集电环和电刷装置是否良好，举刷装置是否灵活、良好。

2. 电动机运行中的检查和监视

（1）应经常检查电源电压是否正常。

（2）检查线路的接线是否可靠，熔断器有无熔断，联轴节和皮带是否正常。

（3）检查机组周围有无妨碍运行的杂物和易燃物品等。

（4）运行中还应监视电动机的电压、电流、温升是否正常。

（5）运行中应监视运行电动机的声音有无异常，有无冒烟现象，在冒烟或声音特别不正常时应停止电动机运行，进行检查分析；确定正常后，方可再行启动、投入运行。

（6）当着火和爆炸时，应采取必要的紧急措施。

（二）电动机的维护和修理

电动机故障和排除方法详见表5-5。

表5-5 异步电动机常见的故障及排除方法

故障现象	故障原因	处理方法
电源接通后电动机不能启动	1. 定子绕组相间短路、接地及定转子绕组断路 2. 定子绕组接线错误 3. 负载过重	1. 检查找出断路、短路、接地的部位，进行修复 2. 检查纠正定子绕组接线 3. 减轻负载
电动机运行时转速低于额定值，同时电流表指针来回摆动	1. 绕线型电动机一相电刷接触不良 2. 绕线型电动机集电环的短路装置接触不良 3. 绕线型电动机转子绕组一相断路 4. 笼型电动机转子断条	1. 调整电刷压力并改善电刷与集电环的接触 2. 修理或更换短路装置 3. 查出断路处，加以修复 4. 更换、补焊铜条，或更换铸铝转子
电动机温升过高或冒烟	1. 负载过重 2. 定、转子绕组断路 3. 定子绕组接线错误 4. 定子绕组接地或匝间、相间短路 5. 绕线型电动机转子绕组接头脱焊 6. 笼型电动机转子断条 7. 定、转子相擦 8. 通风不良	1. 减轻负载 2. 查出断路部位，加以修复 3. 检查并纠正定子绕组接线 4. 查出接地或短路部位，加以修复 5. 查出其脱焊部位，加以修复 6. 更换、补焊铜条，或更换铸铝转子 7. 测量气隙，检查装配质量及轴承磨损等情况，找出原因，进行修复 8. 检查电动机内外风道是否被杂物、污垢堵塞，加以清除，使风路畅通

续表 5-5

故障现象	故障原因	处理方法
轴承过热	1. 轴承磨损或质量不好 2. 轴承脂过多或过少，型号选用不当，质量不好 3. 轴承内圆与轴的配合过松或过紧 4. 轴承外圆与端盖的配合过松或过紧 5. 端盖与轴承盖的两侧面装得不平行	1. 更换轴承 2. 调整或更换轴承脂 3. 过松时可在轴颈上喷涂一层金属，过紧时空磨轴颈 4. 过松时，将端盖的轴承孔扩孔镶套；过紧时，加轴承孔 5. 重新装配，将此面装平，再紧螺栓，均匀旋拧
绕线型电动机集电环火花过大	1. 集电环表面有污垢杂物 2. 电刷型号、尺寸、压力及与集电环表面的接触面积不符合要求	1. 清除污垢，灼痕严重或凹凸不平时，可将集电环表面精车一刀 2. 调整、研磨电刷表面或更换电刷
电动机外壳带电	1. 接地不良或接地电阻太大 2. 绕组绝缘损坏 3. 绕组受潮 4. 接线板损坏或表面油污太多	1. 找出原因，并采取相应措施 2. 修补绝缘，并经浸渍干燥处理 3. 干燥处理或浸漆干燥处理 4. 更换或清理接线板

第五节　单相电动机

单相交流电动机是指用单相交流电源驱动的电动机，其结构简单，成本低廉，运行可靠，维修方便，以小容量电动机为主。广泛应用在家用电器、电动工具等场合。

一、单相电动机的分类与特点

(一) 单相电动机的分类

单相电动机按其工作原理、结构型式等分类如下：

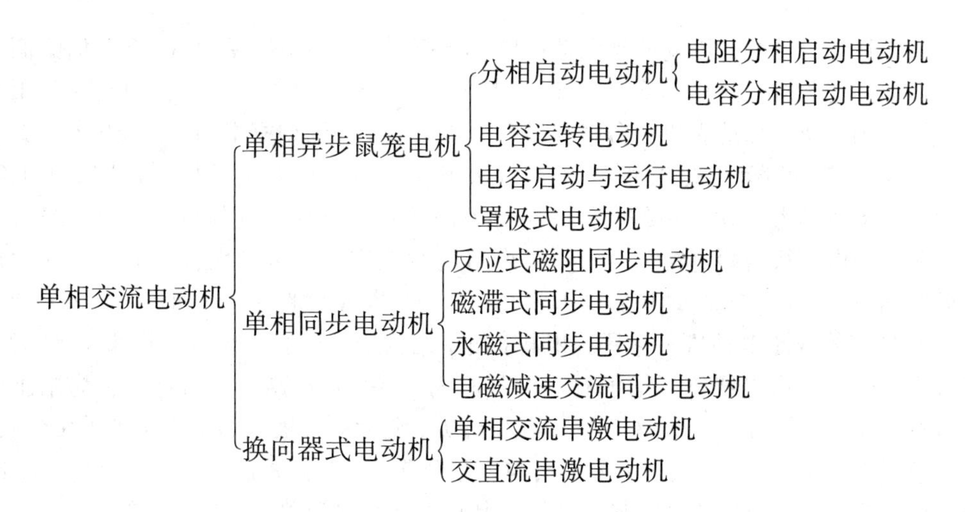

（二）单相电动机的特点

1．单相异步电动机

单相异步电动机分为五大类：电阻分相启动式、电容分相启动式、电容运转式、电容启动和运转式，以及罩极式。此类电动机是单相电动机中应用最为广泛的一类，尤其在洗衣机、电冰箱、空调机、风扇等家用电器中最为常见，其功率范围为几十瓦至1kW左右。定、转子都是由冲片做成的，定子有单相集中绕组、二相分布绕组、正弦绕组等多种，一般转子为鼠笼式转子，因定、转子无电路联系，定、转子之间能量的传递靠电磁感应，所以又称感应电动机。单相异步电动机电源一般为50Hz、220V，也有电压等级为110V、36V的。

从工作原理上讲，单相异步电动机接入单相交流电后，只会产生脉振磁场，不能产生旋转力矩，为了解决单相异步电动机的启动问题，所以有电阻分相启动、电容分相启动等，以产生椭圆磁场，使转子旋转起来。

（1）电阻分相电动机。电阻分相电动机有二相绕组，即启动绕组和工作绕组。电阻分相是指特殊设计使副绕组（启动绕组）高阻，使两组绕组电流不同相位而产生启动转矩使电动机启动，启动绕组因容量较小，故不能长时间工作，只能启动时工作，运转时断电，此时只剩主绕组（工作绕组）工作。此类电机有多个系列，分通用型和专用型两大类，但共同的特点是：都有专用的启动机构。

（2）电容分相启动式电动机。也有二组绕组，主绕组为工作绕组，副绕组为启动绕组，副绕组容量较小，只能在启动时接通，正常工作时应该切断电源；启动力矩是靠主、副绕组中电流相位相差90°而产生；两相绕组的电流相位差是在副绕组中串联电容而产生的，所以此类电动机称为电容分相启动式电动机。与电阻分相电动机相同，电容分相电动机也需要启动机构，如离心开关和启动继电器。电容分相电动机启动力矩很大，所以用在需大启动力矩的场合。

（3）电容运转式电动机。又称电容分相运转式异步电动机，其结构与分相电动机相同，只是副绕组和其电容启动后（电动机正常运转时）仍接在电路中运行，其实为两相电动机，与电容分相启动式电动机相比，电容运转式电动机电容较小，因其电容是根据额定运转设计的，因此此类电动机启动转矩不大，一般只有0.3～0.6倍的额定转矩，但此类电动机的功率因数、效率与过载能力均比其他电动机高，因此在家用电器中应用最为广泛，如洗衣机、台扇、吊扇、落地扇、抽油烟机中均为此类电动机。

（4）电容启动和运转式电动机。此类电动机又称双值电容电动机。它具备了电容分相启动电动机的大启动力矩的特点，又具备高效，大过载倍数的特点；启动绕组正常运转时仍通电运行，而电容为两个：一个启动时工作，容量较大；另一个启动和正常运转时均投入工作；此电动机启动电容的投入与切断靠离心开关或启动继电器控制。

（5）罩极式异步电动机。它是单相电动机中结构最简单的一种。转子都是鼠笼型，定子绕组都是一相通电绕组，定子有隐极开槽式，有2.4极结构，罩极绕组为单匝导体，也称副绕组，罩极面积为整极1/3～1/2。功率稍大的罩极电动机定子则采用隐极，分布绕组（正弦分布），罩极也为分布结构，但只有一至几匝短路绕组。此类电动机在小功率电风扇、鼓风机等小功率场合使用，其特点是结构简单，但效率较低。

2．单相同步电动机

单相同步电动机包括磁阻式电动机、磁滞式电动机、永磁式电动机。同步电动机的转速 n 与电网频率 f 之间具有固定关系 $n=60f/p$（其中 p 为磁极对数），当电网频率一定时，电动机的转速恒定（电磁式同步电动机例外）。因此，同步电动机适用于各种要求严格的同步或恒速的机构，如自动和遥控装置、同步联络、热工仪表、自动记录仪器、家用电器（电唱机、录音机、摄影机、放映机、洗衣机、电子钟等）。单相同步电动机输出功率较小（如100W以下）。

（1）磁阻式同步电动机。磁阻式同步电动机又称反应式电动机，有单相和三相之分，定子有一相绕组罩极式，二相绕组电容式，或者三相绕组；功率范围一般在60W～550W。型号规格如下：TUC系列为单相电容启动式，TUL为单相双值电容式，TX系列为单相电容运转式，TC系列为三相磁阻式电动机。无论哪个系列的磁阻式电动机，其共同特点是：磁阻电动机的转子都为软磁材料，在转子的不同方向磁路的磁阻不同，因此称之为磁阻电动机。

（2）磁滞同步电动机。磁滞同步电动机与磁阻式电动机不同，其转子为硬磁材料，是靠磁滞作用使电动机启动和运转的。磁滞式电动机有内转子式和外转子式两种：TZW系列为单相外转子式磁滞同步电动机；TZ系列为内转子式磁滞同步电动机。其功率较小，一般在100W以下。TZW系列外转子式磁滞同步电动机虽为单相电动机，但绕组为三相对称绕组，配合电容作单相使用，并且具有换向和调速功能。

（3）永磁同步电动机。永磁同步电动机的特点是：转子为永磁材料，电动机启动时需要启动装置。按启动方式的不同，永磁同步电动机可分为三类：异步启动（鼠笼转子）式、爪极式（自启动）和磁滞启动式。异步启动的永磁电动机又分为内转子式和外转子式；爪极式永磁电动机，本身带有减速齿轮；磁滞启动式电动机的转子由磁滞材料的磁滞作用产生启动转矩，使电动机启动。

（4）电磁减速式同步电动机。电磁减速同步电动机是一种低转速、大转矩的电动机，不需要减速齿轮就能得到每分钟几十转的转速，转速稳定度高，震动和噪声小，长期堵转不会损坏。这种电动机在低速和稳速要求的场合得到广泛应用。电磁减速式同步电动机分为反应式、永磁式和励磁式三种。

3. 单相换向器电动机

在电动工具中广泛使用单相换向器电动机。顾名思义，单相换向器电动机的转子上有换向器，与直流串励电机结构相同，所以它是串励电动机，其定子绕组和转子绕组相串联，具有类似直流串励电机软特性，启动转矩大，过载能力强，且能大范围地进行速度调节，但应避免空载运行。单相换向器电动机分纯单相串励电动机和交直流两用的串励电动机两种。交流串励和交直流两用的串励电动机，其与直流串励电机不同的是：定、转子都用冲片叠成，定子为凸极集中绕组。而交直流两用的电动机与纯交流型的区别是：前者多一套附加定子绕组，使电机在交直流运行时有相同性能。

二、单相电动机的型号

单相电动机的型号，代表了电动机的性能、用途、结构等方面的特点。其命名方法有两种：通用型电动机都是以电机特点命名；而专用型电动机是以产品特点命名。

（一）单相通用电动机的型号

1. 型号的含义如下：

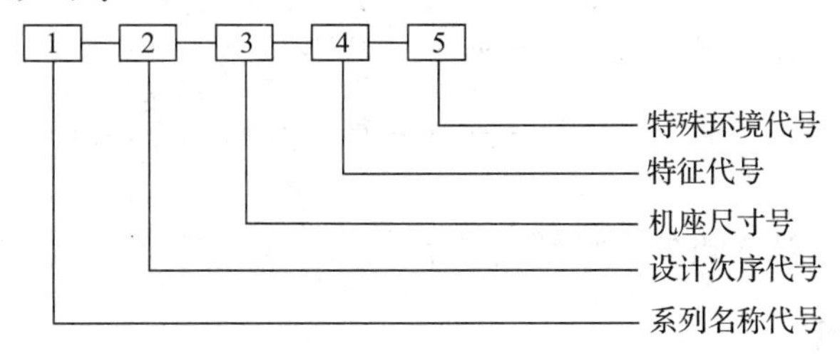

2. 系列名称代号。

系列名称及其代号见表5-6。

表5-6　单相异步电动机的系列代号

代　　号	系列产品名称
YU	单相电阻分相式电动机
YC	单相电容分相式电动机
YY	单相电容运转式电动机
YL	单相电容启动和运转式电动机
YJ	单相罩极式异步电动机

3. 设计代号。在系列号右下方用数字表示，无数字为第一次，数字如：2、3、4。

4. 机座号。以电动机轴心高（mm）表示，规格有：45、50、56、63、71、80、90、100等。

5. 特征代号。表示电动机的铁心长度和极数。铁心长度号有：L（长铁心）、M（中铁心）、S（短铁心）及数字1、2；特征代号后面一位为极数，如2、4、6等。

6. 特殊环境代号。表示产品适用的环境。如 T 表示热带用，G 表示高原用等。

（二）单相专用电动机的型号

1. 家用电器类电机型号的含义

（1）风扇类。其型号含义如下：

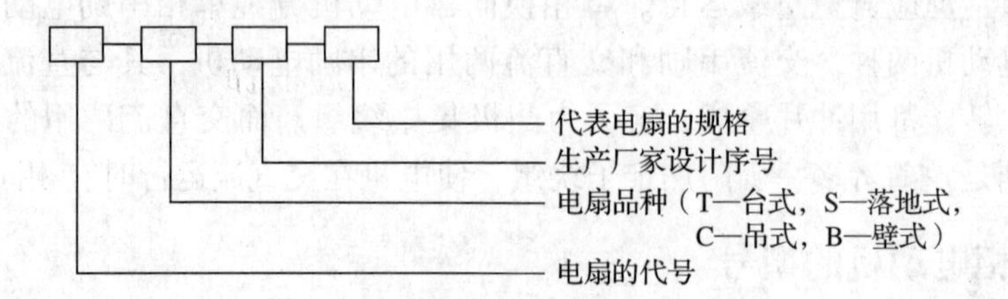

（2）电冰箱类。电冰箱的型号举例如下：

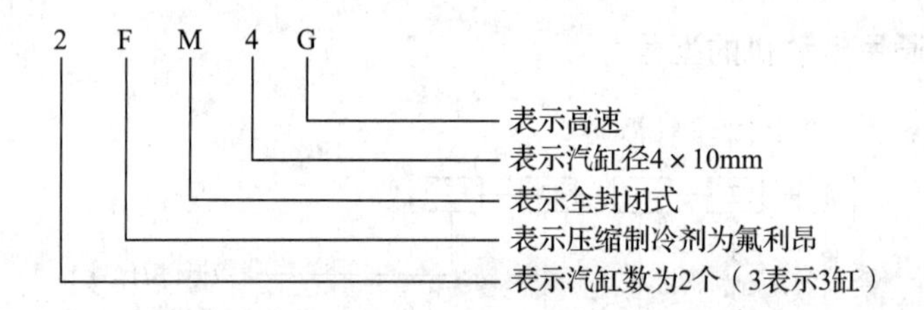

（3）洗衣机类。洗衣机的型号举例如下：

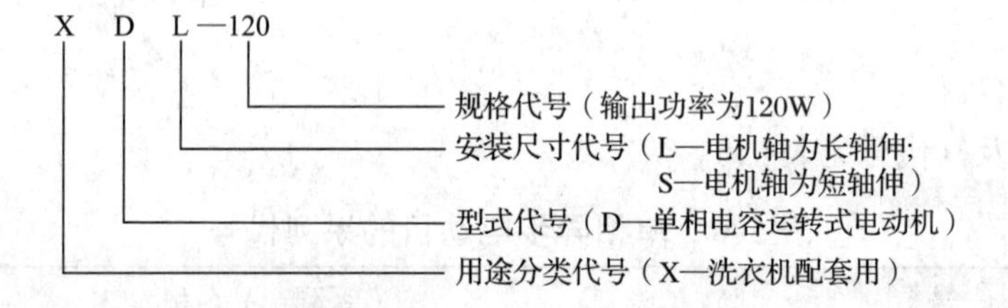

2. 电动工具类电机型号的含义

单相电动工具型号的含义如下：

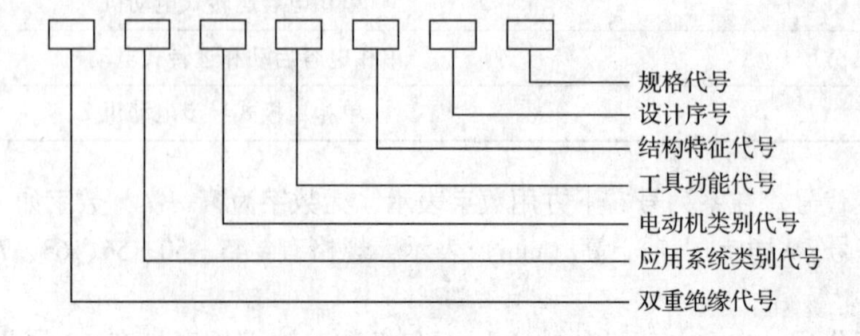

例如：□Z1J－10，表示双重绝缘的电钻类，钻孔直径为 10mm 的单相冲击钻。

三、单相电动机绕组

（一）单相电动机绕组的常用术语

1. 槽数 Z

分布式绕组的电动机（包括异步和同步）定子都是由开槽的硅钢片叠压而成，定子硅钢片一周槽的总数称电动机定子的槽数，槽数与电动机的功率和极数有直接关系，多极数或者功率较大的电动机槽数较多。

2. 极数 $2P$

电动机沿定子一周运行时形成磁极的多少，旋转电动机极数都是偶数，电动机同步转速 $n=60f/p$（其中 f 为频率，p 为极对数，即磁极对数）。

3. 极距 τ

电极两个磁极中心距离即极距 τ，极距多以槽数来表示：$\tau=z/2p$。

4. 槽电角 α

槽电角即定子一槽所占的电气角度，$\alpha=2p\pi/z$。

5. 节距 Y

节距即绕组线圈的两个有效边所跨的距离，常以槽数表示，如 $Y=7$（即 1～8）；$Y=\tau$ 时称等距，$Y>\tau$ 时称长距，$Y<\tau$ 时称短距。

6. 每极每相槽数、极相组数和线圈数

为了使两相绕组对称，总槽数应由每极平分，每极槽数应由两相绕组平分，则每极每相槽数 $g=z/2pm$（其中 m 为相数，p 为极对数，z 为定子槽数），每 g 个线圈连成一组（都归属一相），称一个极相数，当电机采用单层结构时，每个线圈占两槽，因此线圈总数 $=2pmg/2=pmg=z/2$，双层时为 $2pmg=z$。

（二）单相电动机绕组的分类

单相电动机绕组的分类，和三相电动机一样，有多种分类方法，有按使用、所在部位、绕组型式以及集中、分布、相数、套数等特点的分类。

1. 按绕组的用途分类

按绕组的用途，可分为主绕组和副绕组。

（1）主绕组。又称工作绕组，是电机运行时的绕组，一般通过的电流较大，线径也比较粗。

（2）副绕组。又称启动绕组，是作电机分相启动时使用的绕组，分布型式有和工作绕组类同的，以及很简单的两种。

2. 按绕组所在位置分类

按绕组所在位置，可分为定子绕组和转子绕组两种。

（1）定子绕组。是嵌在定子铁心中的绕组，以分布式绕组居多。

（2）转子绕组。是嵌在电动机的转子中的绕组，有引出电动机外和不引出电动机外的两种，前者结构较为复杂。

3. 按绕组的形状分类

按绕组的形状，可分为集中绕组和分布绕组两种。

(1) 集中绕组。是绕制成集中的线圈，如磁极绕组、换向极绕组等，都是属于集中绕组。

(2) 分布绕组。是依照一定的绕组形式，分布在铁心槽内的绕组。分布绕组应用广泛、数量最多。

4. 按绕组的套数分类

按绕组的套数，可分为单绕组、双绕组和三绕组。

(1) 单绕组。每台电动机只有一套绕组，应用最为广泛。

(2) 双绕组。每台电动机有两套独立的绕组，以满足某种设计要求。

(3) 三绕组。每台电动机有三套独立的绕组，以满足某种设计要求，但此种电机数量较少。

5. 按电动机的相数分类

按电动机的相数，可分为单相绕组、二相绕组和三相绕组。

(1) 单相绕组。电动机中通以单相正弦交流电。

(2) 二相绕组。电动机中通以两相正弦交流电。

(3) 三相绕组。电动机中通以三相对称正弦交流电。

6. 按绕组的层数分类

按电动机绕组的层数，可分为单层绕组、双层绕组和单、双层混合的绕组。

(1) 单层绕组。在铁心槽内只有一个线圈的有效边，在同一槽内，每根导线中的电流方向是相同的。

(2) 双层绕组。在铁心槽内有两个线圈的有效边，两个有效边可能是同相，也可能是不同相，所以其层间绝缘的耐压等级和相间绝缘的耐压等级相同。

(3) 单双层混合的绕组。即整台电动机既有单层绕组，又有双层绕组。

7. 按绕组的型式分类

按电动机绕组的型式，可分为单链式、同心式和等距交叉式。

(1) 单链式。此种绕组型式为单层链扣式绕组。

(2) 同心式。此种绕组的线圈有大小线圈，大线圈和小线圈是同心的，但节距不同。

(3) 等距交叉式。此种绕组型式是同心绕组的改进型，但每个线圈的节距是相同的，线圈的端部是交叉的。这种绕组型式应用广泛。

8. 按绕组的结构分类

按电动机绕组的结构，可分为分相式绕组，罩极式绕组和串励式绕组。

(1) 分相式绕组。也称电流分相式绕组，包括电阻分相式、电容分相式、电容运转式和电容启动运转式。

(2) 罩极式绕组。也称磁通分相式。

(3) 串励式绕组。这种绕组常在换向器电动机中应用，结构较为复杂。

此外，按绕组的性质，可分为正绕组、反绕组、调速绕组和罩极绕组；按绕组的制造工艺，可分为整嵌式和交叠式；按绕组的原理，可分为正弦绕组和非正弦绕组等。

四、单相电动机的修理

（一）单相电动机绕组的修理

1. 绕组的常见故障

绕组的常见故障有：绕组接地，绕组短路，绕组断路，绕组接错，以及绕组的局部损坏。

2. 绕组故障的检查方法

（1）绕组接地的检查。绕组绝缘受损易与铁心或机壳接通后使机壳带电，可能导致设备失控或触电事故。检查的方法有淘汰法和高压击穿法。淘汰法是使用试灯、万用表及摇表检查，检查时一根线接绕组，另一根线接金属外壳，若电阻值很小或试灯亮，便说明有接地故障，然后将绕组解开，分段淘汰检查，直至找到故障线圈。高压击穿法是在绕组和外壳间加高压，观察火花情况，以找到故障线圈接地点所在。

（2）绕组短路的检查。绕组过载、温升过高将引起绝缘老化、变质，以及线圈嵌制工艺不良等都可能引起绕组短路故障。故障发生后，轻则电动机电磁转矩降低，发生异常噪声，并伴随振动；严重时绕组发热以至烧毁。短路故障分匝间短路、相邻线圈短路及主、副绕组的相间短路。检查的方法有控温法、短路电流比较法，以及短路探测器检查法。控温法是拆卸端盖，用手触摸绕组端部的方法；短路电流比较法是串入电流表，外旋电压，观察电流的大小，进行比较而确定短路线圈；短路探测器检查法是用开口变压器逐槽检查，观察电流指示来查找短路线圈的方法。

（3）绕组断路的检查。断路故障一般用万用表检测，先是测量主、副绕组的阻值，然后解开线圈，逐个线圈测量其电阻值来判断。

（4）绕组接线错误的检查。绕组接线错误有线圈组极性反接、线圈极性反接、绕组混接几种情况。一般用追踪查线法查找，查找时也可配合指南针，绕组通入低压直流电源，用指南针在定子铁心内圆移动，违反规律的，则为错接线圈。

3. 绕组的修理工艺流程

绕组的修理工艺流程如下：记录铭牌和有关技术资料→拆卸电机→拆卸旧绕组→记录铁心及绕组的原始技术数据→制作绕线模→绕线→配置绝缘→嵌线→端部整形、包扎→接线和引线→线头焊接→绕组的浸漆与烘干→电机装配→修后检查试验。

（二）电气故障的检修

1. 离心开关的检修

离心开关是分相启动电动机常采用的启动装置。它装在电动机的转轴上。启动前，触点处于闭合状态，使副绕组与主绕组并接于电源，当转速达到72% ~83%额定值时，由离心力作用而使触点离开，从而切断副绕组电源。

离心开关有甩臂式和簧片式两种。离心开关的故障主要有开路和短路、接地。离心开关开路时会使电动机无法启动，主要原因有：弹簧失效、机械机构卡死、动静触点间有杂物或触头脱落，以及触头簧片过热失效等；离心开关短路时会使电机、副绕组长期接入电源，严重时使副绕组发热烧段，主要原因有：弹簧过硬、机构件磨损、变形、簧片过热失效、动静触头烧焙黏结等。

应根据离心开关的故障原因，进行针对性的检修，或更换零件，严重时更换新的离心开关。

2．启动继电器的检修

启动继电器可代替离心开关，有电流型、电压型和差动型三种。启动继电器的故障，常见的有工作失灵、触头烧损和线圈故障等。

工作失灵的原因有弹簧张力失效、弹簧过硬、电机重绕参数改变、继电器参数改变等。触头烧损的故障原因有触头接地、弹簧调节不当以及电机绕组故障等。线圈故障的原因有线圈短路、接地和断线等。

应根据启动继电器的故障原因，进行针对性的检修，或更换零件，严重时更换新的启动继电器。

3．电容器故障

电容器的故障，常见的有电容器开路和电容值下降。电容器开路时会引起电动机不能启动；电容值下降时会使电动机启动力矩减小、启动困难。

一般情况下要更换新电容，但在电容值下降时可以并联一个一定电容量的电容。

电容测量时不能使用万用表测量，应以专用的电容测量仪测量电容器的电容值。

（三）机械故障的检修

单相电动机机械故障是由其结构特点所决定的，主要有两方面，即机械装配不当和电动机轴承故障。

1．电动机机械装配不当

单相电动机的特点是电动机功率较小，因此结构较简单，特别是小功率电动机在修理后因外壳和铁心装配不到位或偏斜造成电动机转子运转不灵活、转速降低、发热、启动困难等。

检查电动机装配是否有故障的方法有两个：其一是，电动机装配好之后，用手转动转子，转子应灵活，并且无扫膛现象；其二是实验法，即用空载试验检查，测量电动机空载电流是否过大，电动机转速是否过低，电动机是否发热，启动是否正常。

2．电动机轴承故障

电动机轴承常见故障有电动机轴承发热、噪声和轴承损坏。

轴承发热的原因有：润滑脂质量不好或混有杂质、润滑脂注入量不适当、轴承盖与轴相擦、轴承座孔偏心、轴承与轴或座孔配合过松或过紧、轴承外圈滑动旋转、轴承磨损等。

轴承发热使润滑脂熔化而渗漏，造成滚珠轴承缺油运行，同时发出噪声。轴承检查的最简单方法，就是听声音，或是拆卸检查，拆卸轴承时应采用专用的拉具。检修时，应针对不同原因，采取相应措施，也常常更换新轴承，装配前，应对轴承进行清洗，采用热套和冷压两种方法进行装配，加上适量的润滑脂。对于磨损的轴颈和轴承孔，应采用相应机械加工修补方法。

第六节　电　　器

电器件是一种电的装置，用于电路、电机、非电量设备的其他电气装备上，起着开关、保护、调节和控制的作用。

电器的种类很多，按其功用分，有开关电器、控制电器、保护电器、调节电器、量测电器、成套电器等。按电压高低、电流大小分，又有低压电器和高压电器、强电电器件和弱电电器件。

本节着重介绍刀开关、熔断器与低压断路器，接触器，常用继电器，以及常用高压电器。

一、刀开关、熔断器与低压断路器

（一）刀开关

刀开关是手动电器中结构最简单的一种，广泛地应用于各种配电设备和供电线路，作为非频繁地接通和分断容量不太大的低压供电线路，以及作为电源隔离开关。在农村和小型工厂中，更是经常应用刀开关以直接启动小容量的笼型三相异步电动机。

根据不同的工作原理、使用条件和结构形式，刀开关及其与熔断器组合的产品可以分为以下五类：①刀开关和刀形转换开关；②开启式负荷开关（俗称胶盖瓷底刀开关）；③封闭式负荷开关（俗称铁壳开关）；④熔断器式刀开关；⑤组合开关。

各种类型的刀开关还可按其额定电流、刀的极数（单极、双极或三极）、有无灭弧罩以及操作方式来区分。通常，除特殊的大电流刀开关有采用电动机操作者外，一般都是采用手动操作方式。

1. 刀开关的结构

刀开关由手柄、触刀、静插座（简称插座）、铰链支座和绝缘底板组成。

当操作人员握住手柄，使触刀绕铰链支座转动，插到插座内的时候，就完成了接通操作。这时，由铰链支座、触刀和插座形成了一个电流通路。如果操作人员使触刀绕铰链支座作反方向转动，脱离插座，电路就被切断。

同一般开关电器相比较，刀开关的触刀和插座就与动触头、静触头相当。为了保证触刀和插座在合闸位置上接触良好，它们之间必须具有一定的接触压力。为此，额定电流较小的刀开关，插座多用硬紫铜制成，利用材料的弹性产生所需的接触压力；额定电流较大的刀开关，还要通过在插座两侧加弹簧片的方式，进一步增加接触压力（触刀与插座间的接触一般为楔形线接触）。接触压力增大，可以降低接触电阻，但压力过大，会增加接触系统的磨损。为此，触刀和插座还要镀上一层锡。

刀开关在分断有负载的电路时，其触刀与插座之间立即产生电弧，电流越大，电压越高，电弧燃烧越厉害，必要时要采取灭弧措施。

2. 刀开关的主要技术参数

（1）额定电压——刀开关在长期工作中能承受的最大电压。

(2) 额定电流——刀开关在合闸位置允许长期通过的最大工作电流。

(3) 分断能力——刀开关在额定电压下能可靠地分断的最大电流。

(4) 电动稳定性电流——发生短路事故时，如果刀开关能通过某一最大短路电流，并不因其所产生的巨大电动力的作用而发生变形、损坏或者触刀自动弹出的现象，则这一短路电流（峰值）就是刀开关的电动稳定性电流。

(5) 热稳定性电流——发生短路事故时，如果刀开关能在一定时间（通常为1s）内通以某一最大短路电流，并不会因温度急剧升高而发生熔焊现象，则这一短路电流就称为刀开关的热稳定性电流。

(6) 电寿命——刀开关在额定电压下能可靠地分断一定百分数额定电流的总次数。

(二) 熔断器

1. 熔断器的作用

熔断器是一种结构简单、使用方便、价格低廉的保护电器。它常同所保护的电路串联，当电路发生过载和短路故障时，如果通过熔体的电流达到或超过一定值，熔体发热，致使熔体熔断，则切断电器，起到保护电气设备不被损坏的作用。

电气设备的电流保护有过载延时保护和短路瞬时保护两种形式。过载保护需要反时限保护特性，短路保护则需要瞬动保护特性。过载保护要求熔化系数小，发热时间常数大，但也不同于热继电器的过载保护；短路保护则要求较大的限流系数、较小的发热时间常数、较高的分断能力和较低的过电压。过载动作过程主要是热熔化过程，而短路主要是电弧的熄灭过程。

熔断器主要由熔体和安装熔体的绝缘管或绝缘座所组成。各种熔断器的外形和结构，见图5－37。

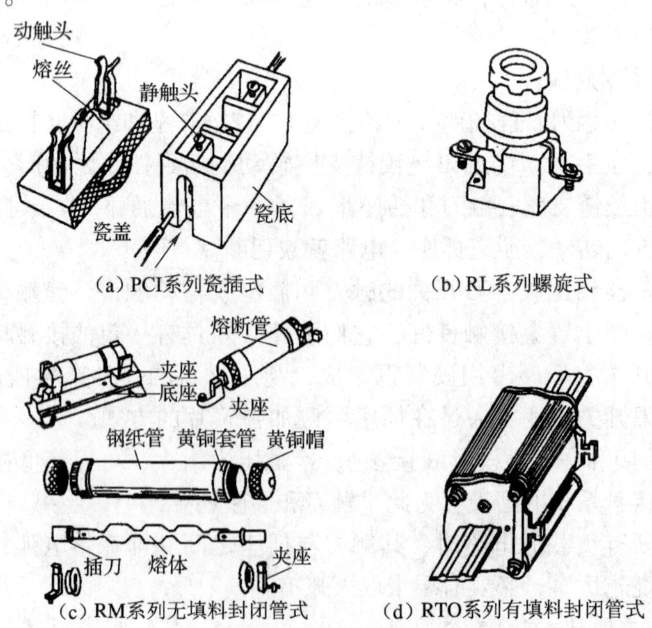

(a) PCI系列瓷插式　(b) RL系列螺旋式

(c) RM系列无填料封闭管式　(d) RTO系列有填料封闭管式

图5－37　熔断器的外形和结构

常见的熔断器类型有：RCI 系列瓷插式熔断器；RM7 和 RM10 系列无填料封闭管式熔断器；RL 系列螺旋式熔断器；RT0、RT10、RT11 系列封闭管式有填料熔断器以及 RLS、RS0 和 RS3 系列快速熔断器。

2. 熔断器动作的物理过程

熔断器动作的物理过程可以分为四个阶段：

(1) 熔断器的熔体因有大电流流过，使其温度升高到熔化温度（即熔点），但熔体仍为固体状态。

(2) 熔体中的部分金属开始从固体状态变为液体状态。

(3) 熔化了的金属继续被加热，一直加热达到汽化温度为止。

(4) 熔体断裂，出现间隙，在间隙中产生电弧，直至电弧熄灭为止。

弧前过程的主要特征是熔体的发热和熔化。弧后过程的主要特征是有大量金属蒸气的电弧在间隙内蔓延、燃烧，并在电动力作用下在介质中运动，被介质冷却，而后因弧隙的增大和电弧能量被吸收，终至熄灭。

3. 熔断器的选用

熔断器的选用主要是熔断器类型的选择和熔体额定电流的确定。

熔断器类型选择的主要依据是所保护负载的性质，以及其保护特性和短路电流的大小。

(1) 普通熔断器熔体电流的确定。

1) 对于变压器、电炉和照明等负载，熔体的额定电流应略大于或等于负载电流。

2) 对于输配电线路，熔体的额定电流应略小于或等于线路的安全电流。

3) 对于电动机负载，因其启动电流较大，但启动时间较短，熔体应能承受电动机的启动电流，在电动机启动时，熔体不应熔断。

分为两种情况：

①一台电动机负载时，经验计算式为：

$$I_{eR} \geq (1.5 \sim 2.5)\ I_{eD}$$

式中：I_{eR}——熔体的额定电流（A）；

I_{eD}——电动机的额定电流（A）。

②多台电动机负载时，经验计算式为：

$$I_{eR} \geq (1.5 \sim 2.5)\ I_{eDmax} + \sum I_d$$

式中：I_{eDmax}——容量最大的一台电动机的额定电流（A）；

$\sum I_d$——其余各台电动机额定电流之和。如其中还有照明电路时，则将该电路的额定电流也计入$\sum I_d$之内。

熔管的额定电流宜不小于熔体的额定电流；熔断器的额定电压也应不小于线路工作电压。在配电系统中，熔断器上下级应该配合，下一级（支路）熔断器的全部分断时间应比上一级（主电路）熔断器熔体加热到熔化温度的时间短，以免越级动作而扩大停电范围。

(2) 快速熔断的选用。

1) 接入线路的方式。快速熔断器接入整流电路的方式有三种：①接入交流侧；

②接入整流桥臂；③接入直流侧。

2）熔体额定电流的确定。当熔断器接在交流侧时，其经验计算式为：

$$I_{eR} \geqslant K_1 I_{zhmax}$$

式中：I_{zhmax}——可能使用的最大整流电流（A）；

K_1——与整流电路形式有关的系数（1.57～0.29），其中单相半波电路取 1.57；单相全波电路取 0.785；单相桥式取 1.11；三相半波取 0.575；三相桥式取 0.816；双星形六相取 0.29。

如熔断器和整流元件串联时，熔体额定电流为：

$$I_{eR} \geqslant 1.5 I_{eV}$$

式中：I_{eV}——硅整流元件的额定电流（平均值）（A）。

如熔断器和晶闸管元件串联时，还应考虑晶闸管的导通角，随着导通角的减小，K_1 值还应增大。

3）快速熔断器额定电压的选定，经验计算式为：

$$\sqrt{2} U_{eR} \geqslant K_2 E_1$$

式中：U_{eR}——快速熔断器的额定电压（有效值）（V）；

E_1——硅元件整流电路的反向峰值电压（V）；

K_2——安全系数，取 1.5～2。

（三）低压断路器

1. 低压断路器的作用

低压断路器又称自动开关，当电路发生严重的过载、短路以及失压等故障时，能够自动切断故障电路，有效地保护串接在其后面的电气设备。因此，低压断路器是低压配电网中一种重要的保护电器。在正常条件下也用低压断路器不频繁地接通和断开电路以及控制电路。

低压断路器具有多种保护功能（过载、短路、失压等），动作值可以方便地调整，通断能力较强，动作过后不需要更换零部件而继续使用，故障动作时三相联动等是熔断器不具备的优点，因而在电路中得到广泛的应用。

2. 低压断路器的结构

低压断路器通常由触头和灭弧系统、各种脱扣器、自由脱扣和操作机构组成。

（1）触头和灭弧系统。触头和灭弧系统是低压断路器执行通断电路的部件。为了接通和分断大电流，断路器每一极的触头，又由主触头、弧触头和副触头三部分组成。主触头在正常合闸状态下通过额定电流，在故障状态下通过故障电流，所以需要有足够的电动稳定性和热稳定性，并且有很低的接触电阻。为了防止主触头被电弧烧坏，与主触头一起并联了一个弧触头，弧触头先于主触头闭合，后于主触头分断。主触头与弧触头之间再增设一个副触头，以保障安全。

低压断路器常采用栅片灭弧装置，即灭弧罩。

（2）脱扣器。脱扣器是感测电路的不正常状态，并作出反应即保护性动作的部件。脱扣器主要有过电流脱扣器、分励脱扣器和失压脱扣器。过电流脱扣器有瞬时脱扣器和延时脱扣器两种。分励脱扣器和失压脱扣器与过电流脱扣器不同，它是一个不设触头的电压继电器或中间继电器，但是它们的结构与过电流脱扣器相类似，只是把励磁线圈换成了电压线圈。

（3）机械传动元件。断路器的接通与分断动作，必须依靠通过机械传动元件自由脱扣和操作机构来实现。自由脱扣机构的动作分为“再扣”、“闭合”和“断开”三个程序。

3．低压断路器的性能指标

（1）极限分断能力。极限分断能力是指低压断路器在规定的电压、频率以及规定的线路参数下，所能切断的最大短路电流值。

（2）动作时间。主要是指切断故障电流所需的时间。

（3）保护特性。保护特性主要是指开关的过电流保护特性 $i=f(t)$。根据需要，保护特性有瞬时的和带反时限延时的两种。为了能起到良好的保护作用，开关的保护特性应同保护对象的容许发热特性匹配，即断路器的保护特性应当位于保护对象的容许发热特性之下。只有这样，保护对象方能不因受到不能容许的短路电流而损坏。

断路器的保护特性必须具有选择性，即它应当是分段的。应用电子线路可以方便地实现三段式保护。

（4）电寿命和机械寿命。电寿命和机械寿命可以用操作次数和动作次数来衡量。

配电用断路器由于操作次数和动作次数少，故对电寿命和机械寿命的要求不高。电动机保护用的断路器，其电寿命和机械寿命可达几万次。

二、接触器

接触器用途广泛，是电力系统和自动控制系统中应用最普遍的一种电器。接触器生产方便、生产量大、成本低廉，可以频繁远距离接通和断开交、直流主电路和大容量控制电路，是电力拖动、控制电路的重要元件。和刀开关相比较，接触器具有远距离操作功能和失压保护功能。和自动开关相比较，接触器不能切断短路电流，无过载保护功能。接触器常用于控制电机、电热设备、电焊机、电容器组等。

接触器可分为交流接触器和直流接触器两大类。

目前，国产的三个基本系列是 CJ10 系列交流接触器、CJ12 系列交流接触器及 CZ0 系列直流接触器。CJ20 系列交流接触器是全国统一设计产品，其技术性能符合 IEC 标准，用来取代 CJ0、CJ8、CJ10 系列交流接触器。CJX1 系列小型交流接触器是取代 CJ0－A（B）（C）系列及 CJ10 系列的产品。引进的 B 系列交流接触器的辅助触头数量多，电寿命与机械寿命长，线圈消耗功率小，重量轻，外形尺寸小、造型美观，安装、组装和维护方便，还具有延时、联锁等多种附件，已广泛应用于各种电气装置中。实践中发现，B 系列交流接触器的过载能力尚不够理想，在使用中应加以考虑。

各种接触器的外形结构见图 5-38。

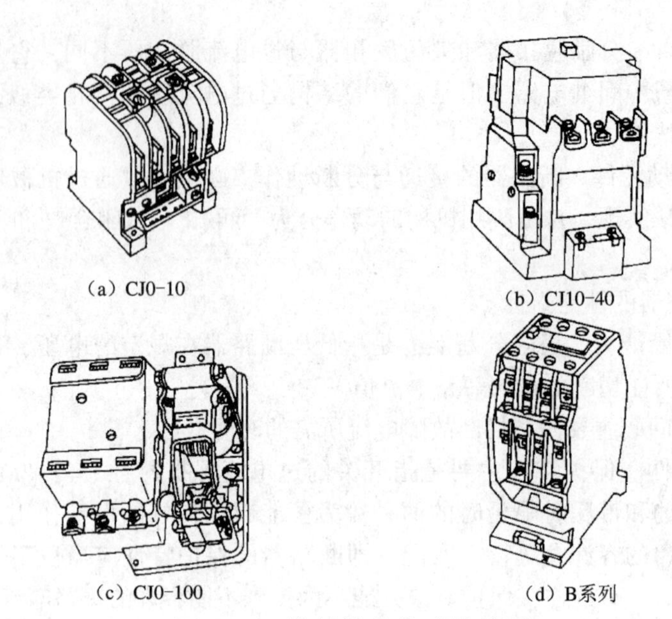

图 5-38 接触器的外形结构图

(一) 接触器的结构

接触器主要由电磁系统、触头系统、灭弧装置等几部分组成。

1. 电磁系统

电磁机构是测量机构，是接触器的感测部分，其功能是将电磁能变成机械能，控制触头动作，完成通断电路的作用。由吸引线圈和铁心、衔铁组成的磁路系统构成。

(1) 常见的磁路结构有三种形式：

1) 衔铁沿棱角转动的拍合式铁心，用于直流接触器。

2) 衔铁沿轴转动的拍合式铁心，用于交流接触器。

3) 衔铁做直线运动的螺管式铁心。

(2) 吸引线圈的功能是将电能变成磁场能量，是电磁机构动作的能源，有直流线圈和交流线圈之分。

2. 触头系统

触头系统是执行元件，功能是接通和断开电路，要求导电性能好，有铜接点和银接点等几种。触头形式有桥式触头和指形触头两种，而桥式触头又有点接触和面接触两种结构类型。

为了使触头接触得更加紧密，减小接触电阻，消除振动，在触头上装有弹簧。它具有初压力随着触头的闭合而加大触头间的压力的作用。

3. 灭弧装置

(1) 电动力吹弧。双断口结构的接触器的电动力吹弧效应，是电弧电流受向外电动力的作用。在交流电过零时出现 150V ~ 250V 的介质绝缘强度。

(2) 磁吹灭弧——串联磁吹灭弧。串联磁吹灭弧装置是和主电路串联的磁吹线圈。其工作原理是，磁吹线圈产生磁场，磁通集中进入电弧空间，在触头处将电弧拉长，从而使电弧熄灭。而且当电弧电流越大时，灭弧能力越强。另外，还有对弱电流磁吹效果较好的并联磁吹方式。

（3）窄缝灭弧装置。常用的窄缝灭弧罩的材料有耐弧陶土、石棉水泥、耐弧塑料等。窄缝灭弧的简单原理是，引导电弧与灭弧室的绝缘壁接触，迅速冷却，产生去游离过程，提高弧柱压降，从而使电弧熄灭，并且装置引导电弧纵向吹出，防止相间短路。

（4）栅片灭弧。栅片灭弧装置是由一组互相绝缘的金属片（镀铜钢片）所组成。作用是导出电弧的热量，提高弧柱压降。将电弧分割成多段，每一片又相当于一个电极，形成多个阳极压降和阴极压降，有利于灭弧。这种装置在交流灭弧时效果更好。

（二）接触器的主要额定参数

1. 额定电压

接触器铭牌上的额定电压是指主触头的额定电压，选用时主触头所控制的电压应小于或等于接触器的额定电压。

2. 额定电流

接触器铭牌上的额定电流是指主触头的额定电流。主触头的额定电流是指接触器装在敞开的控制屏上，在间断或长期工作条件下，温升不超过额定温升时流过触头的允许电流值。

3. 吸引线圈的额定电压

同一系列、同一容量等级的接触器、其线圈的额定电压有几种规格，应使接触器吸引线圈额定电压等于控制回路的电压。

4. 电气寿命与机械寿命

以在额定状态下使用的期限来衡量接触器的电气寿命与机械寿命。

5. 额定操作频率

接触器的额定操作频率就是接触器每小时的操作次数。交流接触器的额定操作频率较低，小于600次/h，而直流接触器的额定操作频率可达1200次/h。

交流接触器启动电流大，线圈容易发热，若铁心气隙大，电抗小，启动电流增大，可高达工作电流的十几倍，若机械卡死，线圈电流也会很大。另外，交流接触器的实际工作电压应在85%～105%额定交流电压时使用，若电压过高，磁路饱和，或电压过低，使电磁吸力不够，衔铁吸不上，或错接在直流电源上，都将导致线圈电流增大，轻者使温升升高，重则烧毁线圈。所以，在使用时，应了解清楚额定参数，正确使用，才能保证接触器正常运行，使电路正常工作。

（三）接触器的技术数据

（1）CJ10系列交流接触器的技术数据，见表5－7；

（2）CJ0系列交流接触器的技术数据，见表5－8；

（3）CJ12系列交流接触器的技术数据，见表5－9；

（4）CJ20系列交流接触器的技术数据，见表5－10；

（5）B系列交流接触器的技术数据，见表5－11。

表 5-7　CJ10 系列交流接触器的技术数据

序号	型号	额定电压（V）	额定电流（A）		可控电动机最大功率（kW）			机械寿命（10^4 次）	操作频率（次/h）	通电率（%）	线圈电压（V）（50Hz 或 60Hz）	外形尺寸（mm）
			主触头	辅助触头	220V	380V	500V					
1	CJ10－5	380	5	5	1.2	2.2	2.2	300	600	40	交流 36	55×56×68
2	CJ10－10	380	10	5	2.2	4.0	4.0	300	600	40	110、127	70×70×92
3	CJ10－20	380	20	5	5.5	10	10	300	600	40	220、380	92×102×108
4	CJ10－40	380	40	5	11	20	20	300	600	40	660	115×128×125
5	CJ10－60	380	60	5	17	30	30	300	600	40	直流 24	168×177×135
6	CJ10－100	380	100	5	29	50	50	300	600	40	110、220	195×206×143
7	CJ10－150	380	150	5	47	75	75	300	600	40		222×230×155

表 5-8　CJ0 系列交流接触器的技术数据

序号	型号	额定电压（V）	额定电流（A）		可控电动机最大功率（kW）		电寿命（10^4 次）	机械寿命（10^4 次）	操作频率（次/h）	通电率（%）	线圈电压（V）（50Hz 或 60Hz）	外形尺寸（mm）
			主触头	辅助触头	220V	380V						
1	CJ0－10A	380	10	5	2.5	4	100	300	1200	40	36、110、127、220、380	72×72×90
2	CJ0－20A	380	20	5	5.5	10	100	300	1200	40	36、110、127、220、380	105×93×112
3	CJ0－40A	380	40	5	11	20	≥60	300	1200	40	36、110、127、220、380	122×112×123

续表 5-8

序号	型号	额定电压（V）	额定电流（A）		可控电动机最大功率（kW）		电寿命（10^4 次）	机械寿命（10^4 次）	操作频率（次/h）	通电率（%）	线圈电压（V）（50Hz 或 60Hz）	外形尺寸（mm）
			主触头	辅助触头	220V	380V						
4	CJ0－75A	380	75	5	18	40	60	300	600	40	36、110、127、220、380	188×199×133
5	CJ0－120A	380	120	5	40	60	5	100	300	40	110、127、220、380	188×199×133
6	CJ0－10B	380	10	5	2.5	4	60	300	1200	40	110、127、220、380	70×70×86
7	CJ0－20B	380	20	5	5.5	10	60	300	1200	40	127、220、380	100×91×106
8	CJ0－40B	380	40	5	11	20	60	300	1200	40	127、220、380	120×110×121
9	CJ0－40C	380	40	5	11	20	60	300	1200	40	36、110、127、220、380	130×116×126

表 5-9 CJ12 系列交流接触器的技术数据

序号	型号	额定电压（V）	额定电流（A）	极数	每小时操作次数		机械寿命（10^4 次）	主触头电寿命（10^4 次）	辅助触头			线圈电压（V）	外型尺寸（五极时）（mm）
					额定容量时	短时频率低容量时			额定电压（V）	额定电流（A）	组合情况		
1	CJ12－100	380	100	2.3 4.5	600	1200	300	操作频率 600 次/h	交流 380 直流 220	10	六个触头可组合成五“分”一“合”或四“分”二“合”或三“分”三“合”	交流 50Hz36、127、220、380 直流 24、48、110、220	472×177×210
2	CJ12－150	380	150										521×212×230
3	CJ12－250	380	250										575×247×260
4	CJ12－400	380	400			300	—	操作频率 300 次/h					645×280×330
5	CJ12－600	380	600										742×383×435

表 5-10 CJ20 系列交流接触器的技术数据

序号	型号	额定绝缘电压（V）	额定工作电压（A）	稳定发热电流（A）	断续周期工作制下的额定工作电流（A）				380VAC-3类工作制下的控制功率（kW）	不间断工作制下的额定工作电流（A）	电寿命（AC-3）（10^4 次）	机械寿命（10^4 次）	外形尺寸（宽×高×深）（mm）
					AC-1	AC-2	AC-3	AC-4					
1	CJ20-6.3	50Hz 600	220			6.3	6.3	6.3	1.07		100	1000	
			380			6.3	6.3	6.3	3				
			660			3.6	3.6	3.6	3				
2	CJ20-10		220			10	10	10	2.2				
			380			10	10	10	4				
			660			10	10	10	7				

表 5-11 B 系列交流接触器的技术数据

序号	交流操作	B9	B12	B16	B25	B30	B37	B45	B65	B85	B105	B170	B250	B370	B460	K40-31-22
	带叠片式铁心的直流操作						BE37	BE45	BE65	BE85	BE105	BE170	BE250	BE370		
	带整块式铁心的直流操作						BC37	BC45								KC40-31-22
1	主极数	8 或 4[①]	8 或 4[①]	8 或 4[①]	8 或 4[①]	3	3	3	3	3	3	3	3	3	3	4
2	额定绝缘电压（V）	~750	~750	~750	~750	~750	~750	~750	~750	~750	~750	~750	~750	~750	~750	~660
3	最高工作电压（V）	~660	~660	~660	~660	~660	~660	~660	~660	~660	~660	~660	~660	~660	~660	~500
4	额定发热电流（A）	16	20	25	40	45	45	60	80	100	140	230	300	410	600	10
5	380V 时 AC3AC4 额定工作电流（A）	8.5	11.5	15.5	22	30	37	45	65	85	105	170	250	370	475	AC11 6

续表 5-11

序号	交流操作		B9	B12	B16	B25	B30	B37	B45	B65	B85	B105	B170	B250	B370	B460	K40 – 31 – 22
	带叠片式铁心的直流操作							BE37	BE45	BE65	BE85	BE105	BE170	BE250	BE370		
	带整块式铁心的直流操作							BC37	BC45								KC40 – 31 – 22
6	660V 时 AC3AC4 额定工作电流（A）		3.5	4.9	6.7	13	17.5	21	25	44	53	82	118	170	268	337	—
7	380VAC3（600 次/h）AC4（300 次/h）条件下	控制功率（kW）	4	5.5	7.5	11	15	18.5	22	33	45	55	90	132	200	250	—
		AC3 电寿命（10^6 次）	1	1	1	1	1	1	1	1	1	1	1	1	1	1	AC11，1.2A 5
		AC4 电寿命（10^6 次）	0.04	0.04	0.04	0.04	0.04	0.04	0.04	0.04	0.04	0.04	0.03	0.03	0.03	0.01	—
8	660V AC3（600 次/h）AC4（300 次/h）条件下	控制功率（kW）	3	4	5.5	11	15	18.5	22	40	50	75	110	160	250	315	—
		AC3 电寿命（10^6 次）															—
		AC4 电寿命（10^6 次）															—
9	380V 额定闭合能力（A）		105	140	190	270	340	445	540	780	1020	1260	2040	3000	4450	5700	
10	380V 额定分断能力（A）		85	115	155	220	300	370	450	650	850	1050	1700	2500	3700	4750	

续表 5-11

序号	交流操作		B9	B12	B16	B25	B30	B37	B45	B65	B85	B105	B170	B250	B370	B460	K40－31－22
	带叠片式铁心的直流操作							BE37	BE45	BE65	BE85	BE105	BE170	BE250	BE370		
	带整块式铁心的直流操作							BC37	BC45								KC40－31－22
11	各种工作制下的额定操作频率（次/h）	AC1 工作制	600	600	600	600	600	600	600	600	600	600	600	400	400		—
		AC2、AC32 工作制	600	600	600	600	600	600	600	600	600	600	600	400	400	300	—
		AC2AC4 工作制	300	300	300	300	300	300	300	300	300	150	150	100	100	150	—
		AC1…5 工作制	300	300	300	300	300	300	300	300	300	150	150	100	100	—	—
		AC11	—	—	—	—	—	—	—	—	—						3000
12	机械寿命（10^6 次）（1800 次/h）	B	10	10	10	10	10	10	10	10	10	10	10	3	3		K: 30
		BE						5	5	5	5	3	3	3	3	—	
		BC						30	30	—	—	—	—	—	—	—	K: 30
13	线圈额定吸持功率	B（VA/W）	7.6/2.2	7.6/2.2	7.6/2.2	10/3	10/3	22	22	30	30	32/9	60/15	66/16	100/27		7.6/2.2
		BE（W）						12	12	17	17	6	9	12	14	—	
		BC（W）						19	19	—	—	—	—	—	—	—	7.6
14	质量（kg）	B	0.26	0.27	0.28	0.48	0.6	1.06	1.08	1.9	1.9	2.3	3.2	6.5	10.6	26.5	0.27
		BE						1.18	1.2	2.02	2.02	2.34	3.2	6.5	10.6	—	
		BC						1.98	2.0	—	—	—	—	—	—	—	0.48
15	最多辅助触头数		5	5	5	5	4	8	8	8	8	8	8	8	8	8	8

注：当需要主极为 4 时，则需在订货时指明，此时将减小一个辅助触头。

三、继电器

继电器是一种自动电器，它是当一次过程中任何一个参数达到一定的已知值时，能突然改变二次过程的自动装置元件。

（一）继电器的种类

1. 继电器按作用分类

（1）时间继电器（或称延时继电器）：有电磁式、钟表式、电动机式、空气或油阻尼式、感应式、电子式等。

（2）热继电器：是作为电动机过载保护用的，由热元件和辅助接点组成，热元件整定电流需按照电动机的额定电流来选择。

（3）中间继电器：它是一种辅助继电器，经常起到增加触头数量和过渡的作用。

（4）电压、电流继电器：是以电压或电流的限值而动作的继电器，从而起到过电压、欠电压、过电流、欠电流的保护作用。

2. 按继电器在控制线路中的用途分类

（1）保护继电器。

（2）控制继电器：又分原始继电器、执行继电器和中间继电器。

3. 按接受物理量和结构分类

（1）电气式和磁力式：电磁式、磁电式、电动式、感应式、谐振式、静电式、电子和离子式、电热式等。

（2）光学式：光电式、光化式、光热式、光学机械式。

（3）声学式：声学机械式、声电式。

（4）热力式。

（5）液体式和气体式。

（6）机械式。

（二）继电器的组成和主要参数

1. 继电器的组成

继电器由三部分组成：

（1）量测机构（或称感受接收机构）：它接受输入参数，并使输入参数转变为继电器工作时所必需的物理量。

（2）中间机构：对接收量与给定值进行比较，并把作用传递到执行机构上去。

（3）执行机构：专作控制过程用。

2. 继电器的主要参数

（1）继电器的灵敏度：当激励能量（电磁的、热力的和其他形式等）与继电器的额定值有偏差时的感受能力。

（2）继电器的动作值：能使继电器动作的最大或最小的脉冲值。

（3）继电器的返回值：已动作的继电器使所有部件返回到原来位置的最大或最小的脉冲值。

（4）继电器的返回系数：继电器的返回值对脉冲值的比。

（5）继电器的放大系数：继电器所控制的功率和动作时需要功率之比。

（6）继电器的动作时间：是指从继电器所接受的参数达到动作时的瞬时起到继电器动作的瞬时止的一段时间。

（三）时间继电器

时间继电器是一种控制电器，它在电路中起着控制动作时间的作用。当它的输入端接到信号以后，经过一段预先给定的延时，它会动作，给出输出信号，去接通和分断被控制的电路。

时间继电器应用广泛。几种常见的时间继电器外形和结构见图 5-39。

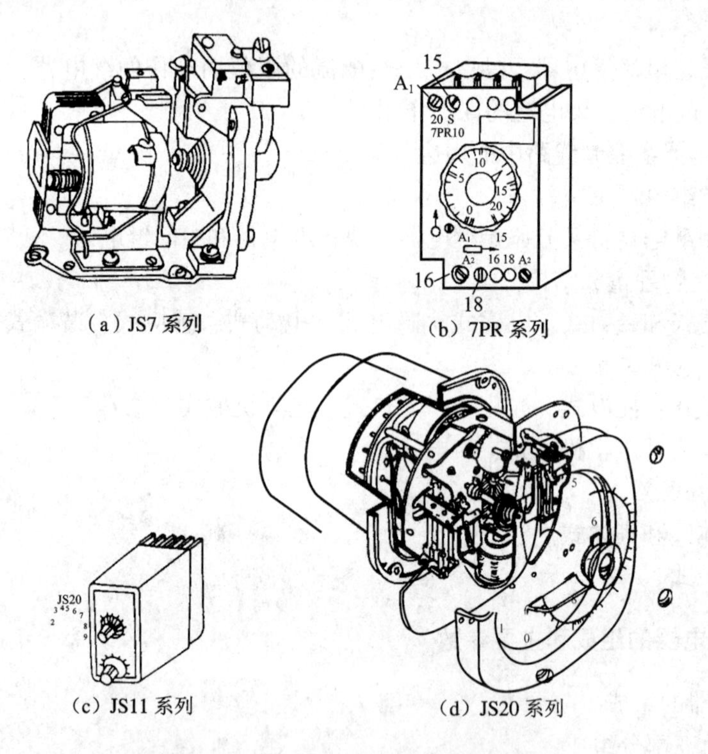

（a）JS7 系列　（b）7PR 系列

（c）JS11 系列　（d）JS20 系列

图 5-39　几种常见的时间继电器

1．时间继电器的分类

（1）按动作原理分：有气囊式、钟表式、电磁式、晶体管式等。

（2）按延时方式分：

1）通电延时型：通电时开始延时，一定时间后动作，去接通和分断控制电路。断电后，即恢复原来状态，以准备下次动作。

2）断电延时型：通电时，时间继电器速动，断电时延时一定时间后动作，恢复原来状态。

3）重复延时型：时间继电器通电后，以一定周期周而复始地连续动作。

2．时间继电器的图形符号

时间继电器的图形符号，见图 5-40。

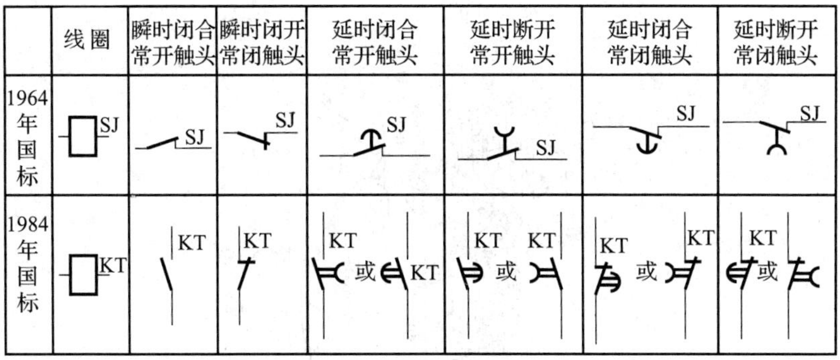

	线圈	瞬时闭合常开触头	瞬时闭开常闭触头	延时闭合常开触头	延时断开常开触头	延时闭合常闭触头	延时断开常闭触头
1964年国标	SJ	SJ	SJ	SJ	SJ	SJ	SJ
1984年国标	KT	KT	KT	KT 或 KT	KT 或 KT	KT 或 KT	KT 或

图 5-40　时间继电器的图形符号

3．使用时间继电器接点符号时的注意事项

对于时间继电器的接点符号，使用时应注意的经验如下：

（1）以新国标为例，接点的常开和常闭，分别是左开右闭。

（2）半圆弧开口方向朝向哪个方向，即表示向该方向延时。例如  ，即是闭合时延时；而  ，即是表示打开时延时，也就是在线圈得电时，常用接点打开，这时是延时的。

（3）要注意速动的动作，如  ，表示闭合时延时，也就是线圈得电时，该接点由打开状态闭合，而此时要延时闭合；而线圈断电时，该接点恢复打开状态，而此时是速断的；又如  ，在线圈断电时，该接点恢复闭合，而此时是速闭的；只有  ，  的接点，在闭合和断开时，即无论是恢复常开，还是恢复常闭，都是延时的。

4．时间继电器选用时的注意事项

（1）时间继电器的线圈电压应和控制回路电压一致。

（2）继电器的类型，应根据实际需要进行选择，一般气囊式和晶体管式时间继电器延时不准，但价格低廉，适用于要求不高的场合。钟表式时间继电器延时最准确，但体积较大，价格较高，适合于延时准确度要求高的场合。电动式的时间继电器的延时准确度决定于电网频率的准确性，所以无论是延时准确度、价格和体积均居中，适合于中等要求的场合。

（3）正确选择延时时间。

（4）根据电路需要，正确选择通电延时还是断电延时。根据以上几个方面，最后正确确定时间继电器的型号。

（四）中间继电器

中间继电器是辅助性质的继电器。JZT 型中间继电器的外形和结构见图 5-41。

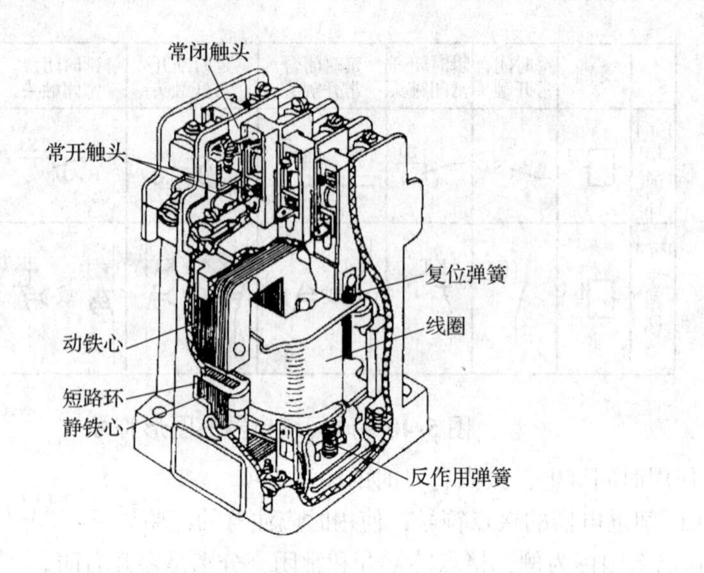

图 5-41 JZT 型中间继电器的外形和结构

1. 中间继电器的作用

中间继电器不反映电流电压的变化，特点是触头较多，当一继电器动作后要控制许多电路时，常用中间继电器过渡。一般接点容量较小，起补足触头作用，对延时、返回系数都无要求，只要求在 70% 额定电压下能动作，或电压失去后返回原位置，衔铁能自动脱开，常见的有 JZI－A 系列，JZT、JZ8、JJDZ3－33 系列等。JZ8 系列有的又可作自动控制系统中的“记忆”元件用；JZ8－5 带有保持线圈，以增加继电器处于释放状态时的工作可靠性；JZ8－P 带有电磁复位线圈及锁扣装置。

2. 中间继电器的规格和技术参数

（1）中间继电器按其电磁线圈的额定频率和电压可分为：

1）交流 50Hz：12V、24V、36V、48V、110V、127V、220V、380V、420V、440V 及 500V 等。

2）交流 60Hz：12V、36V、110V、127V、220V、380V 及 440V 等。

（2）中间继电器的主要技术参数有：触点额定电压、触点额定电流、触点数量、最大操作频率、通电持续率、电寿命和机械寿命等。

3. 中间继电器功能的扩展

中间继电器在各种自动控制线路中可以起信号传递、放大、翻转、分路、隔离和记忆等作用。将多个中间继电器组合起来，可组成具有计数和逻辑运算功能的电路。

（五）热继电器

常见热继电器的外形结构，见图 5-42。

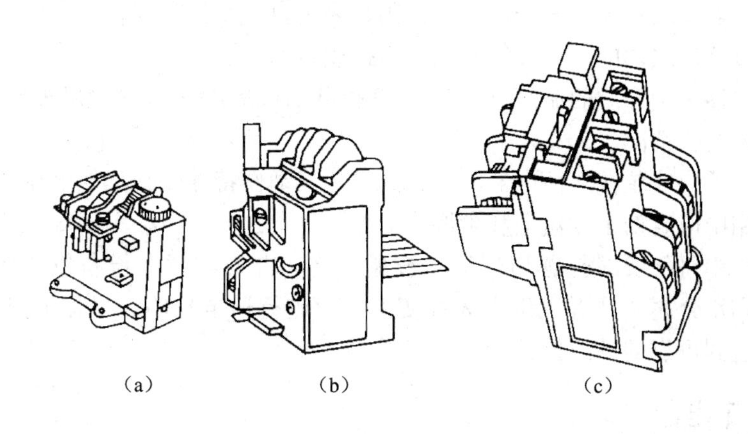

图 5-42　热继电器的外形结构

1．热继电器的作用

热继电器一般用于电气设备（主要是电动机）的过载保护。在农村中，由于没有过载保护，烧毁电动机的事时有发生。用热继电器进行的过载保护，是防止电动机过热，保护电动机的重要措施。

2．热继电器的结构

使用得最多、最普遍的是双金属片式热继电器，它结构简单、体积较小、成本较低，并具有较好的反时限保护特性。

双金属片式的热继电器由加热元件、双金属片、触头和机械机构等几部分组成。加热元件也为量测机构，能反映电动机的 I^2t 的变化，电动机在正常启动时，热继电器不应动作，但长期过载，即 I^2t 达到一定值时，热继电器应该动作，切断控制电路，使电动机停止供电，以保护电动机。双金属片是由两片膨胀系数不同的金属焊接而成；当温度升高时，双金属片因两个膨胀系数不同，而向膨胀系数小的方向弯曲，当弯曲到一定程度时，弹簧就使触头脱开。

电流、热量越大，双金属片动作越快，触头打开越快，所以热继电器的电流和时间具有反时限特性。

3．热继电器的选择和使用

1）在选择热继电器时应考虑下列几个因素：

①电动机的型号、规格和性能数据。

②电动机正常启动时的启动电流和启动时间。

③电动机的使用条件和它所拖动机械的性质。

④机械负载的性质。

2）在热继电器使用时应注意下列几个问题：

①热继电器规格少，但热元件编号很多，使用时首先应使热元件的电流与电动机的电流相适应。

②热继电器可调成手动复位和自动复位。对于重要设备，在热继电器动作之后，必须检查情况和原因后才能再扣时，宜采用手动复位；若可以认定是过载的可能性较

大，或热继电器安装在远离操作地点时，则宜采用自动复位方式。

③热继电器出线端的连接导线必须严格按规定选用。

④热继电器周围介质的温度在原则上应和电动机周围介质的温度相同，否则会破坏已调整好的配合情况。

⑤热继电器应安装在其他电器的下方，以免其动作特性受到其他电器发热的影响。

⑥在使用中应定期去除污垢和尘埃。

⑦在使用中每年要对热继电器通电校验一次，并应注意在设备发生短路故障后，检查热元件和双金属片是否发生永久性变形，应进行通电校验，以保证热继电器动作的准确性，起到可靠的过载保护作用。

四、主令电器

主令电器用于闭合和断开控制电路，以发布命令或信号，达到对电力传动系统和电气设备的控制。主令电器是根据控制人的动作来转换电路，是反映人的意志的。主令电器有各种按钮、位置开关、接近开关、主令控制器等。最常用的是按钮开关和位置开关。

（一）按钮开关

按钮开关常称控制按钮或按钮，种类很多。常见的按钮开关有 LA－18、LA－19 和 LA－20 三个系列。图 5-43 为几个系列按钮开关的外形图。

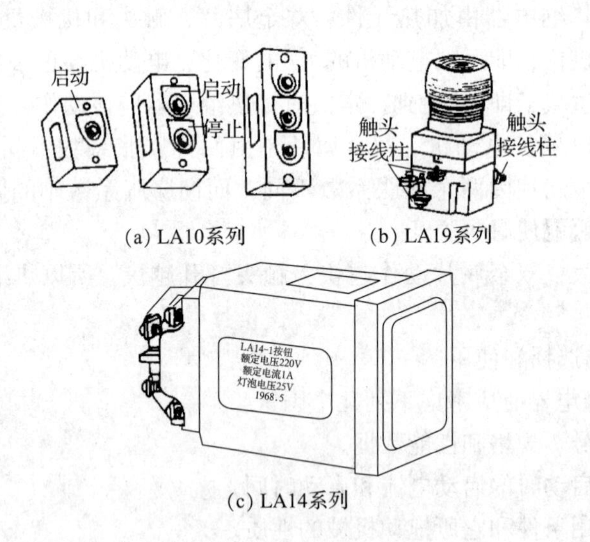

(a) LA10系列　(b) LA19系列

(c) LA14系列

图 5-43　按钮开关的外形

LA18 系列采用积木式两面拼接装配基座结构。触头数常为二常开二常闭，但也可作为一常开一常闭至六常开六常闭形式。LA19 系列和 LA18 结构大体相同，但带有信号灯。LA20 系列也是组合式的，除带有信号灯外，还有由两个或三个元件组合为一体的开启式或保护式产品。

（二）位置开关

位置开关又称行程开关，尺寸较小的行程开关习惯称为微动开关。位置开关是很重要的主令电器，一般不用人工操作，而是通过机械可动部分的动作（如利用挡铁和撞块），将机械信号变换为电信号，借此实现对机械的电气控制。通常，位置开关被用来反映机械动作或位置，由其触头动作、接通或分断电路来实现。位置开关广泛应用在许多行业的设备上，限制机械设备的动作和位置，从而对设备进行必要的保护。

位置开关的外形和结构，见图5-44。

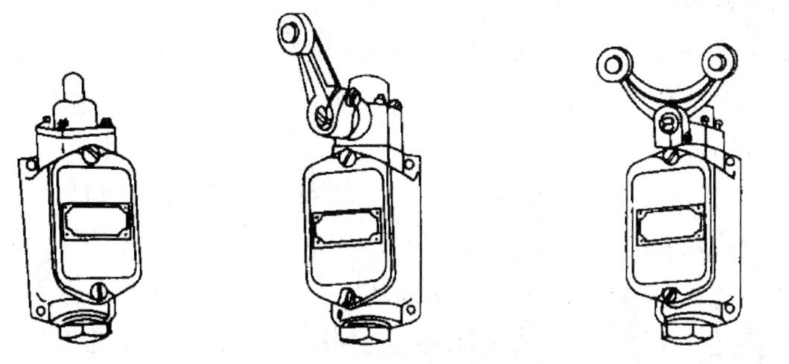

（a）JLXKI-311按钮式　（b）JLXKI-111单轮旋转式　（c）JLXKI-211双轮旋转式

图5-44　位置开关的外形和结构

位置开关由操作头、触头系统和外壳三部分组成。操作头是开关的感测部分，它接受机械设备发出的动作信号，并将此信号传递到触头系统。

从图5-44中可以看出，操作头有按钮式、单轮旋转式、双轮旋转式等几种。触头系统是开关的执行部分，它将操作头传来的机械信号，通过本身的转换动作变为电信号，输出到有关控制回路，使之作出必要的反应。外壳有金属与塑料等几种。

五、常用高压电器

高压电器是指额定电压在1000V及以上，用来接通、断开线路及电气设备的电器元件。按它们在变、配电系统中所起的作用，可分为开关电器（如断路器、隔离开关、负荷开关、接地开关等）、保护电器（如熔断器、避雷器、电抗器等）、测量电器（如电流互感器、电压互感器等）、成套电器、组合电器及移相电容器等。

电力系统末级变配电所10kV及以下，最常用的有高压熔断器、高压隔离开关、负荷开关、高压断路器等。

（一）高压熔断器

高压熔断器是一种最简单的保护电器，使用时串联在线路中。当线路出现严重过载或短路故障时，故障电流通过熔断器后，使熔件（又称熔体）因发热温度过高而熔断，从而切断电源，实现过载或短路保护。因此，它已广泛应用于高压配电装置中，用来保护线路、变压器及电压互感器等电气设备。另外，它与负荷开关组合在一起，既可通断负荷电流，又可切断故障电流。

在3～10kV高压熔断器中，户内广泛采用RN1、RN2型管式熔断器，户外则广泛采用RW3、RW4型跌落式熔断器。

1. RN1、RN2型户内高压管式熔断器

这两种熔断器是将熔件放在充满石英砂的瓷管内，故又叫充填式熔断器。利用石英砂的强冷却作用，达到有效地灭弧。RN1型额定电压有3kV、6kV、10kV、35kV，最大三相断流容量为200MV·A，额定电流为400A，适用于小功率输配电线路和电气设备的短路保护及过载保护。

RN2型熔断器适用于保护电压互感器的短路，但不能作过载保护。

还有RN3型熔断器，多用于电力线路的过载和短路保护，具有较大的切断能力，可保护电力系统的分支电路。

2. 跌落式熔断器

跌落式熔断器称跌落保险，适用于周围空间没有导电尘埃和腐蚀气体，没有易燃、易爆、危险及剧烈震动的户外场所。在3kV～10kV电网中仍然广泛应用此类熔断器，作线路和变压器的短路保护。又可在一定条件下，直接用高压绝缘钩棒来操作熔管的分合，以断开或接通小容量的空载变压器、空载线路的小负荷电流。其操作要求与高压隔离开关相同。

当线路上发生故障时，故障电流使熔件熔断，形成电弧，熔管内产生气体形成纵向吹弧，使电弧熄灭。熔体熔断后，压板在弹簧的作用下，因失去拉力而下翻，于是上触头从鸭嘴罩的抵舌上滑脱，使熔管借助本身的重量绕轴跌落，将线路以明显断口断开。

(二) 高压隔离开关

1. 隔离开关的用途

高压隔离开关是一种分、合或切换电路的开关，但由于它没有专门的灭弧装置，故不能关合和断开负荷电流，更不能断开短路电流。高压隔离开关的用途有如下三个方面：

(1) 将其他电气设备如断路器、变压器等在检修时与高压电源隔离，以保证它们在检修时的安全进行。由于高压隔离开关在结构上有明显可见断口，而且断口的绝缘及相间绝缘均为足够可靠的，能充分保证人身和设备安全。隔离开关断开后，为了更安全，常将不带电的一极挂上接地线或专门的接地开关。

(2) 当线路有高压而无电流情况下，可切换线路，如在分段单母线主接线、双母线主接线中的分段隔离开关及工作母线和备用母线换接用的隔离开关均属这样。

(3) 用隔离开关也可通断一定的小电流，如励磁电流不超过2A的空载变压器，电容电流不超过5A的空载线路以及电压互感器和阀型避雷器回路等。

2. 高压隔离开关使用时的注意事项

(1) 隔离开关在使用时，动触头（即刀闸）不应接电源侧，使刀闸开起时刀片不

带电。另外，当隔离开关垂直安装时，要求断口朝上，以防刀闸失灵时靠刀闸自重造成自行合闸。

（2）高压隔离开关没有灭弧能力，所以严禁带负荷进行拉闸和合闸操作。必须在断路器切断负荷以后，才能拉开隔离开关；反之，在合闸时，应先合隔离开关，合闸之后再接通断路器。

（3）按规程规定，高压隔离开关允许进行下列各项操作：

1）开、合电压互感器和避雷器。

2）开、合闭路开关的旁路电流。

3）开、合母线及直接连接在母线上设备的电容电流。

4）开、合变压器中性点的接地线，但当中性点上接有消弧线圈时，只有在系统无故障时，方可操作。

5）可操作下列容量无负荷运行的变压器：

①电压 10kV 以下，变压器容量不超过 320kV · A；

②电压 35kV 以上，变压器容量不超过 1000kV · A。

6）可操作电压 35kV 及以下，长度在 5km 以内的无负荷运行的架空电力线路。

7）可操作电压 10kV，长度在 5km 以内的无负荷运行电缆线路。

8）进行倒母线操作。

（4）发生了带负荷拉、合隔离开关时，应遵守下述规定：

1）如错拉隔离开关时，在刀口发现电弧时应急速合上；如已拉开，则不许再合上，并将情况及时上报有关部门。

2）如错合隔离开关时，无论是否造成事故，均不许再拉开，并迅速报告有关部门，以采取必要措施。

（三）高压负荷开关

高压负荷开关是专门用在高压装置中开断或关合负荷电流和一定的过载电流的电器，所以它具有简单的灭弧装置，但是它不能开断网络中的短路电流，因此网络中的短路故障只有借助于与它串联的高压熔断器来完成。在实际产品中，经常将高压负荷开关和高压熔断器串接成一整体，达到既能开断负荷电流，又能切断短路电流的目的。这种综合性负荷开关经常用于 10kV 以下或功率较小的场合，如根据电力系统的具体条件，可用于电压在 3 ~ 10kV、容量在 1000 ~ 1800kV · A 的变压器控制；400kVar 以下的静电电容器组的回路内；电压为 3 ~ 6kV、容量在 600kW 以下直接启动的笼型电动机和同步电动机；或容量为 1500kW 降压启动的绕线转子型电动机和同步电动机回路上。在以上场合可以用负荷开关取代价格昂贵的断路器。

负荷开关按灭弧方法可分为：自产气式、压气式、油负荷开关和六氟化硫负荷开关等。

户内压气式高压负荷开关的外形与隔离开关很相似。实际上，负荷开关也就是隔离开关和一个简单灭弧装置的组合，以便能通断负荷电流。由于这种负荷开关在断开时具有明显的可见断口，因此它也能起隔离电源，保证安全检修的作用。

负荷开关整体结构比较简单，通常由导电系统、简单的灭弧装置、绝缘子、底架、操作机构等几部分组成。

高压负荷开关在运行时应注意以下几点：

（1）负荷开关必须垂直安装，分闸加速弹簧不可拆除。

（2）负荷开关多次操作后，将逐渐损伤灭弧腔，使其灭弧能力降低，甚至不能灭弧，造成接地或相间短路事故，因此必须定期停电检查灭弧腔的完好情况。

（3）安全分闸时，刀闸的张开角度应大于58°，以达到隔离开关的作用。

（4）合闸时，负荷开关主触头的接触应良好，接触点没有发热现象。

（5）负荷开关的绝缘子和操作连接表面应没有积尘、外伤、裂纹、缺损或闪络痕迹。

（四）高压断路器

1．高压断路器的作用

高压断路器是电力网中最重要的开关电器。它的作用如下：

（1）在高压线路中正常接通或断开负荷电流。

（2）在线路发生短路或严重过负荷时，通过继电保护装置的作用，将故障电流迅速断开。

（3）在电力系统改变运行方式时，能灵活地切换操作。

高压断路器具有完善、可靠的灭弧装置和断流能力。

2．高压断路器的主要技术参数

（1）额定电压：是指断路器正常连续工作的工作电压，标明在设备的铭牌上。国家标准规定的断路器的额定电压等级有：6kV、10kV、35kV、63kV、110kV 等。断路器可以在低于额定电压下工作。

（2）最高工作电压：断路器运行中，允许长期承受的最大线电压。国家标准规定，对于额定电压在110kV 及以下设备，最高工作电压为额定电压的1.15倍。

（3）额定电流：是指断路器长期允许通过的电流。国家标准规定，额定电流等级有200A、400A、600A、1000A 等。

（4）开断电流：是指在一定电压下，能安全无损地开断的最大电流。在额定电压下的开断电流称为额定开断电流。当电压低于额定值电压时，允许开断电流可以超过额定开断电流，但不是按电压降低而成比例地无限增加，而有一极限值，称为极限开断电流。

（5）断流容量：在一定的电压下的开断电流与该电压的乘积，再乘以$\sqrt{3}$后，所得的值即为该电压下的断流容量。由额定电压 U_N 和额定开断电流 I_{NOC} 所得的值即为额定断流容量 S_{NOC}，可由下式表示：

$$S_{NOC} - \sqrt{3}U_N \cdot I_{NOC} \quad (mVA)$$

（6）极限通过电流：是指断路器在合闸位置时，允许通过的最大短路电流。这个数值是由各导电部分所能承受最大电动力的能力所决定的，单位为 kA。

（7）热稳定电流：是指断路器处在合闸位置，在一定的时间内通过短路电流时，不因发热而造成触头熔焊或机械破坏，这个电流值称为一定时间的热稳定电流。它表明了断路器承受短路电流热效应的能力。

（8）动稳定电流：它是表明断路器在冲击短路电流作用下，承受电动力的能力。其数值的大小由导电及绝缘等部分的机械强度所决定。动稳定电流等于极限通过电流，断路器通过这一电流时，不会因电动力作用而发生任何机械损坏或变形。

（9）关合电流：在断路器合闸之前线路上已存在短路故障，则在断路器合闸时产生的短路电流不致使触头熔焊或其他损伤的最大电流称为断路器的关合电流，以电流的最大峰值表示。极限关合电流应等于动稳定电流。

（10）合闸时间：对有操动机构的断路器，从操动机构合闸线圈通电起（即发出合闸信号起）到断路器刚接通为止所需要的时间称为断路器的合闸时间。

（11）分闸时间：指断路器操动机构分闸回路通电起（即发出跳闸信号起）到三相中电弧完全熄灭所需要的时间。分闸时间由固有分闸时间和燃弧时间组成。固有分闸时间是指分闸回路从通电到动、静触头刚分开的一段时间，它取决于断路器机械部分运动时间，与熄弧情况无关。燃弧时间是指从动、静触头刚分离产生电弧到三相电弧完全熄灭的一段时间。一般分闸时间为0.06s～0.12s，而合闸时间不大于0.2s～0.3s即可。

3. SN10－10型少油断路器

少油断路器是采用变压器油作灭弧介质的断路器。它是利用触头分断时产生的电弧使油分解，产生气体（氢气和油蒸气占70%～80%及乙炔、甲烷等），通过气体的吹弧和冷却作用将电弧熄灭。

SN10－10系列少油断路器是三相户内高压断路器，作电力设备和电力线路的控制与保护电器。它可以安装于固定式开关柜或手车式开关柜内使用，也可单独装配后使用。该断路器由框架、传动系统和油箱三部分组成。

框架由角钢或钢板焊接而成。在框架上每相装有两个支持瓷瓶、分闸弹簧、分闸限位器和合闸缓冲弹簧。传动系统包括大轴、轴承、拐臂、绝缘拉杆。油箱固定在支持绝缘子上。油箱下部是用球墨铸铁制成的基座，基座内装有转轴、拐臂和连板组成的变直机构。基座下部装有油缓冲器的活塞杆和放油螺栓。

4. ZN12－10型真空断路器

真空断路器的动、静触头是在真空灭弧室中，依靠真空来灭弧，只有少量的触头金属蒸气维持较弱的电弧，使电弧在电流第一次自然过零时熄灭。这样燃弧时间很短（至多半个周期），且不会产生很高的过电压。另外真空断路器的触头开距小（10mm～15mm），使整个断路器体积、重量大大缩小。

ZN12－10型真空断路器主要由真空灭弧室、操动机构和支撑部分组成。

5. 六氟化硫断路器

六氟化硫是由硫和氟化合而成的惰性气体，其分子具有极强的负电性，灭弧能力特别强，又有良好的高温导热性及捕捉电子的能力，熄弧后绝缘可迅速恢复。六氟化硫断路器具有分断能力高、噪声小、允许频繁操作、无火灾爆炸危险等优点，是高压特别是超高压理想的断路器，在宾馆、饭店、高层建筑中广泛使用，近年来在各电压等级的供配电系统中得到越来越广泛的应用。

目前常见的产品有：LW11－252/Q 型瓷柱式六氟化硫断路器、LW□－220 型罐式六氟化硫断路器、LW11A－126/3150－40 型户外高压六氟化硫断路器，以及 ZF4－126 型 SF_6 封闭式组合电器等。

SF_6 断路器在检修前应先将断路器分闸，切断操作电源，释放操作机构的能量，用 SF_6 气体回收装置将断路器内的气体回收，残存气体必须用真空泵抽出，使断路器内真空度低于 133.33Pa。

第六章　机电式电路

机电式电路的传统称谓是接触器、继电器电路，广泛应用于机械设备的控制电路中，对于电压高、电流大的控制电路，是电子电路不能替代的，而且机电式电路掌握起来比较容易，一般维护、运行、修理也比较简单。现就机电式电路典型电路和电力拖动电路进行叙述，对于机床设备的电路，本书从略。

第一节　机电式电路典型电路

一、照明电路

照明电路图例如下：

1. 一灯一开关照明电路，见图 6-1。

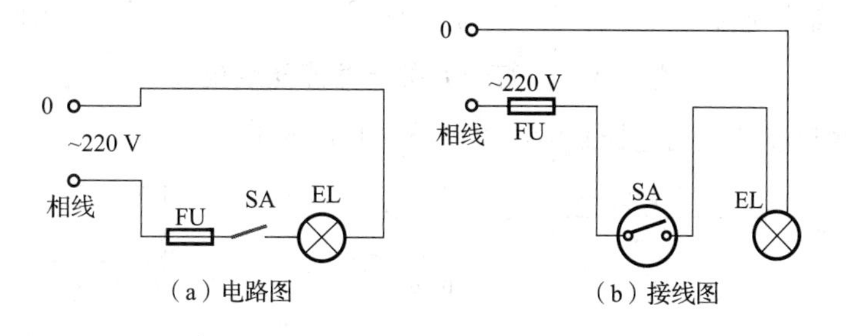

图 6-1　一灯一开关照明电路

2. 二灯一开关照明电路，见图 6-2。

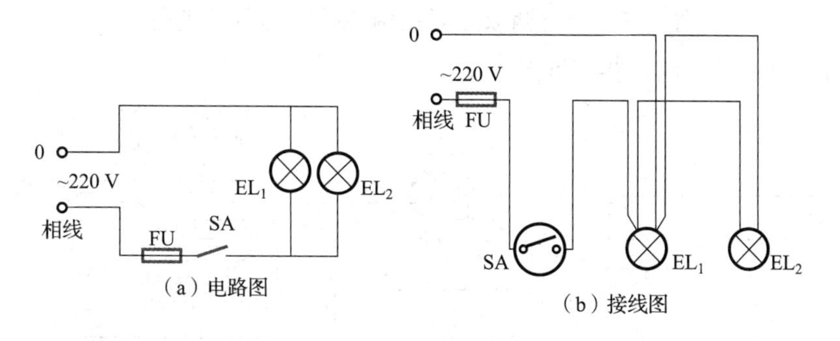

图 6-2　二灯一开关照明电路

3. 二灯二开关照明电路，见图 6-3。

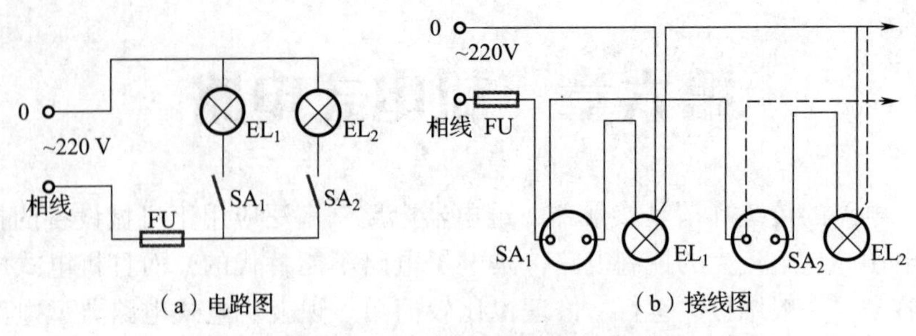

图 6-3　二灯二开关照明电路

4．一灯一开关一插座照明电路，见图 6-4。

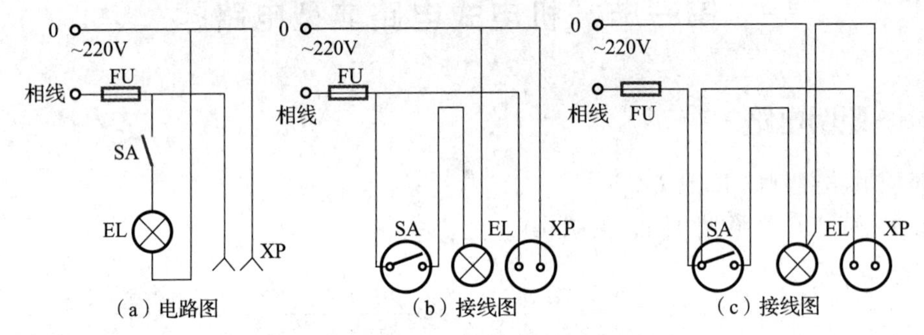

图 6-4　一灯一开关一插座照明电路

5．一灯两双连开关两地控制的照明电路，见图 6-5。

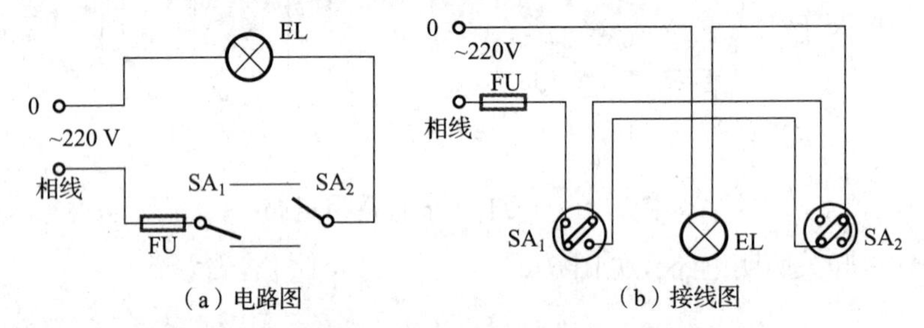

图 6-5　一灯两双连开关两地控制的照明电路

6．普通日光灯照明电路，见图 6-6。

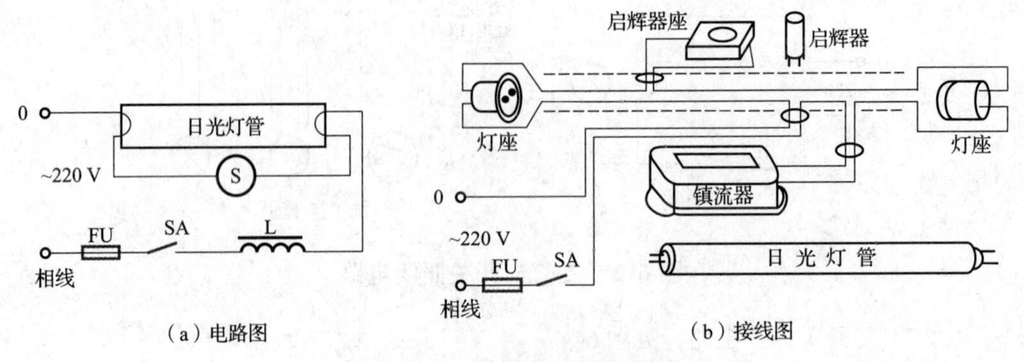

图 6-6　普通日光灯照明电路

7．电源电压偏高时串联扼流圈的日光灯照明电路，见图6-7。

8．镇流器带副线圈的日光灯照明电路，见图6-8。

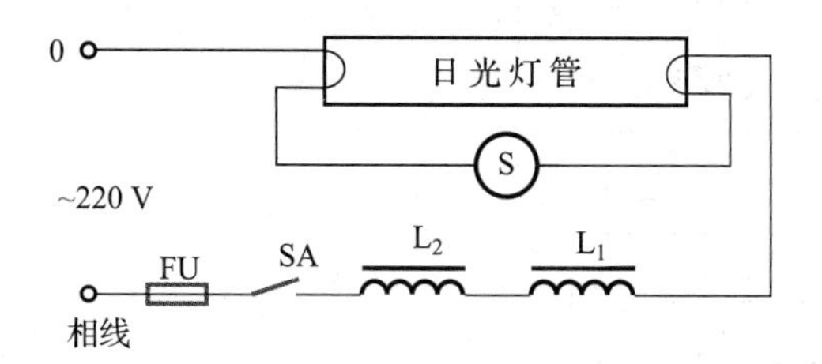

图6-7　电源电压偏高时串联扼流圈的日光灯照明电路

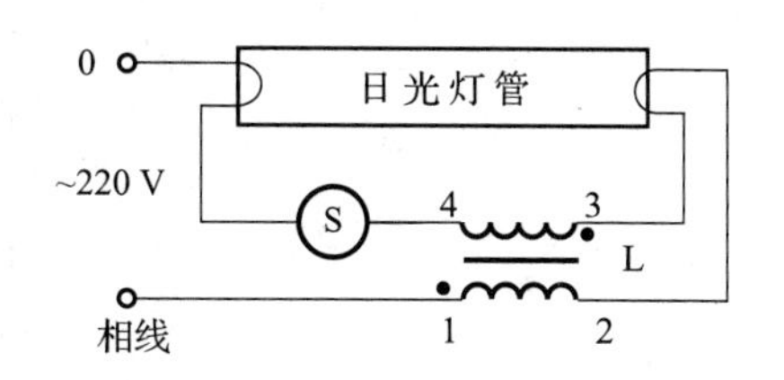

图6-8　镇流器带副线圈的日光灯照明电路

9．低温低压时接入二极管启辉的日光灯照明电路，见图6-9。

10．利用电容串联二极管启辉的日光灯照明电路，见图6-10。

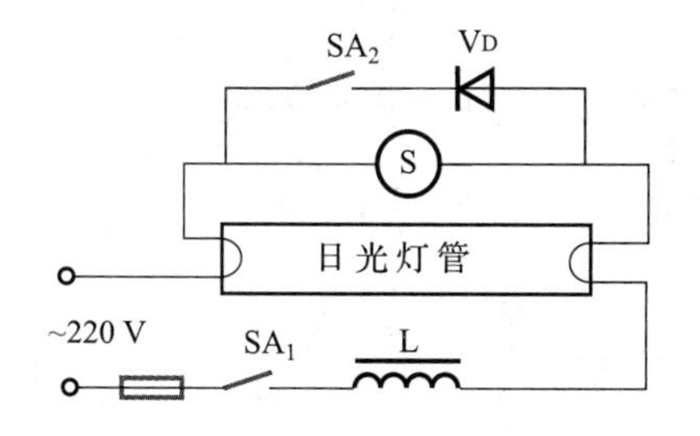

图6-9　低温低压时接入二极管启辉的日光灯照明电路

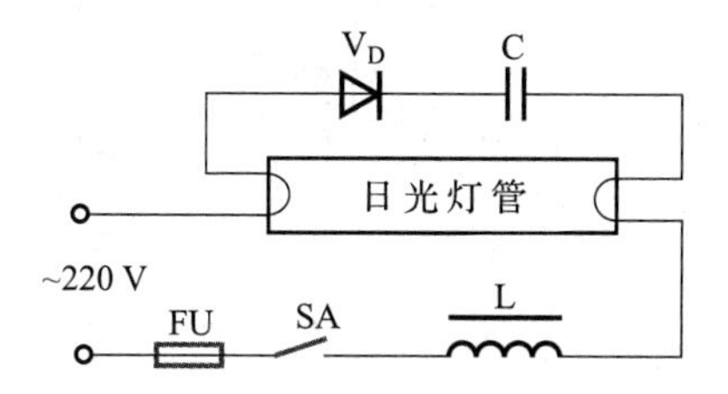

图6-10　利用电容串联二极管启辉的日光灯照明电路

11．启辉器损坏时的应急启辉日光灯照明电路，见图6-11。

12．日光灯管一端断丝时的应急照明电路，见图6-12。

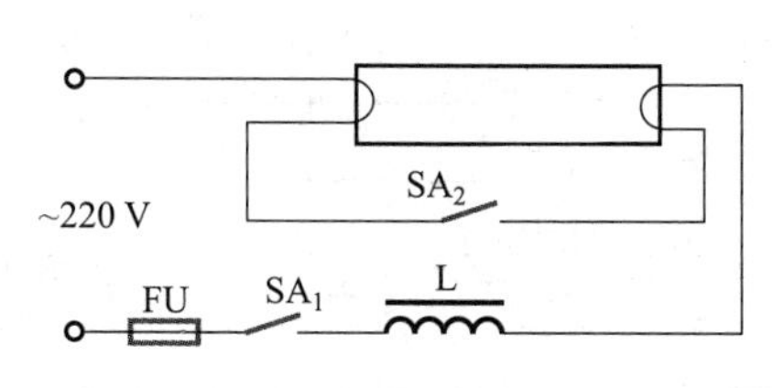

图6-11　启辉器损坏时的应急启辉日光灯照明电路

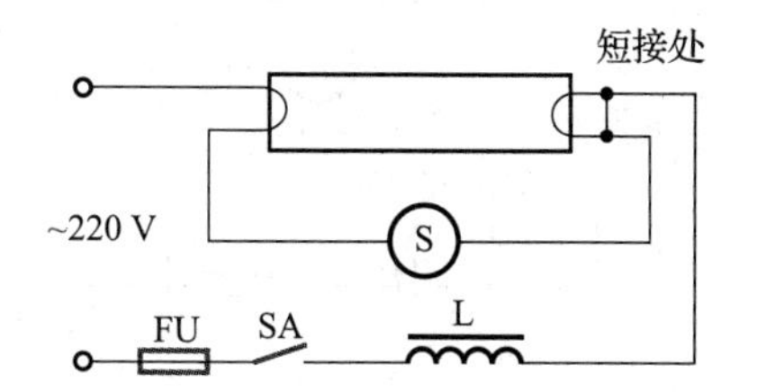

图6-12　日光灯管一端断丝时的应急照明电路

13．两支日光灯一开关的照明电路，见图6-13。

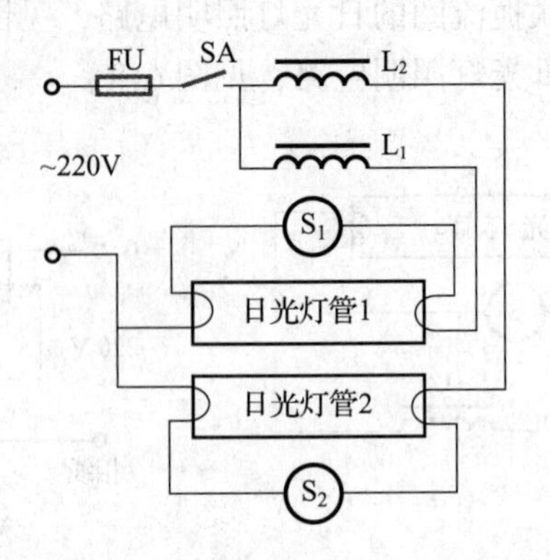

图 6-13 两支日光灯一开关的照明电路

14. 低压照明并有指示灯的电路，见图 6-14。

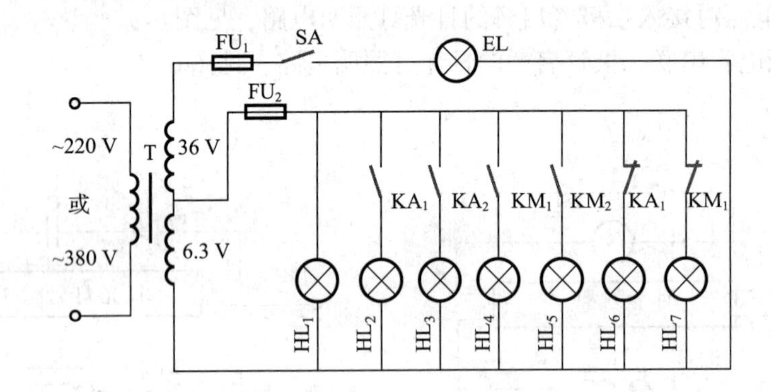

图 6-14 低压照明并有指示灯的电路

15. 阻容式镇流器的日光灯照明电路，见图 6-15。
16. 采用电容器提高功率因数的日光灯照明电路，见图 6-16。

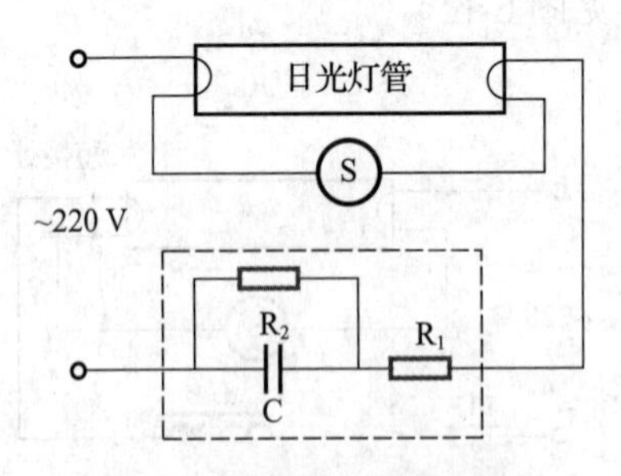

图 6-15 阻容式镇流器的日光灯照明电路

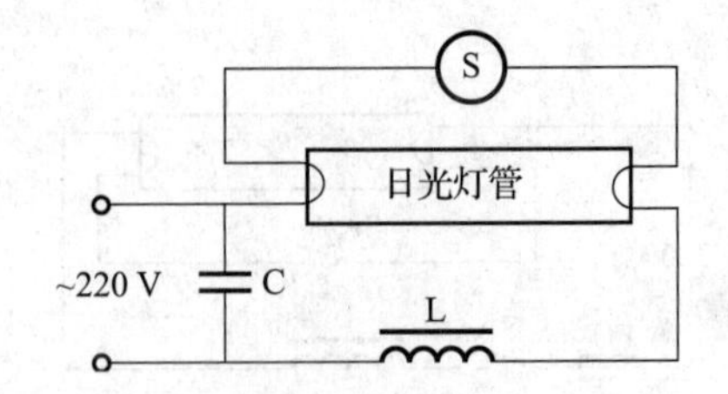

图 6-16 采用电容器提高功率因数的日光灯照明电路

17. 一灯三开关三地控制的照明电路，见图 6-17。
18. 用变压器降压的照明电路，见图 6-18。

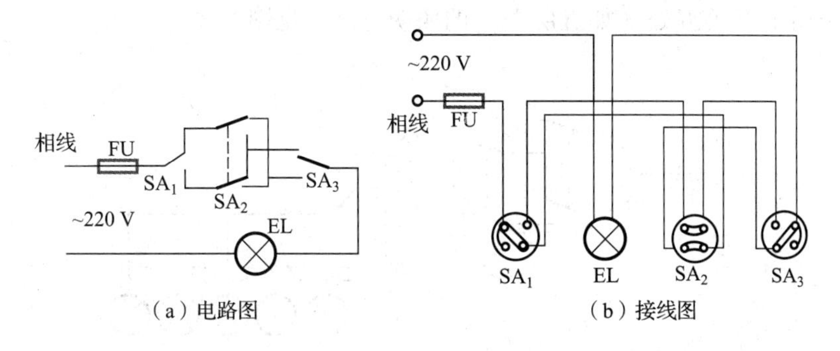

图 6-17　一灯三开关三地控制的照明电路

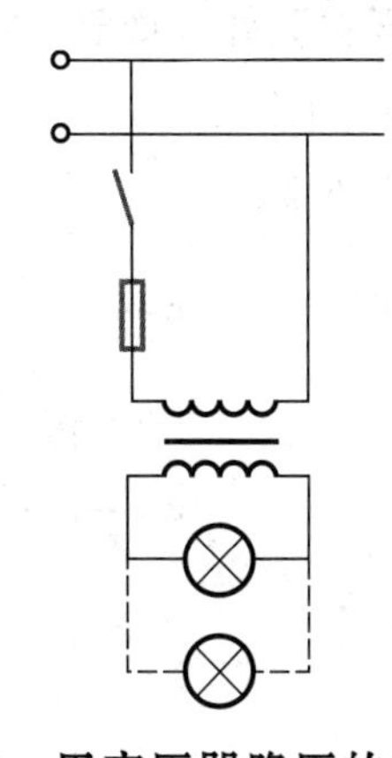

图 6-18　用变压器降压的照明电路

19. 串联电容的照明电路，见图 6-19。

20. 串联二极管的照明电路，见图 6-20。

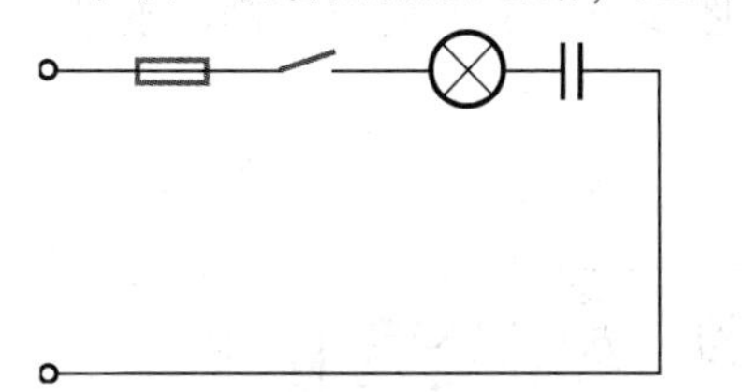

图 6-19　串联电容的照明电路

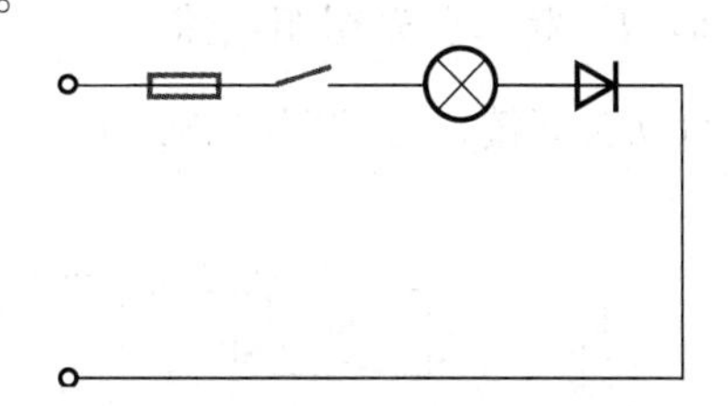

图 6-20　串联二极管的照明电路

21. 两只灯泡串联的照明电路，见图 6-21。

22. 串联电感的照明电路，见图 6-22。

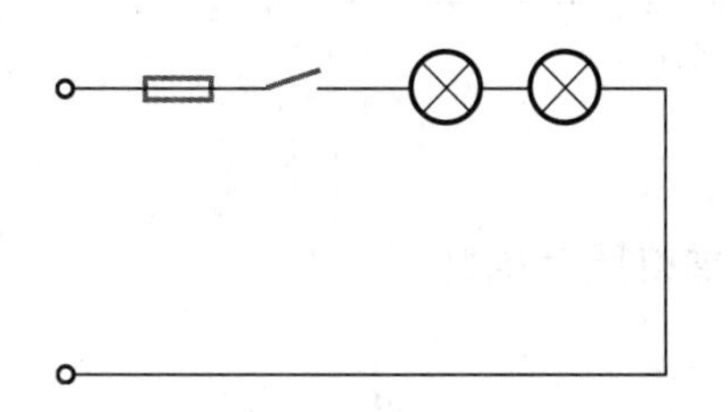

图 6-21　两只灯泡串联的照明电路

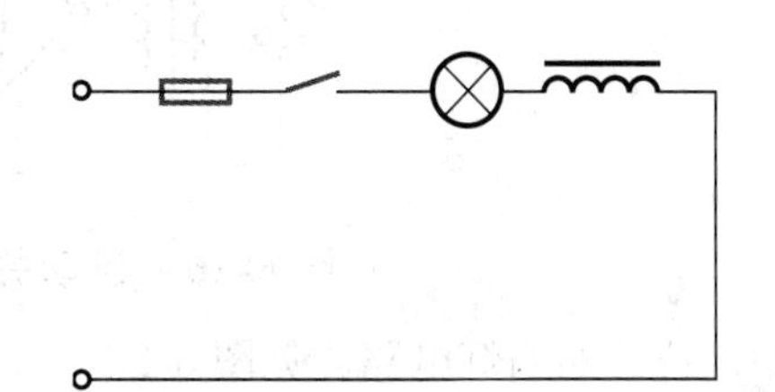

图 6-22　串联电感的照明电路

23. 五灯五开关五处（如五层楼）的照明电路，见图 6-23。

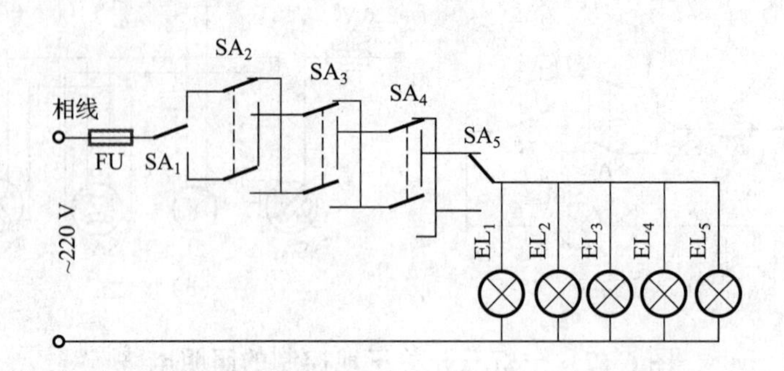

图 6-23 五灯五开关五处（如五层楼）的照明电路

24. 简易调光照明电路，见图 6-24。

25. 互补灯光控制器电路，见图 6-25。

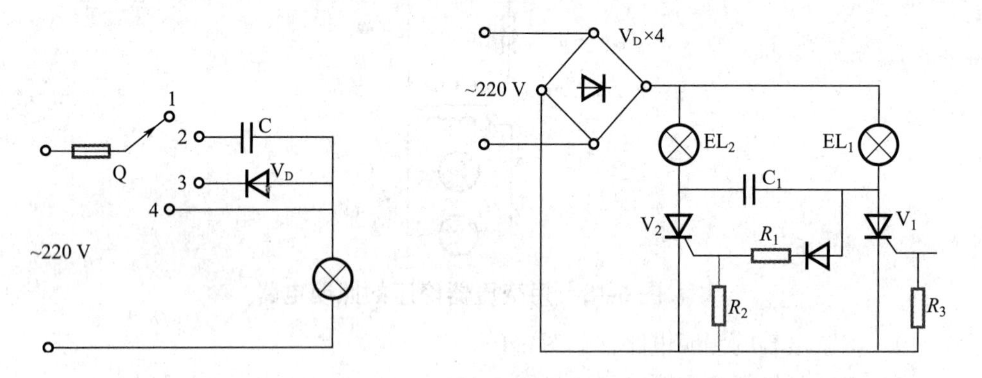

图 6-24 简易调光照明电路 **图 6-25 互补灯光控制器电路**

26. 自动关断楼梯灯照明电路，见图 6-26。

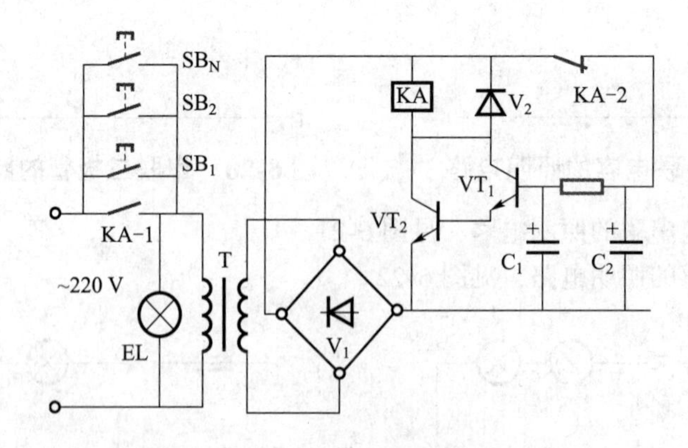

图 6-26 自动关断楼梯灯照明电路

27. 应急照明灯电路，见图 6-27。

28. 熔断器熔断闪光灯电路，见图 6-28。

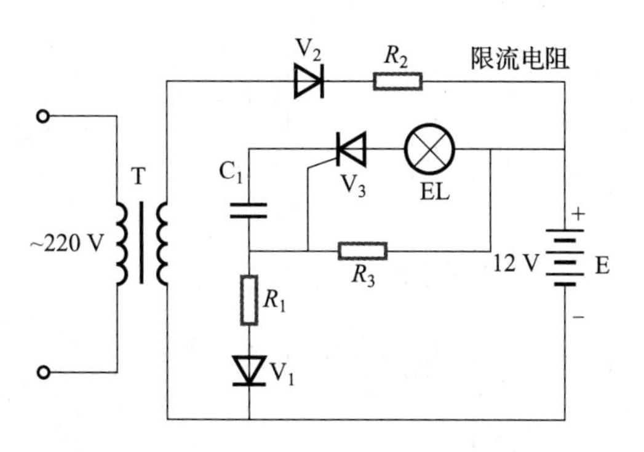

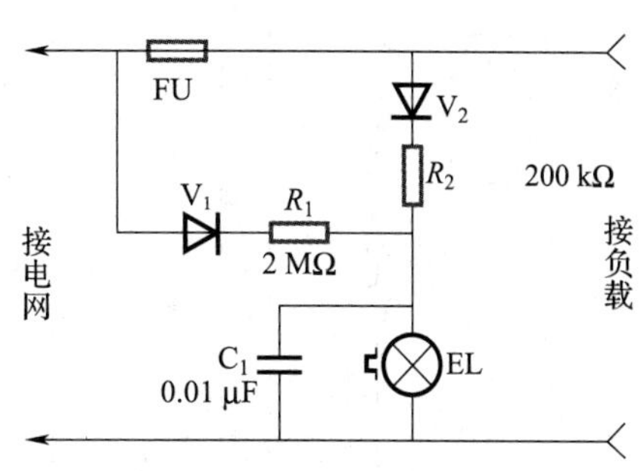

图 6-27　应急照明灯电路　　　图 6-28　熔断器熔断闪光灯电路

29. 快速闪光器电路，见图 6-29。

30. 简单晶闸管调光灯电路，见图 6-30。

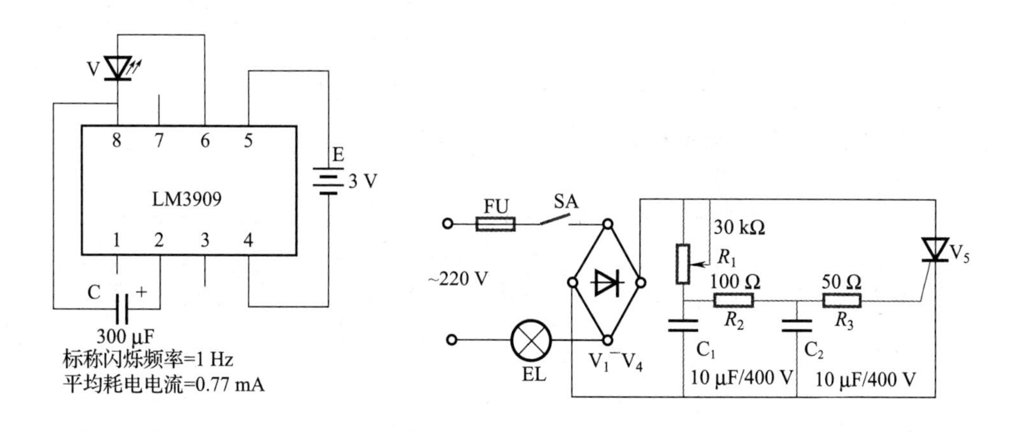

图 6-29　快速闪光器电路　　　图 6-30　简单晶闸管调光灯电路

二、机电式电路典型图例

机电式电路典型图例，如下：

1. 电动机单向直接启动主电路，见图 6-31。

图 6-31（a）、（b）、（c）为单线图，代表了三相电路：图 6-31（a）为直通电路，图 6-31（b）中电动机由开关控制，图 6-31（c）又加了熔断器，实现短路保护。

图 6-31（d）为三相三线图，是三相直通电路；图 6-31（e）为由开关控制的三相三线电路；图 6-31（f）中，增加了熔断器，实现了短路保护，电源通断由开关控制；图 6-31（g）中增加了接触器控制，电动机在开关合上，接触器又吸合时，才能启动，有了接触器，可以实现远地控制；图 6-31（g）增加了熔断器，实现短路保护；图 6-31（h）中，增加了热继电器，实现过载保护。

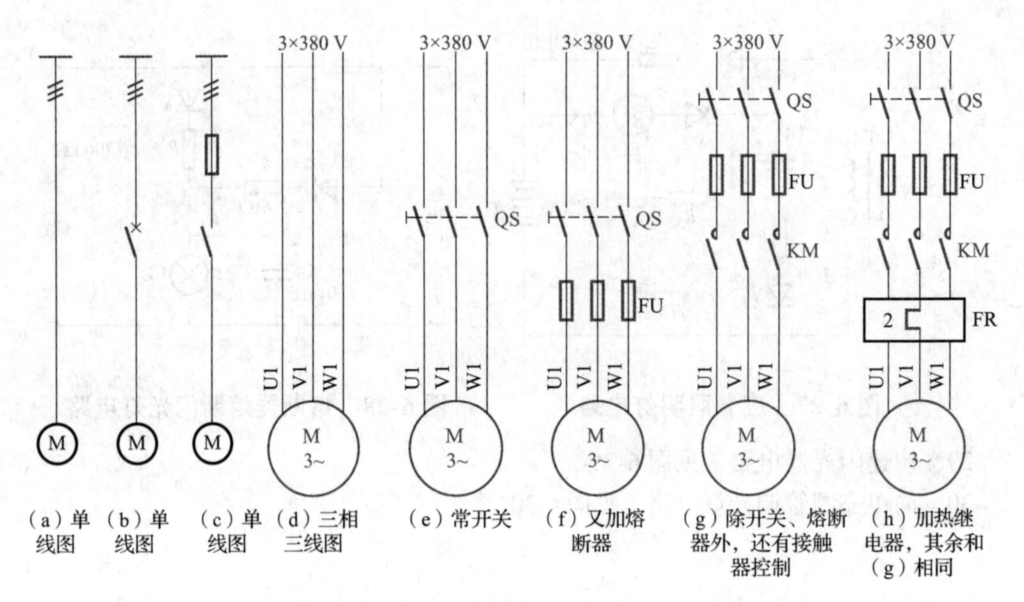

图 6-31　电动机单向直接启动主电路

2．点动控制电路，见图 6-32。

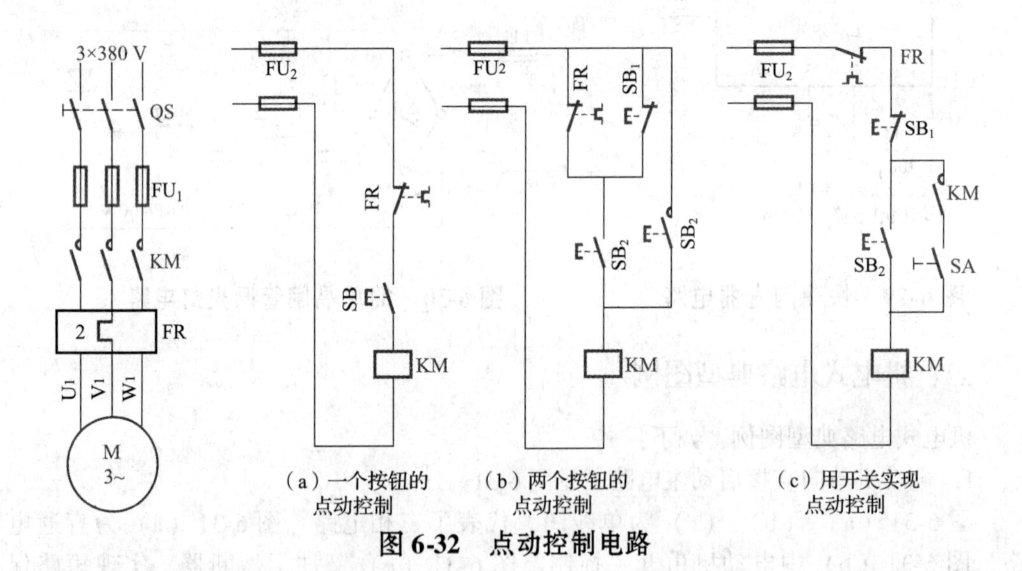

图 6-32　点动控制电路

图 6-32（a）是用一个按钮的点动控制，即常开按钮压下时，电动机运转。当常开按钮断开时，电动机转动停止，一下一下地压下常开按钮，即实现了点动；图 6-32（b)是两个按钮的点动控制，可以实现两地操作，但常开按钮必须并联；图 6-32（c）是用开关实现点动控制，开关 SA 合上时，为连续运转，开关 SA 打开时，即为点动。

3．错误的单向启动电路，见图 6-33。

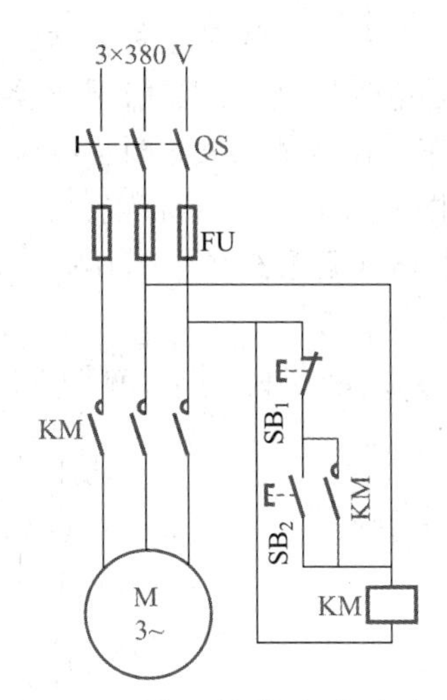

图 6-33　错误的单向启动电路

从图 6-33 中可以看出，当压下按钮 SB_2 时，会引起相间短路。这是配线很容易出现的问题，所以配线时要特别注意。

4．无过载保护的单向启动控制电路，见图 6-34。

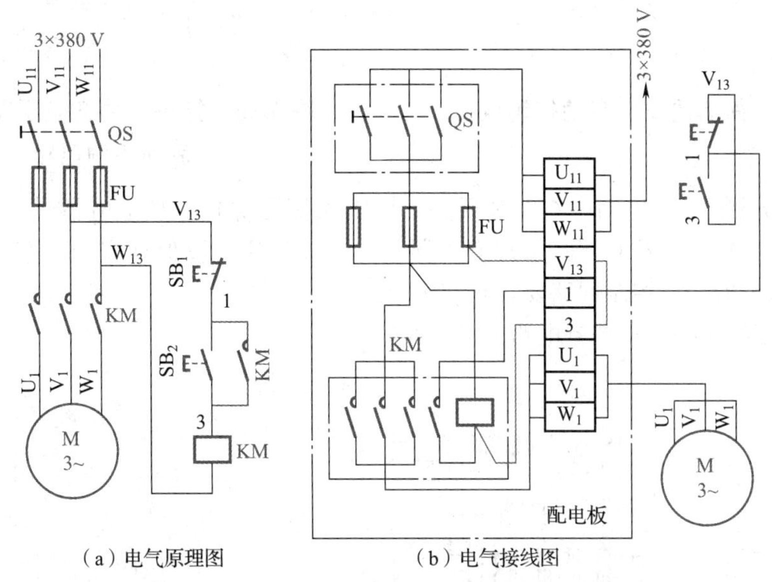

图 6-34　无过载保护的单向启动控制电路

图 6-34 为无过载保护的单向启动控制电路。可以看出，有电源开关和短路保护，有接触器 KM，用按钮控制，可以远地操作控制，图 6-34（a）为电气原理图，图 6-34（b）为电气接线图，有配电板和板外电器件和电机两部分，导线从配电板引出时一定要经过接线板，实际配线时，一定要安装接线板，这是原理图上没有的。在配电板配线时，先要选择电器件（型号、规格），然后进行安装。要进行打孔、套扣，对于较复杂的配电板，配线方式有三种：一是板前布线，二是板后布线，三是走线槽布线。板后布线常在一些进口设备中见到，而板前布线和走线槽布线最常采用，板前布线又有平铺和

绑扎布线两种，配布线不但是一种技术，还是一种艺术，要让人看得很舒服。当然，配布线时，首先要正确，其依据是电气原理图，要依照设计正确的原理图来进行施工。配布线完工后，要进行调试和试车，在调试和试车时，有两个步骤，首先是空载试车，即不直接带负载，试验接触器和继电器的动作是否正确，若正确的话，再进行负载试车。

5. 简单的单向启动控制电路，见图 6-35。图 6-35（a）中，具有开关和熔断器保护，是手动操作方式。

6. 控制回路常变压器的单向启动控制电路，见图 6-36。

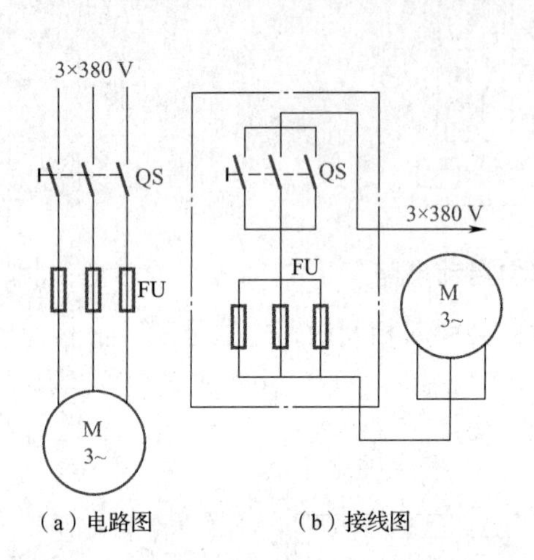

（a）电路图　（b）接线图

图 6-35　简单的单向启动控制电路

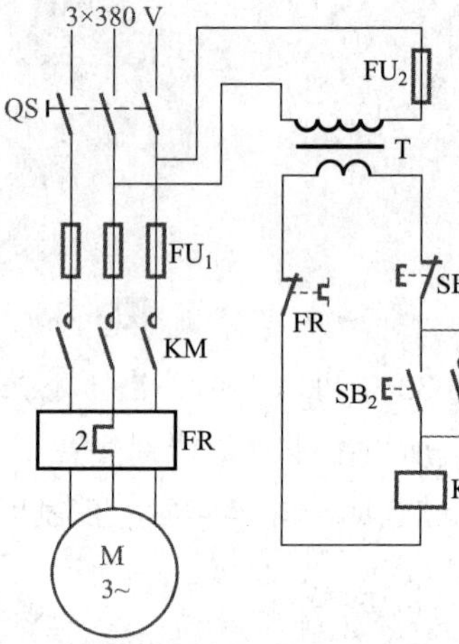

图 6-36　控制回路常变压器的单向启动控制电路

图 6-36 中，其主电路中有电源开关，熔断器短路保护，热继电器进行过载保护，并有接触器控制。在控制回路中有变压器，起隔离作用，以保证安全。在新标准中规定，为了保证安全，控制回路要具有变压器。

7. 带灯的单向启动控制电路，见图 6-37。

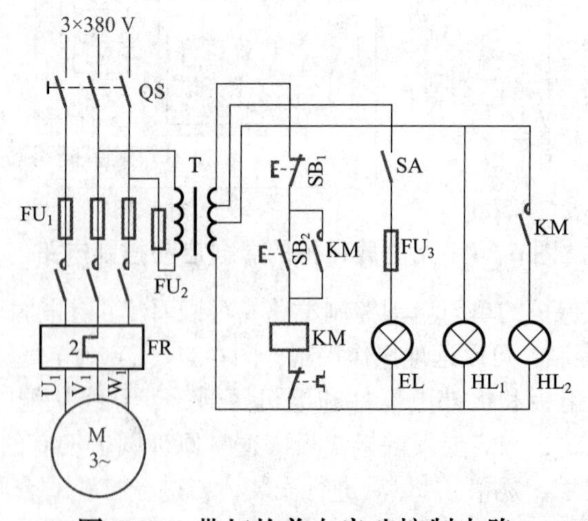

图 6-37　带灯的单向启动控制电路

图 6-37 中，要求带多个不同电压的灯具，所以一定有多个抽头的变压器，以获得不同的电压。主电路中有电源开关、熔断器、热继电器和接触器。

8．带照明变压器的单向启动控制电路，见图 6-38。

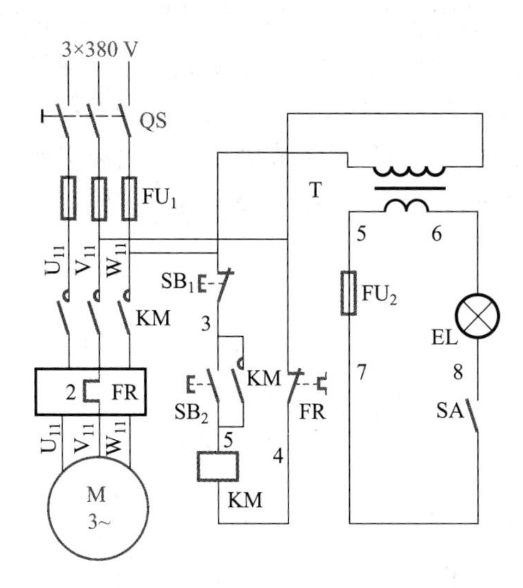

图 6-38　带照明变压器的单向启动控制电路

照明灯的电压是安全电压，通常是 36V 和 24V，所采用的变压器二次输出电压应与照明灯电压相配，如果控制回路采用隔离变压器也可以合用，输出电压应有几种，和控制回路、照明灯相匹配。

9．带电流指示的单向启动控制电路，见图 6-39。

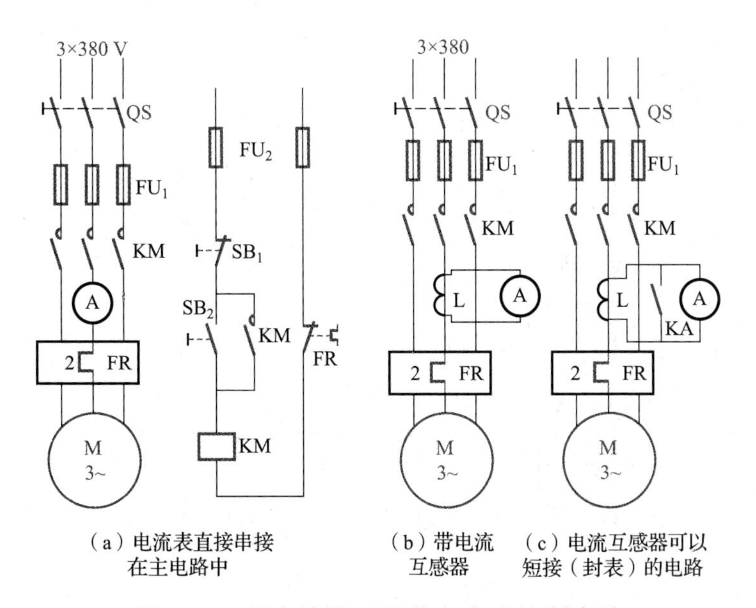

（a）电流表直接串接在主电路中　（b）带电流互感器　（c）电流互感器可以短接（封表）的电路

图 6-39　带电流指示的单向启动控制电路

图6-39（a）中，电流表直接串接在主电路中，因为电动机的启动电流很大，常为额定电流的5～8倍（启动电流是用电动机堵转的方法来测得，所以新国家标准中称为堵转电流），所以电流表的量程要按启动电流来选择，因此在运行时指示值很小。

图6-39（b）、（c）中采用了电流互感器，所以实际电流是指示值乘电流互感器的比值。这在电流表量程选择时要加以注意，特别是电流互感器的二次不能开路，否则会出现高电压，有安全问题。图6-39（c）和图6-39（b）不同的是，具有封表装置，电动机启动时，电流表未接入，所以电流表的量程按照额定电流来选择。

10．能延时自停的单向启动控制电路（简单的空载停运），见图6-40。

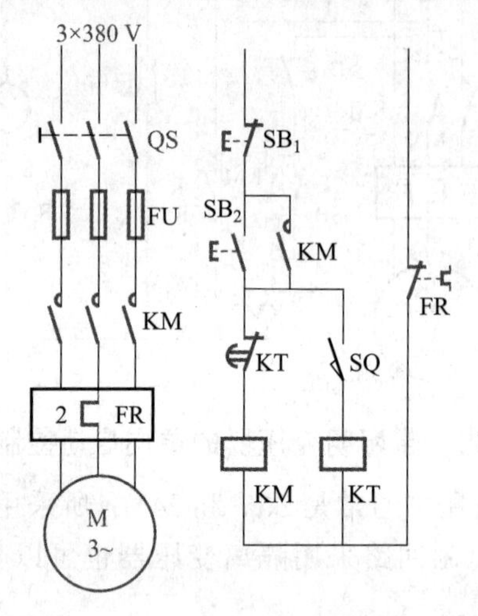

图6-40　能延时自停的单向启动控制电路（简单的空载停运）

从图6-40中可以看出，当限位开关SQ的常开触点闭合后，将时间继电器KT的线圈接通，时间继电器延时打开的常闭接点打开，打开了接触器的线圈回路，接触器的常开触点打开，电动机M停止运转。

11．单按钮启动停止的电动机控制电路，见图6-41。

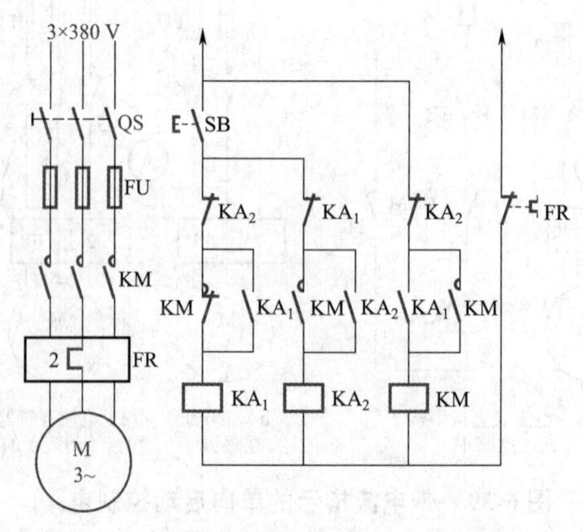

图6-41　单按钮启动停止的电动机控制电路

图 6-41 中，电源开关 QS 接通电源，接触器 KM 控制电动机 M 的启停。熔断器 FU 和热继电器 FR 进行电动机的短路保护和过载保护。

第一次压下按钮 SB 时，中间继电器 KA_1 吸合，常闭触点 KA_1 断开，中间继电器 KA_2 不吸合，但接触器 KM 吸合，电动机 M 启动。当按钮 SB 松开时，中间继电器 KA_1 断电，常用触点 KA_1 闭合，中间继电器 KA_2 接通，其常用触点 KA_2 断开，接触器 KM 线圈断电，接触器 KM 的主触头断开，电动机 M 停止运行。

12. 单向启动控制电路，见图 6-42。

图 6-42 的主电路中需要说明的是，热继电器热元件符号中，标有阿拉伯数字 2，这表明采用的是两相的热继电器，若标有 3 时，表明是三相热继电器。国家标准中，没有这种规定，但是这种标注是非常好的，应该予以采用。

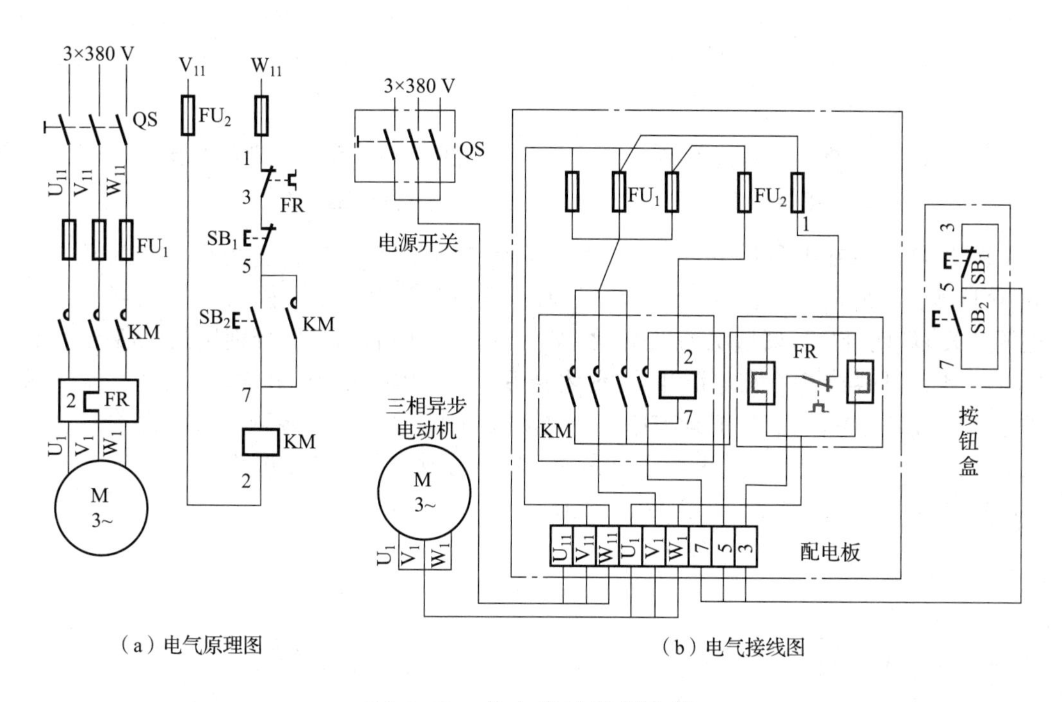

（a）电气原理图　　（b）电气接线图

图 6-42　单向启动控制电路

图 6-42（b）是接线图，分为两部分，一部分是配电板电路，以及配电板外的电器件，这里要说明的是，接线图和实物还有区别，主要表现在接线图经常采用单线图，一是三相电路画成一条线表示，二是控制回路中也有一条线来表示多条线，施工者应在单线的两端来确定，单线表示的是多少条导线，这是接线图简化的一种制图方法，这种方法在制图时广泛使用。

13. 两台电动机单向启动主电路，见图 6-43、图 6-44 和图 6-45。

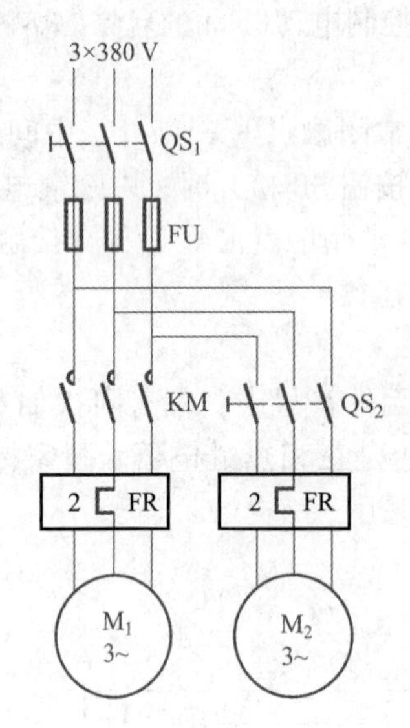

图 6-43 两台电动机单向启动主电路（1）

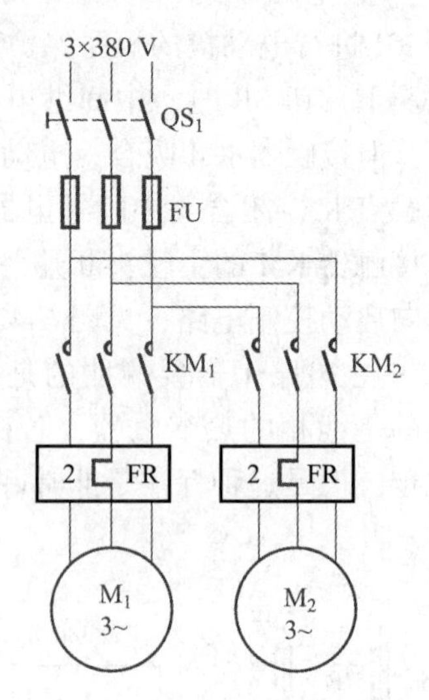

图 6-44 两台电动机单向启动主电路（2）

图 6-43 中，在电源开关 QS_1 闭合后，两台电动机 M_1 和 M_2 都可以单向启动，但 M_1 用接触器 KM 控制，而第二台电动机 M_2，是用开关 QS_2 手动控制。图 6-44 中，当电源开关 QS 闭合后，两台电动机 M_1 和 M_2 都可以单向启动，但分别用接触器 KM_1 和 KM_2 控制。图 6-45 中，在电源开关 QS 闭合后，两台电动机 M_1 和 M_2 都有了一定的条件，但是第二台电动机 M_2 必须在第一台电动机 M_1 启动后，即接触器 KM_1 闭合后，接触器 KM_2 闭合后才能启动，实际上这是一个有顺序动作要求的主电路。

14．其他的两台电动机单向启动主电路，见图 6-46 ~ 图 6-51。

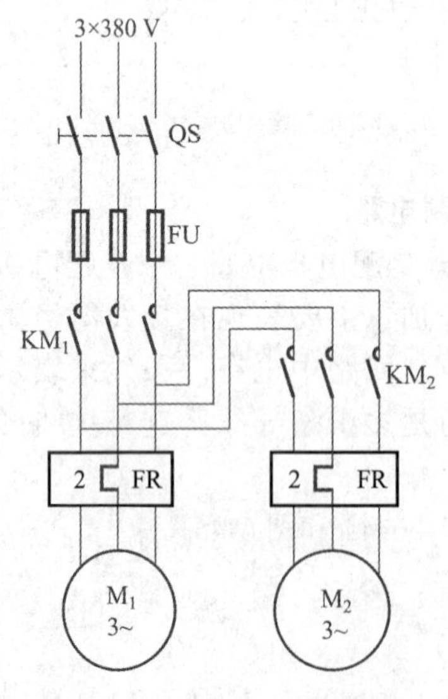

图 6-45 两台电动机单向启动主电路（3）

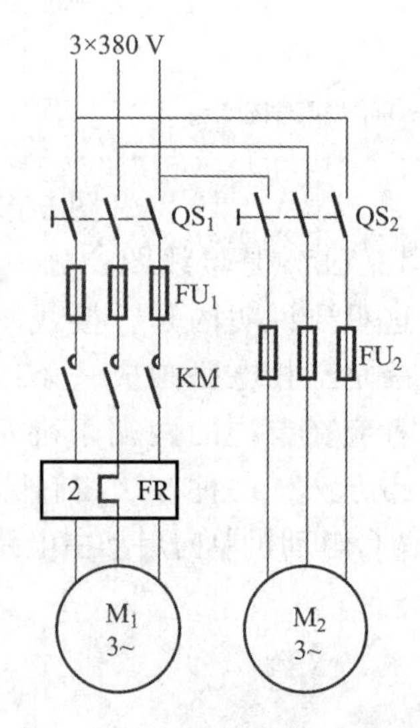

图 6-46 两台电动机单向启动主电路（4）

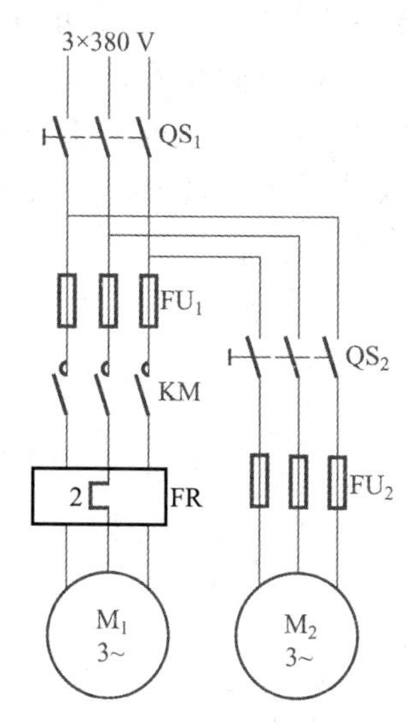

图 6-47　两台电动机单向启动主电路（5）

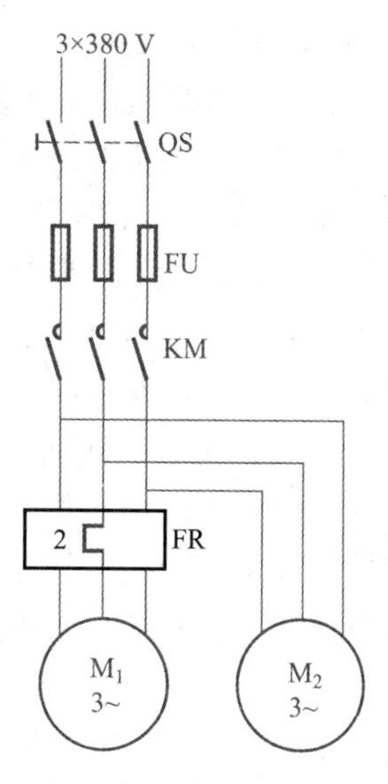

图 6-48　两台电动机单向启动主电路（6）

图 6-46 中，两台电动机 M_1 和 M_2 都由电源开关控制，分别是 QS_1 和 QS_2，第二台电动机 M_2 在电源开关 QS_2 合上后就能启动，但是手动操作。而第一台电动机 M_1 在电源开关 QS_1 合上后，还必须接触器 KM 闭合后才能启动。

图 6-47 和图 6-46 基本相同，但图 6-46 中第二台电动机 M_2 的启动停止与电源开关 QS_1 无关，而图 6-47 中，第二台电动机 M_2 必须在电源开关 QS_1 闭合后，才能启动。

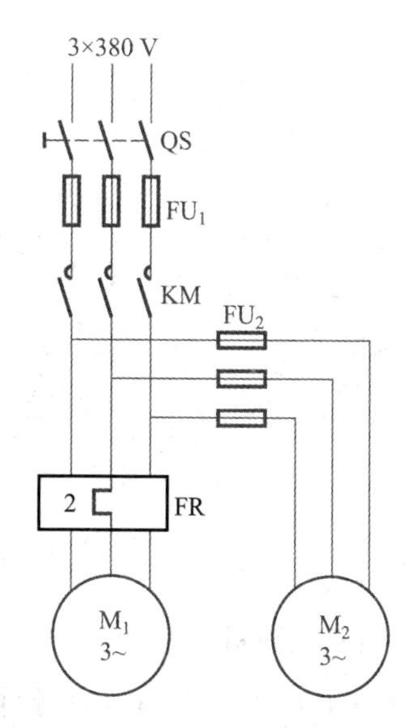

图 6-49　两台电动机单向启动主电路（7）

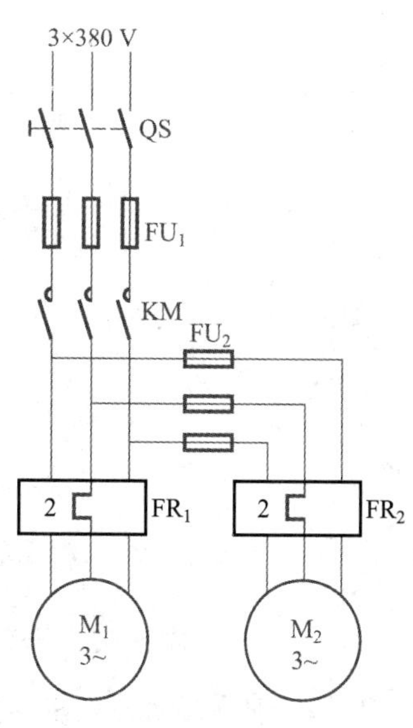

图 6-50　两台电动机单向启动主电路（8）

图 6-48 中，两台电动机 M_1 和 M_2，是同时启动和停止的，而 M_1 和 M_2 必须在电源开关 QS 合上后，接触器 KM 闭合时才能启动。说明一点，第一台电动机 M_1 有过载保护热继电器 FR，当热继电器过载动作，不是仅第一台电动机 M_1 停止运行，而是两台电动机一起停止运行，因为热继电器 FR 过载动作后，接触器 KM 就断开了。

图 6-49 和图 6-48 基本相同，不同的是图 6-49 中，第二台电动机 M_2 加了熔断器进行短路保护，如果熔断器 FU_2 熔断后，使第二台电动机停止运行时，而第一台电动机 M_1 可能继续运转。

图 6-50 和图 6-49 基本相同，不同的是，在图 6-50 中，第二台电动机 M_2 增加了过载保护热继电器，一般，两个热继电器 FR_1 和 FR_2 的常闭触点是串联连接在接触器 KM 的线圈回路中的，这样，无论是第一台电动机 M_1 过载时，还是第二台电动机 M_2 过载时，无论是哪个热继电器动作，两台电动机均为一起停止运行。

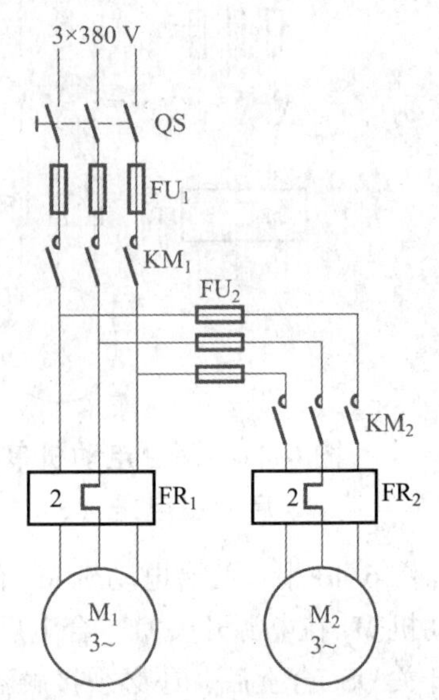

图 6-51　两台电动机单向启动主电路（9）

图 6-51 和图 6-50 基本相同，不同的是，在图 6-51 中，第二台电动机 M_2 增加了接触器 KM_2 控制，但是只有在接触器 KM_1 闭合后，第二台电动机 M_2 在接触器 KM_2 闭合后，才能启动，这样，热继电器 FR_2 过载动作可以控制第二台电动机 M_2 停止运行，但热继器 FR_1 过载动作后，两台电动机都停止运行。

15. 两地控制电动机电路的控制回路，见图 6-52。

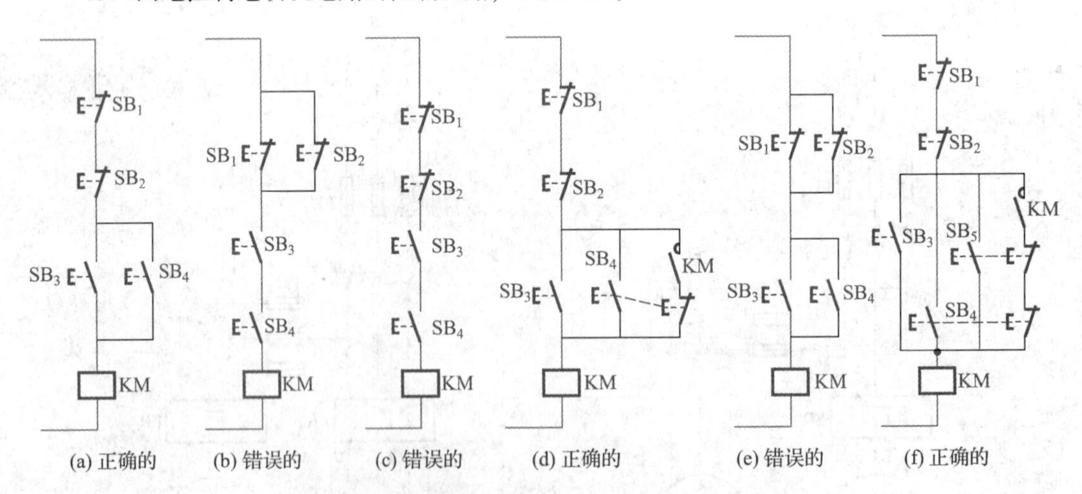

图 6-52　两地控制电动机电路的控制回路

图 6-52（a）是两地控制电动机电路的正确的控制回路，接触器 KM 被按钮控制，可以两地控制。规律：按钮的常开触点 SB_3、SB_4 应该并联，常闭触点 SB_1 和 SB_2 应该串联。

图 6-52（b）是错误的控制回路。错误的是按钮的常开触点 SB_3、SB_4 是串联的，

而常闭触点 SB_1、SB_2 是并联的，这样既不启动，又不能停止。

图 6-52（c）也是错误的控制回路。错误的是按钮的常开触点 SB_3、SB_4 是串联的，这样，就不能启动。

图 6-52（a）是一种点动的电路，若要连续运行，还需要在常开触点 SB_3、SB_4 上并联接触器的自锁触点，图 6-52（a）是不能连续运转的。

16. 顺序启动主电路，见图 6-53、图 6-54 和图 6-55。

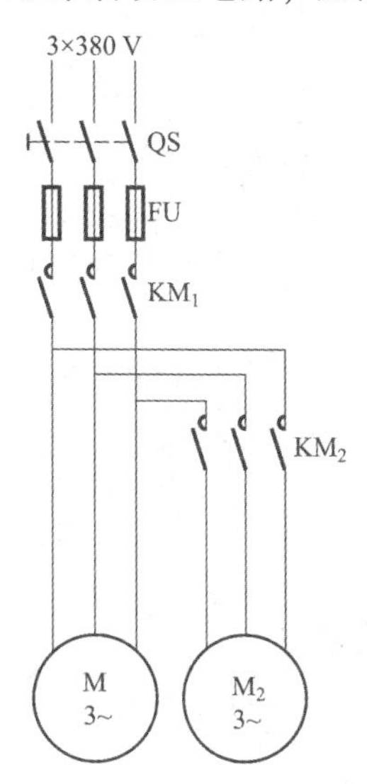

图 6-53　两台电动机顺序启动主电路

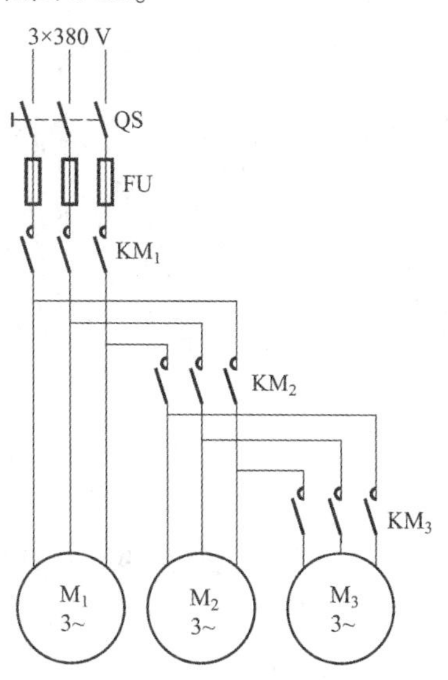

图 6-54　三台电动机顺序启动主电路

图 6-53 中，第二台电动机 M_2 必须在第一台电动机 M_1 启动以后，才能启动。

图 6-54 中，第二台电动机 M_2 必须在第一台电动机 M_1 启动以后，才能启动，而第三台电动机 M_3，必须在第一台电动机 M_1 和第二台电动机 M_2 都启动后，才能启动。

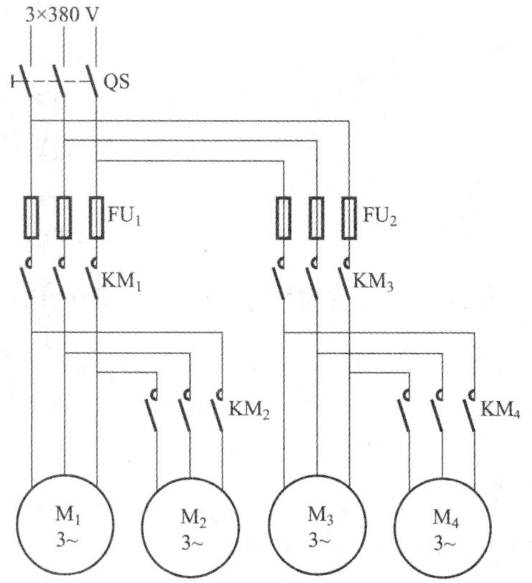

图 6-55　四台电动机其中两两顺序启动主电路

图 6-55 中，第二台电动机 M_2，必须在第一台电动机 M_1 启动以后才能启动，而第四台电动机 M_4，必须在第三台电动机 M_3 启动以后才能启动。

17. 有控制回路的电动机顺序启动的电路，见图 6-56、图 6-57 和图 6-58。

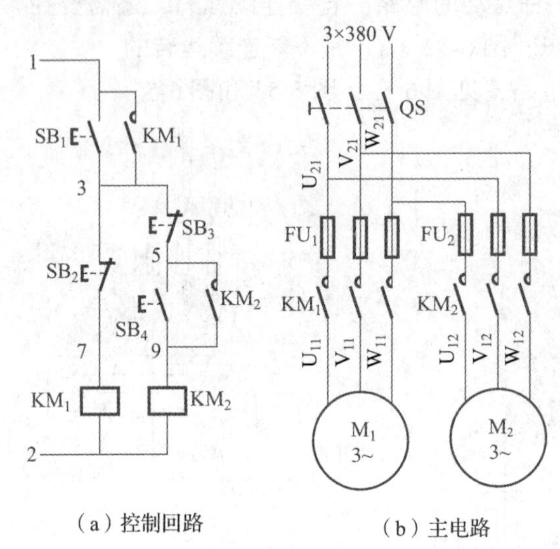

（a）控制回路　（b）主电路

图 6-56　两台电动机顺序启动的电路

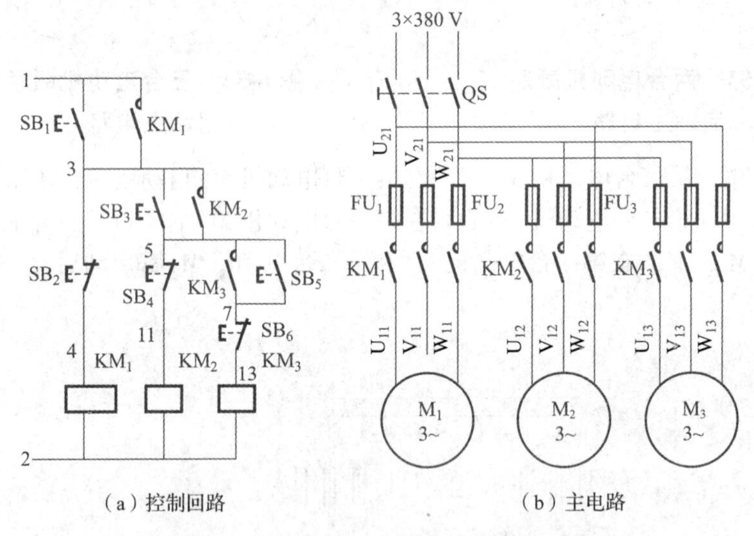

（a）控制回路　（b）主电路

图 6-57　三台电动机顺序启动的电路

图 6-56 中，两台电动机 M_1 和 M_2 的顺序动作是由控制回路的构成来实现的，启动按钮 SB_4 必须在接触器 KM_1 吸合后，才能实现接触器 KM_2 的启动，如果将按钮的 3 号线连接到 1 号线时，就没有顺序动作了。

图 6-57 和图 6-56 的原理是相同的，只是多了一台电动机 M_3，顺序动作也是由控制回路的构成来实现的，第三台电动机 M_3 必须在第一台电动机 M_1 和第二台电动机 M_2 都启动后，才能启动。

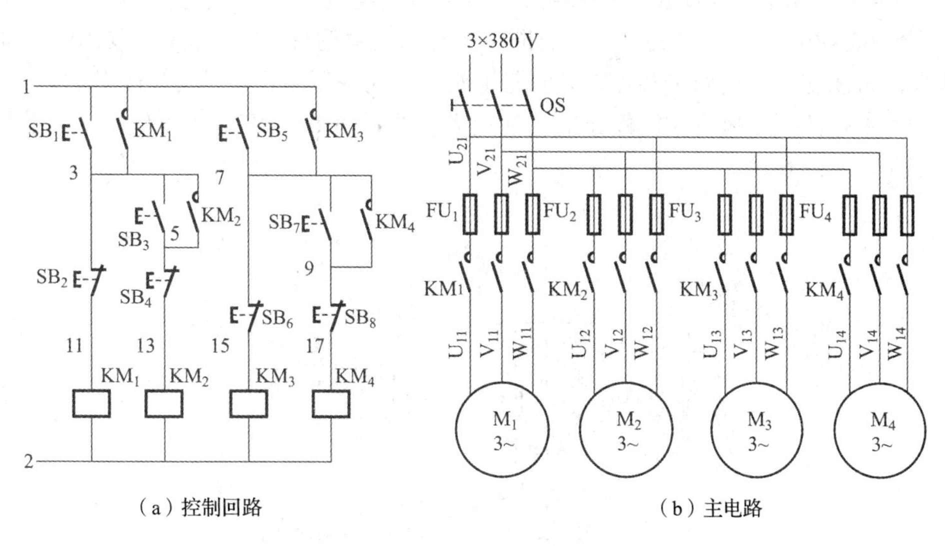

（a）控制回路　　（b）主电路

图 6-58　四台电动机其中两两顺序启动的电路

图 6-58 是四台电动机，其中两两顺序启动的电路，其效果和图 6-55 相同，不同的是在图 6-55 中是通过主电路来实现，而图 6-58 中是通过控制回路来实现的。

18. 间隙运行的电路，见图 6-59 和图 6-60。

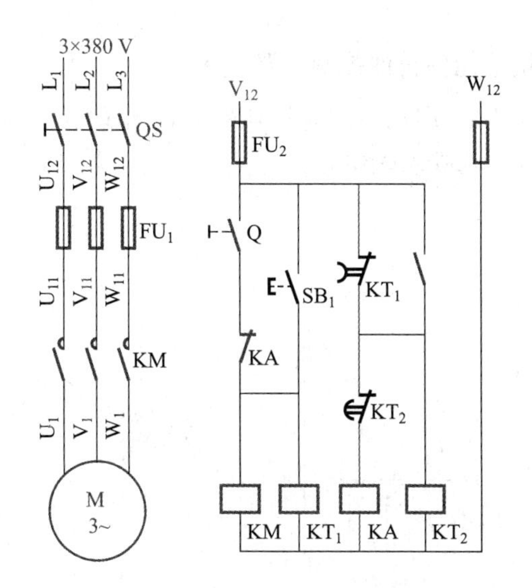

图 6-59　具有通电和断电延时的间隙运行电路

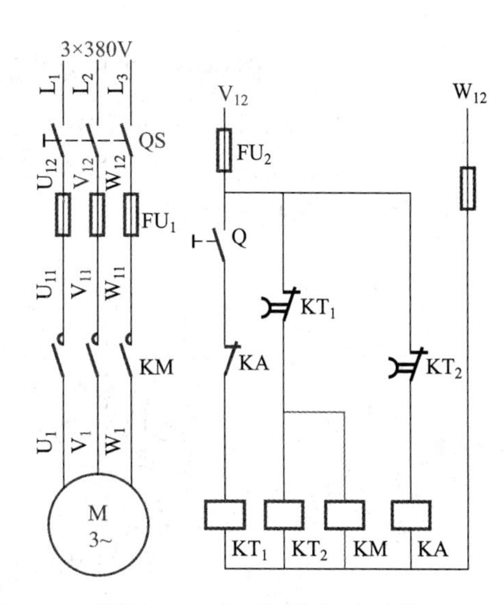

图 6-60　只有断电延时的间隙运行电路

图 6-59 为具有通电延时和断电延时的间隙运行电路，两个时间继电器 KT_1 和 KT_2 是关键电器，开关 Q 合上后，当按下按钮 SB_1 时，接触器 KM 吸合，常开触点 KM 闭合，电动机 M 运行，时间继电器 KT_1 吸合，中间继电器 KA 吸合，常闭触点 KA 打开，当 SB_1 松开时，电动机 M 停止运行，当时间继电器 KT_2 延时打开，中间继电器 KA 又

断电，KA 的常闭触点又闭合，接触器 KM 又闭合，电动机 M 又运行。

图 6-60 和图 6-59 不同的是，只有断电延时的间隙运行电路，关键是采用两个时间继电器的常闭触点，这两个触点打开时是速断的，而恢复闭合时是延时闭合的。

19. 主机停止后风机才能停止的控制电路，见图 6-61，停电后再供电时自启动的控制电路，见图 6-62。

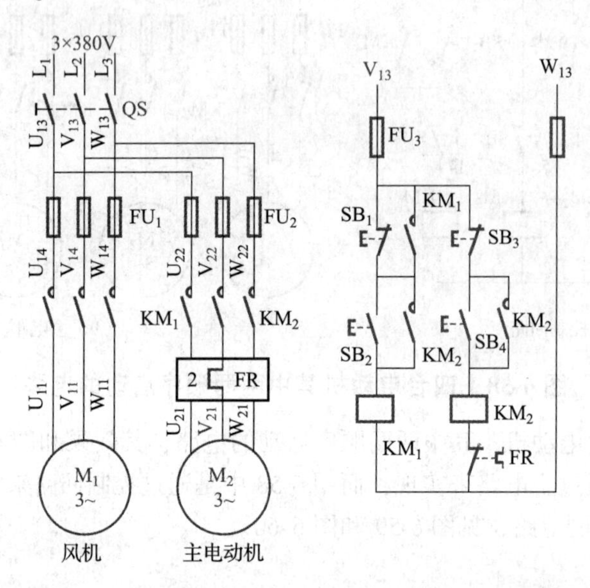

图 6-61　主机停止后风机才能停止的控制电路

图 6-61 中，接触器 KM_2 闭合后，主电动机 M_2 启动，同时接触器 KM_1 也闭合，风机 M_1 也启动，而且只有主电动机 M_2 停止后，风机才能停止，适用于主电动机 M_2 运行，一定要启动风机 M_1 的场合。

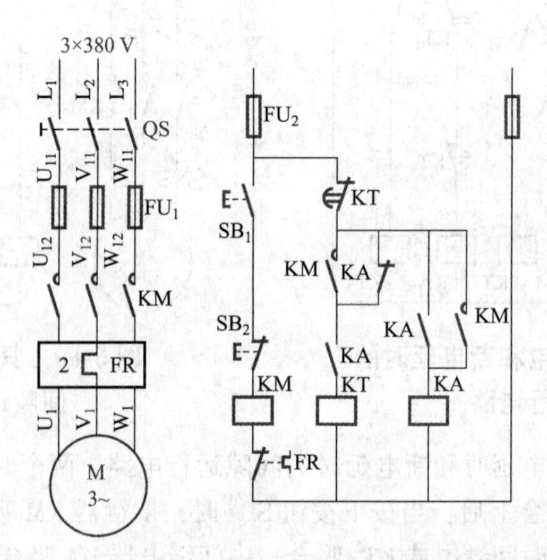

图 6-62　停电后再供电时自启动的控制电路

图 6-62 中，停电后再供电时，由于时间继电器延时打开的常闭触点的作用，使中间继电器 KA 吸合，接触器 KM 吸合，电动机 M 自启动。

图 6-61 和图 6-62 都是利用机电式电路达到一定的要求，进行设计的电路。

20. 可逆启动接触器主电路的几种画法，见图 6-63。

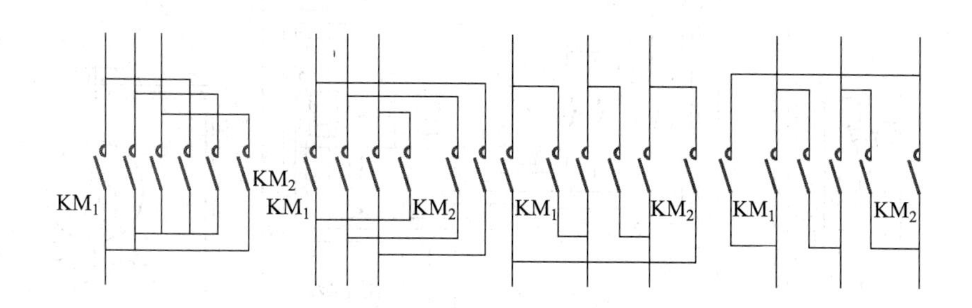

图 6-63　可逆启动接触器主电路的几种画法

三相异步电动机若要反转，只要调换电源相序就可以得到，调换相序，也就是俗称“调个线头”，但在主电路的制图上有多种形式，只要达到调换相序就可以了。

相序只能调换一次，若两次调换，就不能反转了。所以，在可逆电路，不能调换两次相序，但是在制图和配线时是很容易出现错误的。对于两个接触器连线时，要特别加以注意，避免出现差错。

21. 带接线图的两地操作的单向启动电路，见图 6-64 和图 6-65。

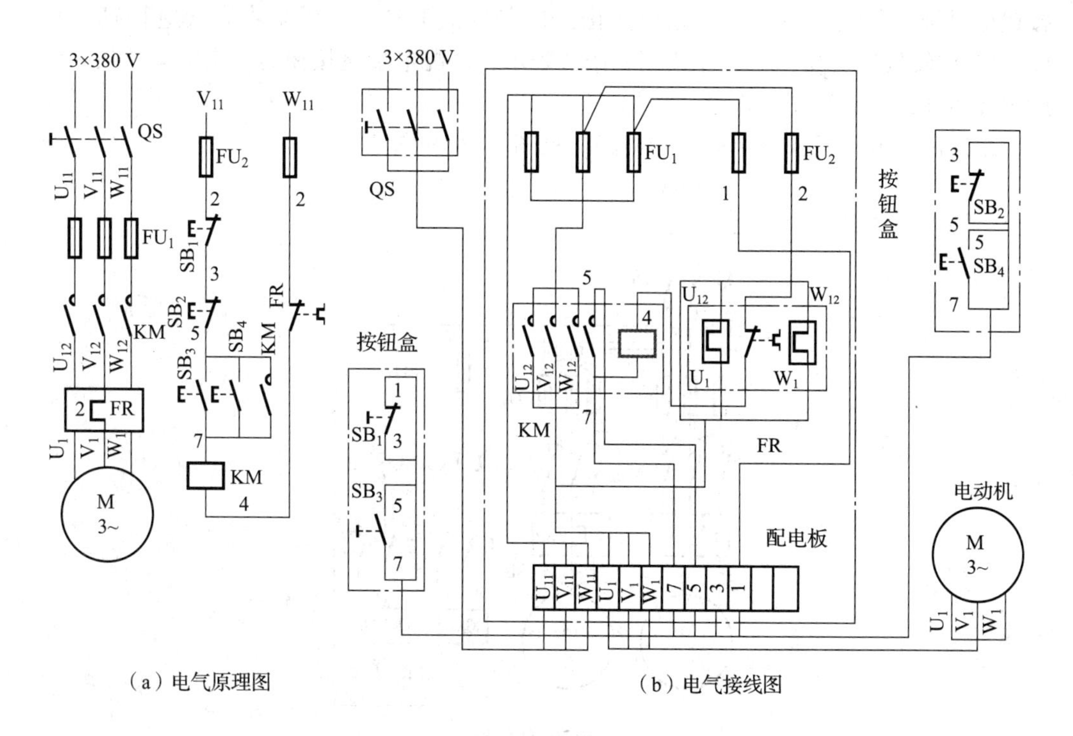

图 6-64　两地操作单向启动的电路

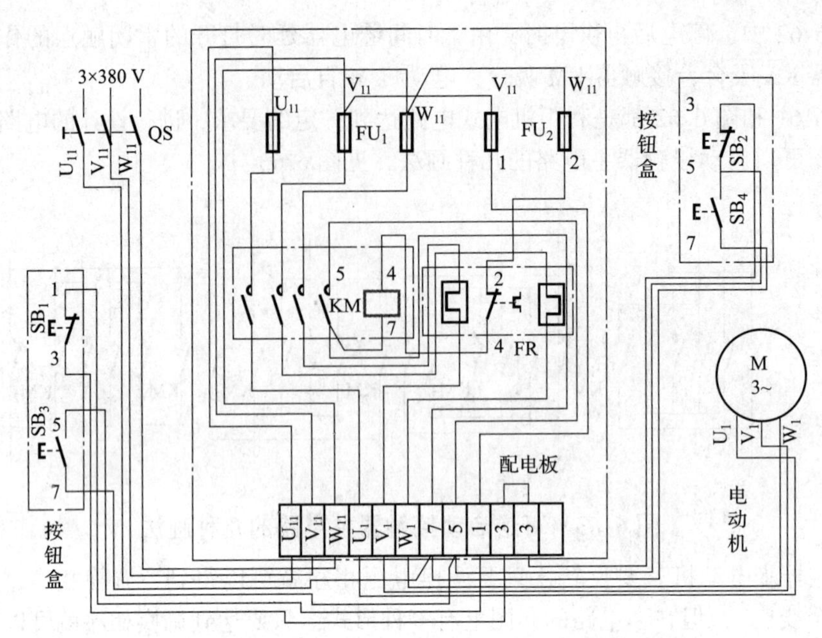

图 6-65　两地操作单向启动的电路的单线接线图

图 6-64 中，带有电气原理图，其控制回路体现了两地操作的规则，即常开按钮并联、常闭按钮串联。图 6-64（b）中，接线图的制图是简化形式，和实物不完全相同，例如，三相电线用一条线表示，到电器件时，如电动机用三条导线表示。从配电板到按钮也只画一条线，制图型式比较简化，在实际施工时，采用多步导线应特别注意。图 6-65 比较接近实物，三相导线用三条线表示，从配电板至按钮时，实际有几条导线，就画几条线，自然制图工作量就增加了。

22. 两台电动机独立单向启动电路，见图 6-66 和图 6-67。

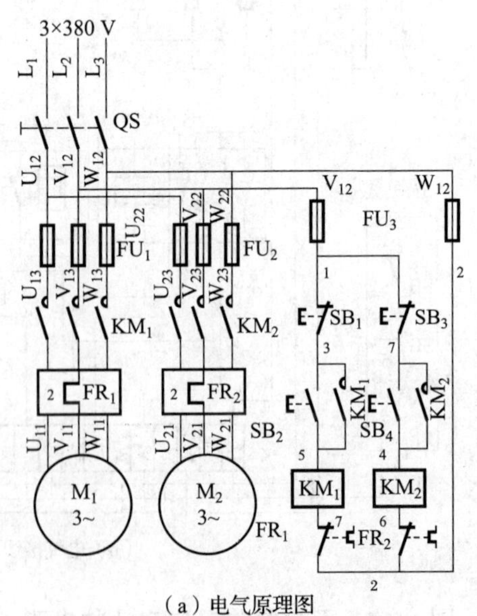

（a）电气原理图

图 6-66　两台电动机独立单向启动的控制电路

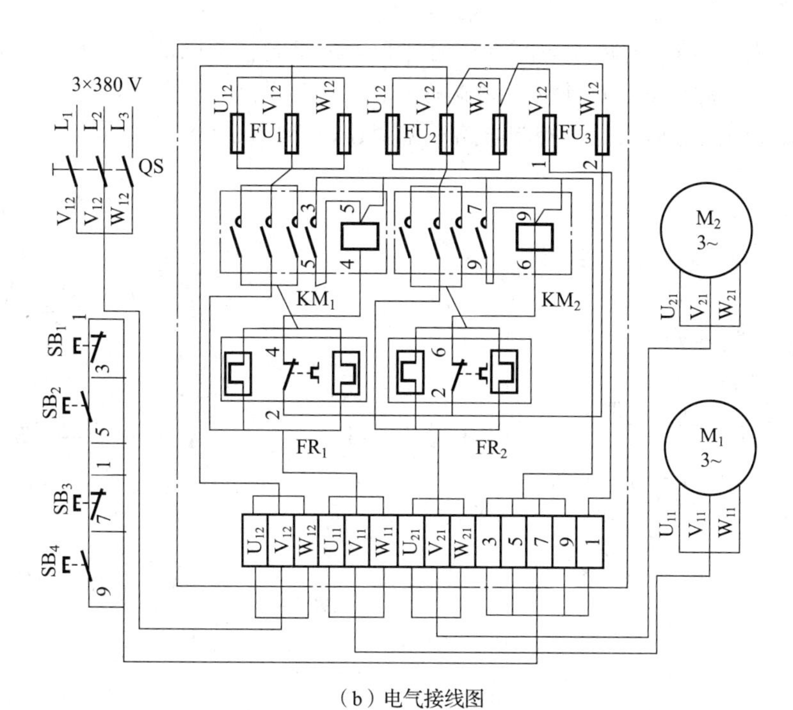

（b）电气接线图

图 6-66　两台电动机独立单向启动的控制电路（续）

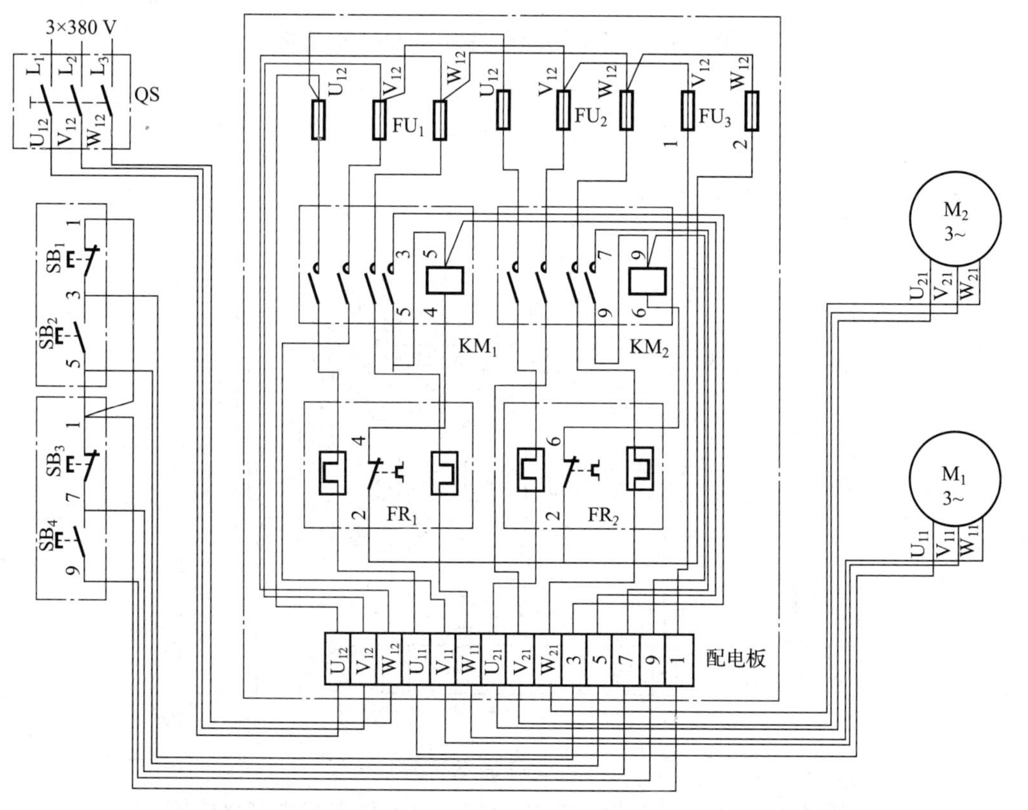

图 6-67　两台电动机独立单向启动控制电路的单线接线图

图 6-66 和图 6-67 的特点与图 6-64 和图 6-65 相同，不同的是图 6-66、图 6-67 是两台电动机的控制电路，而且没有两地操作。

23．双路熔断器启动自投控制电路，见图 6-68 和图 6-69

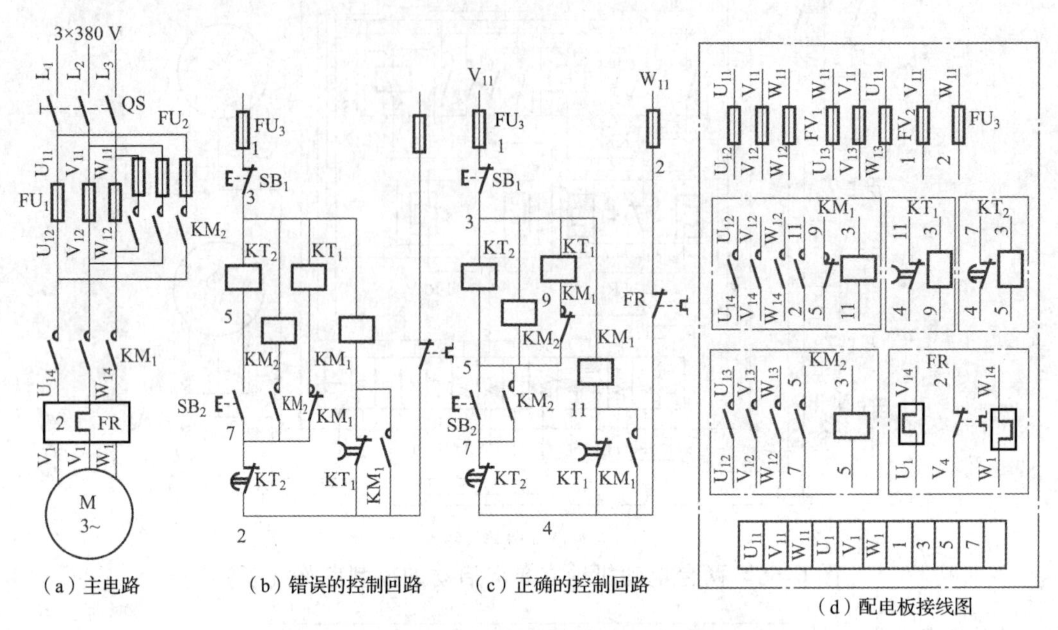

图 6-68 双路熔断器启动自投控制电路

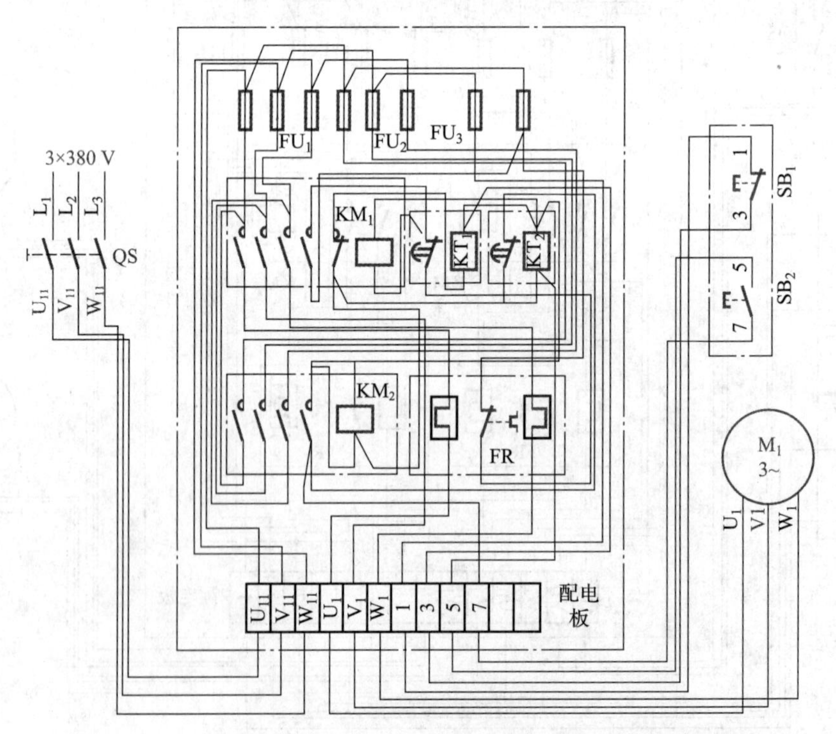

图 6-69 双路熔断器启动自投控制电路的多线电气接线图

图 6-68（a）为一台电动机的主电路，接触器 KM_1 吸合，电动机 M 才能启动，图 6-68（c）中压下按钮 SB_2 时，接触器吸合并自锁，同时，时间继电器 KT_2 吸合，其常闭延时打开的触点延时打开，KT_1 常闭延时闭合的触点延时闭合，接触器 KM_1 吸合，电动机启动。

图 6-68（b）是错误设计的控制回路。图 6-68（a）是配电板元器件的布置图，是配电板施工的第一步，一般重的电器件应布置在下方，而且应遵循元器件的接线和电气原理图的配合。

图 6-69 是多线电气接线图，应将元器件在配电板上和配电板外的分开，电气接线图制图的依据是电气原理图，所以设计时应先设计符合动作和控制要求的电气原理图，然后再画电气接线图，供施工和维修使用。

24．用联锁触点使两台电动机顺序动作的电路，见图 6-70 和图 6-71。

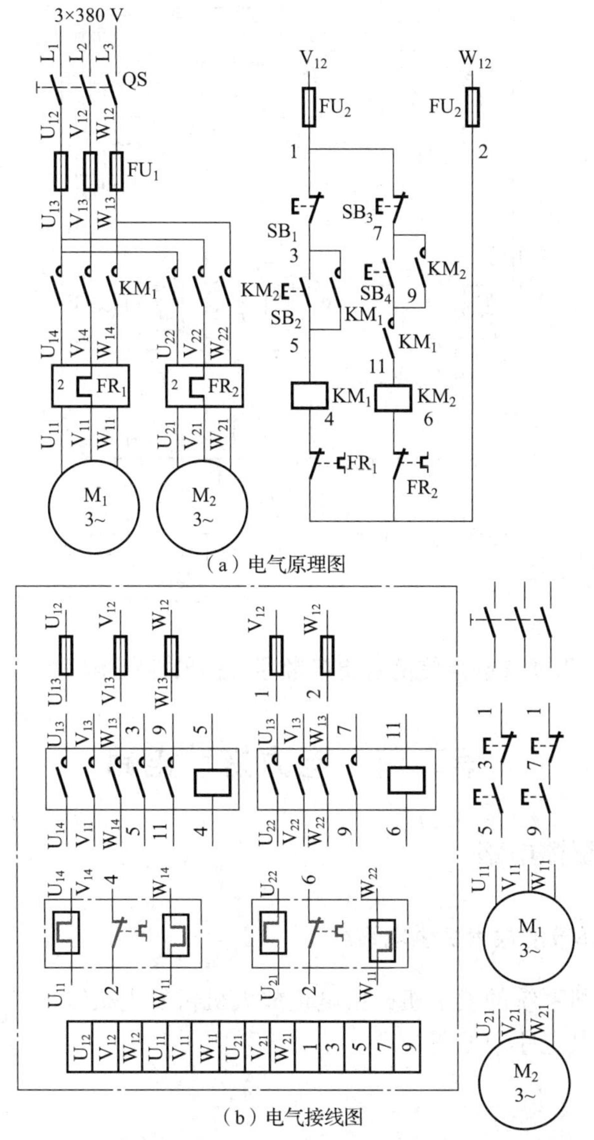

（a）电气原理图

（b）电气接线图

图 6-70　用联锁触点使两台电动机顺序动作的控制电路

从图 6-70（a）中可以看出，只有接触器 KM_1 吸合（即电动机 M_1 先启动后）则接触器 KM_2 才能吸合，也就是第二台电动机 M_2 才能启动，以实现两台电动机顺序动作的要求。

图 6-70（b）虽也称电气接线图，但实际上，此图是电器元件布置图。图 6-71 才是真正的电气接线图。

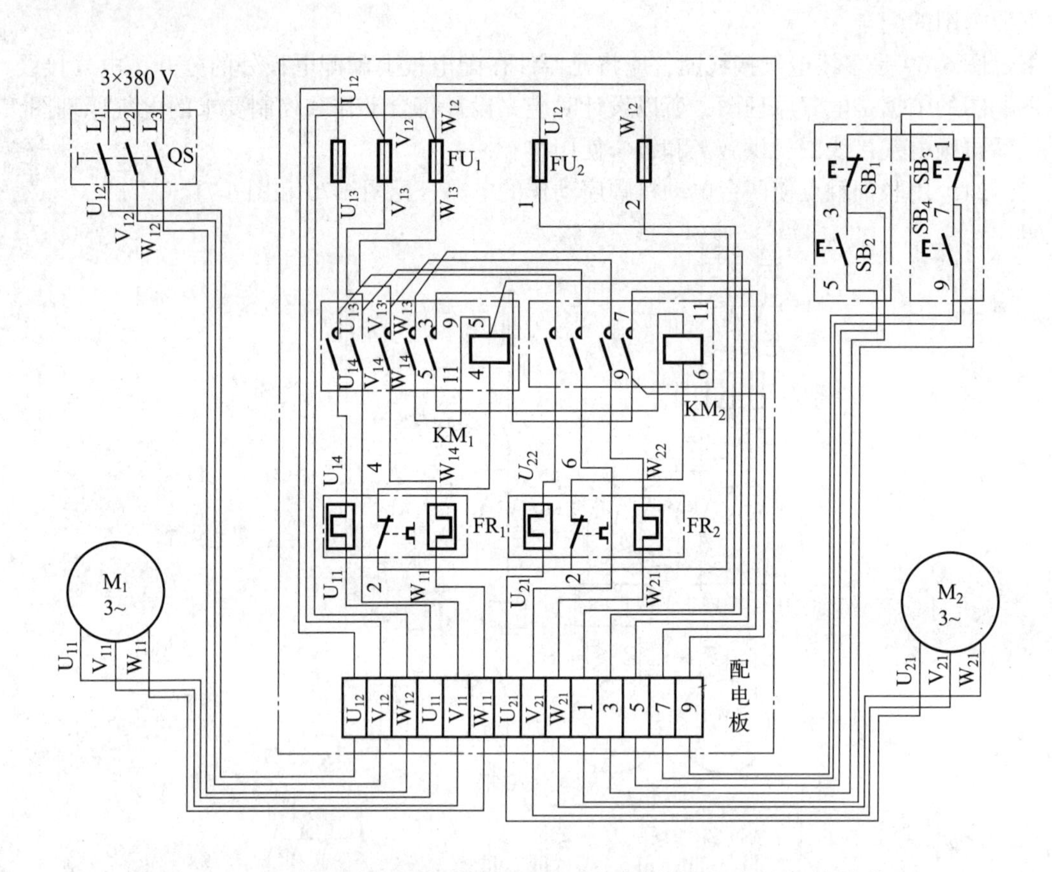

图 6-71　用联锁触点使两台电机顺序动作的控制电路的多线接线图

第二节　电力拖动电路

一、电压负反馈电路

（一）无反馈环节的放大机供电系统

发电机—电动机系统的发电机，由电机放大机供发电机励磁，组成无反馈环节的放大机供电系统，其电路图见图 6-72。

放大机的控制绕组 oⅢ由外加的给定电源 U_o 供电，当我们调节手柄的位置时，就能调节加到 oⅢ绕组上的给定电压 $U_{给}$ 的大小，即：

$$U_{给}=\frac{r_o}{R_o}\cdot U_o$$

在 $U_{给}$ 的作用下，在 oⅢ绕组中，产生电流 $I_{oⅢ}$，即：

$$I_{oⅢ}=\frac{U_{给}}{R_{oⅢ}}$$

式中：$R_{oⅢ}$——oⅢ绕组的电阻。

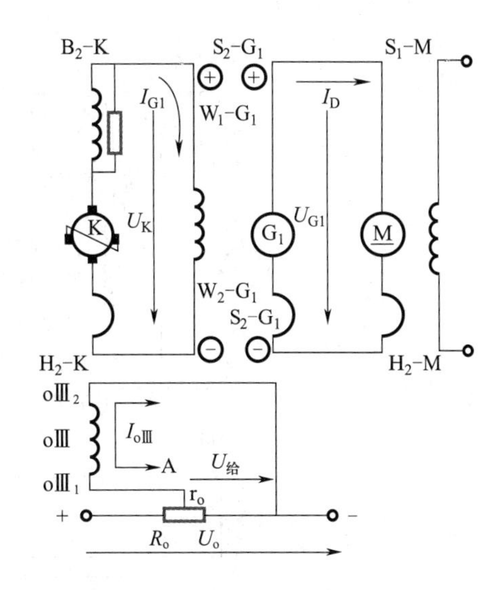

图 6-72　无反馈环节的放大机供电系统

$I_{oⅢ}$使放大机励磁，产生电势 E_k，给发电机励磁电流 I_G，发电机发出电势 E_G，供给电动机电枢电流 I_M。励磁电源供电动机励磁后，电动机旋转。若调节电阻 R_o，即移动 A 点的位置后，就可调节 $U_{给}$、$I_{oⅢ}$、U_k、I_G、U_G 的大小和电动机的转速 N_M。改变给定电压 $U_{给}$ 或其他电量的极性时，可以改变电动机的旋转方向。

（二）正反馈和负反馈

在一个系统中将输出端的信号通过某种环节，回送到输入端，称为“反馈”，见图 6-73。

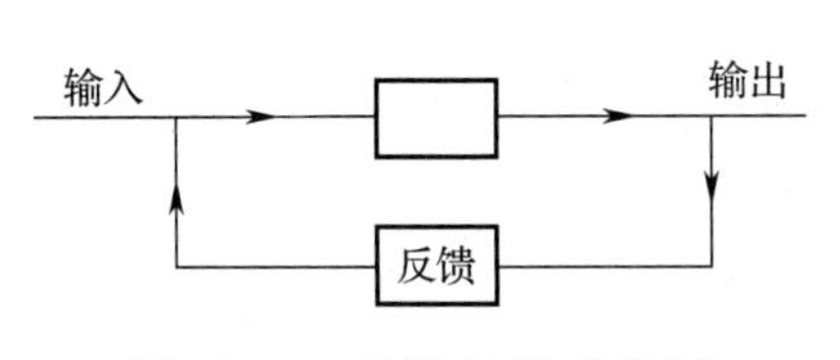

图 6-73　反馈环节示意图

如反馈的作用结果助长输出量的变化，或是说加强了作用过程（但不一定是数值的增加），称为正反馈。

如反馈的作用结果抑制输出量的变化，或是说减弱了作用过程（但不一定是数值的减少），称为负反馈。

反馈所通过的某种环节，称为反馈环节。

反馈有时不起好的作用，但在许多系统中，也利用反馈，使工作稳定等，起到好的作用。

在自动调节系统中，常采用的反馈环节有：电流正反馈、电压负反馈、速度负反馈、电流截止负反馈、电压截止负反馈、速度截止负反馈等。

（三）电压负反馈

$B20^{12}_{16}A$ 型龙门刨中电压负反馈的电路，见图 6-74。

电压负反馈环节的加入是从与发电机电枢并联的电阻 2R 上，取出一部分电压 $U_{压}$ 与 $U_{给}$ 相串联，但方向相反，同时加到控制绕组 oⅢ上，这样从放大机—发电机系统的输出电压中取出一部分反向电压加到输入端去，就构成了电压负反馈环节。

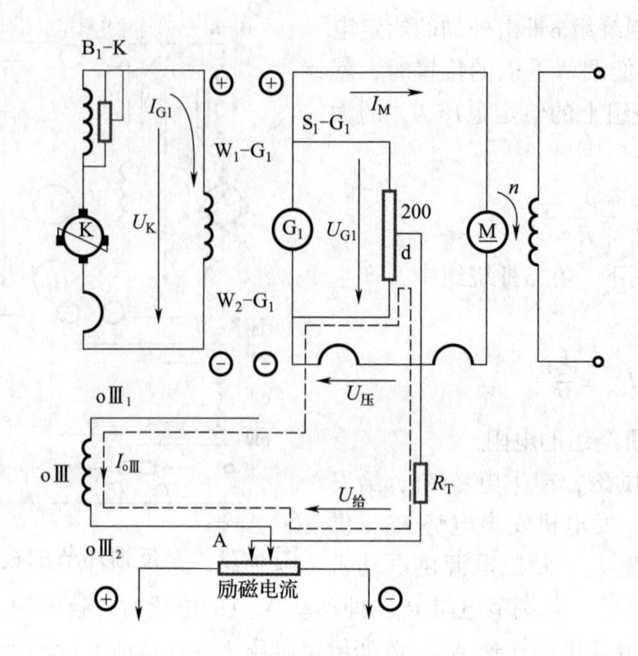

图 6-74　电压负反馈环节电路图

反馈电压 $U_{压}$ 由 2R 上取得，其大小决定于 2R 上 200 号抽头的位置，即：

$$U_{压}=\frac{r_{\alpha}}{R_{2R}}\cdot U_{G}$$

式中：R_{2R}——2R 的总阻值；

r_{α}——2R 上 200 ~ S_2-G_1 之间的电阻值；

令 $\frac{r_{\alpha}}{R_{2R}}=\alpha$

α 称为电压负反馈系数，则：

$$U_{压}=\alpha U_{G}$$

若 r_{α} 大、α 大、$U_{压}$ 大，电压负反馈强。

$U_{给}=\frac{r_{o}}{R_{o}}U_{o}$，这时 $U_{给}$ 和 $U_{压}$ 共同作用在控制绕组 oⅢ上，所以绕组 oⅢ为给定励磁和电压负反馈的综合绕组。其电流 $I_{oⅢ}$ 的大小与 $U_{给}$ 和 $U_{压}$ 之差成正比，与该回路总电阻 $R_{oⅢ总}$ 成反比，即：

$$I_{oⅢ}=\frac{U_{给}-U_{压}}{R_{oⅢ总}}$$

$$R_{oⅢ总}=R_{oⅢ}+R_{T}$$

其中 $U_{给}$ 由调速器手柄位置决定。可见加入电压负反馈后，供给 *o*Ⅲ绕组电流的是给定电压与反馈电压之差，即（$U_{给}-U_{压}$），因此，$I_{oⅢ}$ 下降引起放大机和发电机的输出电压、电动机转速下降，只有加大输入端的给定励磁电压时，才能维持最高转速。

电压负反馈环节作用，有维持发电机端电压大致不变、减小电动机的转速降、降低放大机和发电机的剩磁电势、扩大系统的调速范围、消除工作台的爬行，以及减小放大机、发电机的磁滞回环，提高电动机转速的稳定性。

这样，从物理概念结合机械方程式来看，电压负反馈环节在静态和动态方面，起着良好的作用。

二、电流正反馈电路和稳定环节

（一）电流正反馈

为了解决电动机的转速降问题，提高机械特性硬度，调速系统设有电流正反馈电路，见图 6-75。

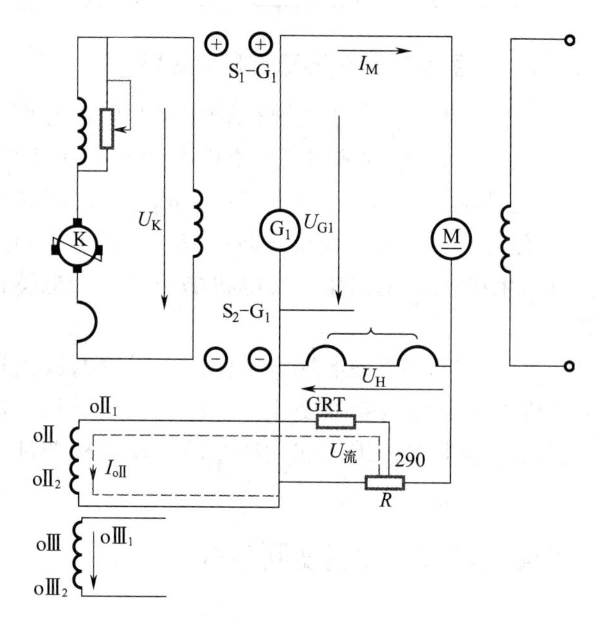

图 6-75　电流正反馈环节线路

主回路电流 I_M 在换向极绕组电阻 R_H 上的电压降 $I_M \cdot R_H$，并从与其并联的电阻 4R 上取它的一部分作为反馈信号，加到放大机的 oⅢ控制绕组上，在电路联结上使反馈信号对放大机的作用和 I_{oII} 对放大机的作用相同，起加强作用，即构成如图 6-75 中所示的电流正反馈电路。从而起到补偿由于发电机和电动机的内部压降而引起的电动机转速降低。

电流正反馈补偿发电机和电动机的内部压降后，使机械特性平直，并且能加快过渡过程。

（二）稳定环节

桥形稳定环节由并联在放大机输出端的电阻 3R 的两部分 R_1、R_2 以及发电机励磁绕组与其串联的电阻 $10R_T$ 组成。在其对角线 $OI_2 \sim W_2 - G$ 上接上放大机的控制绕组 OI 和调节电阻 $8R_T$，其电路图，见图 6-76。

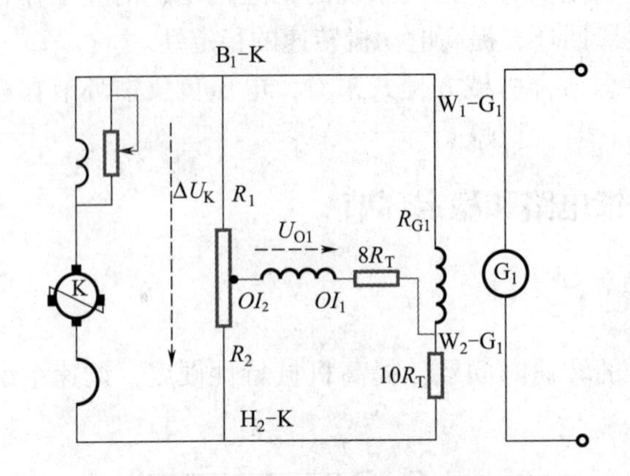

图 6-76　桥形稳定环节线路

当放大机输出电压发生变化时，由于发电机励磁绕组的电感作用，所以通过励磁绕组和 $10R_T$ 的电流不能突变，$10R_T$ 两端的电压不能突变，而流过电阻 3R 的电流能突变增加，所以 R_2 两端的电压能突变增加，这样 $OI_2 \sim W_2 - G$ 之间就有电压，OI_2 为正，$W_2 - G$ 为负，OI 绕组上有电流 i_{oI} 流过。作用是减小放大机的电枢电压，缓和放大机输出电压的变化，放大机输出电压变化越快，发电机励磁绕组的电感作用就越强，稳定环节的阻尼作用就越大。

桥形稳定环节是利用发电机励磁绕组的电感作用而设置的放大机输出电压的动态负反馈，它能阻止放大机输出电压的强烈变化，使放大机电压和主回路电流的峰值减小，使启动、反向、制动过程平滑，越位加大些，而传动机构的冲击减小，有效地抑制了系统的超调，消除振荡，使系统稳定。

三、电流截止负反馈环节及加速度调节器

（一）电流截止负反馈环节

为了限制主回路的电流及启动电流、过载电流、电动机过转矩，保护直流发电机和电动机，改善过渡过程的状态。除了以上环节外，在 $B20_{16}^{12}A$ 型龙门刨中，还设计了电流截止负反馈环节，其电路图见图 6-77。

oⅢ绕组通过电流 $I_{oⅢ}$，其方向和oⅢ绕组的给定电流方向相反，使放大机输出电压和发电机电压随主回路电流的增加而迅速下降，电动机的转速也随之迅速下降，直至堵转。如果没有电流截止负反馈环节，其堵转电流将是异常巨大的，而有了电流截止负反馈环节，限制了电动机堵转时的电流和转矩，从而保护了电机和传动机构。高速时，$I_{oⅢ}$大，主回路截止电流小；低速时，$I_{oⅢ}$小，主回路截止电流大，对低速重切削有益，可避免不利的速度降落和堵转现象。能在全部调速范围内充分利用机床允许的最大启动转矩来加速过渡过程，而不需顾虑高速启动时会产生过大的冲击和低速启动速度慢等。

电流截止负反馈在启动、减速、反向、停车等过渡过程中，其作用是减小主回路电流的峰值，改善电流波形，使过渡过程既快又平稳，加强了系统的稳定性。

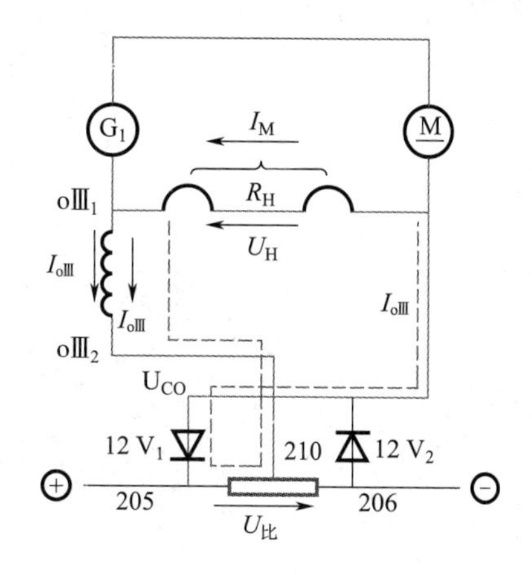

图 6-77　电流截止负反馈环节线路

(二) 加速度调节器

采用桥形稳定环节后起到了稳定系统的作用，但由于过渡过程初期较快，随之带来了较大的冲击，所以在控制系统中采用一个可供操作者自由调节过渡过程的环节，以便调节减速和反向的强弱，调节越位和机械冲击。

由于电流截止负反馈具有调节过渡过程强弱的作用，因此可以采用调节过渡过程主回路的截止电流来调节过渡过程的强弱。于是在电流截止负反馈回路中，增加一个串联电位器，使导通所需的换向极压降减小，即主回路的截止电流减小。这个可调节的电位器称为加速度调节器，实际上是调节过渡过程中主回路电流的峰值，从而控制过渡过程的加速度或减速度。其电路，见图 6-78。

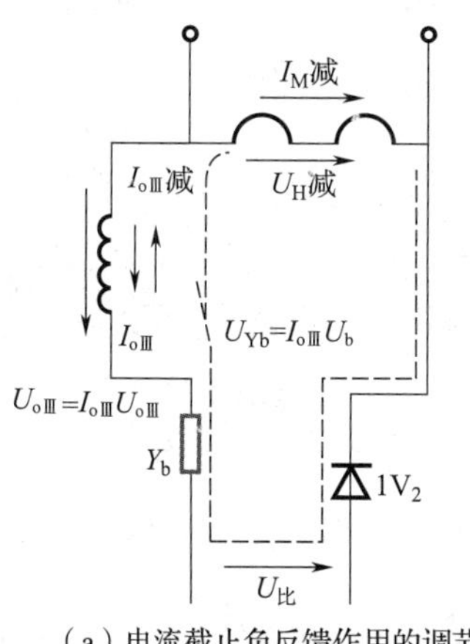

(a) 电流截止负反馈作用的调节

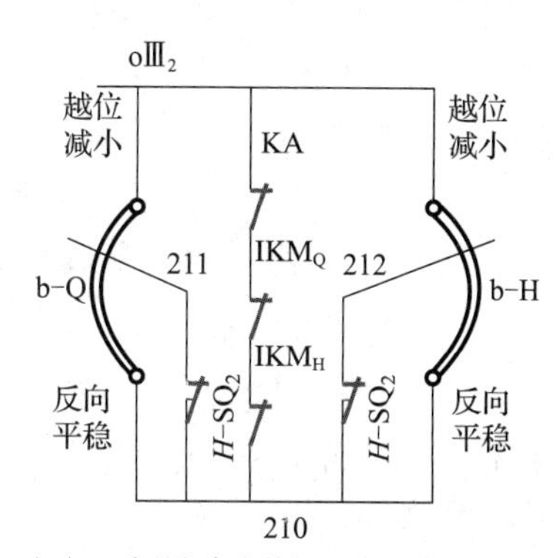

(b) A系列全仓床的加速度调节器环节

图 6-78　加速度调节器电路

图 6-78 中，b－Q 为前进方向加速度调节器，用来调节前进反后退越位的大小。b－H 为后退方向加速度调节器，用来调节后退反前进的越位大小。若使过渡过程减弱，也使机械冲击程度减小，通常在高速时加速度调节器手柄置于越位减小一边，而低速时则置于反向平稳一边。

四、前进、后退、减速和步进、步退环节

(一) 前进和后退环节

工作台前进或后退时，放大机的励磁控制电路，见图 6-79。

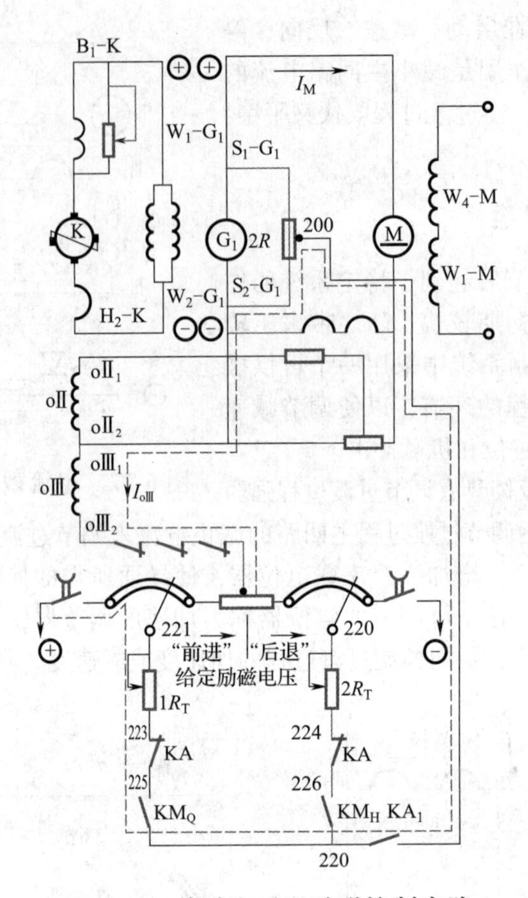

图 6-79　前进和后退励磁控制电路

工作台前进时，放大机、发电机的电压极性以及 oⅢ绕组电流、主回路电流的方向在图中表示出来，虚线表示电流 $I_{o\text{Ⅲ}}$ 流过的途径。其大小可以用前进调速电位器 R－Q 的手柄位置来调节。当给定励磁电压增大时，$I_{o\text{Ⅲ}}$ 以及放大机、发电机的输出电压增大，此时电动机转速升高。

工作台后退时，$I_{o\text{Ⅲ}}$ 反向，使放大机、发电机输出电压的极性反过来，电动机反转，工作台后退。调节后退调速电位器 R－H 的手柄位置，改变后退给定励磁电压的大小，即可调节后退的速度。

串联在前进和后退励磁控制电路中的调节电阻 $1R_T$、$2R_T$，即可调节启动和反向时的过渡过程强度，而对于给定速度大小的影响较小。减小 $1R_T$ 阻值，可以加快前进启动和后退变前进时的过渡过程，减小 $2R_T$ 阻值，可以加快后退启动及前进变后退时的过渡过程。

（二）减速环节

当工作台进行减速时，减速继电器 K_J 通过其触点将给定励磁部分进行切换，使给定励磁电压减小，同时加速度调节器串入 oⅢ绕组回路。以前进减速为例，其励磁控制电路，见图 6-80。

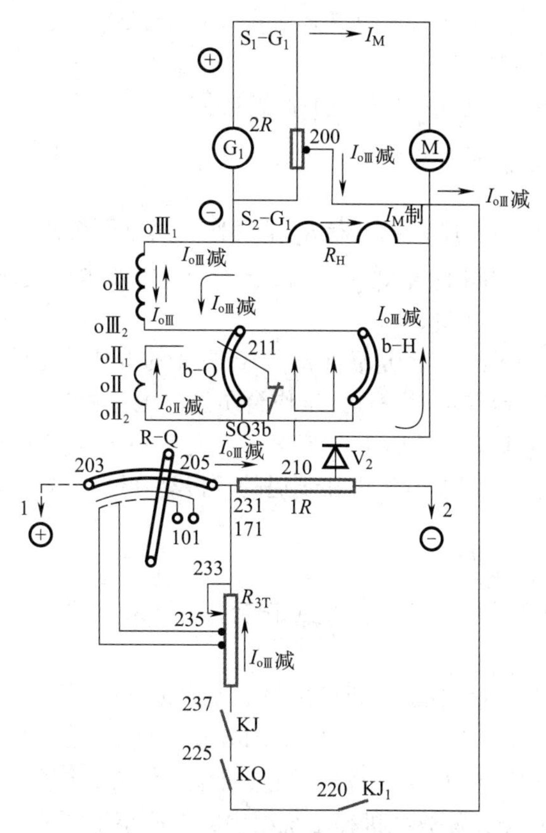

图 6-80　前进减速时的励磁控制电路

前进减速时的给定励磁电压为231、210之间的电压，与调速手柄的位置无关，当工作台高速挡超过20m/min（低速挡超过10m/min）时，由前进变成前进减速后，给定励磁电压很快减小，引起发电机电势减小，由于电动机的转速惯性，电动机处于发电制动状态，在减速过渡过程中，加强了减速制动，而稳定和截止环节是减弱减速制动的。

和调速电位器手柄联动的 $S\theta_\theta$ 的触点，调节了3RT的阻值大小，影响了减速制动的强弱。若将 $S\theta_\theta$ 的（231、235）触点短接，电阻3RT只接入（235、237）一段，此时加强了高速时的减速制动力量。

当调速手柄调在70m/min～80m/min时，手柄将 $S\theta_\theta$（231、233）触点短接，电阻 R_{3T} 接入（233～237）一段，减速制动力量减弱。当调速手柄调在70m/min以下时，$S\theta_\theta$（231、233）触点使电阻 R_{3T} 全部接入，减速制动力量更弱。当调速手柄处在低速范围（约9m/min～20m/min）时，手柄将 $S\theta_\theta$（101、171）触点短接，继电器 K_{JQ} 动作，其常闭触电 $K_{JQ(163、165)}$ 使减速继电器 K_J 释放，则没有减速。减速环节可根据工作台速度自动调节减速制动的强弱和有无减速。

同时，由于 $K_{J(o\text{Ⅲ}_2、250)}$ 的断开，加速度调节器接入电路。$S\theta_{1b(212、210)}$ 的断开，使后退方向的加速度调节器b－H的电阻全部接入。调节加速度调节器可以调节前进减速的制动力量。

当进行磨削加工时，工作台没有减速过程。由于操作主令开关 SA_8，使继电器 K_M 吸合，$K_{M(165、181)}$ 使减速继电器 K_J 释放。

工作台后退时的减速过程，与前进时减速类同。

（三）步进、步退环节

工作台步进或步退时，联锁继电器 K_{JI} 不动作，其常开触点 $K_{JI(220、200)}$ 使工作台自动工作的励磁电路断开，常闭触点 $K_{JI(240、200)}$ 接通了步进或步退时的励磁控制电路，步进、步退给定励磁部分电路，见图 6-81。

工作台步进时的励磁给定电压为 207～210 之间的电压，虚线表示 oⅢ绕组的电流途径，电流方向和工作台前进时一致。工作台步退时的励磁给定电压为 210～208 之间的电压，点画线表示 oⅢ绕组此时的电流途径，电流方向与工作台后退时一致。调节 207、208 抽头的位置，可以调节步进和步退的快慢。

（四）欠补偿能耗制动环节

欠补偿能耗制动环节的作用，是使工作台停车准确，并消除高速停车时的振摆。其电路图见图 6-82。

从图 6-82 中可以看到，在放大机的电枢和换向极绕组的两端，通过时间继电器 KT 的常闭触点并联电阻 R_{7T}。当工作台工作时，KT 的常闭触点断开，R_{7T} 不起作用；当工作台停车时，在停车过程末了 KT 的常闭触点闭合，将 R_{7T} 并联在放大机电枢两端。停车时，由于 oⅢ反向励磁，使放大机补偿绕组中的电流小于电枢电流，放大机处于强烈的欠补偿状态，其输出电压会快速降低，大大减小了对发电机的励磁，使停车更加稳定、准确，并消除高速停车时的振摆。改变 KT 的延时或 R_{7T} 的阻值，能调节欠补偿能耗制动的作用。

停车后，由于电阻 R_{7T} 的分流作用，使放大机仍处于强欠补偿状态，对消弱剩磁起作用，R_{7T} 小，剩磁削弱得多。

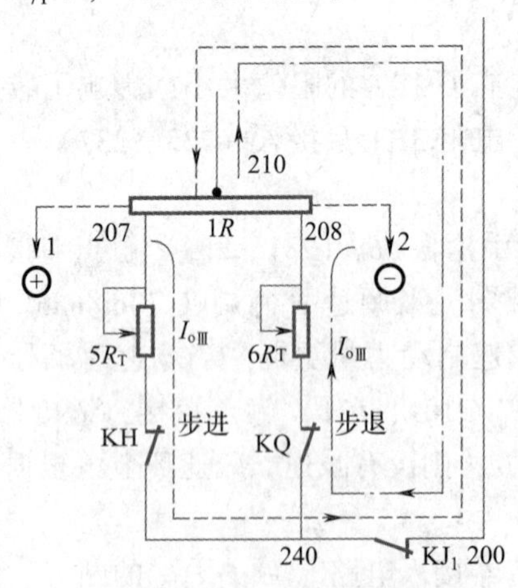

图 6-81　步进、步退的给定励磁部分电路

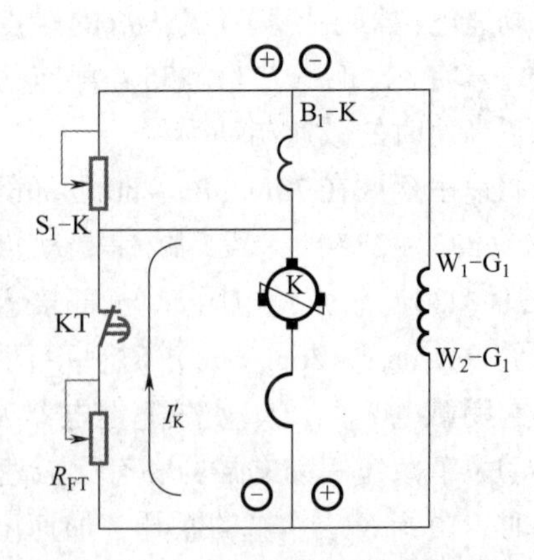

图 6-82　欠补偿能耗制动环节

第七章　输电、供配电

第一节　电 力 负 荷

一、电力负荷的种类

电力网上用电设备所消耗的功率称为用户的用电负荷或电力负荷。电力负荷应根据对供电可靠性的要求及中断供电在政治、经济上所造成损失或影响的程度进行分级，划分为三类。

（一）一级负荷

符合下列情况之一时，应为一级负荷：

1. 中断供电将造成人身伤亡时。

2. 中断供电将在政治、经济上造成重大损失时。例如：重大设备损坏；重大产品报废；用重要原料生产的产品大量报废；国民经济中重点企业的连续生产过程被打乱，需要长时间才能恢复等。

3. 中断供电将影响有重大政治、经济意义的用电单位的正常工作。例如：重要交通枢纽、重要通信枢纽、重要宾馆、大型体育场馆、经常用于国际活动的大量人员集中的公共场所等用电单位中的重要电力负荷。

在一级负荷中，当中断供电将发生中毒、爆炸和火灾等情况的负荷，以及特别重要场所的不允许中断供电的负荷，应视为特别重要的负荷。

（二）二级负荷

符合下列情况之一时，应为二级负荷：

1. 中断供电将在政治、经济上造成较大损失时。例如：主要设备损坏，大量产品报废，连续生产过程被打乱需较长时间才能恢复，重点企业大量减产等。

2. 中断供电将影响重要用电单位的正常工作。例如：交通枢纽、通信枢纽等用电单位中的重要电力负荷，以及中断供电将造成大型影剧院、大型商场等较多人员集中的重要公共场所秩序混乱。

（三）三级负荷

不属于一级和二级负荷者应为三级负荷。

二、电力负荷计算

计算负荷是确定供电系统、选择变压器容量、电气设备、导线截面和仪表量程的依据，也是整定继电保护的重要依据。计算负荷确定得是否正确，直接影响到电器和导线的选择是否经济合理。如计算负荷确定过大，将使电器和导线截面选择过大，造成投资和有色金属的浪费；如计算负荷确定过小，又将使电器和导线运行时增加电能损耗，并产生过热，引起绝缘过早老化，甚至烧毁，以致发生事故，同样给国家造成损失。为此，正确进行负荷计算是供电设计的前提，也是实现供电系统安全、经济运行的必要手段。

（一）负荷计算方法

目前常用的负荷计算方法有：需用系数法（也称需要系数法）、二项式法和利用系数法。前两种方法使用最为普遍。此外，还有一些尚未推广的方法，如单位产品耗电法、单位面积功率法、变值系数法、ABC 法等。

需用系数法比较简便，因而广泛使用。但当用电设备台数少而功率相差悬殊时，需用系数法的计算结果往往偏小，故此种方法不适用于低压配电线路的计算，而比较适用于计算变、配电所的负荷。

二项式法也比较简便，它考虑了数台大功率设备工作时对负荷影响的附加功率。但计算结果往往偏大，一般用于低压配电支干线和配电箱的负荷计算。

利用系数法的理论根据是概率论和数理统计，因而计算结果比较接近实际，适用于各种范围的负荷计算，但计算过程烦琐，由于计算机的普遍使用，利用系数法的应用越来越广泛。

（二）需用系数法计算负荷

通常把根据半小时的平均负荷所绘制的负荷曲线上的最大负荷称为计算负荷，用 P_{ca}表示，所以计算负荷也可称为平均最大负荷（用 P_{max} 表示）或半小时最大负荷（用 P_{30}表示）。为了使计算一致，就用 P_{ca}表示有功计算负荷，其余计算负荷用 Q_{ca}、S_{ca}、I_{ca}表示。

1. 单台用电设备的计算负荷

（1）有功计算负荷：

$$P_{ca}=K_{d1}P_e$$

$$K_d=\frac{K_1}{\eta\eta_{W1}}$$

$$K_1=\frac{P}{P_e}$$

式中：K_{d1}——单台用电设备的需用系数；

K_1——负荷系数；

P——用电设备的实际负荷；

P_e——设备容量，即用电设备的额定负荷；

η——用电设备实际负荷时的效率；

η_{W1}——线路的效率，一般取 0.9～0.95。

（2）无功计算负荷：

$$Q_{ca}=P_{ca}t_g\phi$$

式中：ϕ——用电设备功率因数角。

2．用电设备组的计算负荷

（1）有功计算负荷：

$$P_{ca}=k_d\sum p_e$$

式中：K_d——用电设备组的需用系数；

$\sum p_e$——用电设备组的设备容量之和。

（2）无功计算负荷：

$$Q_{ca}=P_{ca}\cdot tg\phi_{wm}$$

式中：ϕ_{wm}——用电设备组的加权平均功率因数角。

（3）视在计算负荷：

$$S_{ca}=\sqrt{P_{ca}^2+Q_{ca}^2}$$

或

$$S_{ca}=P_{ca}/\cos\phi_{wm}$$

式中：$\cos\phi_{wm}$——用电设备组的加权平均功率因数。

3．多组用电设备组的总计算负荷

因各用电设备组的最大负荷常常不是在同一时刻出现，所以，计算总计算负荷时，应该将各用电设备组计算负荷之和再乘以组间的最大负荷同时系数（也称同期系数或重合系数）K_Σ。一般组数越多，各最大负荷越不易重合于同一时期，K_Σ就越小。

（1）总有功计算负荷：

$$P_{ca\Sigma}=K_\Sigma P_{ca}$$

（2）总无功计算负荷：

$$Q_{ca\Sigma}=K_\Sigma Q_{ca}$$

（3）总视在计算负荷：

$$S_{ca\Sigma}=\sqrt{P_{ca\Sigma}^2+Q_{ca\Sigma}^2}$$

（三）利用系数法计算负荷

用利用系数法计算负荷时，不论计算范围大小，都必须求出该计算范围内用电设备有效台数及最大系数，而后算出结果。

1．用电设备组在最大负荷班内的平均负荷

（1）有功功率：

$$P_{av}=K_cP_e\ (kW)$$

（2）无功功率：

$$Q_{av}=P_{av}tg\phi\ (kVar)$$

式中：P_e——用电设备组的设备功率（kW）；

K_c——用电设备组在最大负荷班内的利用系数；

$tg\phi$——用电设备组的功率因数角的正切值。

2．平均利用系数

$$K_{c、av}=\frac{\sum P_{av}}{\sum P_e}$$

式中：$\sum P_{av}$——各用电设备组平均负荷的有功功率之和（kW）；

$\sum P_e$——各用电设备组的设备功率之和（kW）。

3. 用电设备的有效台数

用电设备的有效台数 n_e 是将不同设备功率和工作制的用电设备台数换算为相同设备功率和工作制的等效值，所以：

$$n_e=\frac{(\sum P_e)^2}{\sum P_{1e}^2}$$

式中：P_{1e}——单个用电设备的设备功率（kW）。

使用电子计算机的统计功能，计算（$\sum P_e)^2$ 和 $\sum P_{1e}^2$，求 n_e 是很方便的。如果设备台数较多，还可用误差不超过 ±10% 的下列简化方法计算。

（1）当有效台数为 4 台及以上，且最大一台设备功率 $P_{1e.max}$ 与最小一台设备功率 $P_{1e.min}$ 的比值 $m \leqslant 3$ 时，取：

$$n_e=n$$

在确定 n_e 值时，可将组内总功率不超过全组总设备功率 5% 的一些最小用电设备略去。

（2）当 $m>3$ 和 $K_{c、av} \geqslant 0.2$ 时，取：

$$n_e=\frac{\sum P_e}{0.5P_{1e.max}}$$

如按上式求得的 n_e 比实际台数还多，则取 $n_e=n$。

（3）当 $m>3$ 和 $K_{c、av}<0.2$ 时，取：

$$n_e=n_e{}'n\approx\frac{0.95\ (\sum P_e)^2}{\frac{(P_{n1})^2}{n_1}+\frac{(\sum P_e-P_{n1})^2}{n-n_1}}$$

$$n_e{}'=\frac{n_e}{n}\approx\frac{0.95}{\frac{(P')^2}{\mathrm{n}'}+\frac{(1-P')^2}{1-\mathrm{n}'}}$$

$$n'=\frac{n_1}{n}\approx P'=\frac{P_{n1}}{\sum P_e}$$

式中：n——用电设备台数；

n_1——用电设备中，单台设备功率不小于最大一台设备功率一半的台数；

n'——n_1 台数的相对值；

$\sum P_e$——各用电设备组的设备功率之和（kW）；

P_{n1}——n_1 台设备的总设备功率（kW）；

P'——P_{n1} 功率的相对值；

$n_e{}'$——有效台数相对值。

4. 计算负荷及计算电流

（1）有功功率：

$$P_{ca}=K_{max}\sum P_{av}\ \text{(kW)}$$

（2）无功功率：

$$Q_{ca}=K_{max}\sum Q_{av}\ \text{(kVAR)}$$

（3）视在功率：

$$S_{ca} = \sqrt{P_{ca}^2 + Q_{ca}^2} \ (kV \cdot A)$$

（4）计算电流：

$$I_{ca} = \frac{S_{ca}}{\sqrt{3}U_N} \ (A)$$

第二节　输配电线路

为了把巨大的电力输送到全国各地，为了提高供电的可靠性和经济性，许多发电厂都是并网发电的，所以形成了巨大的联合电力系统。电力系统是指发电、输电、变电和用电组成的“整体”，又称广义的供配电系统。而通常把发电与用电之间属于输送和分配的中间环节称为输配电系统，而电能流经的途径就是输配电线路。

一、输配电线路的分类

输配电线路分为输电线路和配电线路，而配电线路又分高压配电线路和低压配电线路。

（一）输电线路

从发电厂或变电站升压，把电力输送到降压变电站的高压电力线路称为输电线路。电压一般在35kV以上。有交流输电和直流输电两类。交流输电是传统的输电方式，技术较为成熟；直流输电是近年代发展起来的，技术较为复杂，但是发展的方向。

（二）配电线路

1．高压配电线路

从降压变电站把电力送到配电变压器的电力线路，称为高压配电线路，电压一般为3kV、6kV、10kV。

2．低压配电线路

从配电变压器把电力送到用电点的线路叫低压配电线路，电压一般为380V和220V。

目前的电力系统是三相的，严格的说法是三相、对称、正弦交流电，即三相交流电势、电压、电流频率相同、幅值相等、相位互差120°，波形是正弦的。传统的有三相三线制、三相四线制，近年正在推广五相五线制，即零和地是分开的。目前我国电力线路电压等级有：550kV、330kV、220kV、110kV、35kV、10kV、6kV、380V和220V等。

输配电线路示意图，见图7-1。

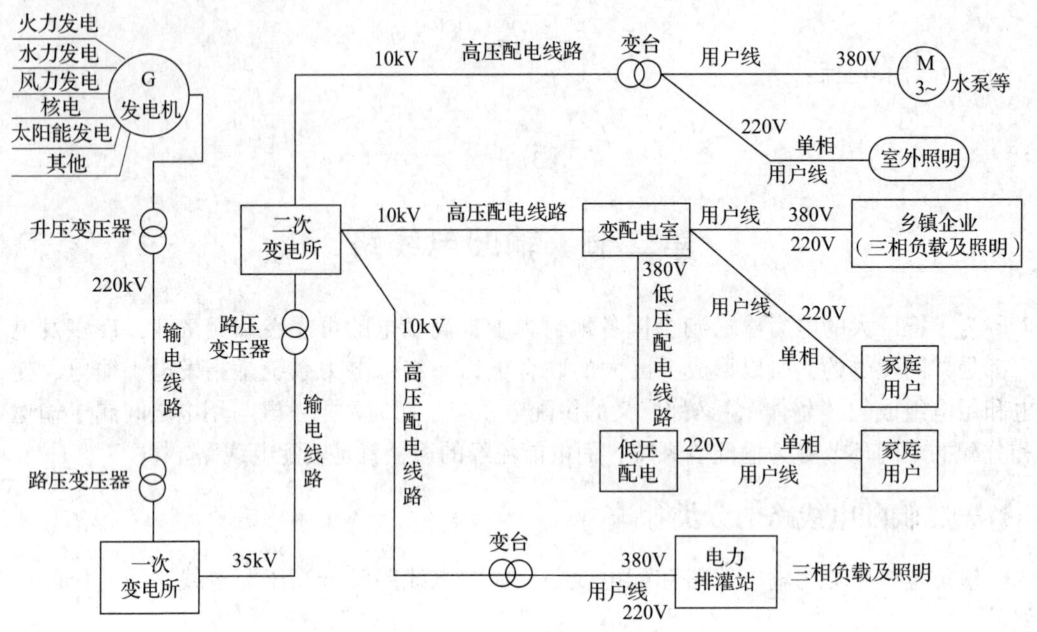

图 7-1　输配电线路示意图

二、输配电线路的接线方式

（一）高压线路的接线方式

高压线路有放射式、树干式和环形等基本接线方式。

1. 放射式接线

高压放射式线路，见图 7-2。

放射式线路之间互不影响，因此供电可靠性较高，而且便于装设自动装置，但是高压开关设备用得较多，且每台高压断路器必须装设一个高压开关柜，从而使投资增加。而且放射式线路发生故障或检修时，线路所供电的负荷都要停电。若要提高供电可靠性，可在变配电所高低压侧之间敷设联络线，还可采用双电源供电。

2. 树干式接线

高压树干式线路，见图 7-3。

树干式线路和放射式线路相比，能减少有色金属消耗量，采用的高压开关数量少，因此投资少。但是，供电可靠性低，当高压配电干线发生故障或检修时，接于干线的所有变电所都要停电，且在实现自动化方面，适应性也较差。要提高其供电可靠性，可采用双干线供电或两端供电的接线方式。

3. 环形接线

环形接线线路，见图 7-4。

环形接线，实质上是两端供电的树干式接线。为了避免环形线路上发生故障时影响整个电网，也为了便于实现线路保护的选择性，因此大多数环形线路采用“开口”运行方式，即环形线路中有一处开关是断开的。

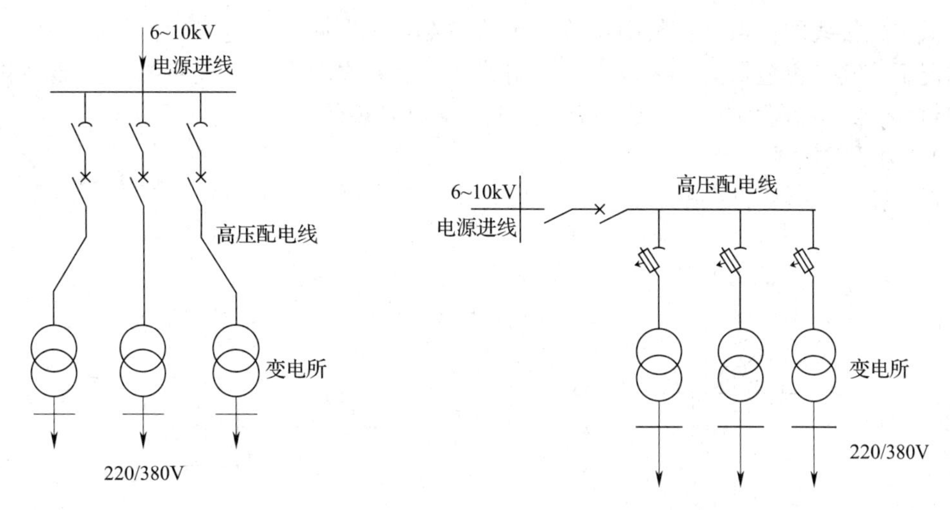

图 7-2　高压放射式线路　　　　图 7-3　高压树干式线路

实际上，高压配电系统往往是几种接线方式的组合，依具体情况而定。不过一般情况，高压配电系统宜首先考虑采用放射式，因为放射式配电的供电可靠性较高，且便于运行管理；但放射式配电投资较大，因此对于供电可靠性要求不高的场合，可考虑采用树干式或环形配电，这样比较经济。

（二）低压线路的接线方式

低压配电线路也有放射式、树干式和环形等基本接线方式。

1．放射式接线

低压放射式接线，见图 7-5。

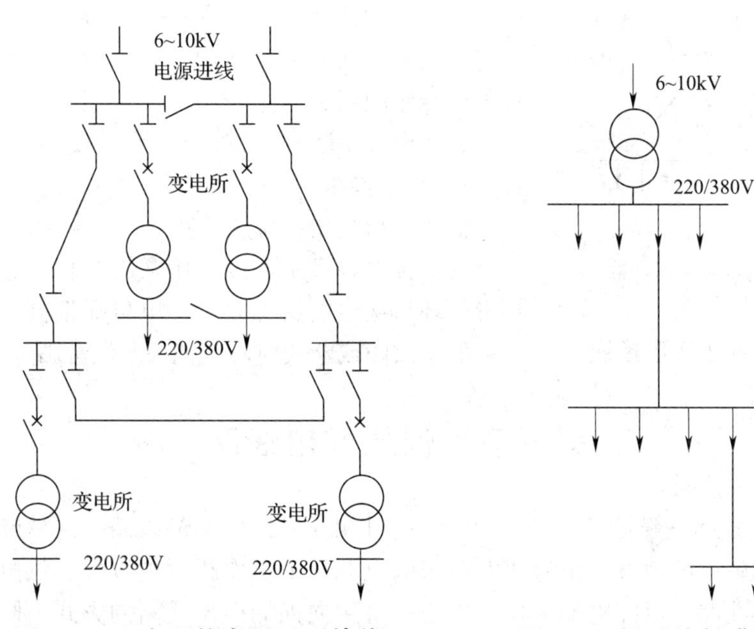

图 7-4　双电源的高压环形接线　　　　图 7-5　低压放射式接线

放射式接线的特点是：其引出线发生故障对互不影响，供电可靠性较高，但是一般情况下，其有色金属消耗量较多，采用的开关设备也较多，这种接线多用于用电设备容量大、或负荷性质重要，或在有潮湿及腐蚀性环境的场合供电。

2. 树干式接线

低压树干式接线，见图 7-6。

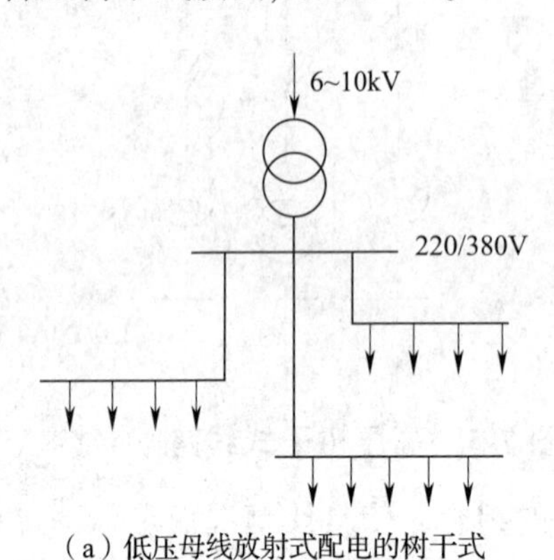

（a）低压母线放射式配电的树干式

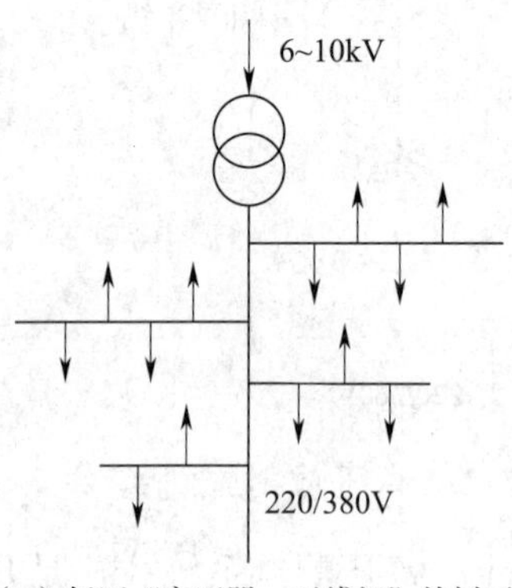

（b）低压“变压器—干线组”的树干式

图 7-6　低压树干式接线

树干式接线的特点正好与放射式相反，一般来说，它采用的开关设备较少，有色金属消耗量也较少，但干线发生故障时影响范围大，所以供电可靠性较差。树干式接线在一般场合应用比较普遍，因为树干式接线很适于供电给容量较小而分布较均匀的用电设备。图 7-6（b）所示的树干式是“变压器—干线式”接线，可省去变配电所低压侧整套低压配电装置，从而使变配电所的结构大为简化，投资大为降低。

还有一种链式接线，是一种变形的树干式接线，其特点与树干式相同，适用于用电设备距供电点较远而彼此相距很近、容量较小的次要用电设备。但链式相连的用电设备数量不宜太多，总容量不宜太大。

3. 环形接线

低压环形接线，见图 7-7。

环形接线方式是通过低压联络线相互连接而成为环形。环形接线的特点是：供电可靠性高，任何一段线路发生故障或断线时对其他环节没有影响。

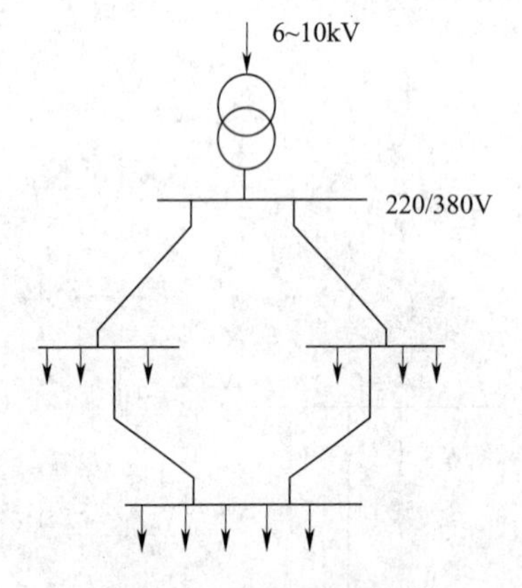

图 7-7　低压环形接线

第三节　低压配电线路

低压配电线路一般是指线电压为 380V、相电压为 220V 的线路。这种电路适用于输送电能到比较近的地方，作为动力和照明电源。由于农村用电分散，供电面广，季节性强，配电线路多以配电变电器为中心，采用向四周引出线路的方式，即采用放射型的供电方式。目前农村一般采用 380 三相三线制供电方式和 380/220V 三相四线制供电方式。但是建议在新建低压配电线路时，采用三相五线制，以保证用电安全，即零和地是分开的供电方式。

一、低压架空线路

（一）架空线路路径的选择

在选择架空线路路径时，应遵循以下原则：

1. 线路起点至终点的距离应尽可能短，转角要少。
2. 尽量架设在交通比较方便的地带，以便运输器材，也便于施工和维护。
3. 尽可能不穿越高山、河流、沼泽地，果树林和防护林地带。
4. 不要架设在易燃、易爆等危险品场所，以及已经另有用途的地段。
5. 电杆位置应尽可能避开下列地方：

（1）很可能被车辆碰撞的地方；

（2）积水或水淹地带；

（3）易被山洪冲刷的山坡上；

（4）易受水流冲刷的河床及河岸地带。

（二）低压架空线路的组成和一般规定

低压架空线路主要由导线、电杆、横担、绝缘子、金具和挡线等组成。

1. 架空线路的导线与地面的距离，不应小于表 7-1 所列数值。

表 7-1　架空线路导线对地面或水面的最小距离（m）

序号	线路经过地区	线路电压	
		1～10kV	<1kV
1	居民区	6.5	6.0
2	非居民区	5.5	5.0
2	交通困难地区	4.5	4.0
4	步行可以到达的山坡	4.5	3.0
5	步行不能到达的山坡、峭壁和岩石	1.5	1.0
6	不能通航及不能浮运的河、湖，冬季至冰面	5.0	5.0
7	不能通航及不能浮运的河、湖，从高水位算起	1.0	3.0
8	人行道、里、巷至地面 裸导线 绝缘导线	 3.5 2.5	

注：1. 居民区指工业企业地区、港口码头、城镇等人口密集地区。

2. 非居民区指居民区以外的地区，均属非居民区。有时虽有人和车到达，但房间稀小，亦属非居民区。

3. 交通困难地区指车辆不能到达的地区。

4. 序号 4、5 两项的最小距离，是指导线与山坡、峭壁等之间的净距离。

2. 架空线路导线间的最小距离，不应小于表7-2所列的数值。

表7-2 架空线路导线间的最小距离（m）

电压 \ 档距	≤40	50	60	70	80	90	100
1～10kV	0.6	0.65	0.7	0.75	0.85	0.9	1.0
1kV以下	0.3	0.4	0.45	—	—	—	—

注 表中所列数值适用于导线的各种排列方式；靠近电杆的两导线间的水平距离，对于低压线路，不应小于0.5m。

3. 架空导线的档距。两相邻电杆之间的距离称为档距。档距的大小，与架空线路的安全运行及造价的高低密切相关。档距应根据所用的导线规格和具体环境条件等因素来确定。对于低压架空线路，在乡村人口稀少地带，档距可取40m～60m；对于乡村人口稠密地带，档距取30m～40m。

4. 架空线路的导线与建筑物、街道、行道、树间的距离，应不小于表7－3所列数值。

表7-3 架空线路导线与建筑物、街道、行道、树间的最小距离（m）

序号	线路经过地区	线路电压	
		1～10kV	<1kV
1	线路跨越建筑物垂直距离	3.0	2.5
2	线路边线与建筑物水平距离	1.5	1.0
3	线路跨越行道、树在最大弧度垂时的最小垂直距离	1.5	1.0
4	线路边线在最大风偏时与行道、树的最小水平距离	2.0	1.0

注 架空线路不应跨越屋顶为易燃材料的建筑物，对于无防火屋顶的建筑物也不宜跨越。

5. 同杆架设的双回路或多回路线路，横担间的垂直距离，不应小于表7-4所列的数值。

表7-4 多种用途导线共杆时多层横担间最小垂直距离（m）

序号	导线排列方式	直线杆	分歧或转角杆
1	高压与高压	0.80	0.45/0.60
2	高压与低压	1.20	1.00
3	低压与低压	0.60	0.30
4	高压与信号线路	2.00	2.00
5	低压与信号线路	0.60	0.60

注 高压转角或分歧横担，距上层横担采用0.45mm，距下层横担采用0.6m。

6．架空线路与弱电线路交叉时，架空线路应在弱电线路的上方。交叉角应满足表7-5 要求。

表 7-5　架空线路与弱电线路交叉角

交叉线路	交叉角	交叉线路	交叉角
一级弱电线路与架空线路交叉时	≥45°	三级弱电线路与架空线路交叉时	不限
二级弱电线路与架空线路交叉时	≥30°		

（三）架空线路导线的选择

1．导线的类型

（1）架空线路的导线一般采用铝绞线（LJ 型铝绞线或 LQJ 型钢芯铝绞线）。

（2）在人口稠密地区应采用绝缘导线。

2．导线截面的选择

（1）10kV 及以下架空线路的导线截面，一般按计算负荷、允许电压损失及机械强度确定。

（2）低压线路，自配电变压器二次侧出口至线路末端的允许电压损失，为配电变压器二次侧额定电压的 4%。

（3）配电线路的导线截面不宜小于表 7-6 所列数值。

表 7-6　低压线路导线截面（mm）^{2}

线路 导线种类	主干线	分干线	分支线
铝绞线及铝合金线	70	50	35
钢芯铝绞线	70	50	35
铜绞线	50	35	16

（4）架空线路导线的长期允许载流量，应按周围空气温度进行校正。

当导线按发热条件验算时，最高允许工作温度宜取 +70℃。验算时周围空气温度采用当地最热月平均最高温度。

（5）配电线路的导线不应采用单股的铝线或铝合金线。

（6）配电低压线路导线的截面按机械强度要求不应小于 16mm^2。

（7）三相四线制的中性线截面不应小于表 7-7 所列数值。单相制的中性线截面应与相线截面相同。

表 7-7 中性线最小截面（mm^2）

线别 导线种类	相线截面	中性线截面
铝绞线及钢芯铝绞线	IJ LGJ – 50 及以下	与相线截面同
	IJ LGJ – 70 及以上	不小于相线截面的 50%，但不小于 50mm^2
铜绞线	TJ – 35 及以下 TJ – 50 及以上	不小于相线截面的 50%，但不小于 35mm^2

（四）电杆

1．电杆的类型

电杆按其功能的不同，有直线杆，耐张杆、转角杆、终端杆、分支杆等多种型式。

（1）直线杆。直线杆是架空线路直线部分的支撑点。直线杆要承受前后导线的重力和凝结在导线上的冰雪的重力，同时还要承受线路的测向风力。

（2）耐张杆。耐张杆是架空线路分段结构的支撑点，其作用是在线路出现倒杆事故时，防止导线拖倒更多的电杆，限制事故的范围。耐张杆除承受导线重力和倒向风力外，还要承受邻档导线的拉力差所引起的顺线路方向的拉力。通常在耐张杆的前后方各装一根拉线，用来平衡这种拉力。

（3）转角杆。转角杆是架空线路改变方向的支撑点。为了保持电杆承受拉力的平衡，当转角在30°以内时，应在导线合成拉力的相反方向装一根拉线；当转角大于30°时，应装两根拉线，各平衡一组导线的拉力。

（4）终端杆。终端杆是架空线路始端和终端的支撑点。因为电杆单方向承受导线的重力，所以必须在相反方向安装拉线，防止电杆向有导线的一侧倾斜。

（5）分支杆。分支杆是架空线路分接支线的支撑点。在分支线拉力的相反方向应安装拉线，以保持电杆的平衡。

2．电杆组立

电杆组立的内容包括复核杆位、材料验收、横担组装、绝缘子安装、立杆、卡盘安装、校正、分填土方。

（1）复核杆位。在电杆组立前，首先应对基坑坐标、标高和坑深度进行测量，看其是否符合要求。如不符合要求，应进行返工，直至达到要求。

（2）材料验收，应对钢筋混凝土电杆、绝缘子、横担，铁拉板、枪箍，螺栓等组立材料一一进行检查，其规格、型号及质量均应符合要求。

（3）横担组器。横担组装前，应用支架垫起电杆杆身的上部，测量横担安装位置，做好标记，依次套上箍、穿好垫铁及横担，再穿上平垫圈、弹簧垫圈，用螺母紧固。然后安装连接板，杆顶支座抱箍，拉线等。

横担端部上下歪斜不应大于20mm，横担端部左右扭斜不应大于20mm；双杆的横担，横担与电杆连接处的高差不应大于连接距离的5/1000，左右扭斜不应大于横担总长度的1/100。

（4）绝缘子安装。绝缘子安装应牢固，连接可靠，防止积水，安装时应清除表面灰垢、附着物及不应有涂料，绝缘子裙边与带电部位的间隙不应小于50mm。

采用的闭口销或开口销不应有折断，裂纹等现象。当采用开口销时应对称开口，开口角度应为30°~60°，严禁用线材或其他材料代替闭口销，开口销。

（5）立杆。立杆方法有机械立杆和人力立杆两种。立杆时应保证质量，直线杆的横向位移不应大于50mm，转角杆的横向位移不应大于50mm，转角杆应向外角预偏，紧线后不应向内角倾斜。向外角的倾斜，其杆梢位移不应大于杆梢直径。终端杆立好后，应向拉线侧预偏，其预偏值不应大于杆梢直径，紧线后不应向受力侧倾斜。

（6）卡盘安装。卡盘安装时，卡盘上口距地面不应小于350mm，直线杆卡盘应与线路平行，应在线杆左右侧交替埋设，转角杆卡盘应分为上、下两层埋设在受力侧，终端杆卡盘应埋设在承力侧。

（五）拉线

1．拉线材料

接线安装材料包括钢绞线、镀锌钢线、拉线棒、混凝土拉线盘、拉线绝缘子、拉线金具、螺栓等。

（1）钢绞线。不应有松股、交叉、折叠、断裂及破损等缺陷，最小截面不应小于$25mm^2$。

（2）镀锌钢线。不应有死弯、断裂及破损等缺陷，镀锌良好，不应锈蚀，拉线主线用的镀锌铁线直径不应小于4.0mm，缠绕用的镀锌铁线直径不应小于3.2mm。

（3）拉线棒。不应有死弯、断裂、砂眼、气泡等缺陷，镀锌良好，不应锈蚀，最小直径不应小于16mm。

（4）混凝土拉线盘。预制混凝土拉线盘表面不应有蜂窝、露筋、裂缝等缺陷，混凝土拉线盘的机械强度应符合要求。

（5）拉线绝缘子。瓷釉光滑，无裂纹、缺釉、斑点、烧痕、气泡或瓷釉烧坏等缺陷，绝缘子的电气性能应符合要求。

（6）拉线金具。拉线金具包括：拉线抱箍、UT形线夹、楔形线夹、花篮螺栓，双拉线联扳、平行挂板、U形挂板、心形环、钢线卡、钢套管等，它们的质量均应符合要求。

2．拉线安装

拉线安装包括：拉线盘的安装、拉线下料、拉线组合制作、拉线总安装。

拉线长度的计算，近似计算式如下：

$$AB = K(AC + BC)$$

式中 AB——拉线长度（m）；

AC——拉线高度（m）；

BC——拉线距，即拉线出地面外至电杆根部的水平距离（m）；

K——拉线系数，取0.71~0.73。

计算出来的AB长度，是拉线装成的长度（包括下部拉线棒露出地面部分）。拉线下料长度还应加上扎线长度，再减去螺栓的长度。

二、接户线和进户线

（一）低压线进户方式

从架空配电线路的电杆至用户户外第一个支持点之间的一段导线称为接户线。从用户户外第一个支持点至用户户内第一个支持点之间的导线称为进户线。

常用的低压线进户方式有绝缘导线穿瓷管进户和加装进户杆进户两种方式。

接户线和进户线应采用绝缘良好的钢芯或铝芯导线，不应用软线，并且不应有接头。

（二）接户线

1. 接户线的要求

（1）接户线的档距不宜超过25m。超过25m时，应在档距中间加装辅助电杆；

（2）接户线的对地距离一般不小于2.7m；

（3）接户线应从接户杆上引接，不得从档距中间悬空连接；

（4）接户线的截面积应根据导线的允许载流量和机械强度进行选择；

（5）接户线对道路、建筑物和树木应保持一定的距离。

2. 接户杆杆顶的安装型式

接户杆杆顶的安装型式如下：

（1）直接连接。接户线直接在绝缘子上连接；

（2）丁字铁架连接。在横担上安装丁字铁架，再由丁字铁架上进行连接；

（3）交叉横担连接。在电杆横担下再安装一个铁架，再在铁架瓷柱上进行连接；

（4）平行连接。在电杆上再安装一个横担，专供接户线连接之用；

（5）特殊铁架连接。在电杆上再安装一个专用铁架，专供接户线连接之用。

（三）进户线

进户线一部分在室外，一部分在室内。其要求如下：

（1）进户线不允许使用裸导线，铜芯绝缘线的最小截面不宜小于1.5mm^2，铝芯绝缘线的最小截面不宜小于2.5mm^2。

（2）进户线的长度超过1m时，应用绝缘子在导线中间加以固定。

（3）进户线穿墙时，应套上瓷管、钢管、硬塑料管或竹管等保护套管，套管露出墙壁部分不应小于10mm，在户外的一端应稍低，或做成方向朝下的防水弯头。

（4）为了防止进户线在套管内绝缘破坏而造成相间短路，每根进户线外部还应套上软塑料管，并在进户线防水弯处最低点剪一圆孔，以防存水。

（四）电缆线路

1. 电缆的种类、结构和选择

（1）电缆的种类。电缆种类很多，按功能可分为电力电缆和控制电缆。

电力电缆有油浸纸绝缘电缆、橡胶绝缘电缆、聚氯乙烯绝缘电缆、交联聚乙烯绝缘电缆等。

控制电缆主要用在电气二次回路作为控制、测量、保护、信号回路中的连接线路。有K——控制电缆、P——信号电缆、Y——移动式软电缆、H——电话电缆及光纤电缆等。

（2）电缆的结构。电缆由导电线芯、绝缘层及保护层三个主要部分组成。其中导电线芯是用来传输电流；绝缘层是线芯之间，线芯与铅包之间绝缘；保护层是用来对绝缘层密封，避免潮气侵入绝缘层，并保护电缆免受外界损伤。

（3）电缆的选择。油浸纸绝缘电力电缆耐热能力强，允许运行温度高，介质损耗低，耐电压强度高，使用寿命长。但由于组成材料限制，弯曲性能差，不适于低温条件施工，绝缘层易损伤。由于绝缘层内油的流淌，电缆两端水平高度差不宜过大。因为电缆中油的流动，低端往往因积油而产生静压力而导致电缆终端头或铅包被胀裂，造成漏油。所以，会酿成高端油的流失而使绝缘干枯而损坏。如果电缆头制作质量差，加上缆芯连接的接触电阻大，运行中还会发生爆炸事故。

聚氯乙烯绝缘电力电缆敷设不受高度差限制，其工艺结构简单，敷设、连接及运行维护也较为方便。主要优点是重量轻，弯曲性能好，接头制作简便，耐油，耐酸、碱腐蚀，不延燃，具有内铠装结构，使钢带或钢丝免受腐蚀。

橡胶绝缘电力电缆的橡胶绝缘层柔软性好，易弯曲、有弹性，它适用于固定性敷设线路，也可用于移动式的线路。最大特点是应用范围广，具有较强的适应性、应用性。

交联聚乙烯绝缘聚氯乙烯护套电力电缆的结构简单，外径小，载流量大，敷设不受水平高低差限制，但它有延燃的缺点。

电缆有带外护层及铠装防护的，可以敷设在大型建筑物附近，土质松散可能产生位移的地段。但直接埋设时，应采用能承受机械外力的钢丝铠装电缆，或采取缆线预留长度，以及加固土壤等技术措施。

2. 电缆施工的要求

（1）电缆弯曲半径的规定。电缆线路转弯，其弯曲半径的比值见表7-8。

表7-8 电缆弯曲半径与电缆外径的比值表

电 缆 种 类	比值
纸绝缘多芯电力电缆（铅包或铝包铠装）	15
纸绝缘单芯电力电缆（铅包铠装或无铠装）	25
胶漆布绝缘多芯及单芯电力电缆（铅包铠装）	25
橡皮或塑料绝缘多芯铠装电缆	15
橡皮或塑料绝缘多芯无铠装电缆	6
纸绝缘多芯电力电缆（裸铅包沥青纤维绕包）	20
干绝缘单芯电力电缆（铅包铠装）	25

（2）电缆穿入电缆管的规定。敷设电缆时，若需要将电缆穿入电缆管时，应符合下列规定：

1）铠装电缆与铅包电缆不得穿入同一管内。

2）一根电缆管只允许穿入一根电力电缆。

3）电力电缆与控制电缆不得穿入同一管内。

4）裸铅包电缆穿管时，应将电缆穿入段用麻布或其他柔软材料保护，穿送时不得用力过猛。

（3）电缆管敷设的规定。电缆管的敷设，应遵守下列规定：

1）选择电缆管敷设路径时，应尽量使管材用量少、弯曲少、穿越基础次数少。

2）穿越楼板、水泥地板的电缆管应与地面垂直，管子高度不得小于2m，当几根管子需要排列在一起时，高度应保持一致。

3）穿越配电盘内的电缆管不宜过长，管端只需稍高于盘内的地面。

4）电缆管横向穿过建筑物墙壁或隧道时，管口应与墙面齐平。

5）若利用电缆管兼作地线时，电缆管接头处应用跨接线加焊连接。

（4）电力电缆架空敷设的规定。电缆架空敷设时，应遵守下列规定：

1）架空敷设电缆，一般采取镀锌钢绞线吊挂，当电缆重量在2t/km以下时，采用$35mm^2$的钢绞线；在4t/km以下时，采用$50mm^2$的钢绞线。

2）架空电缆在跨越公路和街道时，为了防止车辆碰撞电缆，其对地距离不应小于5.5m；跨越铁路时不应小于7.5m。

3）架空电缆通过建筑物密集的地方，为防止电缆直接与建筑物碰触，应在建筑物上加撑点或加保护措施，以防电缆磨损。

4）电缆一般用挂钩托挂在吊线下，也可绑扎，对于铠装电缆可每隔1m加一固定点；无铠装电缆的固定距离则应缩短为0.6m。

5）电缆的外皮应有良好的接地，并应和钢索吊线相连接。

6）厂房内水平敷设时，电力电缆固定点间的距离为0.75m；控制电缆为0.6m。垂直敷设时，电力电缆为1.5m；控制电缆为0.75m。

（5）电缆接头制作的要求。电缆接头在制作过程中，主要包括导体连接、绝缘强度、防水密封和机械保护四个部分。

1）导体连接的要求：连接点的接触电阻要小而且稳定，因此导线应采取焊接或压接。焊接又分为气焊、电焊和锡焊；而压接又有整体压接和局部压接两种。不论采取哪种方法连接，其接触电阻均不应大于同长度电缆电阻值的1.2倍。

2）绝缘强度的要求：电缆接头用的绝缘材料，最好是与该电缆的绝缘介质完全一样。因为同样的介质，可以减少电场的不均匀性，从而减轻绝缘所受的应力和避免局部游离而损伤。10kV以下的电缆接头，多用油浸纱包带或胶漆带等；20～35kV的电缆接头多用浸渍电缆纸。绝缘厚度应根据允许的应力来决定，一般不宜小于电缆绝缘厚度的2倍。电缆接头的耐压强度，不应低于电缆本身的电气强度。

3）密封性的要求：电缆接头在整个运行中必须是密封的，否则电缆油会漏出来，使绝缘干枯、绝缘性能降低；同时外部潮气也很容易侵入电缆内部而导致电气强度急剧下降。所以无论是电缆接头还是终端头，都要求不渗、不漏、不龟裂、无孔隙、整体性强。

4）机械强度的要求：电缆接头应具有足够的机械强度，以抵御可能遭到的机械应力（包括外力损伤和短路时的电动力），其抗拉强度一般不得低于电缆强度的70% 。

（6）电缆终端头制作的要求。电缆终端头俗称电缆头，由于装置地区的环境条件不同，而有许多形式。但无论是哪一种形式，都必须符合以下要求：

1）导体的连接必须牢固可靠，在正常负载允许过载的情况下，其接触面不得发热。

2）户外终端头必须具有可靠的防水设施，并应尽量减少沿各接合处空气侵入盒内的机会。

3）要有足够的绝缘水平、密封性和机械强度。

其他要求和电缆接头制作相同。

3. 运行中的电力电缆的巡视检查

正常运行中的电力电缆的巡视检查项目有：

（1）对敷设在地下的每一电缆线路，应查看路面是否正常，有无挖掘痕迹及路线标桩是否完整无缺等。

（2）站内进行扩建施工期间，电缆线路上不应堆置瓦石、矿渣、建筑材料、笨重物件、酸碱性排泄物或砌堆石灰坑等。

（3）进入房屋的电缆沟口处不得有渗水现象。电缆隧道及电缆沟内不应积水或堆积杂物和易燃品，不允许向隧道或沟内排水。

（4）电缆隧道及电缆沟内支架必须牢固，无松动或锈蚀现象，接地应良好。

（5）电缆终端头瓷瓶应完整清洁，引出线的连接线夹应紧固无发热现象。

（6）电缆终端头应无漏油、溢胶、放电、发热等现象。

（7）电缆终端头接地必须良好，无松动、断股和锈蚀现象。

（8）电缆头使用1～3 年应停电打开填注孔塞头或顶盖，检查盒内绝缘胶有无水分、空隙及裂缝等。

（9）户外电缆头每3 个月应巡视一次，户内电缆头的巡视与检查可与其他设备同时进行。

三、配电系统

（一）高低压开关柜

高低压开关柜是按照一定的设计、线路方案和结构，将有关一、二次设备组装而成的成套供配电装置，是供配电系统中的重要设备，高低压开关柜选择得好坏，直接影响着供配电系统运行和使用的质量。

高低压开关柜随着高、低压电器的发展，随着设计水平的提高和科学技术的进步，发展很快，工艺结构水平越来越高，操作越来越简便，外观越来越美观，特别是国外新技术的引进，产品品种越来越多，功能越来越齐全，自动化程度大为提高，更是配以现代通信技术，应用计算机及网络技术，向智能化发展。

高低压开关柜分为高压开关柜和低压开关柜（含动力箱柜、照明开关柜）两大部分，其开关柜结构有其相应的特点。

1．高压开关柜

高压开关柜是一种高压成套配电装置。在发电厂和变配电所中作为控制和保护发电机、变压器和高压线路之用，也可作为大型高压交流电动机的启动和保护之用，柜内装配高压开关设备、保护电器、监测仪表、母线和绝缘子等。

高压开关柜有固定式和手车式两大类型。手车式的特点是：高压断路器等主要电气设备是装在可以拉出和推入开关柜的手车上，检修时可随时拉出，再推入同类备用手车，即可恢复供电，因此方便检修，减少停电时间，越来越广泛地被采用。SF6 开关柜体积特别小，并且具有许多特点，得到广泛应用。

高压开关柜的产品多样，如固定式、中置式、封闭式、加强型、铠装移开式、真空断路抽出式、组合式等，选用时必须根据其性能、特点、适用场合、线路等原则，正确选择。

2．低压开关柜

低压开关柜又称低压配电柜、低压配电屏，并且常包括照明配电柜（箱），在供配电系统中作动力和照明的供配电之用。

低压开关柜有固定式和抽屉式两大类型。低压开关柜大部分安装在室内，有单面维护式和双面维护式之分。新产品结构设计上更为先进合理，安全可靠，母线上装有防护罩，可防母线短路事故，并有保护接地系统，提高了防触电的安全性，线路方案也较为合理，并具有断流能力高，短路的动、热稳定性好的特点，因此，运行更为安全、可靠。常见的产品有 GDT 型、BFC 型、GCS 型、GCK1 型等。

3．高低压开关柜的安装

高低压开关柜的安装，应保证施工质量，符合设计和规范以及国家标准的有关规定。盘、柜在搬运和安装时应采取防振、防潮、防止框架变形和漆面受损等安全措施，采用的器件和器材应符合国家现行技术标准的合格产品，施工时应有安全技术措施。

设备安装用的紧固件，应用镀锌制品，宜采用标准件。盘、柜上母线的标志颜色应符合规定。基础部分应符合设计图纸或厂家提供的技术资料。盘、柜及盘、柜内设备与各构件间连接应牢固，主控制盘、继电保护盘和自动装置盘等不宜与基础型钢焊死。盘、柜单独或成列安装时，其垂直度、水平偏差以及盘、柜面偏差和盘柜间接缝的允许偏差应符合规定。盘、柜、台、箱应可靠接地。抽屉式配电柜的抽屉推拉应灵活轻便，无卡阻、碰撞现象。

高低压开关柜的安装内容，包括箱柜的布置，基础形式选择和施工，电缆引入柜基础施工，电机控制中心柜、PC 柜的安装，联络柜的安装等。

（二）二次系统

二次系统又称二次回路，是电力设备不可缺少的一部分，用于监视测量表计、控制操作信号、继电保护和自动化装置的低压回路。

1．按照电源及用途划分：

（1）电流回路：由电流互感器供电给测量仪表及继电器的电流线圈。

（2）电压回路：由电压互感器供电给测量仪表及继电器的电压线圈以及信号电源等。

（3）信号回路：包括光字牌回路、音响回路（音响又包括警铃和蜂鸣器）。信号回路是由信号继电器到中央信号屏或操作机构到中央信号屏构成的。

（4）操作回路：由操作电源到断路器操作机构的跳、合闸线圈以及断路器的备用电源自动合闸等。

2．按照电源的性质划分：

（1）交流电流回路：由电流互感器（TA）的二次侧提供电源的全部回路。

（2）交流电压回路：由电压互感器（TV）的二次侧及开口三角形提供电源的全部回路。

（3）直流回路：直流系统的全部回路。

3．按照回路的用途划分：

（1）测量回路。

（2）继电保护回路、开关控制及信号回路。

（3）断路器和隔离开关的电气闭锁回路。

（4）操作电源回路。

（三）低压线路的布线

所有室内外安装的低压导线、软线和电缆，以及它们的固定用配件、支持与保护结构物，总称为低压线路的布线。

低压线路的布线要求安全、可靠、经济、便利和美观。低压线路常采用的电压等级是220/380V，民用电器一般为220V，若有三相电动机，一般为380V。

在室内的布线有明装和暗装两种。

1．220V单相制

一般农村的住宅，常用220V单相制配电。它是由外线路上的一根相线和一根中性线组成的，负载（主要是照明和家用电器）均并联在线路上。

2．220V/380V三相四线制

在用户用电量较多的情况下，虽然大多数是单相负载，也常采用三相四线制配电方式，其配电方法是将各组的单相负载，平均分别接在每一根相线和中性线之间，使三相的单相负载尽量三相平衡。三相四线制的配电方式，也可以给三相负载供电。例如医院、俱乐部、学校等常采用三相四线制的配电方式。

3．220V/380V三相五线制

三相四线制的配电方式，在许多用户，特别是单相有地线装置的用电设备，往往在零线断了以后，用电设备外壳就带电，所以非常不安全，甚至比无地线装置时更危险。所以实行三相五线制，零、地线分开，再加三根相线，共五条线供电，称为三相五线制。这样就解决了三相四线制存在的问题，从安全角度看，三相五线制比三相四线制优越，但投资加大。

4．低压线路导线的选择

（1）导线材料的选择。按照制造导线的金属材料来分，导线有铜制的、铝制的和铁制的三种。铜导线比铝导线和铁导线的电阻小，导电性能最好，使用得较多。铝的电阻虽比铜大，但铝最轻，价格低，同时为了节省铜，所以在不影响供电质量时，应尽量采用铝导线。铁的电阻最大，用它时会增大线路损失，但机械强度好，能承受较大的拉力，所以常用在农村用电量不大的屋外架空线上。

（2）导线种类的选择。导线有单股和多股两种，又有裸导线和绝缘导线之分。

多股导线比较容易弯曲，适用于转弯多的场合，导线截面特别大时，常为多股导线。带绝缘的导线使用时比较安全，通常为了安全，应采用绝缘导线。

（3）导线截面的选择。导线截面的选择，主要根据三个条件：一是连续允许电流（即安全电流）；二是电压损失；三是机械强度。

根据不同的条件，得出的截面数字会不相同。通常在动力线路中，按连接允许电流选择的截面，往往是较大的。在照明线路中，则按电压损失或机械强度选出的截面，往往是较大的。我们在选择截面时，可先按这种截面较大的可能情况进行选择，然后再以其他条件进行检验，这样比较简便些。

四、变电站

变电站的任务是将供电网的电压变换为用户需要的电压和合理的分配电能。有中间变电站和终端变电站两种；也有高压变电所、高低压变电所、低压变电所等几种类型。箱式变电站应用广泛。

（一）变电站的作用

变电站在电网中的作用，主要有两方面：

1．合理地分配电能

6～10kV 配电线路的经济输送容量和距离是有一定范围的，如果超过这个范围，线路终端的电压质量就会很差，甚至使电动机不能顺利启动；同时导线截面将增大很多，投资加大。因此必须建立变电站，调整配电网的布局，合理分配电能。

2．解决发电厂与用电地区远离的矛盾

一般火电厂多建在产煤地区，水电厂则都建在沿江河的山区，距用电地区很远。为了把这些电能送到用电地区，就需要把发电厂的电能经过升压变电所送到用电地区，然后再经过变电站降压，把电能分配到用户。

（二）变电所和配电装置的要求

变电所和配电装置的设置要求如下：

（1）变电所和配电装置的设置应根据工程特点、规模和发展规划，正确处理近期建设和远期发展的关系，做到远近期结合，并考虑扩容的可能性，适当留有裕量。

（2）重要变电所和配电装置的设置应进行多方案的技术和经济比较。

（3）变电所和配电装置的设置应事先取得当地供电部门的有关设计资料。

（4）地震设防裂度为7度及以上地区的变电所和配电装置和电气设备的安装，应采取必要的抗震措施。

（5）在民用建筑的主体建筑物内，不宜设置装有可燃油浸电力变压器以及充有可燃油的高压电容器和多油断路器。

（6）变电所的高压及低压母线，宜采用单母线或单母线分段的接线方法。

（7）高压两路电源供电时，应根据用户负荷特点经技术和经济比较选择。两路电源同时运行互为备用方式或者两路电源一用一备方式，也可采用两路电源同时运行相互独立（10kV不设母联）方式。

（8）高压三路电源供电时，宜采用两用一备的接线方式。

（9）同一用户装设于变电所外的变压器，其高压侧应有明显的断开装置，如隔离开关、负荷开关或手车式隔离触头组。

（10）高压10kV采用一路电源且为单台变压器（容量在500kVA及以下）供电时，可将电源进线保护开关兼作变压器保护之用。

（11）高压母线分段开关，宜采用断路器或负荷开关，分段母线间的连接不宜采用电缆。

（12）电气设备外露可导电部分，必须与接地装置有可靠的电气连接，成排的配电装置两端均应与接地线连接，并注意做好变电所内等电位连接。

（13）利用自然接地体和外引式接地装置时，应用不少于两根导体在不同地点与接地网相连接。

（14）变电所的变压器低压侧出线端应装设避雷器，以预防雷击过电压引起低压电气设备的绝缘破坏。

（三）变电所所址的选择

1. 变电所所址的选择应符合下列条件：

（1）接近负荷中心或大容量用电设备处。

（2）进出线方便。

（3）靠近电源侧。

（4）避开有剧烈振动的场所。

（5）便于设备的装卸和搬运。

（6）不应设在多尘、水雾或有腐蚀性气体的场所。

（7）不应设在厕所、浴室或其他经常积水场所的正下方或贴邻。

（8）不宜设在火灾危险性大的场所正上方或正下方，当贴邻时其隔墙的耐火等级应为一级，门应为甲级防火门。

2. 变电所应有防水措施。

3. 变压器室不宜与有防电磁干扰要求的设备或机房贴邻或位于正上方或正下方，不能满足时应考虑防电磁干扰措施。

4. 独立设置的变电所、变压器室、电容器室不宜朝西装置，确有困难时应采取加装遮阳挑檐、机械通风及植树等防西晒措施。

(四) 低压配电室

低压配电室连接变压器的低压侧，直接向220V/380V的用户供电，由低压开关柜组成，有自动和手动操作两种形式。负责对供电范围内用户进行负载的分配。通常低压配电室应有各种计量装置，如电压、电流和用电电能的计量装置等。

第四节 智能电网

智能电网是将传感量测技术、信息通信技术、分析决策技术、自动控制技术、电力电子技术和电力网基础设施集成而形成的新型现代化电网。

智能电网的智能化主要体现在：采用传感量测技术，实现对电网的准确探测并进行有效的控制；实时分析和决策以具有自适应、自愈的功能。智能电网优化了各级电网的控制，构建结构扁平化、功能模块化、系统组态化的柔性体系架构，通过集中与分散相结合的模式，灵活变换网络结构、智能重组系统结构、优化配置系统效能、提升电网服务质量，实现与传统电网截然不同的电网运营理念和体系。

一、传感与量测技术

传感与量测技术在智能电网系统监测、分析、控制中起着基础性作用，涉及新能源发电、配电、输电、用电等众多领域。

(一) 传感器

传感器是能感受规定的被测量并按照一定的规律转换成可用信号的器件或装置。传感器通常由直接响应于被测量的敏感元件和产生可用信号（一般为电信号）的转换元件以及相应的电子线路组成。

传统的传感器有：电流/电压传感器、气体传感器、超高频传感器、温湿度传感器、压力传感器、振动传感器、噪声传感器、风速和风向传感器等。

智能电网中使用的传感器除了传统的传感器外，还有光纤传感以及智能传感器。传感器技术本身还在发展，其应用将更为扩大。

1. 光纤传感器

光纤传感器是一种把被测量转变为可测的光信号的装置，以光作为敏感信号的载体，以光纤作为传递敏感信息的媒质，由光发送器、敏感元件、光接收器、信号处理系统以及光纤组成。

光纤传感器通常分功能型光纤传感器、非功能型光纤传感器和拾光型光纤传感器三类。光纤传感器稳定、可靠、准确、不受电磁场干扰、可长距离低损耗传输，在易燃易爆、强腐蚀、强电磁场等恶劣环境中能够稳定工作，在智能电网中广泛应用。

2. 智能传感器

智能传感器是向集成化，微型化和网络化方向发展的新型传感器，是涉及传感、微电子、网络、通信、信号处理、电路与系统多种学科的综合技术。智能传感器具有数字信号输出、信息存储与记忆、逻辑判断、决策、自检、自校、自补偿等功能，这些功能均以微处理器为基础。目前，已从简单的数字化与信息处理发展到具有网络通信功能，并集成神经网络、小波变换、模糊控制等智能新技术。智能传感器具有以下特点：①通过软件技术可实现高精度的信息采集；②具有一定的自动编程能力；③功能多样化。

（二）广域测量系统

广域测量系统是在同步相量测量技术基础上发展起来的，对地域广阔的电力系统进行动态监测和分析的系统。

1. 同步相量测量

同步相量测量是基于高精度卫星同步时钟信号，同步测量电网电压、电流等相量，并通过高速通信网络把测量的相量传送到主站，为大电网的实时监测、分析和控制提供基础信息。

同步测量需要有高精度的卫星时间同步技术。目前，全球定位系统 GPS 比较成熟，还有俄罗斯、欧洲的卫星导航系统。我国自主研发的北斗卫星导航系统可以得到优于100ns 的时间基准，广域测量系统可以使用北斗卫星导航系统的同步时间信号。

2. 广域测量系统的结构

广域测量系统由 PMU（相量测量装置）、主站（控制中心）及通信系统组成。

（1）PMU 将电网各点的相量测量值送到控制中心的数据集中器，数据集中器将各个厂站的测量值同步到统一的时间坐标下，得到电网的同步相量。

PMU 包括卫星时钟同步电路、模拟信号输入，开关信号输入/输出、主控 CPU、存储设备及实时通信接口。PMU 分为集中式和分布式两种。

PMU 具有同步相量测量、时钟同步、运行参数监视、实时记录数据及暂态过程监录等功能。

（2）主站的功能是接收、存储、转发、处理各子站的同步相量数据，根据各子站的相量数据得到各子站相对于参考站的相角差。在电基础上，主站进行系统状态的动态监测，在系统出现异常扰动时及时报警，并启动各子站的录波，监测系统还通过实时通信接口与能量管道系统交换信息。

主站的结构分三层：下层的数据通信主要功能是与 PMU（相量测量装置）通信以及实时接收相量数据；中间层是实时数据库，功能是储存和管理量测数据；上层为动态信息应用层，提供量测数据与其他系统的接口。

主站的主要设备有：数据集中器、监测系统服务器、分析工作站、Web 服务器、数据库服务器等。

（3）通信系统。同步光纤网和同步数字系列技术为广域测量系统提供了通信方式。

通信系统的技术要求主要包括：①支持保护和控制的高速、实时通信；②支持电力系统应用的宽带网；③能够处理应用发展所需的最高速率；④能够仿问所有的地点，以支持监控和保护功能；⑤在部分网络出现故障的情况下仍能连续工作。通信系统将相量测量装置的数据实时地传送给区域监测主站，再传送给全网站监测主站。

3. 广域测量系统在智能电网中的应用

广域测量技术广泛应用于电力系统状态实时监测、稳定分析等多个领域。实现大电网稳定性可视化、大电网动态监测及决策支持、大电网低频振荡分析与控制、电力系统数字模型辨识和校核，以及混合状态估计等，从而实现广域保护，提高电网的安全性和可靠性。

二、电力电子技术

电力电子技术是使用电力电子器件对电能进行变换和控制的技术，是电力技术、电子技术和控制技术的融合。大功率电力电子技术具有更快的响应速度、更好的可控性和更强的控制功能，为智能电网的快速、连续、灵活控制提供了有效的技术手段。

电力电子技术在智能电网中应用以后，提升了电网资源优化配置能力，提高了电网安全稳定运行的水平，提高了清洁能源并网运行的控制能力，提高了电网服务能力，可以代替本地发电装置向偏远小容量负荷供电，有利于城市配电网的增容改造。

(一) 电力电子技术的应用范围

电力电子技术在电力系统中的应用包括：高压直流输电、柔性交流输电、柔性直流输电。

在柔性输电技术中，应用了先进的电力电子器件，例如：新型静止无功发生器、可控串联电容补偿器、综合潮流控制器、静止无功补偿器、可控移相器、固态断路器、变压器抽头有载可控调节器、可控并联电容器、可控串联电感、次同步振荡阻尼器、可控铁磁谐振阻尼器、故障电流限制器、有源电力滤波器等。

在智能电网中应用的技术有功率器件串并联技术、冷却散热技术、多重化技术和多电平技术等。

(二) 电力电子器件

1. 新型静止无功发生器

新型静止无功发生器，又称静止调相器，是由三相逆变器和并联电容器构成的，其主电路由逆变器组成。

新型静止无功发生器输出的三相交流电压与所接电网的三相电压同步。连接变压器通过的电流等于零，或呈容性或呈感性，取决于一、二次电压的幅值，因此整个装置的无功功率的大小或极性都由通过它的电流来调整，从而调整输电线路的无功功率，静态或动态地使电压保持在一定范围之内，以利于提高电力系统稳定。这种装置不仅可以校正稳态运行电压，还可以在故障后恢复期间高速度稳定电压，因此具有很强的对电网电压的控制能力。它可用于输电系统中，也可用于配电系统中。

2. 可控串联补偿器

可控串联补偿器是可控串联电容补偿器，它与机械式控制的串联电容器分组投入的方法不同，在稳态运行时可按需要大范围地快速连续平滑改变串联在线路中的电容容抗的大小，甚至变容抗为感抗，从而动态调节线路的正序电抗。

可控串联电容补偿器有三种基本运行模式，即晶闸管阻断（不导通）、晶闸管旁路（完全导通）和微调控制模式。可控串联电容补偿器除了具有常规机械式控制的串联电容补偿器的作用外，还有如下作用：

（1）潮流控制。由于可以连续改变等效串联电容的容抗，即连续改变线路电抗，因此可用来进行潮流控制，可通过调整线路功率定值，从而改变电网中的潮流分布。

（2）提高电力系统暂态稳定。在系统受到大的冲击时，可通过迅速调整晶闸管的触发角，改变串联电容的补偿度，从而提高电力系统的瞬态稳定性。

（3）阻尼线路功率的振荡。可控串联电容补偿器可以阻尼由于系统阻尼不足或由于系统大扰动引起的低频功率振荡。

（4）抑制次同步振荡。有两种方法，一种是迅速调整串联电容器的容抗至最小值，对于次同步频率呈感抗，起到阻尼作用；另一种是采集当地的电流和电压，用矢量合成的方法获得远方发电机的转速相位，经过处理后用作对发电机轴振动的阻尼。

3．综合潮流控制器

综合潮流控制器是由新型静止无功发生器和串联潮流控制器结合组成的器件。其控制灵活、功能强。将一个由换流器产生的交流电压加在输电线相电压上，调节幅值和相位，使有功和无功得到调节，提高供电能力，以及阻尼系统的振荡。综合潮流控制器的串联变压器的一次电压来自一个逆变器，而逆变器输入来自一组电容器上的直流电压。直流电压是来自一个电力系统的整流器的输出，而输出是经逆变器转换成与电网电压同步的交流三相电压。这个交流电压的相位和幅值都是可控的。因此，不但可以用来控制线路两端电压的相位差，进行有功功率控制，也可以产生一个补偿线路电压降的电势，就像串联电容的作用一样，对线路有功和无功功率进行控制。另一个逆变器的作用除了供给逆变器直流侧有功功率外，本身还可以作为一个无功电源。

综合潮流控制器起到了移相器、可调串联电容器及静止调相器的作用，用以综合控制输电线路的电抗、电压及相位。

4．可控移相器

可控移相器又称功率移相器，是采用改变线路两端电压相角差 δ 的方法来实现对线路功率调整和控制的装置。用晶闸管无触点开关代替机械式开关，大大提高了调整速度和调整频率，减少了设备的维护工作量，还能具有新的功能。

可控移相器可以进行潮流控制、阻尼系统振荡、减少事故后的线路过负荷，又可抑制事故后线路功率增大所造成的暂态过程或电压降低，还可减轻导致保护连锁动作或失步或异常无功需求的大量穿越潮流。

5．固态断路器

固态断路器是将晶闸管背靠背地并联在一起，形成一个交流开关模块，再按额定电压将其串联起来。若再将一组电抗器并联在串联的晶闸管两端，则构成了故障电流限制器。

三、超导技术

随着高温超导材料的出现，以及高温超导线材的生产，为超导技术在智能电网中的实际应用奠定了基础。具体应用有超导电缆、超导变压器、超导电机、超导无功补偿设备、超导限流器，以及超导磁储能系统等。

（一）超导电缆

超导电缆采用高电流密度的超导材料作为电流导体，其有载流能力大、损耗低和体积小的优点，其传输容量比普通电缆高 3～5 倍。随着大城市用电量的日益增加，采用超导电缆输电是解决大容量、低损耗输电的一个重要途径。超导电缆还可以防止对电磁环境的污染。

超导电缆主要由电缆本体、终端以及冷却系统组成。

1．超导电缆本体。超导电缆本体包括电缆芯、电绝缘和低温容器。电缆芯是由绕在不锈钢波纹管骨架上的导体层组成，装在维持液氮温度的低温容器中，低温容器两端与终端相连；导体层间缠绕绝缘带的电绝缘，以降低电缆因电磁耦合引起的交流损耗；低温容器是一种双不锈钢波纹管结构，具有高真空和高绝热的性能。

2．终端。终端是高温超导电缆与外部电气部件连接的端口，同时也是电缆低温部分与外部室温的过渡段。

3．冷却系统。冷却系统是一种低温技术，为超导应用提供最基本的低温运行条件，目前多数采用液氨作为冷却介质，是利用过冷液氮的显热，将高温超导电缆产生的热量带到冷却装置，通过液氮冷却后，再将过冷液氮送到高温超导电缆中去，形成液氮在闭合回路的循环过程。

（二）超导变压器和超导电机

1．超导变压器。超导变压器和油浸电力变压器从结构上说不同的是，油浸式电力变压器的铁心和绕组都浸泡在变压器油中，而超导变压器没有变压器油，从这点上看，超导变压器有些类似干式电力变压器，但又不相同，超导变压器和干式变压器不同的是，超导变压器的绕组处于存有低温介质的绝缘低温杜瓦中，该杜瓦为环形结构，中心留有处于室温的孔，以便铁心穿过，铁心为传统的硅钢片叠压而成。

超导变压器铁心的磁滞损耗小，所以很重要的特点是效率高，而且体积小、重量轻、过负荷能力强，改善了电力系统的稳定性，还提高了变压器寿命。

2．超导电机。超导电机是用超导线绕制的发电机和电动机，用超导线代替传统的铜导线，容量大大提高，体积也大大减小，重量仅为传统电机的四分之一，所以，广泛地应用在军舰和船舶上，减轻了军舰和船舶的自重，有利于航行。

四、仿真和控制决策技术

（一）仿真技术在智能电网中的应用

电力系统仿真是根据实际电力系统建立模型，进行计算的试验，研究电力系统在规定时间内的工作行为和特性。它在电力系统研究、规划、设计、运行、试验中发挥重要作用。

智能电网需要电力系统仿真提供预测和决策支持能力，能够即时跟踪系统状态，对电力系统运行趋势进行预测，对决策措施进行模拟。随着电网规模的不断扩大和新型电力元件的应用，还要求电力系统仿真具有快速仿真算法以及大规模电力系统实时仿真。

（二）控制决策技术

1. 可视化技术在智能电网中的应用。可视化技术是将抽象的事物或过程变成图形图像的表示方法，所谓“图示化”。可视化是智能电网分析决策技术的重要内容。

2. 预防控制决策技术。预防控制决策技术是当系统中尚未发生实际故障时，对系统在各种可能的故障场景下的安全稳定性进行分析，通过调整系统的运行方式实施预防控制，改变系统运行工作点，使系统满足预想故障条件下的安全稳定性要求，使系统仍能安全稳定运行。

3. 紧急控制决策技术。当电网系统发生故障时采取低频减载、低压减载、振荡解列、高频切机、过载联切等手段，通常还具有自适应功能，这种紧急控制决策技术对电网紧急控制，是避免大电网连锁反应，故障迅速扩大的重要措施。

随着电网实时仿真、广域测量技术的发展，可以建立电网智能调度、先进的停电管理服务，以及自适应的稳定控制，还有完成电网潮流安排、电压控制等，从而大大提高了电网运行时控制智能化的程度。

五、储能技术

电能存储是分布式发电并网的先决条件。电能存储方式主要有机械能、电磁储能、电化学储能和相变储能等。由于电力系统的复杂性以及对储能需求的多样性，所以储能技术在不断的发展中。

（一）机械储能

机械储能主要有抽水蓄能、压缩空气储能和飞轮储能等。其中抽水蓄能技术相对比较成熟。

（二）电磁储能

电磁储能包括超导磁储能和超级电容器储能等。

1. 超导磁储能。超导磁储能技术是利用超导磁体将电磁能直接储存起来，用电时将电磁能返回电网或负载。它的优点是：没有旋转机械部件和动密封问题，使用寿命长，能量密度高，转换效率高，响应速度快，不受建造地点限制，且维护简单、污染小。广泛应用于补偿负荷波动，电力系统无功补偿和功率因数调节，提高系统电能质量和输电系统的稳定性和消除系统低频振荡等。

超导磁储能系统由超导磁体、低温系统、磁体保护系统、功率调节系统和监控系等几部分组成。超导磁体是系统的核心，它可以达到很高的储能密度；低温系统保证了超导所需的低温环境；功率调节系统控制超导磁体和电网之间的能量转换，其变流器有电流源型和电压源型两种；监控系统从系统提取信息，根据需要控制系统的功率输出。

2. 超级电容器储能。采用电化学双电层原理的超级电容器——双电层电容器，是一种介于普通电容器和二次电池之间的储能装置。超级电容器主要有碳基超级电容器、金属氧化物超级电容器和聚合物超级电容器等。碳基超级电容器使用有机电解液作为介质，活性炭与电解液之间形成离子双电层，通过极化电解液来储能，能量储存于双电层和电极内部。

电容器储能具有快速充放电能的优点，但由于耐压较低，往往要串联使用。双电层超级电容器的储能过程是可逆的，可以反复充放电，超级电容器可以实现快速充电，功率密度高，适用于短时间高功率输出，无需检测是否充满，无污染、过充无危险、寿命长、低温性能好，容量随温度的衰减小。超级电容器又具有极高的介电常数，可以小的体积制作成大容量的电容器。

（三）电化学储能

电化学储能主要有铅酸蓄电池、钠硫电池、液流电池、锂离子电池，以及镍氢电池和钠氯化镍电池等。

六、分布式发电并网入网方式

通常 DG 与电网互联的接口一般有 3 种形成：异步发电机接口模型、同步发电机接口模型、AC/AC 或 DC/AC 变换器。风力发电通常是异步发电机接口，地热能和海洋能发电是同步电机接口，太阳能光伏和燃料电池是 DC/AC 变换器接口，而微型燃气轮机通常是 AC/AC 变换器入网方式。

同步发电机作为接口的 DG 又分励磁电压恒定型和可调整两类。励磁电压恒定型 DG 不具有电压调节能力，因而在潮流计算中，采用这种接口形式的 DG 其节点不能作为 PU 节点，其发出或吸收的无功功率与机端电压有关，潮流计算前不能确定，所以也不能看成 PQ 节点；而具有励磁电压调节能力的 DG 可以当成 PU 节点，在潮流计算中处理方法与传统方法相同。异步发电机由于没有励磁系统，需要从系统吸收无功功率，吸收的无功功率大小与机端电压有关，因而在潮流计算中异步发电机的处理也常要特殊考虑。对采用 DC/AC 或 AC/AC 变换器接口的 DG 而言，输出的有功、无功功率与变换器的控制策略有关，潮流计算中需要结合变换器的控制策略对 DC 进行处理。

（一）异步发电机入网方式

风力发电一般采用异步发电机，异步发电机在超同步运行情况下以发电方式运行。此时它吸收风力机提供的机械能，发出有功功率，同时从电网或电容器吸收无功功率提供其建立磁场所需的励磁电流。多台风力机组按照一定规则排列构成风电场、风电击的功率，为所有风电机组输出功率之和。

由异步电机的等值电路，可以推导出异步电机的无功功率 Q_e 的表达式为 $Q_e=\frac{U^2}{x_m}+\frac{-U^2+\sqrt{U^4-4Pe^2\cdot xk^2}}{2xk}$

其中 $x_k=x_1+x_2$

式中 U——机端电压；

P_e——异步发电机的有功功率；

x_m、x_1、x_2——等值电抗。

从上式中可以看出，当异步发电机输出的有功功率 P_e 一定时，它吸收的无功功率 Q_e 与机端电压 U 的大小有密切关系，发出的有功功率在特定时间段是确定值，而无功功率则是随机端电压的变化而变化。

（二）同步发电机入网方式

有励磁调节能力的同步发电机，具有两种励磁控制方式：一是电压控制方式，二是功率因数控制方式。采用电压控制的 DG 在潮流计算中可作为 PU 节点处理，而采用功率因数控制的 DG 可以作为 PQ 节点处理。

由隐极同步发电机的等值电路，可以推导出无功功率输出的表达式，当发电机吸收无功功率时为：

$$Q_{DG}=\frac{E_{DG}U}{X_a}\cos\delta-\frac{U^2}{X_a}$$

当无功大于 0 时，无功功率的表达式为：

$$Q_{DG}=\sqrt{\left(\frac{E_{DG}U}{X_\alpha}\right)^2-P_{DG}{}^2}-\frac{U^2}{X_\alpha}$$

式中 DG——机组的空载电动势；

X_α——为 DG 机组的同步电抗；

U——机端电压；

δ——功角。

可见，对采用无励磁调节能力的同步发电机作为接口 DG，在稳态计算中也可以作为静态电压节点处理。这就是采用无励磁调节的同步发电机作为接口的 DG 在潮流计算中的处理方法。

（三）DC/AC、AC/AC 变换器入网方式

有的分布式发电需要通过电力电子装置（整流器逆变器）才能够并网进入系统，如燃料电池、太阳能光伏发电、储能系统、微型燃气轮机等。其中燃料电池、太阳能光伏发电和储能系统发出的是直流电，需要通过过电压源逆变器与电网并网。而微型燃气轮机发出的是高频交流，需要通过 AC/DC/AC 或 AC/AC 变频后才能和电网并网。

七、并网逆变器系统

（一）并网逆变的组成

并网逆变器系统是分布式发电并网的重要环节，通过逆变器可以得到电压可调的直流，以及频率可调的交流电。

用于太阳能电池发电系统有低频环节逆变器和单向直流变换器型的高频环节逆变器，因此可根据输入输出隔离变压器的类型分为低频环节并网逆变器和高频环节并网逆变器。

1. 分布式发电系统低频环节并网逆变器。分布式发电系统低频环节并网逆变器的电路，由于频式高频逆变器、工频变压器、输入及输出滤波器组成。

分布式发电系统低频环节并网逆变器组成形式有推挽式、推挽正激式、半挤式、全挤式等，它们可以由方波、阶梯波、脉宽调制等逆变器来实现。这类低频环节并网逆变器的特点是：电路结构简单、双向功率流、单极功率变换（DC－LAFC）、变换效率高、变压器体积和质量大、音频噪声大等。

2. 分布式发电系统高频环节并网逆变器。分布式发电系统高频环节并网逆变器的电路，由高频逆变器、高频变压器、整流器、极性反转逆变挤和输入输出滤波器组成。此种电路组成适合于可再生能源的有源逆变。这类高频环节并网逆变器的特点是：高频电气隔离、电路结构简单、单向功率流、三级功率变换、直流变换级工作在正弦波脉宽调制、极性反转逆变挤功率开关电压应力低等。

分布式发电系统高频环节并网逆变器组成形式有：单管正激式、并联交错单管正激式、推挽式、推挽正激式、双管正激式、并联交错双管正激式、半挤式、全挤式等。

（二）并网逆变器的控制技术

并网逆变器的控制目的是提高逆变器输出电压的稳态性能和动态性能。稳态性能是指输出电压的稳态精度和带不平衡负载的能力；而动态性能是指输出电压在负载突变时动态响应水平。

并网逆变器的控制可以分为模拟控制技术和数字控制技术两大类。

1. 模拟控制技术。逆变器的模拟控制又分电压型控制技术和电流型控制技术两种。

（1）电压型控制技术。电压型控制技术常采用单闭环反馈控制。一般需要在系统的静态性能、快速性与稳定性之间找到一个合适的点。对于电压型控制，在调制过程中采用大幅度的锯齿波，其抗干扰性能强，并具有较好的交叉调节能力，缺点是动态响应速度慢，环路增益随输入电压的变化而变化，致使补偿变得复杂。

（2）电流型控制技术。电流型控制技术又分为峰/谷值电流型控制技术和平均值电流型控制技术两大类。

2. 数字控制技术。随着并网逆变器技术的发展，越来越多地采用数字控制技术、数字控制和模拟控制相结合的技术，以及模糊控制的技术。

（1）在数字控制中采用 PID 控制。在数字控制中采用 PID 控制后，可以避免在模拟控制中使用 PID 时出现的模拟控制系统庞大、可靠性低、调试复杂等缺点。又增加电流、电压的控制引入等补偿措施，使得逆变器的 PID 控制效果得到明显的改善。

（2）无差拍控制。无差拍控制的暂态响应快，输出电压的相位不受负载的影响，它是根据逆变器系统的状态方程和输出反馈信号来计算下一个采样周期脉冲宽度的控制方法。但是这种无差拍控制，在系统参数有波动时容易造成系统不稳定，以及瞬态超调量加大。

（3）模糊控制。采用模糊控制后，增加了系统的自适应能力，以及能有效地对复杂系统作出判断和处理，并可通过选取高的采样率提高控制的精度。

（4）滑模控制。滑模控制的加入，可以提高系统的稳定性。

（三）并网逆变器的应用

逆变器在燃料电池的并网控制，以及光伏发电系统的并网控制中得到广泛的应用。

1. 燃料电池发电的并网控制。燃料电池发电并网系统由燃料电池、功率调节单元和升压变压器等几部分组成。其中的功率调节单元由 DC/AC 换流器、电压控制环节和功率控制环节组成。

和传统发电机的原理相似：通过对燃料流量的控制实现对燃料电池输出有功功率的控制，通过调节功率单元实现无功功率的控制，因此，在潮流稳态计算中，燃料电池发电并网节点可以作为 PU 节点处理，如果燃料电池发电并网节点的无功功率越限，可以将该节点作为 PQ 节点处理。但是，与传统的同步发电机不同的是：燃料电池发电没有原动机调速器和励磁调节器。

2. 光伏发电系统的关网控制。交流电网是 50HZ 的不同电压的交流电，而光伏发电系统即太阳能电池板输出的是各种电压等级的直流电，若要将太阳能电池板输出的能量送到交流电网上，就需要通过逆变器将直流电变成与交流电网电压同频同相的交流电。

逆变器是并网发电系统进行电能变换的核心。根据逆变器直流侧电源性质的不同可分为两类：直流侧是电压源的称为电压型逆变器，直流侧是电流源的为电流型逆变器。因为电流源为输入的逆变器系统动态响应差，所以多数采用以电压源输入为主的方式。

八、配电运行智能化

配电运行智能化包括配电运行的自动监视与控制、自动故障隔离与配电网自愈等，是本地自动化、现场设备远程监控与分析软件的有效结合。除实现传统配电运行自动化外，还实现含分布式电源的配电网监视与控制、故障处理、安全预警和自愈控制等功能。

（一）配电运行智能化的主要内容

1. 配电数据通信网络

配电数据通信网是一个覆盖配电网所有节点的基于 IP 的实时通信网，采用光纤、微波、无线等通信技术，支持各种配电终端与系统“上网”。实时或准实时通信的实现，给配电网保护、监控与自动化技术带来极大的变化，并影响一次系统技术的发展。

2. 智能化用户

通过智能电能表、一体化通信网络以及可扩展的智能化电气接口，支持双向通信、智能读表、用户管理以及智能家居。体现在应用智能电能表，实行分时电价、动态实时电价，以及允许分布式电源用户在用电高峰时向电网送电。

3. 具有自愈能力的配电网络

具有自愈能力的配电网要求在所有节点上安装由新型开关设备、测量设备和通信设备组成的控制设备，可自动实现故障定位、故障隔离以及恢复供电。

4. 配电网定制电力

定制电力技术是应用现代电力电子和控制技术为实现电能质量控制及为用户提供特定需要的电力供应技术。

5. 智能主站系统

智能主站系统可实现智能化、可视化，可管理多种分布式电源。它采用 IP 技术，强调系统接口、数据模型与通信服务的标准化与开放性，也强调计算和分析的快速性。

6. 分布式发电并网和微电网

(1) 分布式发电并网。分布式电源应做到“即插即用”，以及涉及分布式电源并网的保护控制、设备接口的标准，以及调度等。

(2) 微电网。对微电网的运行控制应在主网正常时，保持微电网与主网的协调运行；在主网停电时，微电网独立运行；当主网恢复正常时，微电网可再次与主网协调运行。

（二）智能配电网运行的监视与控制

1. 配电运行监视与控制的功能

配电运行监视与控制的功能有：解决智能配电网的双向潮流监控问题，提高设备互操作能力，提升电力服务水平，提高电能质量，以及实现电网运营成本的最小化。

2. 配电运行监视与控制的目标

(1) 在紧急状态下，配电系统解列成若干个孤岛，可以使用本地分布式电源对重要负荷持续供电，目前分布式发电所占比例还比较小，但发展前景极佳，随着分布式发电所占比例的加大，这个作用和优越性就越来越明显。

(2) 通过控制分布电源，辅助实施电压与无功优化。当并联电容器停运时，配电系统可以从分布式电源获得电压支持。

(3) 通过实时电价的执行，鼓励用户参与电力系统的削峰填谷。

(4) 在微电网范围内有效解决电压、谐波问题，避免间歇式电源对用户电能质量的直接影响，提高供电质量。

(5) 尽量就地平衡分布式发电电能，实现可再生能源优化利用和降低配电网损耗，提高供电效率。

九、微电网

微电网是一种新型能源网络化供应与管理技术，能够便利可再生能源系统的接入，实现需求侧管理以及现有能源的最大化利用。微电网是由各种分布式电源/微电源、储能单元、负荷以及监控、保护装置组成的，具有灵活的运行方式和可调度性能。

（一）微电网的优点

根据微电网自身的特点，以及微电网结合分布式电源的特点，微电网具有以下优点：

1．微电网将原本分布的电源相互协调起来，加强了本地供电可靠性，降低了馈线损耗，保持了本地电压，更高的效率，提供了不间断电源。

2．由于微电网大多数使用可再生能源，如风能、太阳能等，因此可以减少二氧化碳的排放，减少对环境的污染。

3．在微电网和主干网关联运行时，可以让微电网主要承担多余的峰荷，而主电网只需带基本负荷，大大提高了电网的用电效率。

4．为大量的分布式发电系统提供协调控制，保证了配电网的有效性和安全性。

5．微电网可以满足电力负荷聚焦区的电能需要，这种聚焦区可以是重要的办公区和厂区，或是传统电力系统的供电成本大的远郊的居民区等。因此，相对传统的输配电网，微电网结构比较灵活，更经济。

（二）微电网的基本结构

微电网由微电源（光伏电池，微型燃气轮机、蓄电池等）、连接主电网的主分离器、断路器，以及潮流控制器和保护协调器组成。其特点如下：

1．微电网中包含了光伏电池、微型燃气轮机和蓄电池等微电源形式的电源。

2．微电网配备了能量管量系统，通过数据采集并连接到能量管理系统，可解决电压控制、潮流控制、保护控制等。

3．在微电网中有各种不同类型的负荷，需要用不同的策略进行供电，有些负荷可以直接进行供电。

4．微电网通过主隔离器和微电网连接可以与主电网实行并网运行，并可改善主电网的电能质量。

微电网的控制、协调、管理功能通过微电源控制器保护协调器以及能量管理器来实现。

（三）微电网的控制功能

微电网的控制功能基本要求是：

1．新的微电源接入时不改变原有的设备；

2．微电网解、并列时是快速无缝的；

3．无功功率、有功功率能独立进行控制；

4. 电压暂降和系统不平衡可以校正，要能适应微电网中负荷的动态需求。

微电网的控制功能类型有：基本有功和无功控制，基于调差的电压调节，快速负荷跟踪和储能，频率调差控制。

（四）微电网的关键技术

1. 电力电子技术

光伏电池、风机、燃料电池、储能元件、高频燃气轮机等都需要通过电力电子变换器才能与微电网系统网络相连接。其中电子逆变器是关键的电力电子技术的应用。

2. 微电网并网运行

并网运行是微电网的关键技术。要根据负荷的情况选择保护方案。微电网并网的控制目的是提高电压的稳态性能和动态性能，常采用的控制技术有模拟控制技术和数字控制技术两大类。

3. 微电网的保护

微电网的保护对故障检测提出了更高的要求，另外要求开关动作更快，选择适合于微电网的保护方案，采用先进的控制手段，以满足微电网可靠运行的要求。

4. 通信技术

智能电网必须建立在现代通信技术的基础上，同样，微电网的正常运行，也要通信手段作为支撑。一个建立信息单元基础上的微电网，现代通信技术（配电网级、微电网级、单元极）是微电网的保障，没有通信技术就谈不上微电网的服务。

5. 监控体系

微电网通过配电网控制器、微电网中央控制器以及单元或负荷的就地控制器来保证正常运行和合理的调度，一个自动化的微电网必须要有一个自动化的监控体系作保障。

6. 仿真技术在微电网中的应用

为了确保微电网运行的稳定性和可靠性，需要对控制器进行建模，也需要对管理系统进行建模，建立系统整体运行控制和能量优化管理模型。需要开发系统稳态和动态的性能仿真和分析，开发相关的管理系统。

7. 微电网能量控制方法

常用的控制方法有：对策控制方式、集中控制方式、多代理技术。多代理可以比集中控制方式包含更多的信息，可以在最优化方法上和决策过程上提高效率。另外，微电网中的分层控制也得到广泛应用。

十、智能家居系统

智能家居系统包括数字网络办公能源管理系统、面向互联网的智能家庭能源管理系统、基于无线通信技术的智能家居系统、3S－W 无线智能家居控制系统等。

（一）数字网络办公能源管理系统

1. 系统的特点

智能家居交互平台是一个具有交互能力的平台，通过平台能够把各种不同的系统、协议、信息内容控制在不同的子系统中进行交互、交换。每个子系统都可以脱离交互平台独立运行，不同品牌的产品、不同的控制传输协议能通过这个平台进行交互，智能终端仅作为各子系统的显示和操作界面，控制软件可编程，以及具有多种控制手段等特点。

2. 智能办公楼监控系统的实时网络

该系统基于工业 PC、总线端子模块、电力测量端子模块、带以太网接口的控制器和实时的 Ether CAT 技术。

智能办公能源管理系统实时网络方案分为两个部分：一是房间设备集中管理及电力监控，二是本地房间设备控制。

3. 通信架构

办公能源管理系统实时网络为树型连接方式，使用以太网通过总线和相应的耦合器把每个房间组成树型网络。建筑中的每个楼层的主控制器可通过以太网交换机接入建筑网络，最后接入机房进行统一管理。系统采用开放的实时以太网通信协议。

4. 关键设备

该系统的关键设备有：符合标准导轨安装方式、无源冷却型、宽温型的嵌入式控制器，专为楼宇自动化设计的总线端子模块，以及调光器总线端子模块和输出端子模块。

（二）面向互联网的智能家庭能源管理系统

面向互联网的智能家庭能源管理系统，给家庭提供耗能及节能管理，实现家庭用能效益最大化。基于互联网的系统把家庭用电纳入智能电网的整体框架加以考虑，从而构建新的能源消费形态，改变了现有的能源消费习惯和方式，实现能源节约及环境保护。

1. 系统组成

该系统采用三层结构设计。即包括数据总线、互联网能源服务云、移动终端的能源服务云层；包括智能电能表和家庭能源管理终站的家庭集中控制层；还有包括家电、照明、插座和开关、光伏逆变器、储能设备的家庭本地设备层。系统的软件和硬件也按这三层部署，共同协调配合完成面向互联网的家庭能源管理及控制任务。

2. 系统功能

（1）能源服务云是数据及应用服务中心，实现包含用户管理、终端接入前置服务、终端在离线状态管理以及和电力公司数据交换等功能。

（2）家庭能源管理系统是内置在家庭能源管理终端中的嵌入式自动化控制系统，它除了具备对本地设备接入和管理的功能外，还需要完成与智能电能表及能源服务云的对接工作。

（3）掌上能源管家利用移动网络，实现远程家庭能源的管理，包括远程设备状态查看、远程分布式电源实时监测及控制、远程能源使用计划执行、远程家电控制、远程报警等功能。

以上这些功能的实现，使得家庭用电的管理具备了全新的面目和模式。

3. 关键设备

该系统的关键设备包括家庭能源管理终端、低压网络计量插座及开关、即插即用型家庭储能设备，以及智能手机。

4. 通信架构及通信协议

整个系统的户内网络由家庭能源管理终端连接到所有受控设备，然后由互联网连接互联网能源服务云，并接受云的统一管理。

（三）基于无线通信技术的智能家居系统

1. 基于无线通信技术的智能家导系统的特点

由于智能家居系统采用了无线通信技术，又利用了计算机技术、网络通信技术、综合布线技术，使家居生活的各个子系统有机地结合在一起，暖气、热水器、空调、冰箱、烘干机等设备都可以实现程序控制和自动控制，让你的生活变成了全新的智能生活。

2. 智能家居系统的组成

智能家居系统主要包括：智能家居中央控制管理系统、家居照明控制系统、家庭安防系统、门禁对讲系统、家庭环境（温度、湿度等）控制系统、家用电器控制系统、网络控制子系统，以及各种远程子系统等。其中中央控制管理系统是核心，并具有微功率无线接口，许多家庭设备可以实现远程控制，也可以实现程度控制。

3. 主要设备

智能家庭系统包含了许多关键设备，例如总控终端、手持交互终端、无线智能开关、适配器、转换器、安防控制器、无线抄表系统。各个家庭必须配置家用电脑、有无线发射装置和接收装置，所有被控对象具备受控条件，还必须要有各种保护装置，保证整个系统安全运行，出现问题和故障时能自动报警，还要配备自动消防系统。

（四）3S－W 无线智能家居控制系统

3S－W 无线智能家居控制系统为用户提供了一整套智能家居解决方案，涵盖家电控制、能源管理、安防监控、环境控制、远程控制等多个功能领域，旨在为用户提供便捷、舒适、节能、安全的家居环境。

1. 系统的功能和组成

该系统的主控制器具备网关功能，由智能照明系统、智能家电系统、能源管理系统、安防报警系统、环境监测系统、远程监控系统等六大子系统组成：

（1）智能照明系统。该系统能自动采集照明系统中的各种信息，并能进行相应的分析、推理、判断，对分析结果按要求的形式存储、显示、传输，以及反馈控制，达到预想的效果。

（2）智能家电控制系统。该系统主要目的是实现家用电器的自动化控制，所有家用电器要处于受控状态，监控系统要进行必要的监控。

（3）能源管理系统。该系统能对能源消耗进行测量和显示，使用者可以对能源消耗进行管理，用能设备和智能电网实现无缝链接，达到方便使用和节约用电、合理用电的目的。

（4）安防报警系统。该系统包括门窗报警、紧急求助报警、燃气泄漏报警、火灾报警等，以确保居民的安全。

（5）环境监测系统。该系统通过对温度、相对湿度、光照强度以及 CO_2 浓度等环境信息的监测，自动控制相应的设备与装置，以形成良好的家庭环境。

（6）远程监控系统。用户可通过手机、PC 远程监视家庭内部的情况，同时可以根据需要对相应的设备和装置进行远程调节与控制，并且可以进行撤防和设防等操作。

2. 关键设备

该系统的设备较多，主要分为五类：控制器类设备、手持移动类设备、智能终端设备、传感设备、软件。

（1）控制器类设备。系统的家庭主控制器是整个家居系统的管理和控制中心，是家庭信息网对外通信的网络中枢。对外通过以太网实现远程操作，对内通过无线网对家庭内部所有智能设备进行统一的管理。

系统的子控制器是系统的区域控制器，在系统中起承上启下的作用，集路由、控制和管理功能为一体，管理自己所在区域无线网络、设备控制和功能实现，接受主控制器指令，协调系统的整体运行。

（2）手持移动类设备。包括液晶显示遥控器和迷你遥控器两类。

（3）智能终端设备。包括照明控制设备、家电控制设备和定制设备三类。

（4）传感设备。包括温湿度检测器、照度检测器、气体探测器、人体探测器和门磁窗磁等多种传感设备。

（5）软件。上位机配置软件运行在 PC 上，主要对智能家居控制器和智能终端设备通过配置器进行组态配置。

3. 通信架构及通信协议

系统以家庭主控制器为中心，通过无线网络实现家庭内部通信，通过以太网与外部进行数据交互。无线智能控制系统网络架构有大型架构、中型架构的简易架构三种形式。网络层协议和应用层接口均进行了标准化，并具有数据传输速率低、功耗小、可靠性高、网络扩展性好、工作频段灵活等一系列特点。

第八章 电工与电子测量

测量的三要素是测量对象、测量方法和测量设备。电子测量对象有电量和非电量，因而产生电量的测量技术和非电量的测量技术。测量的形式有直接测量、间接测量和组合（或称综合）测量三种。测量方法有直接估值法和比较法两大类，比较法又分为差值法或微差法、零值法、替代法和重合法四种。

第一节 电工与电子测量基本知识

一、测量的误差

在实际测量中，无论是采用多精密的量具、仪器和仪表，无论是选择测量方法有多好，或测量操作水平有多高，都会产生误差。

（一）误差的分类

1. 按误差的性质分类

按误差的性质常分为系统误差、偶然误差和疏忽误差三大类。

（1）系统误差。系统误差是遵循一定规律或在测量过程中保持不变的误差。属于这类误差的有量具制造的不精确，测量仪表的刻度不正确，周围介质温度对量具及测量仪表的影响等所引起的误差。

系统误差可以通过引入相应的校正值以及正确地进行实验等方法尽可能地减小。

（2）偶然误差。偶然误差是由于大量偶然因素的影响而引起的测量误差。偶然误差不能用实验方法加以消除，但它们对结果的影响可以用相应的对实验数据的处理来估计。

（3）疏忽误差。疏忽误差是明显地和严重地歪曲了测量结果的误差，属于这类误差的有不可信的测量仪表的不正确读数，对观察结果的不正确的记录等。

2. 按仪器仪表的误差分类

仪器、仪表的误差可分为基本误差和附加误差两大类。

（1）基本误差。基本误差决定于仪器、仪表的内部特性及品质。仪器、仪表的这种误差，可在所谓正常条件下发现，正常条件是指刻度上所注明的环境温度等，这些条件在仪器、仪表进行刻度时是被遵守的，因此它们常称为刻度条件。

基本误差必须以仪器、仪表的量程（而不是被测量的实际值）的百分比来计算，这样计算出来的误差称为引用误差。

（2）附加误差。附加误差是由于偏离正常条件所引起的。换言之，这些误差是由一些外界因素影响所引起的。

3. 其他分类法

误差分类的方法是比较多的。例如常常提到的制造误差、量仪误差、读数误差和温度误差等。

（二）误差的消除和测量结果的处理

1. 误差的消除

虽然真值是不可能得到的，但是人们总是想得到更接近于实际值的测量数据。所以，常常要尽可能地消除各种误差，以及在产生误差以后做出良好的处理。

消除误差的方法有按符号补偿误差、用替代法消除误差和用引入校正值消除误差等。

（1）按符号补偿误差。这种方法可归结为进行这样的两次测量，使系统误差在测量结果中一次为正，而另一次为负。那么，在这两种情况下获得的数值的总和的一半，将与恒定的系统误差无关。也即将获得与系统误差无关的测量结果。

（2）用替代法消除误差。这种方法可归结为将被测量用已知的等于其值的量来置换，置换时要使测量装置的状况及其作用均保持不变。这时由装置的特性引起的系统误差将被消除。

（3）用引入校正值消除误差。如果系统误差的特性已经被很好地研究过，并且也知道了其数值，则可以在测量结果中引入相应的校正值。

2. 误差结果的处理

在消除了系统误差之后，测量结果仅包含偶然误差。与系统误差相反，不能根据分析仅仅一次测量的情况来消除偶然误差。但是，观察多次测量的总和，即足够多数量的偶然误差的总和，应用概率的知识可以指出偶然误差或其范围。用这种方法便有可能对测量的精度加以评价及确定被测量对其所求实际值的接近程度。

偶然误差的发现，是由于在一系列相同条件及相同仔细程度的测量结果中观察到某些差异而得到的。但是，由此不能认为测量结果的互相符合就是没有偶然误差的标志，并因此而认为这是测量的高度准确性的标志。这种符合仅仅表明，测量装置的灵敏度还不足以发现偶然误差，或者是灵敏度还没有充分地利用。相反地，如果在测量中既碰到互相符合的结果，也遇到互相差异的结果，这样的测量才是良好的。

偶然误差有两个特征：①在足够多次的测量中，遇到正的或负的偶然误差的机会是相同的；②小误差比之大误差遇到的机会更多些。

按照这个道理可以用妥善的方式来处理测量结果，以获得以最好的方式接近被测量之实际值的数值。这个办法是在足够多次的具有相同可信程度的基础上，可以认为最可信的数值乃是所得测量数值的算术平均法。

（三）量值的传递

在测量中为了保证更正确的测量，量值的传递是非常重要的。

1. 量值单位

我国的计量制度采用法定计量单位。所谓法定计量单位是由国家以法令形式规定允许使用的计量单位。从事这种立法的国际协调组织是国际法制计量组织。

用以量度同类量大小的一个标准量称为计量单位。在一个单位制中基本量的主单位称为基本单位，它是构成单位制中其他单位的基础。在选定了基本单位之后，按物理量之间的关系，由基本单位以相乘、相除的形式构成的单位称为导出单位。这样，基本单位和导出单位构成一个完整的体系，称为单位制。国际计量大会在1960年通过的以长度的米（m）、质量的千克（kg）、时间的秒（s）、电流的安培（A）、热力学温度的开尔文（K）、物质的量的摩尔（mol）、发光强度的坎德拉（cd）等7个单位为基本单位；以平面角的弧度（rad）、立体角的球面度（sr）两个单位为辅助单位的一种单位制，称为国际单位制。

在国家制定的法定计量单位中，尽管一种物理量有大小若干个单位，但有独立定义的只有一个，这个单位称为基本单位，而其余的单位则以这个单位为基础给予定义。在国际单位制中，基本单位、辅助单位，有专门名称的导出单位以及直接由以上这些单位构成的组合形式的单位（不能带有非1的系数）都是主单位。国际上规定称这些单位为“SI”单位，拉丁字母“SI”也是国际单位制的简称。

国际上统一规定了表示单位和词头的符号，称为单位符号，我国基本上都以这些符号作为符号。对于单位的符号，凡来源于人名的，第一个字母用大写，其余都小写。在必要的情况下，可以用单位的汉语名称的简称作为汉字符号使用。

2. 量值传递

把国家的测量基准，利用标准仪器和各级标准器，逐级传递到工作仪器、仪表和工作的过程，称为测量的量值传递。

量值传递是由国家计量技术机构、省市计量机构，直至单位的计量室、仪表室以及广大的仪器、仪表使用者集体执行的。通常高一级的测量器具的精度高于低一级的测量器具。量值传递是通过低级器具和较高级测量器具比较来实现，称为“检定”。

量值传递是工业生产和国家建设的需要，也是群众性的技术工作，它既有严密的科学性，又有广泛的群众性。从而保证了全国范围内测量的统一性。

二、电工仪表的级别、结构和型号

（一）仪表级别

仪表级别就是表示仪表准确度的等级。仪表准确度等级一般分为0.1、0.2、0.5、1.0、1.5、2.5和4.0共7个等级。所谓几级是指仪表测量时，可能产生的误差占满刻度的百分比。表示级别的数字愈小，准确度就愈高。一般0.1和0.2级仪表，用作标准表，0.5级至1.5级仪表用于实验室，1.5级至4.0级仪表用于工程上。

测量时选用的仪表量程是否合适，会影响测量的准确度。一般选择量程时，应使读数位于2/3以上刻度为宜。

（二）测量仪表的结构形式及其特点

常用电工测量仪表的结构形式及其特点，见表8-1。

表 8-1　常用电工测量仪表的结构型式，工作原理及优缺点

结构型式	工作原理	原理结构图	优点	缺点
磁电式（动圈式）	结圈处于永久磁铁的气隙中，当线圈中有被测电流流过时，通有电流的线圈在磁场中受力并带动指针偏转，当与弹簧反作用力矩平衡时，便得到读数	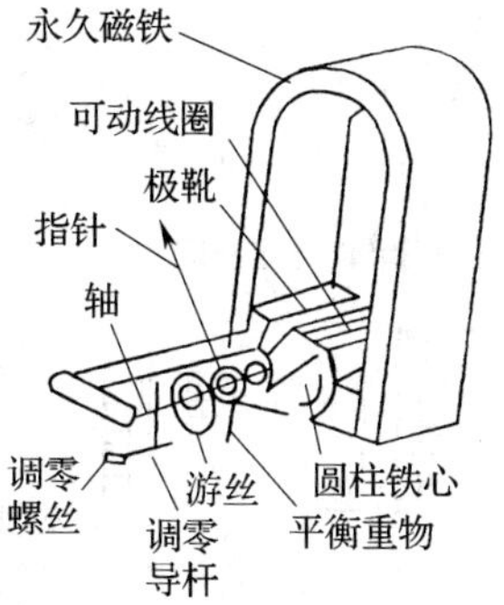	1. 标度均匀 2. 灵敏度和准确度较高 3. 读数受外界磁场的影响小	1. 表头本身只能用来测直流（交流经整流变为直流后，才可测量） 2. 过载能力差
电磁式（动铁式）	在线圈内有一块固定铁片和一块装在转轴上的动铁片，当线圈中有被测电流通过时，定铁片和动铁片同时被磁化，并呈现同一极性。由于同性相斥的原理，动铁片便带动转轴一起偏转。当与弹簧反作用力矩平衡时，便得到读数	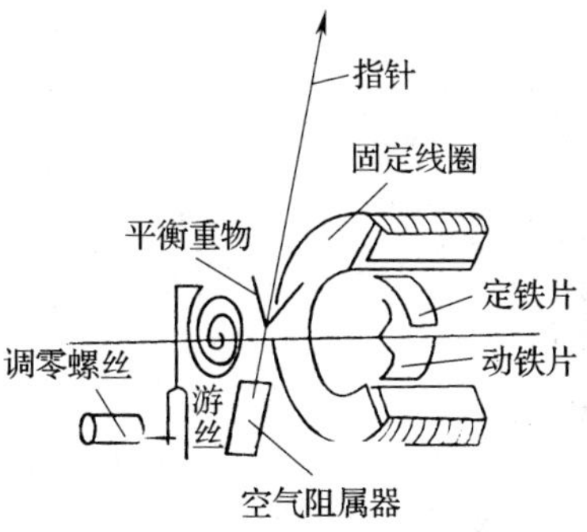	1. 适用于交直流测量 2. 过载能力强 3. 无需辅助设备，直接可测大电流 4. 可用来测量非正弦量的有效值	1. 标度不均匀 2. 准确度不高 3. 读数受外磁场影响
电动式	仪表由固定线圈和活动线圈所组成。当它们通有电流后，由于载流导体磁场间的相互作用（或者载流导体间的相互作用），因而使活动线圈偏转。当与弹簧反作用力矩平衡时，便得到读数	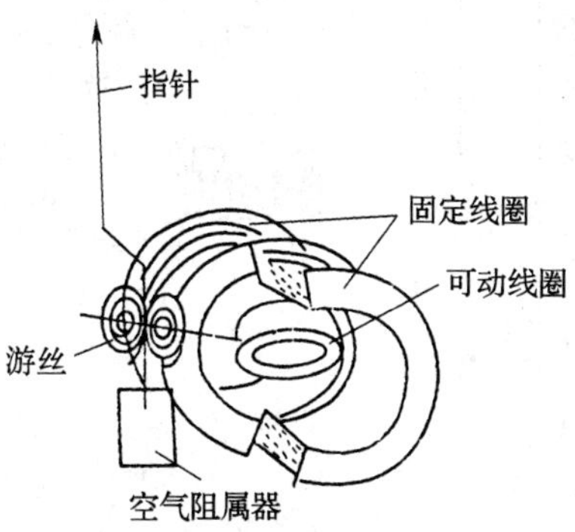	1. 适合于交直流测量 2. 灵敏度和准确度，比其他交流仪表高 3. 可用来测量非正弦量的有效值	1. 标度不均匀 2. 过载能力差 3. 读数受外磁场影响大

续表 8-1

结构型式	工作原理	原理结构图	优点	缺点
铁磁电动式	工作原理基本上同电动式，只是通有电流的活动线圈是在励磁线圈（绕在衔铁上的固定线圈）的磁场中受力偏转。当与弹簧反作用力矩平衡时，便得到读数。它是为消除外界磁场对电动式仪表读数的影响和增加仪表的偏转力矩而制造的	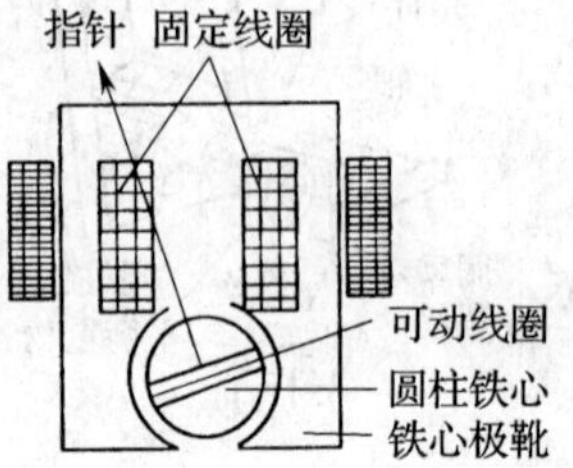 指针 固定线圈 可动线圈 圆柱铁心 铁心极靴	1. 适用于交直流测量 2. 有较大转动力矩 3. 耐振动性较好 4. 受外界磁场影响小 5. 可做成广角度的表	1. 标度不均匀 2. 准确度较低
感应式	仪表由一个或数个绕在铁心上的线圈和铝盘组成。当线圈中有交流电时，在气隙中便产生交变磁通。铝盘在交变磁通的作用下，感应产生涡流，此涡流在交变磁通的磁场中受力，于是使铝盘转动。由于制动磁铁和可动部分的铝盘相互作用，产生了制动力矩，它和转速成比例，当转动力矩和制动力矩大小相等、方向相反时，转速达到平衡	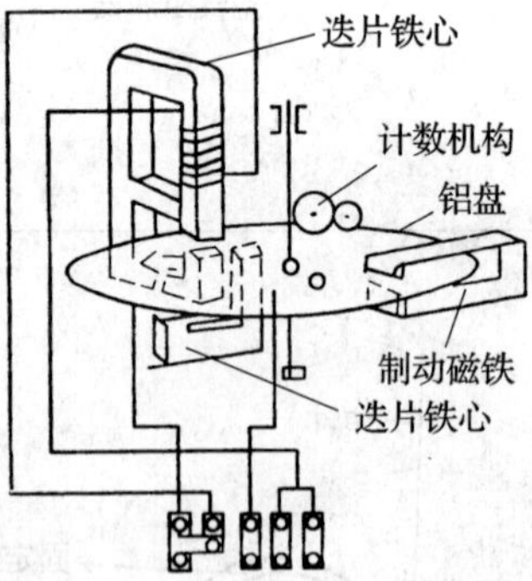 迭片铁心 计数机构 铝盘 制动磁铁 迭片铁心	1. 转矩大，过载能力强 2. 受外界磁场影响小	1. 只能用于一定频率的交流电 2. 准确度较低

续表 8-1

结构型式	工作原理	原理结构图	优点	缺点
流比计（比率计）	在同一根转轴上装有两只交叉的线圈，两线圈在磁场（磁电式流比计，磁场由永久磁铁建立；电动式流比计，磁场由另一个线圈建立）中所受的作用力矩相反，其偏转决定于两个线圈中电流的比值 I_1/I_2，故叫流比计。因为没有反作用力弹簧，不用时指针可停在任意位置	环形铁心　指针　可动线圈　永久磁铁　N　S　I_1　I_2	1. 具有磁电式和电动式的某些优点 2. 可做成兆欧表、相位表、频率表等多种仪表 3. 能消除外界的影响（如电压、频率的波动等）	1. 标度不均匀 2. 过载能力差

第二节　电流、电压、电阻、功率、电能的测量

一、电流的测量

（一）直流电流的测量

测量直流电流时，要注意仪表正负极性和满刻度值（量程），如图 8-1。在用带有分流器的仪表测量时，应将分流器的电流端钮（外侧两个端钮）接在电路中（图 8-2），由表头引出的外附定值导线应接在分流器的电位端钮上。一般外附定值导线是与仪表、分流器一起配套的。如果外附定值导线不够长，可用不同截面和长度的导线代替，但应该使替代导线的电阻等于 0.035Ω。

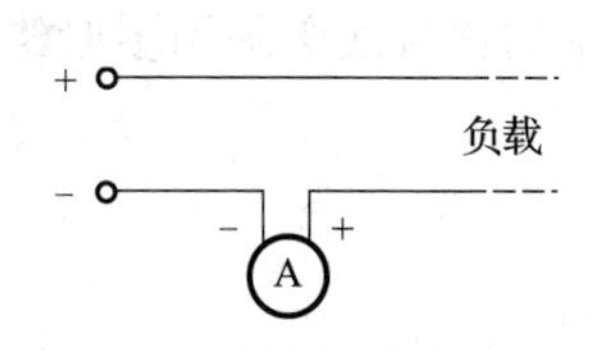

图 8-1　电流表直接接入法

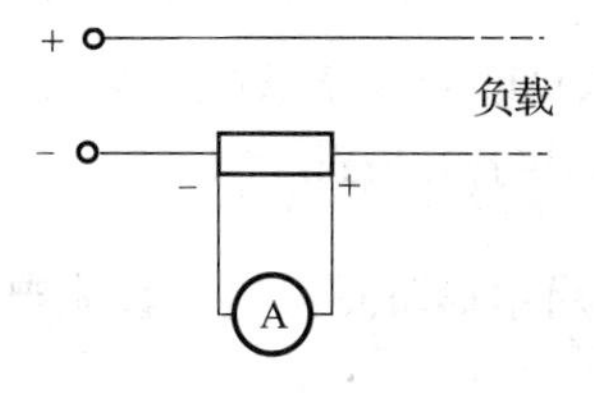

图 8-2　带有分流器的电流表接入法

（二）交流电流的测量

1. 单相交流电流的测量

单相交流电流的测量接线如图 8-3 和图 8-4 所示。

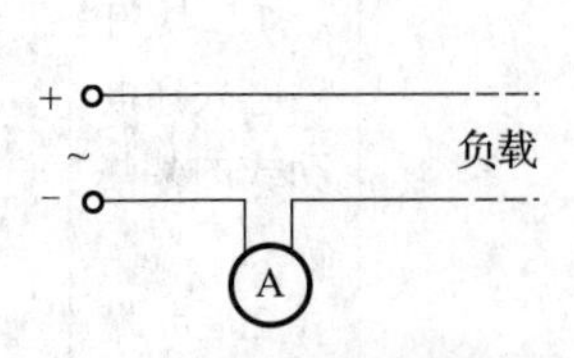

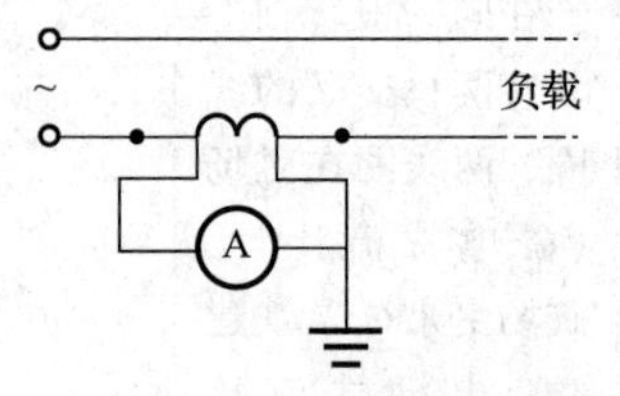

图 8-3　交流电流表直接接入法　　　　**图 8-4　带有电流互感器的接入法**

2. 三相交流电流的测量

三相交流电流的测量接线，见图 8-5。

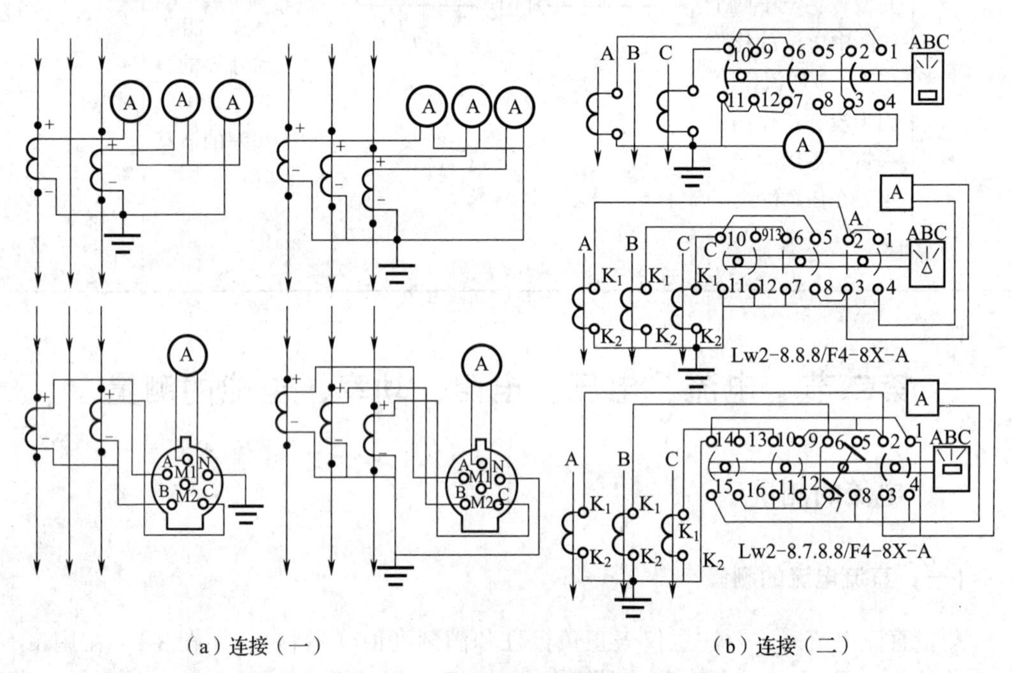

（a）连接（一）　　　　（b）连接（二）

图 8-5　三相交流电流的测量接线

测量仪表的电流线圈必须串联在线路中，如果使用电流互感器连接测量仪表，必须注意串入电路的电流线圈，其总阻值不能超过电流互感器二次侧所允许的电阻值，否则会使互感器损坏，或者影响准确度；要注意电流互感器的二次侧不能开路，而且二次侧及铁心都要可靠接地；要注意所有连接二次电路中的连接线必须用多股绝缘线，其截面不应小于 1.5mm^2。

（三）用钳形表测量交、直流电流

在不拆断电路又需要测量电流的场合，可以用钳形表进行测量。钳形表分为可测交流电流（例如 T—301、T—302、mG—24）和可测交、直流电流（例如 MG20、MG21）两类，有的还可测量电压（例如 T—302、MG—24）。

测量时，只要将被测截流导线夹于钳口中，便可读数。

测量交流电的钳形表，实质上是由一个电流互感器和一个整流式仪表所组成，被测载流导线相当于电流互感器的一次侧绕组。

测量交、直流电的钳形表，是一种电磁式仪表，放置在钳口中的被测载流导线，作为励磁线圈磁通在铁心中形成回路，电磁式测量机构位于铁心的缺口中间，受磁场的作用而偏转，获得读数。因其偏转不受测量电流种类的影响，所以可测量交、直流。

图 8-6 所示是 T—302 型钳形表外形。

钳形表使用方法如下：

（1）进行电流测量时，被测载流导线的位置应放在钳口中央，以免产生误差。

（2）测量前，应先估计被测电流（电压）的大小，选择合适的量程；或者先选用较大量程（满刻度）试测，然后再视试测电流（电压）大小，减小量程正式测定。

（3）为使读数准确，钳口的两个面应保证很好接合。如有杂音，可将钳口重新开合一次；如果声音依然存在，可检查接合面上是否有污垢存在，如有污垢，可用汽油洗干净。

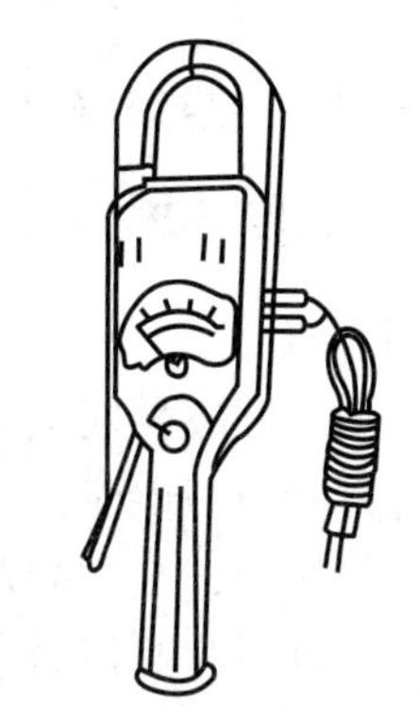

图 8-6　T－302 型钳形交直电流电压表外形

（4）测量后，一定要把调节开关放在最大电流量程位置，以免下次使用时未经选择量程，而造成仪表损坏。

（5）测量小于 5A 以下电流时，为了得到较准确的读数，在条件许可时，可把导线多绕几圈放进钳口进行测量，但实测电流结果，应为读数除以放进钳口内的导线根数。

二、电压的测量

（一）直流电压的测量

进行直流电压测量时，要注意仪表的正负极性（图 8-7）和量程（满刻度）。在带有附加电阻测量时（图 8-8），如果电源有接地的话，应将仪表接在近地端。

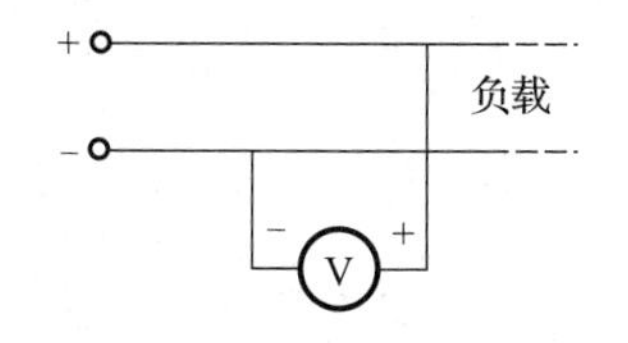

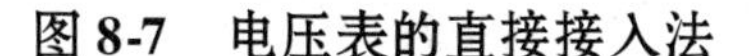

图 8-7　电压表的直接接入法

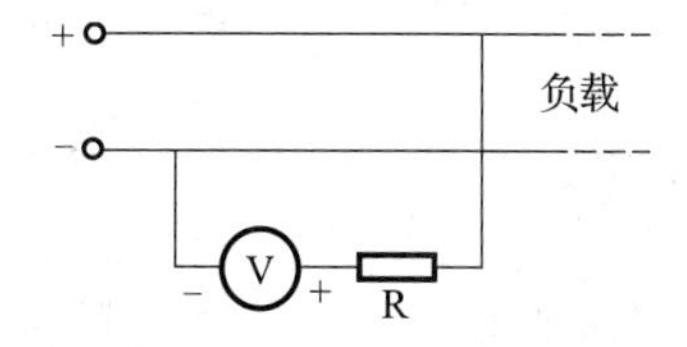

图 8-8　带有附加电阻的接法

（二）交流电压的测量

单相交流电压的测量接线，如图 8-9 和 8－10 所示。

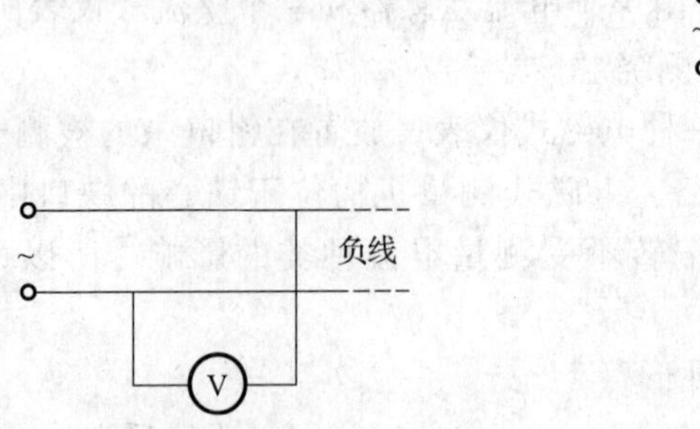

图 8-9　电压表的直接接入法　　　**图 8-10　带有电压互感器接入法**

（三）三相交流电压的测量

三相交流电压的测量接线，如图 8-11 所示。测量仪表的电压线圈，必须与线路并联。如果使用互感器连接测量仪表时，所有并入电路的电压线圈其额定电流不能超过电压互感器的负载电流，否则就会因过载而损坏测量仪表；还要注意电压互感器的二次侧不允许短路，二次侧及铁心都需要可靠接地；所有连接二次电路中的连接线，必须用多股绝缘线，其截面不应小于 1. 5mm^2。

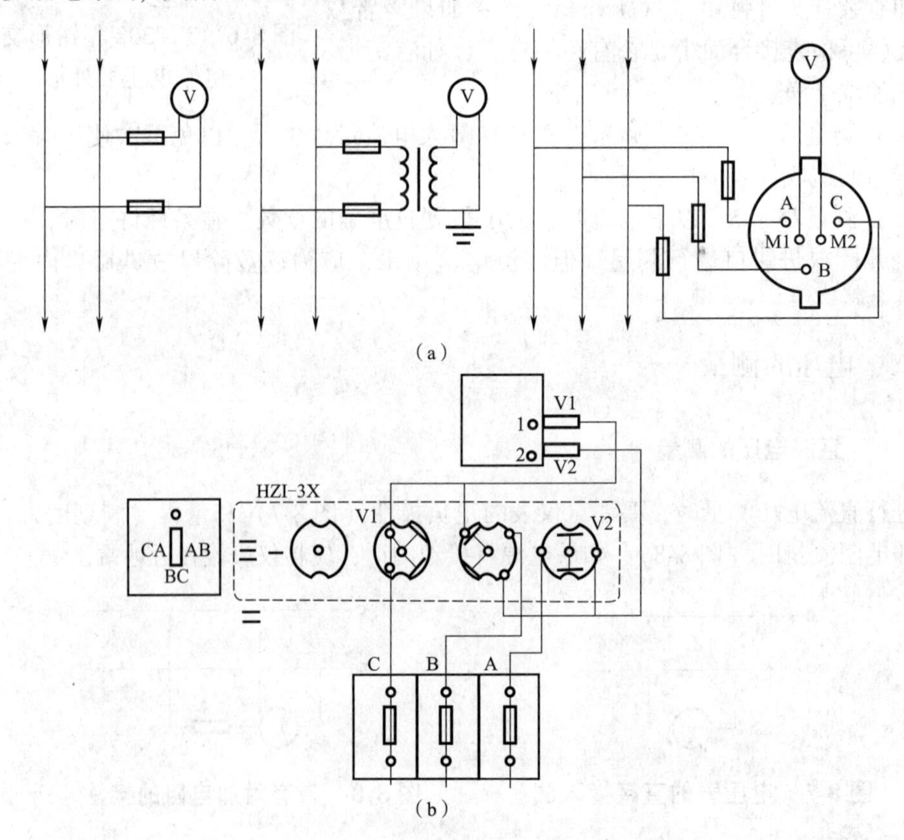

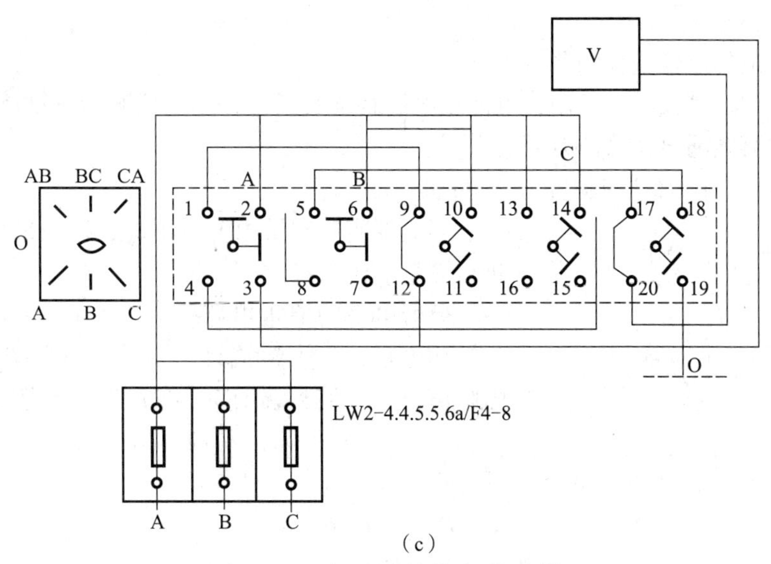

（c）

图 8-11　电压测量的各种连接

三、电阻的测量

（一）中电阻（1Ω～100kΩ）的测量

1. 电压、电流表法

用电压、电流表法测量电阻，其电阻值可以用下式求出：

$$R_x = U/I$$

式中：R_x——被测电阻；

U——电压表读数；

I——电流表读数。

如果以 R_A、R_V 分别代表电流表、电压表的内阻，则图 8-12（a）的接线，适用于 R_A 远小于 R_x 的情况（R_A 上电压降越小，R_X 的测量结果越准确）；图 8-12（b）接线，适用于 R_V 远大于 R_x 的情况（R_v 上电流分流小、使 R_x 的测量结果较为准确）。

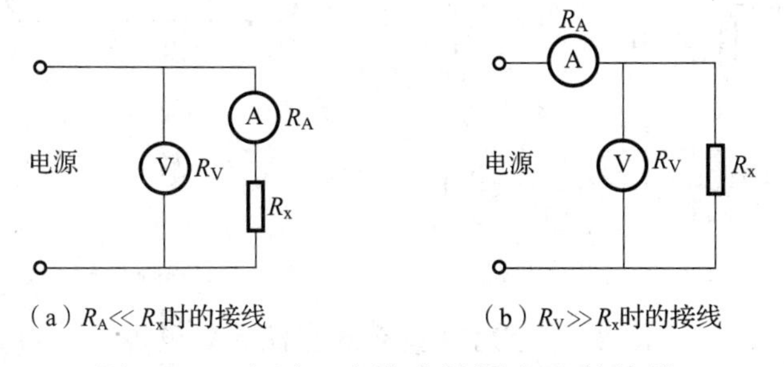

（a）$R_A \ll R_x$时的接线　　（b）$R_V \gg R_x$时的接线

图 8-12　电压、电流表法测电阻的接线

用此法测量时，应该将电源电压调节到使电流为被测电阻工作时的情况，这样测出的电阻，将比较接近于实际使用情况。

2. 万用表法

选择合适的电阻量程档测量。

如果万用表较长时间不用，电池放电回路未关断，轻则造成测量不准确，严重时，电池内液体可能漏出而腐蚀万用表。

3. 单臂电桥（惠斯顿电桥）测量法

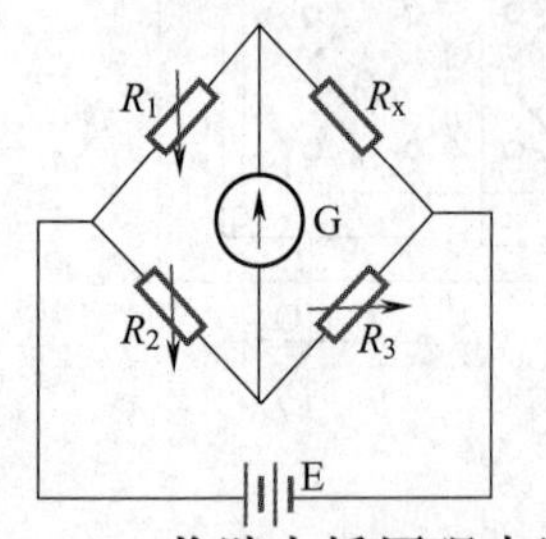

图 8-13　单臂电桥原理电路

当需要精确测量中值电阻时，往往采用单臂电桥进行测量。

单臂电桥的原理电路，如图 8-13 所示。图中 R_x 为被测电阻，G 为检流计，当改变 R_1、R_2、R_3 的电阻阻值时，可使检流计中通过的电流为零（指针不动），电路达到平衡，平衡时 R_1、R_2、R_3 与 R_x 的关系为：

$$R_1R_3 = R_2R_x$$

或

$$R_x = R_1R_3/R_2$$

R_1、R_2 叫比例臂，R_3 叫比较臂。在电桥中，R_1、R_2 实际上是做在一起的，可用一个转换开关来变换 R_1/R_2 的比值，这个比值一般有 X0.001、X0.01、X0.1、X1、X10、X100、X1000 等 7 档。R_3 一般有 $9\times1\Omega$、$9\times10\Omega$、$9\times100\Omega$、$9\times1000\Omega$ 等 4 个读数盘。

QJ23 携带式直流单臂电桥的结构电路和外形，见图 8-14。

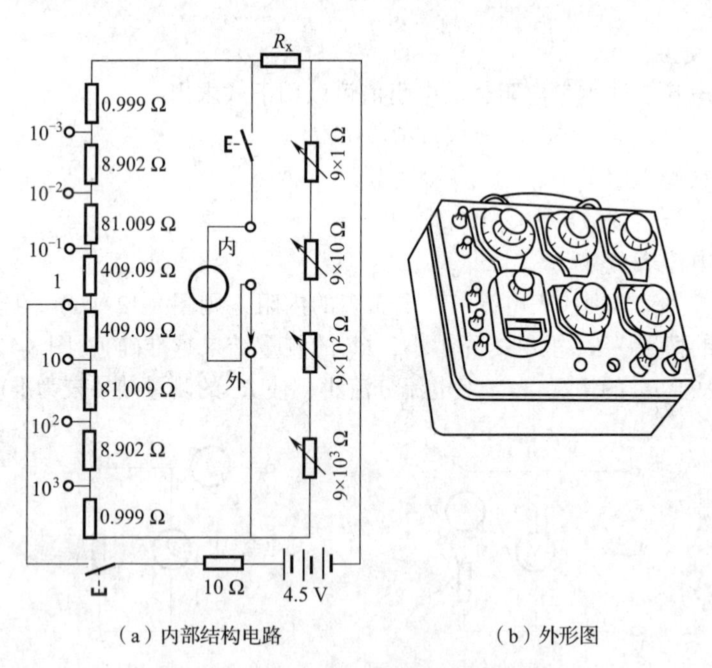

（a）内部结构电路　　（b）外形图

图 8-14　QJ23 携带式直流单臂电桥

（二）低电阻的测量——双臂电桥（凯尔文电桥）

在测量触点的接触电阻和直流电机电枢绕组等的低值电阻时，中值电阻的单臂电桥测量方法就显得不够准确了。因为此时连接引线的电阻和接头处的接触电阻不能忽略，而在单臂电桥测量方法中，这些电阻都包括在未知桥臂中被测量进去了，所以必须采用双臂电桥进行测量。

图 8-15 为 QJ103 型直流双臂电桥的结构电路。双臂电桥是在单臂电桥的基础上，设法消除连接引线和接触电阻的影响而构成的，为此电桥有两对测量端钮，一对叫电流端钮（用 C 表示），另一对叫电压端钮（用 P 表示），如图 8-15（a）中的 C1、C2、P1、P2。

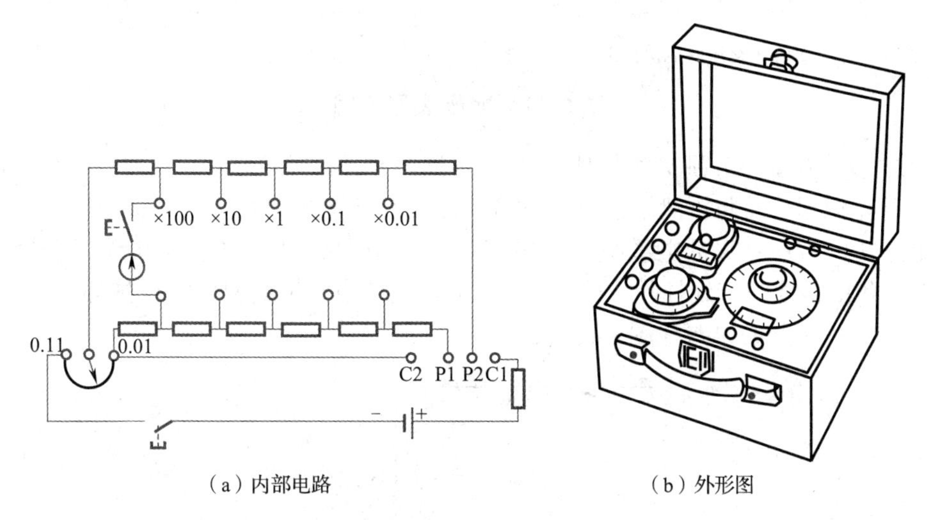

（a）内部电路　　（b）外形图

图 8-15　QJ103 型直流双臂电桥

在使用双臂电桥进行测量时，要注意被测电阻的电流端和电压端应相应地连接于电桥的电流端钮和电压端钮上。实际使用时，往往被测电阻没有电流端和电压端，所以测量时应注意，要使被测电阻的电压端接在一对电流端的内侧（图 8-16），切不可接错。

（三）绝缘电阻的测量——兆欧表测量

兆欧表（又叫摇表、绝缘电阻表）是一种简便、常用的测量高电阻的直读式仪表，一般用来测量电路、电机绕组、电缆、电气设备等的绝缘电阻。

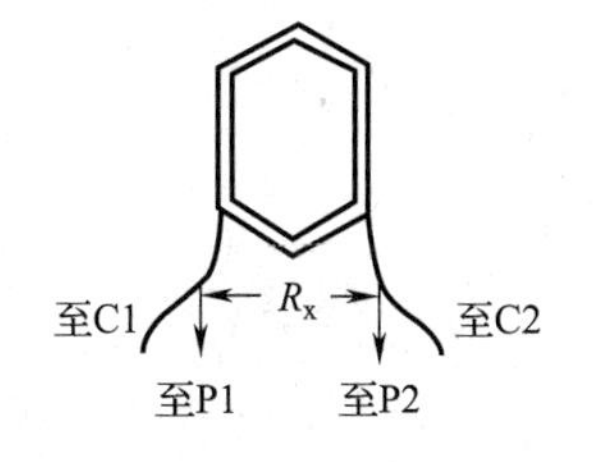

图 8-16　被测电阻电压端和电流端接法

最常见的兆欧表是由作为电源的高压手摇发电机（交流或直流发电机）和指示读数磁电式双动圈流比计所组成。新型兆欧表，有用交流电作电源的，或采用晶体管直流电源转换器及磁电式仪表来指示读数的。

用交流发电机和直流发电机作电源的兆欧表，测量电阻的原理电路如图 8-17 所示。固定在同一轴上的两个线圈，其中一个线圈与附加电阻 R_1 串联，另一线圈通过附加电阻 R_2 与被测电阻 R_x 串联。

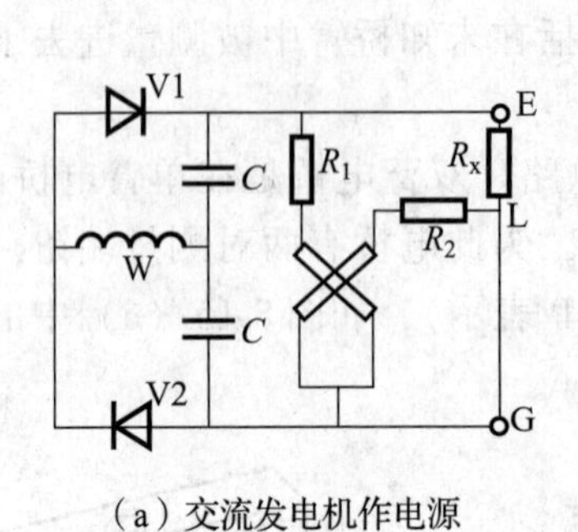

(a) 交流发电机作电源

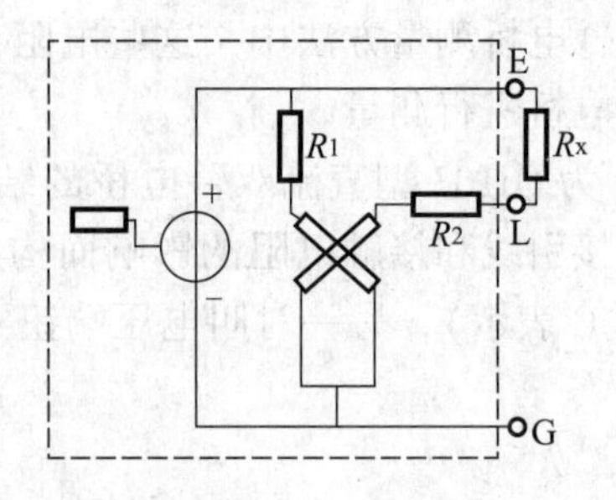

(b) 直流发电机作电源

图 8-17　兆欧表原理图

兆欧表上有三个分别标有接地（E)、电路（L）和保护环（G）的接线柱。测量电路绝缘电阻时，可将被测端接于“电路”的接线柱上，机壳接于“接地”的接线柱上［图 8-18（b)]；测量电缆缆心对缆壳的绝缘电阻时，除将缆心和缆壳分别接于“电路”和“接地”接线柱外，再将电缆壳心之间的内层绝缘物接“保护环”，以消除因表面漏电而引起的误差［图 8-18（c)]。

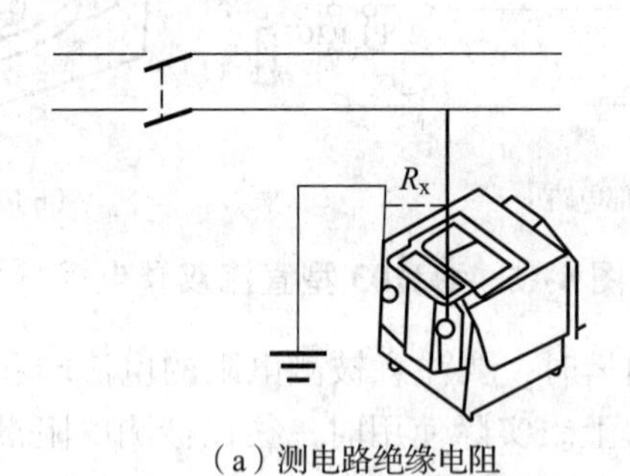

(a) 测电路绝缘电阻

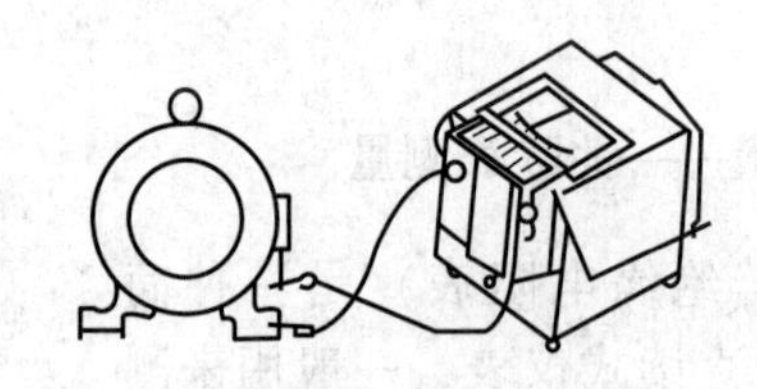

(b) 测机壳对地电阻

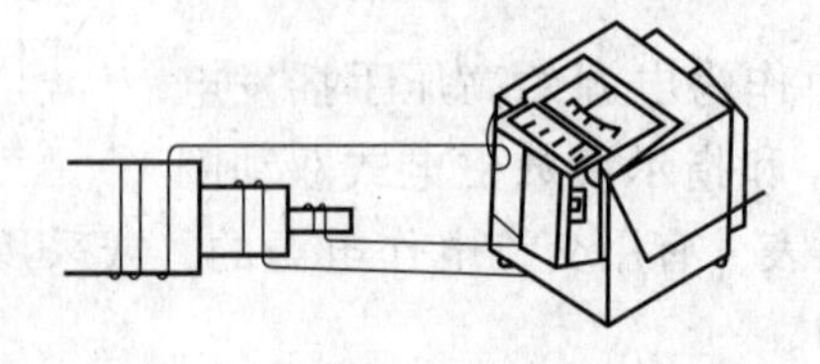

(c) 测电缆芯对缆壳的绝缘电阻

图 8-18　用兆欧表测量绝缘电阻的接法

兆欧表使用注意事项：

（1）在进行测量前后，要先切断电源，被测设备一定要进行充分放电（需 2min ~ 3min），以保障设备及人身安全。

（2）接线柱与被测设备间连接的导线，不能用双股绝缘线或绞线，要用单股线分开单独连接，避免因绞线绝缘不良而引起误差。同时应保持表面清洁、干燥，以免引起误差。

（3）测量前，先将兆欧表进行一次开路和短路试验，检查兆欧表是否工作正常。若将两连接线开路，摇摇手柄，指针应指在“∞”处；这时如再把两连接线短接一下，指针应指在“0”处，说明兆欧表工作正常，否则兆欧表是有误差的。

（4）摇转手柄时，应由慢渐快，当指针已指零时，就不能再继续摇转手柄了，以防表内线圈发热损坏。

（5）为了防止被测设备表面泄漏电阻的影响，使用时应将被测设备的中间层接于保护环（C）端，如图 8-17（b）所示。

（6）兆欧表电压等级的选用，一般额定电压在 500V 以下的设备，选用 500V 或 1000V 的兆欧表；额定电压在 500V 以上的设备，选用 1000V ~ 2500V 的兆欧表。量程范围的选用，一般应注意不要使其测量范围过多地超出所需测量的绝缘电阻值，以免读数产生较大的误差。刻度不是从零开始，而是从 1MΩ 或 2MΩ 开始的兆欧表，一般不宜用来测量低压电器设备的绝缘电阻。

（7）禁止在雷电时或在邻近有带高压导体的设备处，使用兆欧表进行测量。只有在设备不带电又不可能受其他电源感应而带电时，才能进行测量。

（8）如果所测电路、电缆实际工作电压不高，手头又无兆欧表时，可以用 500 型万用表 ×10kΩ 档代替兆欧表测量，万用表指针基本不动或微动，表示绝缘电阻很大，一般能满足实用要求。

四、功率的测量

（一）直流电路功率的测量

若按图 8-19 接线测量，功率 P 等于电压表与电流表读数的乘积，即 $P = UI$。图 8-19（a）适用于 R_V 远大于 R_z 的情况；图 8-19（b）适用于 R_A 远小于 R_z 的情况。R_x、R_v、R_A 分别代表负载电阻、电压表内阻和电流表内阻。

若按图 8-20 接线测量，功率表的读数就是被测负载的功率。

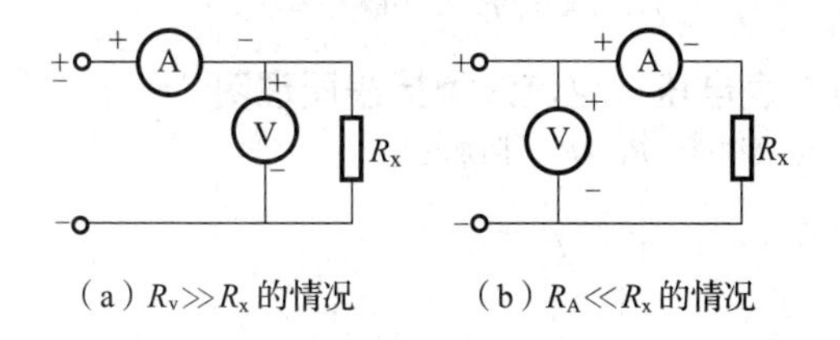

（a）$R_v \gg R_x$ 的情况　（b）$R_A \ll R_x$ 的情况

图 8-19　用电压、电流表测量功率的电路

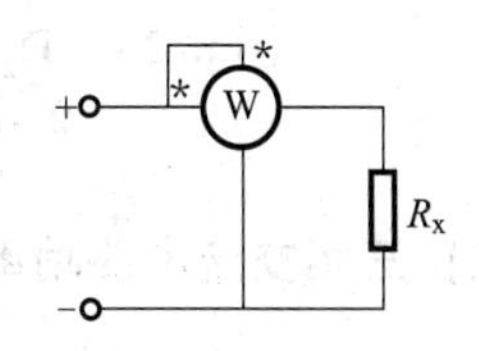

图 8-20　用功率表测功率

（二）单相交流电路功率的测量

功率表（又叫电力表或瓦特表）是一种电动式仪表，可用于测量直流电路和交流电路的功率。它有两组线圈，一组是电流线圈，一组是电压线圈。它的指针偏转（读数）与电压、电流以及电压与电流之间的相角差的余弦的乘积成正比，因此可用它测量电路的功率。由于它的读数与电压、电流之间的相角差有关，因此电流线圈与电压线圈的接线，必须按照规定的方式才正确。在仪表上注有＊或±号的端点，应接在一起，如图 8-21（a）所示。

当需要对高压电路或大电流电路进行功率测量而功率表的量程不够时，可按图 8-22 接线。

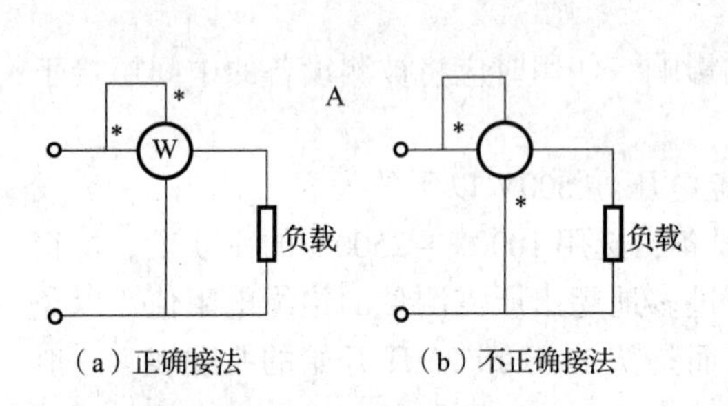

图 8-21　功率表测量的接法

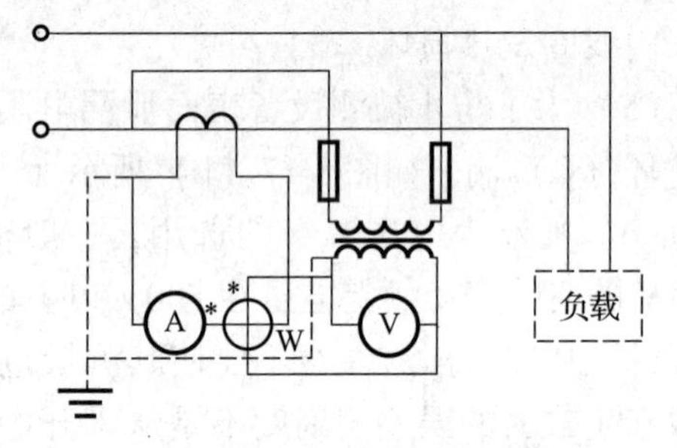

图 8-22　用电流、电压互感器测量单相交流电功率

这时电路的功率为：$P = P_1 K_1 K_2$

式中：P——被测功率；

P_1——功率表的读数；

K_1——电流互感器一次侧电流与二次侧电流之比；

K_2——电压互感器一次侧电压与二次侧电压之比。

当测量低功率因数负载的有功功率时，为了减少误差，需采用低功率因数的功率表。

图 8-23 是以 D_{26} – W 功率表（150～300～600V，5～10A）为例的功率表电压、电流线圈的接线。

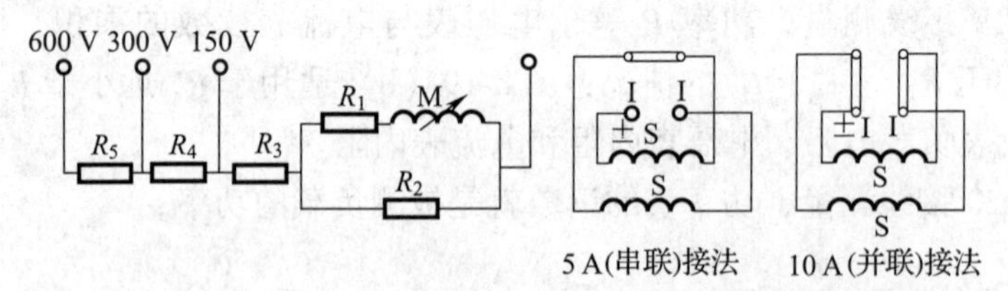

图 8-23　D_{26} – W 型功率表电压、电流线圈接线原理图

M—电压线圈；S—电流线圈；R_1～R_5—附加电阻

（三）三相交流电路功率的测量

1. 有功功率的测量

采用单相功率表进行测量的接线，见图 8-24。

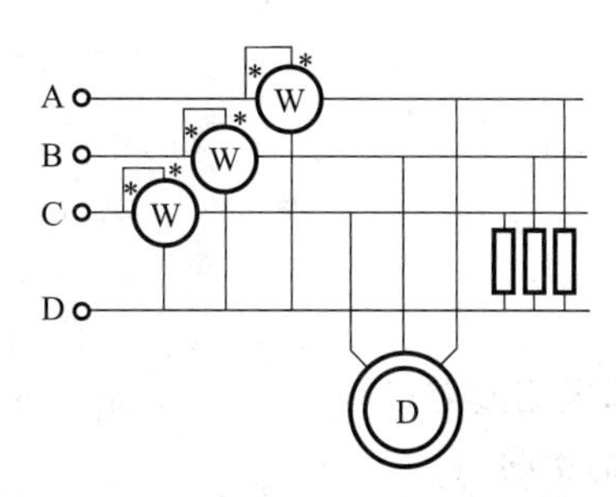

图 8-24　三相四线制电路功率测量接线

$P = P_1 + P_2 + P_3$（三瓦计法）

注意，负载不对称的三相四线制，不能用二瓦计法进行测量。在用二瓦计法（图 8-25）进行测量时，某些情况下（与负载性质有关），如果发现功率表反方向偏转而无法读数时，可将该表的电流线圈接头反接（图 8-26），但不能将电压线圈接头反接，以免引起静电误差，甚至导致仪表损坏。这样所测得的功率应为二读数之差。

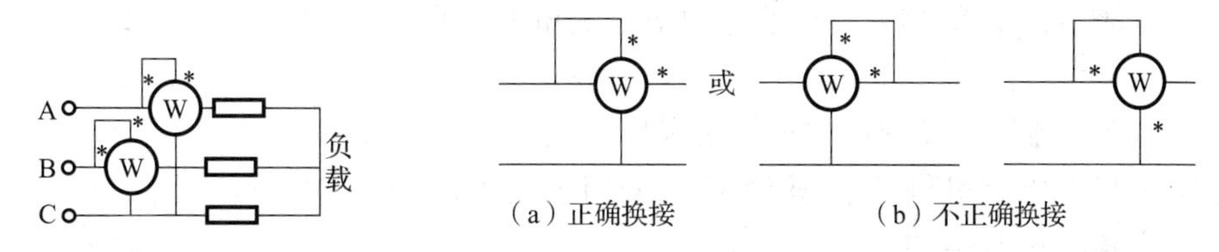

（a）正确换接　（b）不正确换接

图 8-25　三相三线制电路功率测量接线 $P = P_1 + P_2$（二瓦计法）

图 8-26　功率表的接线换接图

三相有功功率表（又叫千瓦表），实际上相当于两个单相功率表组合在一起的铁磁电动式（或电动式）仪表，它有两个电压线圈和两个电流线圈，分别接在电路里面，其内部接法就是三相三线制中用单相功率表的二瓦计法，因此，能用来测量三相电路的功率，但它只能测量三相三线制或对称三相四线制交流电路的功率。采用三相有功功率表进行测量的接线，如图 8-27 所示，当采用电压或电流互感器时，电路的实际功率 P 为电表的读数 P_1 乘以电压互感器和电流互感器的比率，即：

$$P = P_1 K_1 K_2$$

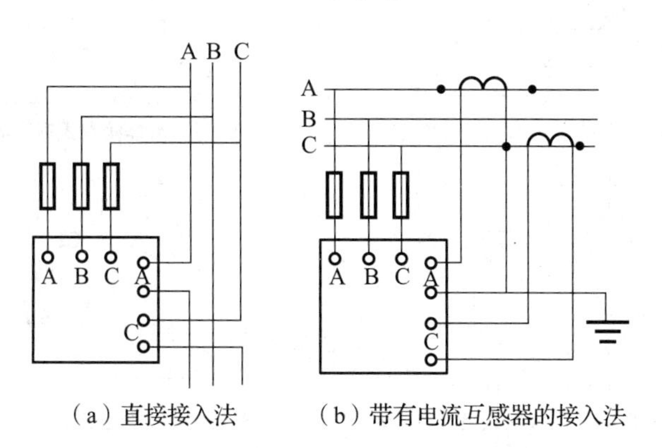

（a）直接接入法　（b）带有电流互感器的接入法

图 8-27　三相有功功率表的接线

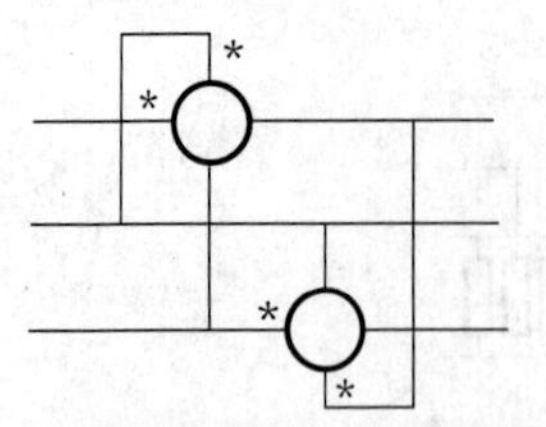

图 8-28　用两个单相功率表测量对称三相电路无功功率的接线

2. 无功功率的测量

按图 8-28 接法，用两个单相有功功率表，可以测量对称三相交流电路的无功功率。两个功率表读数之和，就是电路的无功功率，单位为乏（var）。

用三相无功功率表（又叫千乏表），可以测量对称三相电路的无功功率，其结构与三相有功功率表相同，内部接线就是图 8-28 中的用两个单相功率表测量对称三相电路的接法。仪表的接线与三相有功功率的接法相同。

五、电能的测量

（一）直流电能的测量

直流电能 W 的测量，可通过功率 P 测量的读数乘以时间 t 而得，即：

$$W = Pt$$

对于一般直流电路的电能，可采用直流电能表测量。直流电能表属于电动式仪表，它有一组电压线圈和一组电流线圈，分别接于被测电路之中。DJ1 型 2.0 级直流电能表接线方式，见图 8-29。

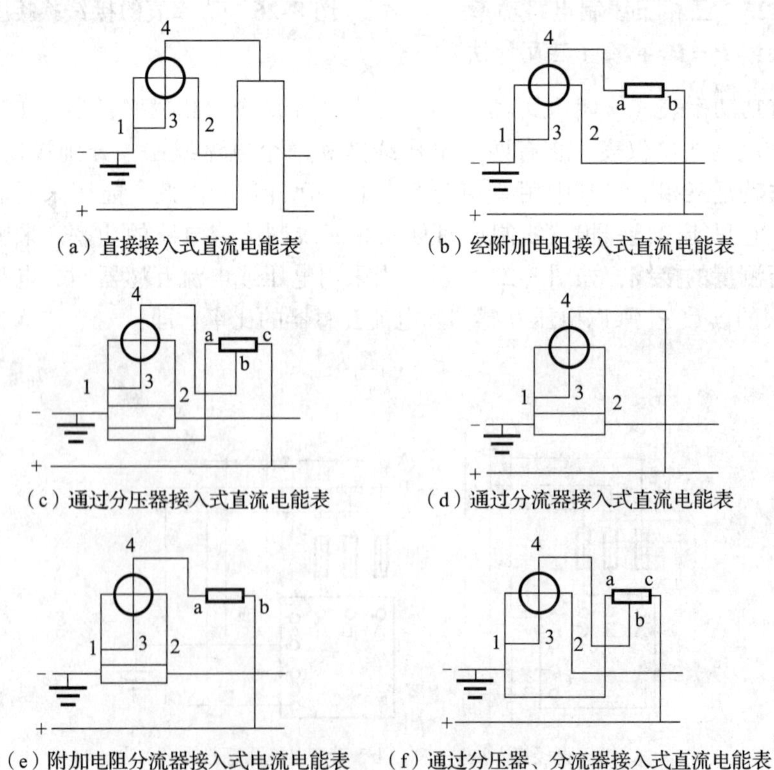

（a）直接接入式直流电能表　（b）经附加电阻接入式直流电能表

（c）通过分压器接入式直流电能表　（d）通过分流器接入式直流电能表

（e）附加电阻分流器接入式电流电能表　（f）通过分压器、分流器接入式直流电能表

图 8-29　直流电度表的接线

（二）交流有功电能的测量

单相有功电能表（单相瓦时表），可用于测量单相交流电路的有功电能。它是一种感应式仪表，主要由一个可旋转的铝盘和分别绕在铁心上的一个电压线圈与一个电流线圈所组成，其外形见图 8-30。

三相三线、三相四线交流电路有功电能表的结构，基本上与单相的相同，只是它具有二组（三线）或三组（四线）电压、电流线圈。三相三线电能表的外形见图 8-31。有功电能表应按照说明书规定的接线图接线。

有功电能表安装使用注意事项如下：

（1）电能表不允许安装在 10% 额定负载以下的电路中使用。

（2）电能表在使用过程中，电路上不允许经常短路或负载超过额定值的 125% 。

（3）如果采用电压互感器和电流互感器时，实际消耗的电能应为电能表的读数乘以电压互感器和电流互感器的变比值。

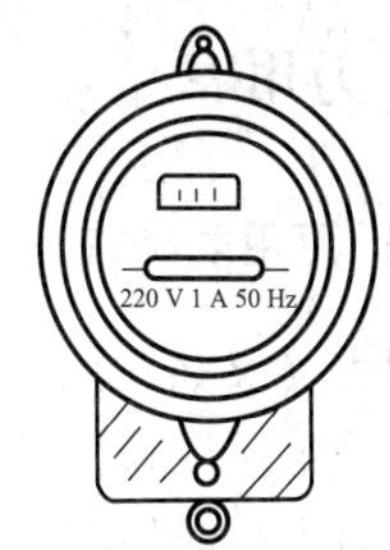

图 8-30　单相有功电能表外形

（三）交流无功电能的测量

无功电能的测量和有功电能的测量配合在一起，可算出用户的功率因数，因此，通过无功电能的测量，可促进合理用电，提高设备的利用率。

三相无功电能表，可用于测量三相电路的无功电能。它的结构与三相三线制有功电能表基本相同，它具有两组电压、电流线圈。电能表的可动部分的转矩，正比于负载上的电压、电流以及它们相位差正弦的乘积，因而能够计量无功电能。

无功电能表应按照说明书规定的接线图接线，其使用注意事项与有功电能表相同。

（四）用秒表法校验单相有功电能表

图 8-32 为校验接线图。用一个已知标准瓦数的白炽灯作负载，当电表铝盘旋转时，测得电能表铝盘每分钟的转数 n，然后按下列公式进行核算：

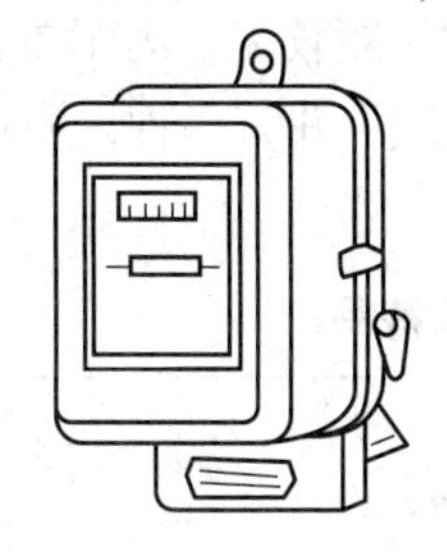

图 8-31　三相三线电能表外形

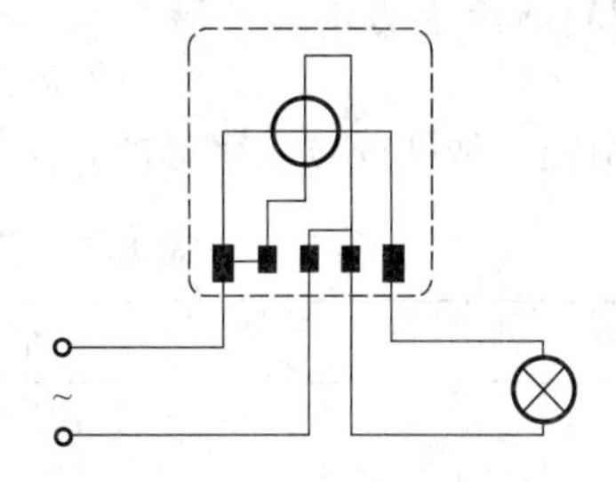

图 8-32　校验单相有功电能表的接线图

$$P = \frac{60000n}{k}$$

式中：n——电能表铝盘每分钟的转数；

k——电能表常数，可在电能表标牌上看到；

P——白炽灯的瓦数，经计算后得到。

第三节　常用电工、电子仪器、仪表

一、万用表

（一）万用表结构及使用

万用表（又名三用表、多用表）是电工常用的多用途便携式仪表，可以用它测量直流、交流电压以及直流、交流电流和电阻。比较新的三用表，还可以测量电容、电感、音频电平、晶体二极管正反向电阻、晶体三极管放大倍数和集成电路等。

万用表的性能优劣，一般以灵敏度表示。灵敏度的单位，以每伏多少欧姆（Ω/V）表示。灵敏度越高，表示万用表对被测电路（对象）的影响越小，测量误差也就越小。目前，万用表灵敏度的水平，一般在20000Ω/V 左右。

1. 万用表结构

500 型万用表外形见图 8-33。面板上一般有表头、调零电位器、量程转换开关、机械调零旋钮、表笔插孔等。内部有各种测试电路。

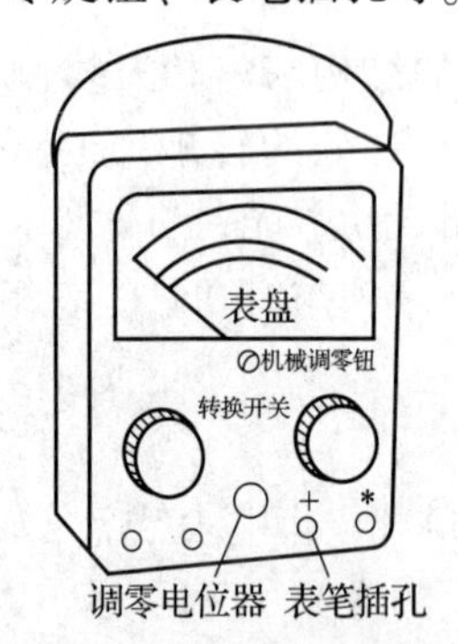

图 8-33　500 型万用表外形

2. 万用表表头

为了提高灵敏度和便于扩大电流量程，一般常用内阻比较大的高灵敏度的磁电式直流电流表。500 型万用表的内阻约 2. 8kΩ。由于直流表头通过电流有正负极性，因此万用表右下角的两个表笔插孔标有“+”和“*”符号。如果测量直流时，极性反接，不但得不到正确的读数，还可能把电表指针打弯。

3. 万用表表盘

万用表所能检测的功能较多，为了方便使用者读数，表盘上制作有数条刻度线，并有各种说明符、字母等。

万用表中常见符号、字母的含义见表 8-2 和表 8-3。

表 8-2　万用表中常用单位符号

符　号	名　称	符　号	名　称
kA	千安（10^3 安）	TΩ	太［拉］欧
A	安［培］	MΩ	兆欧（10^6 欧）
mA	毫安（10^{-3}安）	kΩ	千欧（10^3 欧）

续表 8-2

符 号	名 称	符 号	名 称
μA	微安（10^{-6}安）	Ω	欧［姆］
kV	千伏（10^{3}伏）	mΩ	毫欧（10^{-3}欧）
V	伏［特］	μΩ	微欧（10^{-6}欧）
mV	毫伏（10^{-3}伏）	φ	相位角
μV	微伏（10^{-6}伏）	$\cos\varphi$	功率因数
MW	兆瓦（10^{6}瓦）	$\sin\varphi$	无功功率因数
kW	千瓦（10^{3}瓦）	C	库［仑］
W	瓦［特］	μF	微法（10^{-6}法）
Mvar	兆乏	pF	皮法（10^{-12}法）
kvar	千乏	H	亨
var	乏［尔］	mH	毫亨（10^{-3}亨）
MHz	兆赫（10^{6}赫）	μH	微亨（10^{-6}亨）
kHz	千赫	℃	摄氏度
Hz	赫［兹］		

表 8-3 万用电表中常用图形符号

符 号	名 称	符 号	名 称
+	正端钮		往返调零
−	负端钮		磁电系仪表
	公共端钮		磁电系比率表
	接地端钮		电磁系仪表
	连外壳端钮		电磁系比率表
	连屏蔽端钮		标度尺水平
	电动系仪表	0	未进行绝缘强度试验
	电动系比率表		

续表 8-3

符　号	名　称
	铁磁电动系仪表
	铁磁电动系比率表
	感应系仪表
	静电系仪表
	热电系仪表
	整流系仪表
—	直流
~	交流（单相）
≂	交直流
≋	具有单元件的三相平衡负载电流
1.5	准确度等级（量限百分数）例：1.5 级
1.5	准确度等级（长度百分数）
1.5	准确度等级（指示值百分数）
⊥	标度尺垂直
2	绝缘强度试验电压为 2kV
60°	标度尺与水面倾斜 60°
	Ⅰ级防外磁场（例：磁电系）
	Ⅰ级防外磁场（例：静电系）
Ⅱ Ⅱ	Ⅱ级防外磁场和电场
Ⅲ Ⅲ	Ⅲ级防外磁场和电场
Ⅳ Ⅳ	Ⅳ级防外磁场和电场
（不标）	A 组仪表
B	B 组仪表
C	C 组仪表

万用表表盘上，直流电压和直流电流刻度是均分的，刻度线两头有“－”或“DC”标志。交流电压和交流电流刻度是不均匀的，刻度线两头有“~”或“AC”标志。一般电压和电流的刻度是共用的。电阻刻度线是不均匀的，零点在右边，大阻值在左边（最左端有标志“∞”）。电阻刻度线的标志为“Ω”。万用表上还有一条 10V 交流电压刻度线，以便提高小电压测量的准确度。有的万用表上还有一条不均匀的分贝（dB）刻度线。

4. 转换开关

500 型万用表上有两个转换开关，两个转换开关互相配合，完成各项测试功能；如果其中一个转换开关用于选择测试种类，那么另一个用于选择大小量程。例如：测试直流电压时，右边的转换开关应转到“$\underset{\sim}{\mathrm{V}}$”档处，左边的转换开关，则可在 500、250、50、10、2.5 等 5 个量程中适当选择。从万用表表盘中读数时，电压、电流可直接从刻度线上读出；电阻的阻值，只有转换开关处在“X_1”位置时，才可直接从刻度线上读出，其余各档必须将读数乘以量程倍数 10（×10 档）、100（×100 档）、1000（×1K 档）和 10000（×10K 档）。

500 型万用电表除了可利用两个转换开关选择不同量程外，还可用改变表笔插孔的位置来改变测试量程。万用表上左边“2500V”插孔，可用于测试较高的电压，这时将其中一只表笔插入“2500V”，另一只表笔保持在“ * ”插孔中。

比较新型的万用电表，已将两个转换开关合二而一，使用起来更加方便。

（二）原理电路和使用注意事项

1. 原理电路

万用表的简易原理电路见图 8-34。

2. 使用方法和注意事项

（1）测量电阻前，应先将两个测试笔短接，观察指针是否指在零点处。如果不指在零点上，可调节万用表上的电位器，使指针归零。如果顺时针、反时针旋转电位器到底，指针仍不归零，则说明电池电压不足，或有其他毛病。一般转换量程后，原来已指零的指针会有小的变化，应重新短接调整指针再归零。

（2）测量电阻时，应注意选择合适的量程。测定低值电阻时，应注意接触电阻的影响和干扰，测定高值电阻（大于 100kΩ）时，应注意人的两只手不能同时触摸两个测试笔或电阻引线部分，防止人体电阻对测试的影响。

（3）测量电路中的电阻时，应将电源断开，并注意电阻两端有没有并联支路。如果有并联支路，最好断开一端。如果电路中有电容存在，应先将电容两端短路放电，以防损坏万用表。

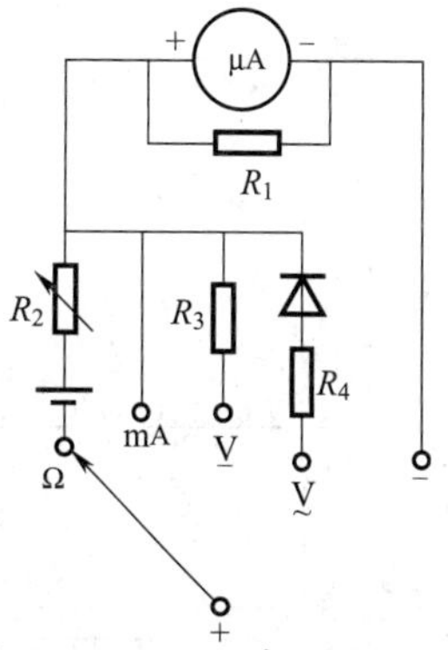

图 8-34　万用表原理简图

（4）测量电流或者电压前，如果对被测电流、电压数值估计不准，应先将量程转换开关拨到最大量程档，进行粗测，以确保万用表安全。然后视粗测值大小再选择合适的量程进行正式测定，减小误差。一般不可带电转换量程位置。

（5）测量电压前，应将量程转换开关拨到电压档，切勿停留在电阻、电流档，以免损坏万用表。

（6）测量直流电压或直流电流时，应使万用表与被测对象极性相符。测量电压是将两测试笔与被测对象并联；测量电流是断开电路，把万用表串入被测对象处。

（7）测量 2500V 交流或直流电压前，先应将万用表垫在绝缘板上，将被测对象电源断开，将大容量电容短路放电，将测试笔插入“2500V”和“＊”插孔，注意人身安全，然后再接通电源进行测量。

（8）测量交流电压时，应考虑被测对象的波形特征。因为万用表交流电压档的刻度，实际上是按正弦波的有效值刻度的，只能测定正弦波的电压，不能测定非正弦波（如脉冲波）的有效值。非正弦波电压或电流的有效值，一般使用电动式或电磁式仪表测定。

（9）万用表使用完毕，应将量程转换开关置于“短路”处，或者置于交流电压最高档。避免停留在电阻档并把两测试笔碰在一起，导致表内电池长期放电，引起误差；严重时，电池内液体渗出会腐蚀电表。

（10）万用表的表头经过检修后，一般会出现灵敏度下降现象。这是由于拆开取出线圈时，使永久磁铁的磁感应强度减小引起的。为了减小这种影响，在取出万用表线圈之前，应先用软铁将磁钢短路。

常用和新型万用表电路，见图 8-35 ~ 8-38。

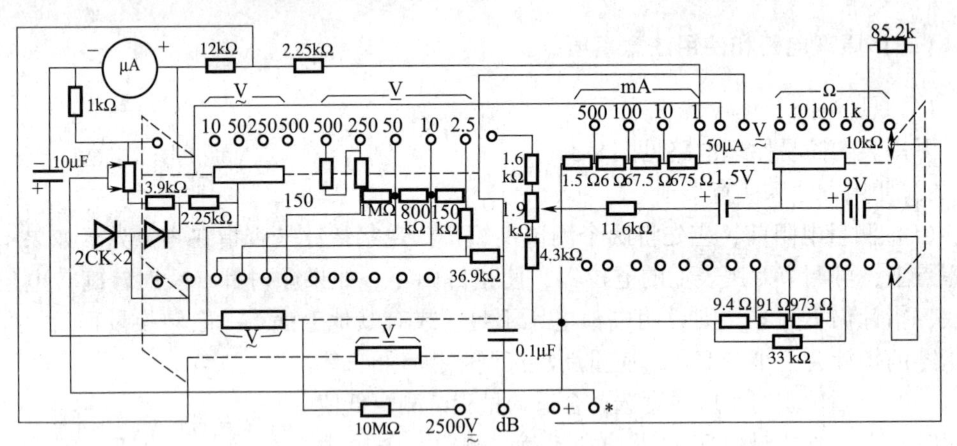

图 8-35　500 型万用表电路

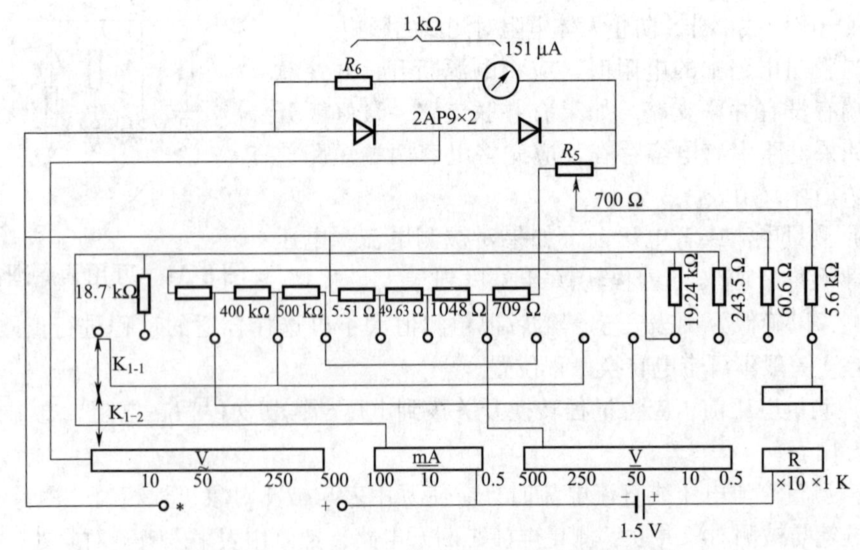

图 8-36　MF16（新）袖珍式万用表电路

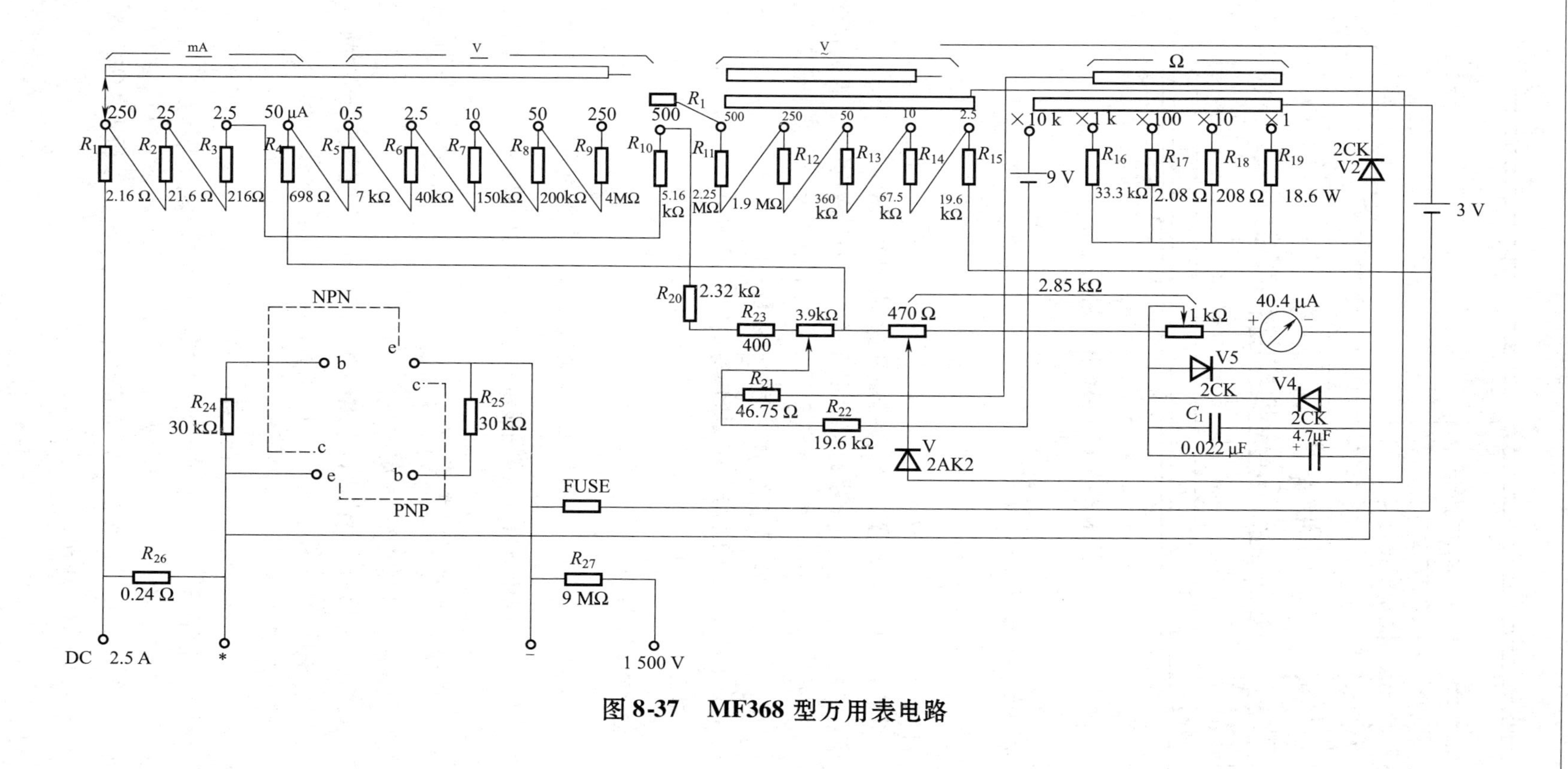

图 8-37 MF368 型万用表电路

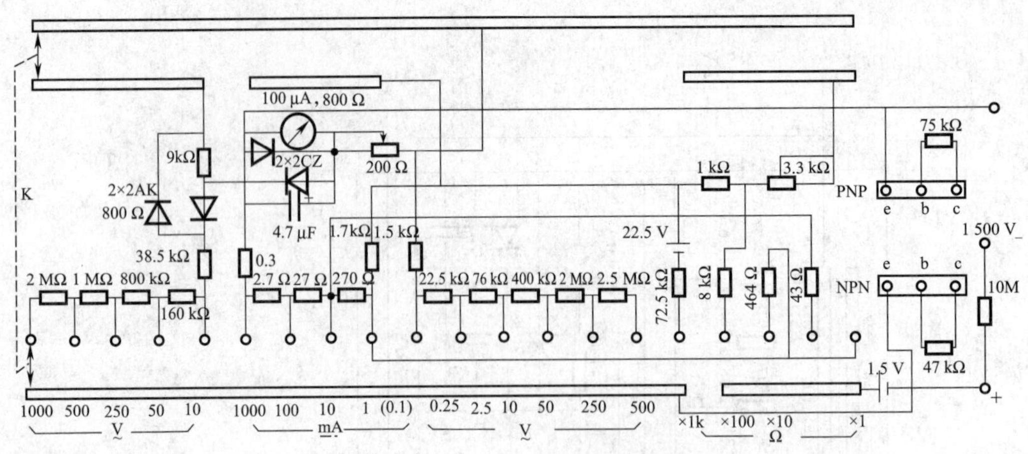

图 8-38 U－101 型万用表电路

二、数字式万用表

数字式万用表是在模拟指针刻度测量的基础上，用数字形式直接把检测结果显示出来的装置。它由直流数字电压表和一些转换器构成。不加任何转换器时，直流数字电压表只能用来测量直流电压值。当直流数字电压表加上“AC－DC（交流电压－直流电压）转换器”时，就构成多量程的交流电压表；在直流数字电压表前加上“I－V（电流－电压）转换器”时，就构成多量程的交、直流电流表；在直流数字电压表前加上“Ω－V（电阻－电压）转换器”时，就构成多量程的欧姆表。

由于数字式万用表采用了大规模集成电路，故比指针式万用表读数容易、准确、测量精度高、测量误差小、性能稳定、工作可靠。

（一）电路测量原理

这里以 DT－830 型数字万用表为例：其测量电路如图 8-39 所示。它由集成电路块 CC7106、$3\frac{1}{2}$位 A/D 转换器和 LCD 液晶显示器组成，显示位数虽有 4 位，但最高位只能显示数字“1”或不显示数字。故算半位，称 $3\frac{1}{2}$位（读三位半），第四位为估算值。A/D 转换器的取样速率选用 2.5～5 次/s，采用 9V 电池单电源供电；输入阻抗达 $10^9\Omega$；具有电源跌落超标指示功能；电路中设有测量电压、电流、电阻等多种选择测量方式的开关 S_{1-1}～S_{1-6}，可根据被测量来选择开关相应的量程位置，以实现该仪表的多种测试功能。

1．直流电压的测量

直流电压经 S_{1-3}送入到 A～D 转换器 IN_+端，而参考电压经 S_{1-4}输入 A～D 转换器 V_{REF+}端，再由 S_{1-5}将模拟公共端 COM 与参考电压的低端 V_{REF-}相接，构成了测量电压网络，电路原理如图 8-40（a）所示。从图可知，其输入是一个电压衰减（分压器）电路，当输入电压超过 A～D 转换器的满量程时，用选择开关按所需要来选择不同分压系数电阻网络接点。若分压系数用 $1+K$ 表示，则：

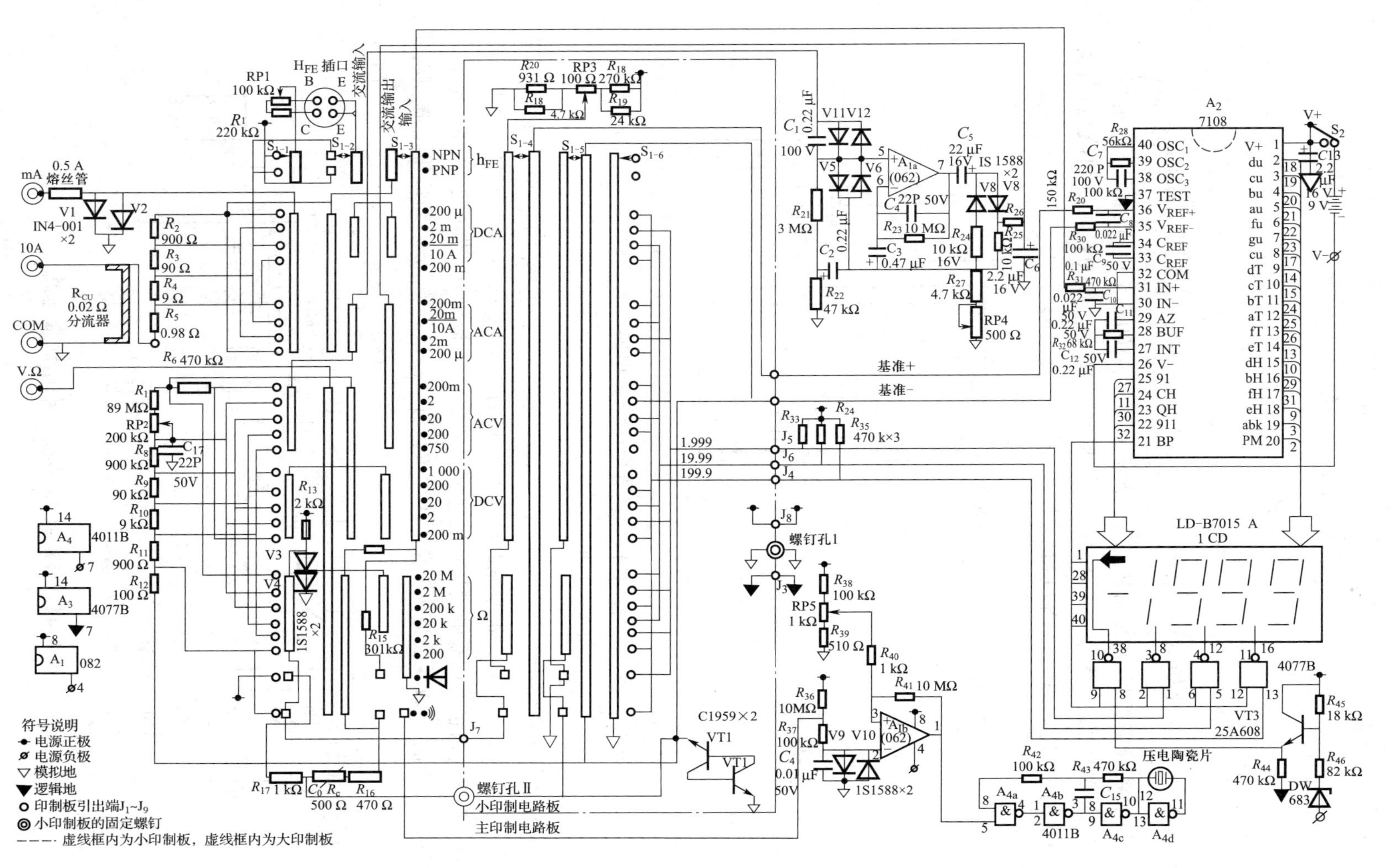

图 8-39　DT -830 型数字万用表电路原理图

$$\frac{R_{S2}}{R_{S1}+R_{S2}}=\frac{1}{1+K}$$

$$R_{S2}=\frac{R_{S1}}{K}$$

因此输入电压的衰减量由 R_{S1} 和 R_{S2} 来决定。

直流电压分压电路如图 8-40（b）所示，它从分压电阻 $R_7\sim R_{11}$ 所组成的 $\frac{1}{10}$，$\frac{1}{100}$，…的电压分配系数中即得到 200mV、2V、20V、200V、1000V5 档量程的直流电压。当 S_{1-3} 选择位置是相应量程时，有相应的小数点显示，1000V 时无小数点显示。图 8-40（b）中的集成块 7106 和 LCD 之间采用导电橡胶连接。

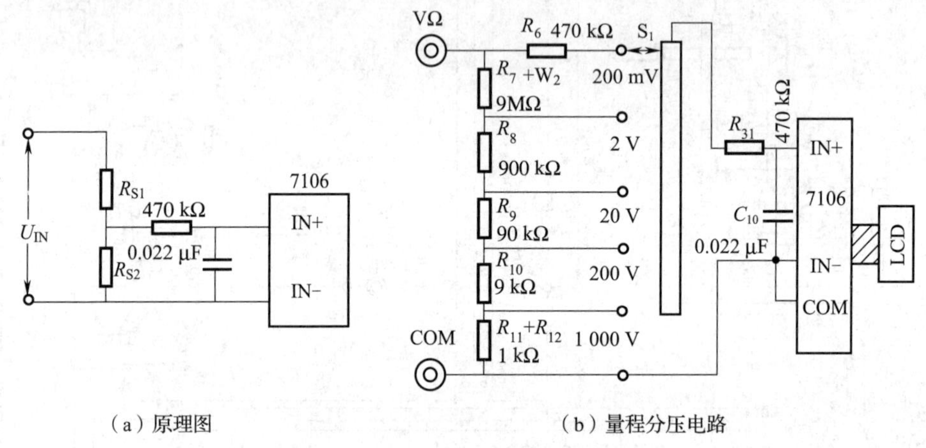

（a）原理图　　（b）量程分压电路

图 8-40　直流电压测量电路

2. 交流电压的测量

交流电压测量电路中，用二极管 VD_7、VD_8 完成整流，虽然简单，但二极管工作在小信号下非线性失真严重，被整流的输入电压 U 的有效值与输出电压 U 的平均值不能成比例。为提高数字万用表的测量精度，利用图 8-41 双运算放大器 062 中的一组 A_{1a} 和二极管 VD_7、VD_8 组成线性整流电路。再由 R_{26}、C_6 和 R_{31}、C_{10} 分别组成平滑滤波电路

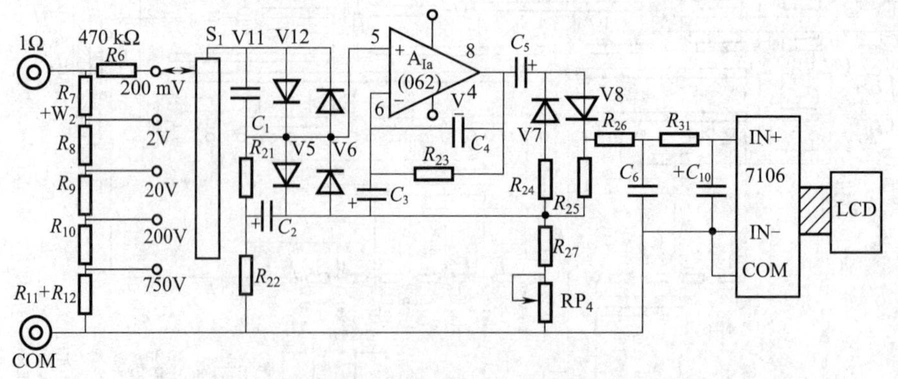

图 8-41　DT－830 型交流电压测量电路

和阻容滤波电路，以滤掉高频信号的干扰。为了进一步提高输入阻抗，输入电压加在放大器 062 的同相输入端。

当被测交流电压含有直流分量时，为防止直流分量引起测量误差，电路中设置了电容 C_5。电路本身对输入电压的平均值是有影响的，对正弦波来说，因电压的有效值和平均值、最大值有确定的关系，因此改变 AC－DC 转换器的增益，即可读出有效值。

当输入交流电压为零时，双运算放大器 062 输出对虚地的电压也是零，从而消除了整流二极管引起的非线性误差。微调 RP_4 也可起到校正作用。

电容 C_1 是双运算放大器 062 输入端的耦合电容。由 VD_5、VD_6、VD_{11}、VD_{12}组成过压保护电路，接双运算放大器 062 输入端。

3. 直流电流的测量

当被测电流通过 S_1 后，由 $R_2 \sim R_5$ 及 R_{CV}转换为电压形式，再经 R_{31}送入 A/D 转换器输入端 IN_+，这就形成了图 2－42 直流电流测量电路。从电路原理可知，电流在标准电阻上变换成直流电压是由分流电阻 $R_2 \sim R_5$ 和 R_{CU}完成的。通过选择开关实现不同量程，其量程为 200μA、2mA、20mA、200mA、10A。当量程开关接标准电阻为 100Ω 时，被测电流为 2mA。当标准电阻为 10Ω、1.01Ω、0.01Ω 时，被测电流分别为 20mA、200mA、10A。

4. 交流电流的测量

交流电流的测量电路，是把图 8-41 中的分压电路改成图 2－42 的分流器电路，其测量原理与上述相同。

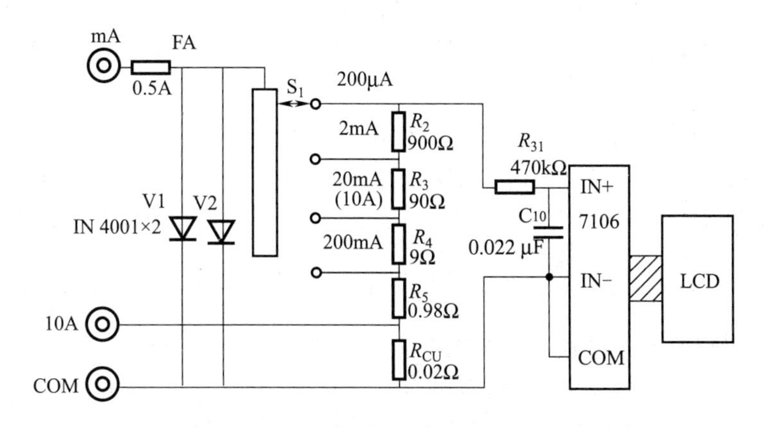

图 8-42　直流电流测量电路

5. 电阻的测量

为了降低成本，降低基准电压的精度，测电阻时采用了如图 8-43（a）的比例法测量电路。电路已给出基准电压源 2.8V，当 S_{1-2}置不同位置时，V_{REF+}和 V_{REF-}之间将呈现不同的电压值和阻抗值。将被测电阻 R_X 通过 S_{1-3}接入转换器的 IN_+和 IN_-及 COM 端就构成了测量电阻网络，其电路如图 8-43（b）所示。

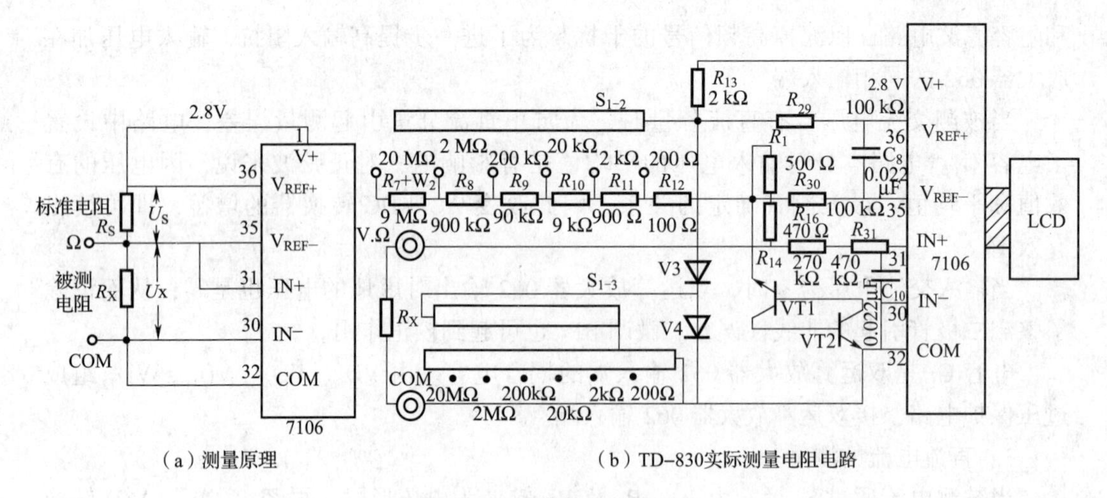

（a）测量原理　　（b）TD−830实际测量电阻电路

图 8-43　测量电阻电路

从图 8-43（a）、（b）中可知，R_S 和 R_X 的电流相同，在 5 个电阻档时 V4 被短路，R_S 的电压 $U_S=IR_S$ 为基准电压，R_X 上的压降 $U_X=IR_X$ 为输入电压 U_{IN}。因此被测电阻和标准电阻的关系可用显示读数“D”表示：

$$D=\frac{1000U_X}{U-V_S}=\frac{1000R_X}{R_S}$$

因为当 $R_X=R_S$ 时显示电阻读数为 1000，当 $R_X=2R_S$ 时满量程溢出，故 S_{1-2} 选择不同的标准电阻 R_S，则 5 个电阻档可得到相应不同的被测电阻范围。

图 8-43（b）是 DT－830 型万用表的电阻测量电路，R_{13}、V3 和 V4 组成分压电路，R_{13} 又为二极管限流的电阻。R_{16}、R_1 和三极管 VT1、VT2 组成过压保护电路，起着限幅作用。

6. 晶体管 h_{FE} 值的测量

晶体管共发射极静态放大系数 h_{FE} 的测量电路如图 8-44（a）所示，它设有 B、C、F、E 四个插孔，而 F 和 E 两孔内相连，量程满读数为 1000。图 8－44（b）所示为 NPN 档的简化测量电路，工作电源为 2.8V，A/D 转换器的输入电压 IN_+ 和 IN_- 在电阻 R_S 两端取得，当被测 h_{FE} 为 200 时，流过集电极 C 的电流为 2mA，基极电流 $I_b=\frac{I_C}{h_{FE}}=10\mu A$，$R_b$ 由 100kΩ 可调电阻和 220kΩ 固定电阻构成，标准电阻 R_S 为 10Ω，接入发射极和 COM 公共端，I_e 流过 R_S 转换为输入电压 U_{IN}，由于 $I_e=I_e+I_b\approx I_c$，通过 R_S 的电流值等于 I_c。$U_{IN}=I_cR_S=0.1mV$，所以 h_{FE} 档系在直流 200mV 量程上扩展而成，h_{FE} 档不显示小数点，当 $\frac{I_c}{I_b}\approx 1$ 时显示“1”。

对于 PNP 档，只需改变电源的极性，将标准电阻移到集电极上即可。

7. 二极管正向压降的测量

测量二极管正向压降电路如图 8-45 所示，电源提供 2.8V 基准电压，使被测二极管正向导通，导通电压作为转换器的输入电压。一般导通电流为 1～1.35mA。LCD 显示出 0.550～0.700V 为硅二极管，LCD 显示出 0.150～0.300V 时为锗管。

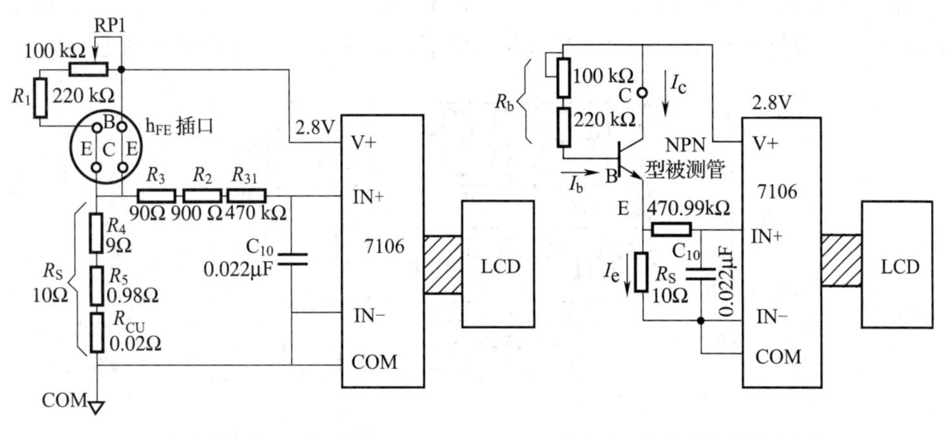

（a）晶体管的h_{FE}测量电路　　（b）NPN档的晶体管测量电路

图 8-44　晶体管的 h_{FE}值的测量电路

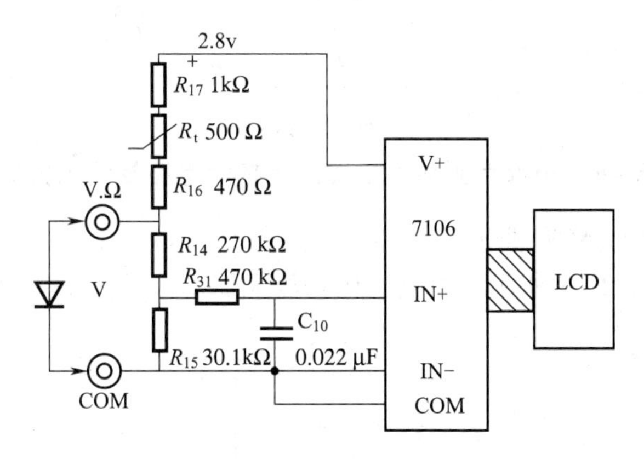

图 8-45　二极管正向压降的测量电路

8．小数点驱动电路

如图 8-46（a）所示，以异或非门 1 为例，其一个输入端接背电极（即液晶显示器背面公共电极的驱动端 28 脚），加上 50Hz 方波（U_{BP}），另一输入端经 R_{35}接 V_+。平时 U_B为高电位。选择开关“S_{1-6}”置“十位”时，B 端接 TEST 端，U_B 变成低电位，输出方波 U_F〔参见图 8-46（b）〕与背电极方波 U_{BP}的相位相反，小数点 dp_1 点亮。

用四异或非门 4077B 组成小数点驱动电路。异或非门的特点是：当两输入端状态相同时（均为高或低电位），则输出为高电位，相反为低电位。当 A 输入端固定接方波 U_A、B 输入端始终为低电位（$U_B<0$），当 U_A 为正半波，与 U_B 状态相反，异或非门就输出低电位。当 U_A 负半波时，二者状态相同，输出为高电位，导致异或非门输出的方波 U_F 恰与 U_A 的波形反相，电路的方波图形如图 8-46（b）所示。

9．电源跌落超标指示电路

电源电压降低超标指示电路由图 8-46（a）中的异或门Ⅳ和 VT3 组成。当 A 端接 U_{BP}为低电位，电池电压（V_+）高于 7V 时，R_{45}、R_{46}和 DW 分压后，VT3 因基极高电位而导通，则发射极输出高电位。此时异或非门Ⅳ的 B 端同为高电位。当电池电压低于7V时VT3截止，发射极为低电位，此时Ⅳ输出的方波与U_{BP}反相180°，为高电位，导致LCD显示器显示符号“←”，表示电源跌落已到限定值，必须更换新电池。

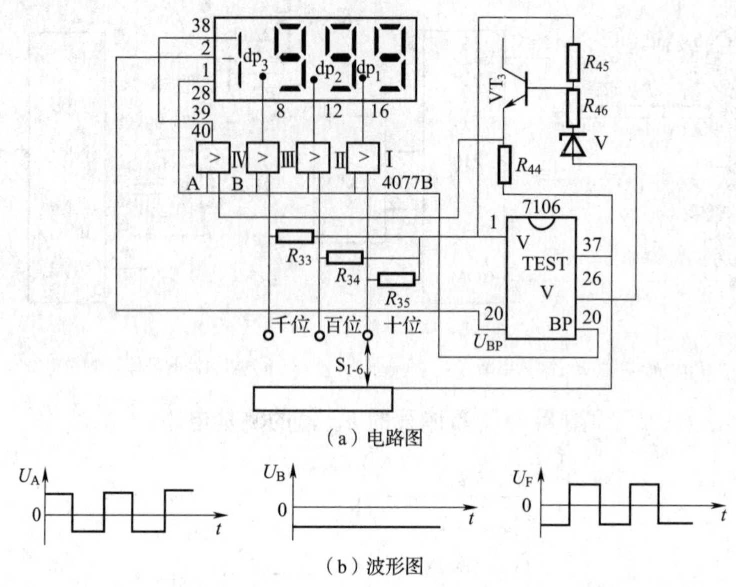

（a）电路图

（b）波形图

图8-46　小数点驱动和电源跌落指示电路及输入方波图

10. 查线路通断的蜂鸣器电路

蜂鸣器电路如图8-47所示，由电压比较放大器（A_{Ib}）、可控RC振荡器和陶瓷蜂鸣片组成。

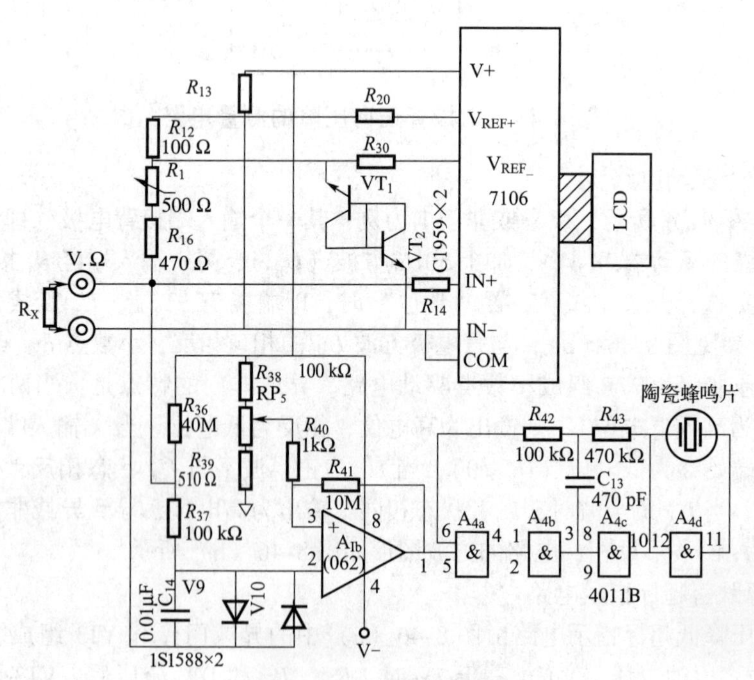

图8-47　蜂鸣器电路

电压比较放大器由062运算放大器中的A_{1b}构成。R_{38}、RP_5和R_{39}构成分压参考电路。调整RP_5同相输入端对COM的电压U_3高于0V，如+0.02V。由R_{36}、R_{37}和V9组成分压电路，给运算放大器062的反相输入端脚2提供电压$U_2=0.40V$。由于平时电压比较器的反相输入电压$U_2-U_3=0.38V$，经反相放大后，从脚1输出低电位$U_1=-3.8V$，使振荡停振。R_{41}是运算放大器反馈电阻，V9、V10组成双向限幅器，C_{14}可滤除输入端的干扰信号。当被测电路接通时，R_{37}上端与COM间等于并联一小阻值的导线电阻R_X，使A_{1b}的输入电压$U_2=0V$，$U_3=+0.02V$，反相放大后$U_1=2.43V$，振荡器起振。振荡器由两个输入端四与非门4011B和R_{43}、R_{12}、C_{13}组成，四与非门的三个与非门（A_{4a}除外）都把两个输入端合并接成反相器，而比较器的输出端接A_{4a}的一个输入端脚5，当A_{1b}的输出端为高电位时，电路振荡，其频率为2060Hz。

门控振荡器起振后，经反相器A_{4a}驱动陶瓷片发出蜂鸣声。振荡频率$f_0=0.455/R_{43}$，$C_{13}=2060Hz$。

（二）数字万用表使用注意事项和检修

1. 数字万用表使用注意事项

（1）测电压注意事项如下：

1）在测量低电平信号（幅度小于0.5V）时，必须考虑理想的屏蔽和接地，使读数不受各种杂散干扰信号的影响。

2）在测量千伏以上的电压时，必须有绝缘设施，并且要遵守单手操作规则。严格讲，测千伏以上的高电压，必须使用高压探头。

3）测示波器、电视机、高压整流器等的直流高压时，因其中有幅值很大的交流成分，因此不可用高压探头直接测高压整流的管帽、行输出管集电极及视放管的集电极等。但可测显像管、示波管的第二阳极电压。

（2）测电流注意事项。无论测量交流电流或是直流电流，都必须注意量程的选择。从图8-48所示典型的电流变换电路看到，选择不同的电流量程时，其分流电阻值的数值是不同的，其变化范围在0.1～1000Ω之间。

例如：测量如图8-49所示的甲类放大器的发射极电流，假设是中功率音频放大电路，可估计发射极偏置电阻R_E大约是20Ω，若发射极电流为100mA在R_E上的偏置电压是2V。在测量发射极电流时，应断开R_E和地之间的连线，发射极旁路电容C_E可依然接地。

1）选择2mA量程测量其电流，从图8-48的电路中可知，这时的电表内阻约为100Ω，这相当于将100Ω的电阻与R_E相串联。显然，改变了发射极原来的电阻，从而改变了偏置电压，改变了放大器的工作状态。

2）选择200mA量程测量电流时，数字万用表的分流电阻只有1Ω，此时发射极总电阻只改变5%，对图8-49被测电路的工作状态无大影响，所以正确的选择量程是非常重要的。

（3）测热敏电阻的注意事项。由电阻—电压变换电路可知，使用$3\frac{1}{2}$位数字万用表时，被测电阻上流过的电流很小，电流的变化仅从低量程的1mA到0.1nA（纳安，10^{-9}A）。数字万用表在电阻测量范围提供的电流是1mA～1μA。显然，这样微小的电

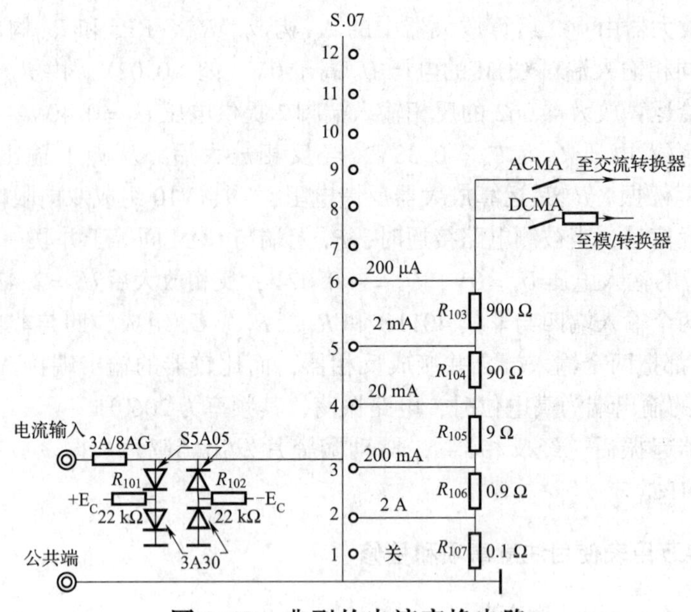

图 8-48 典型的电流变换电路

流对一般电阻的测量几乎没什么影响，所以测量数据准确。若电流通过热敏器件超过一定数值时，温度迅速增高，当被测器件温热时，阻值明显改变，所以测热敏电阻时，必须选择合适的量程，在热敏器件不发热时测试，测量时间越短越好。

（4）屏蔽和接地注意事项。测试幅度很小的信号时，接地不良和各种外界的干扰都成为不可忽视的问题。在测量高频信号时，必须有良好的接地和适当的屏蔽措施。例如 50Hz 的干扰可能来自电源线、大型的电动机或变压器等。这些干扰对于各种电子测量的影响都是常见的。数字万用表处于最灵敏的量程时，极容易遭受到由于接地不良带来的射频干扰和 50Hz 干扰。图 8-50（a）表示 50Hz 感应的情况，即两个接地点之间的电位略有差别时，就构成了 50Hz 信号的干扰源。

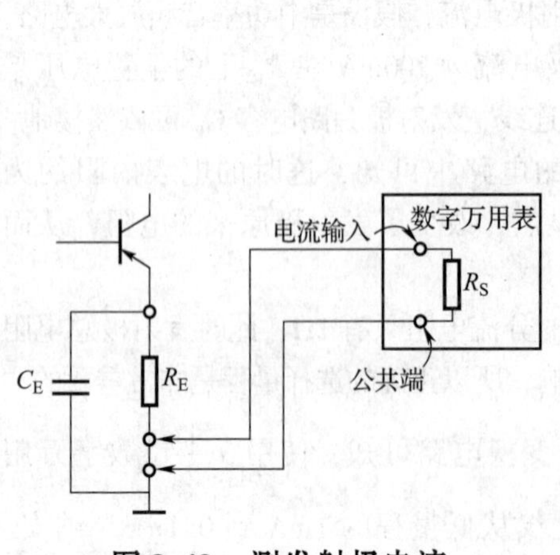

图 8-49 测发射极电流

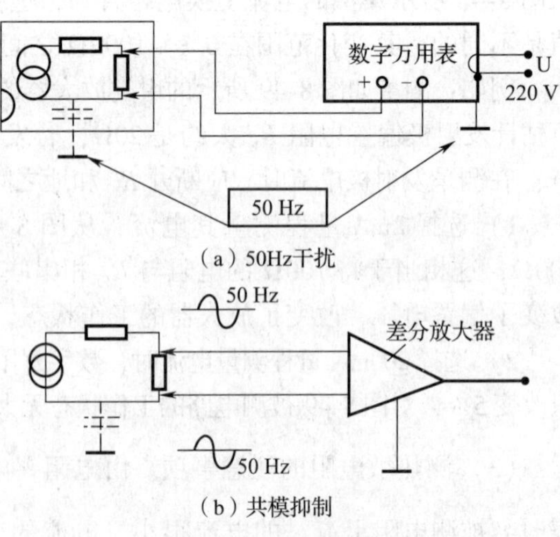

图 8-50 数字万用表 50Hz 电源干扰

许多数字万用表测量时采用平衡双线输入回路，电路如图8-50（b）所示。平衡输入电路因两条导线接收到相同的干扰信号，从而抑制了干扰。这种特性称为“共模抑制”。较好的数字万用表采用这种措施后可以得到120dB的共模抑制比。当数字万用表使用干电池工作时，接地回路的影响可忽略不计。

图8-51所示的用数字万用表测高保真装置中的低电平信号时，良好的接地尤其重要。当几个机壳与数字万用表一起接地时，最要紧的是将所有的地线连接到同一个接地点上。对射频信号来说，必须保证接地点相对于射频信号呈现很低的阻抗。通常要求屏蔽线、编织电缆和铜带线要尽量短。如果接地不良，就可能变成高阻抗点。为了保证射频接地良好，要求接点处应焊接。

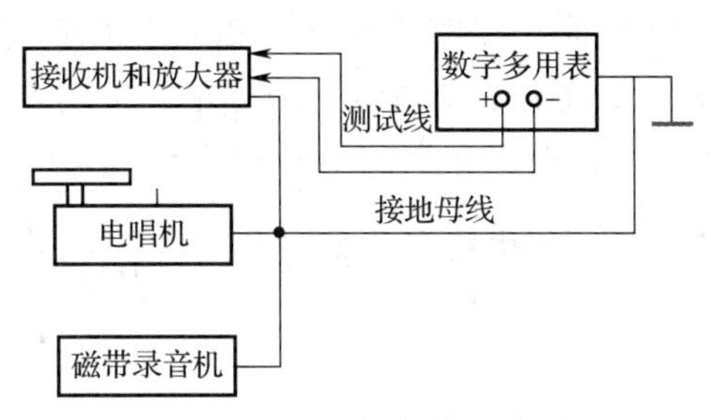

图8-51　正确的共地方法

在许多工作环境中，数字万用表的测试线可能拾取到外来的信号，拾取的信号可能与被测的信号大小相当，甚至更大。如靠近无线电广播台或电视发射台等则易出现上述情况，为了消除上述现象对测试线的感应，各种测试探头必须采用屏蔽电缆连接。为了效果更好，屏蔽接地点应该选在非常靠近接地的“热”测试点附近。考虑射频的工作环境，有时可在靠近测试点的地方临时固定一块铜板作为屏蔽。显然从屏蔽编织线到测试电缆以及机壳接地点的连接，对于射频信号来说，都必须保证是低阻抗回路。

（5）测试探头的选择。不同信号的测试应选择相应的探头。多数数字万用表均附有两种探头，即高阻探头和高压探头。黑线通常是连接数字万用表负端和测试设备的地端。红色测试插头接数字万用表的测量端和电路的测试点。

1）高阻抗探头。图8-52（a）所示是典型的高阻抗探头电路，输入并联电容 $C_1=16\text{pF}$，输入电阻 $R=10\text{M}\Omega$，$C_2=30\sim60\text{pF}$，探头的频响从直流到100kHz是平坦的。

数字万用表配用的高阻抗测试探头，实质上是串联一个电阻以获得高阻抗，用以减小数字万用表对输入电路端 R_L 的负载影响。实际 C_1 并不是一个实体电路元件，而是表示探头和电缆中固有的分布电容。C_2 并联在输入串联电阻 R 的两端是可调节的。测高频时，分布电容 C_1 和 R 构成了一个衰减器，C_2 可减小串联电阻 R 的有效阻抗。因此补偿了分布电容的影响。

2）高压探头。多数数字万用表的最大电压量程只能达到1000V，故测量电视机和示波器中的直流高压，必须使用高压探头。图8-52（b）所示是高压探头，其实是一个简单的电阻分压器。当串联电阻值是999MΩ，而并联电阻是1MΩ时，可得到1000∶1的分压器。在测试点处的电压若是30000V，经探头分压后，在数字万用表的输入端只是30V。典型的高压探头为±1%的精度。

3）射频探头。用数字万用表测试射频信号，必须使用专用的射频探头。图 8-52（c）所示是射频探头电路，这种探头实际上就是由二极管、电阻和电容组成的峰值检波器。输入电容 C_1 阻隔直流电压，R_1 为整流信号提供直流通路，二极管则用于半波检波。C_2 对峰值检波器来说是个充电回路，也相当于一个简单的射频滤波器。

典型的射频探头能承受 0.25～30V 的交流电压。用 C_1 作为隔直电容，对于被测信号中的直流电压成分，最高可达到 200V。采用这种探头时，表的读数为正弦波的有效值，频率范围从 100kHz～500kHz 甚至更高。但精度随频率升高而降低。必须强调，测试点和地线靠得越近越好，两点间隔应小于 0.2m（8in），否则测量数据误差大。

4）交流电流探头。有的数字万用表配有专用的交流电流探头。它是由一个带有小磁芯的传感线圈构成的。测试时把线圈置在通有相当大的交流电流的导线附近即可。此种探头用于大功率电子设备或配电设施电路的测量，常用衰减比、插入损耗或衰减量来表示。典型的 100∶1 的交流电流探头，可钳在 10 号以上的 50Hz 电源线上，测 20A 的电流时，经过数字万用表的实际电流仅是被测电流的 $\frac{1}{100}$，即 200mA。

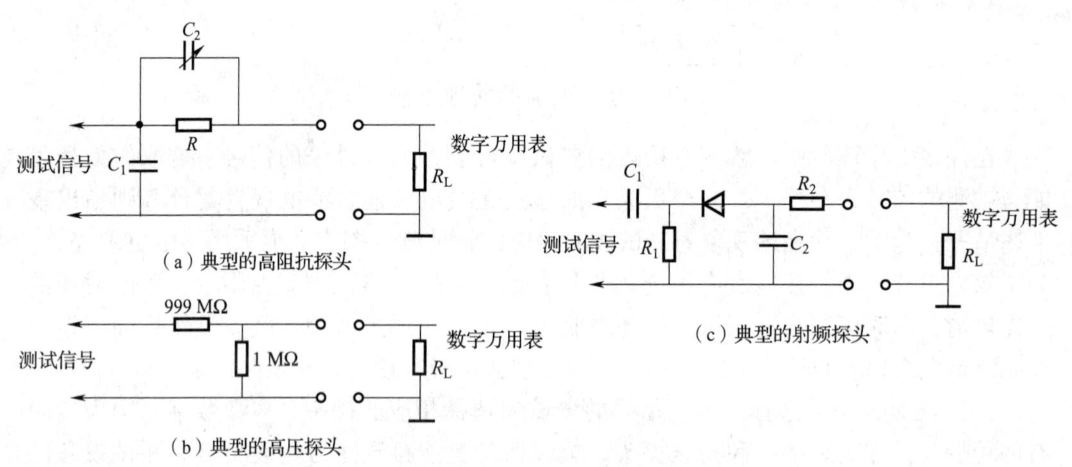

图 8-52　测试探头电路

2. DT-830　型数字万用表使用说明（电路原理图见图 8-39）

（1）CC7106 集成块各引出脚的功能介绍（见图 8-53）

V_+ 和 V_-：9V 电源的正、负端。

aU～gU、aT～gT、aH～gH：输出个位、十位、百位的液晶显示器笔划驱动信号，接 LCD 显示器，见图 8-53 所示。

LCD 显示器采用交流方波供电，把相位相反的两个方波分别加到笔划的两极，用二者的电位差驱动该笔划段发光。每个笔划的一极分别接各自的驱动器输出端，另一极均接“背电极”。驱动电压 4～6V。

abk：输出千位的笔划驱动信号，接千位 b、c 两划。

PM：负极性指示输出端，接千位的 g 段，PM 为低电位时显示负号。

BP：液晶显示器背面公共电极的驱动端，简称“背电极”。

OSC_1～OSC_3：时钟振荡器外接元件接续端。

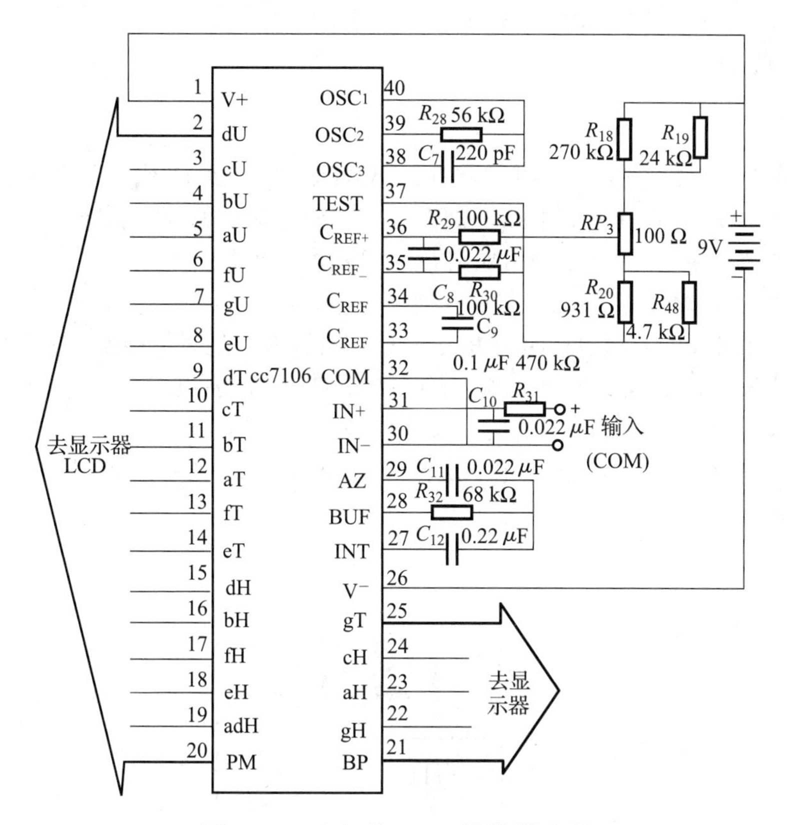

图 8-53　双积分 A/D 转换器电路

COM：模拟信号公共端，简称“模拟地”，使用时把它与 IN_-、V_{REF-} 相接。

TEST：测试端。

V_{REF+}、V_{REF-}：分别为基准电压的正、负端，称“基准 +”和“基准 -”。

基准电压由外部的 R_{18}、R_{19}、R_{20}、RP_3 和 R_{48} 组成的分压器提供，调整 RP_3 使 $V_{REF}=100.0\text{mV}$。RP_3 可调整的电压范围是 95～107mV。

C_{REF}：外接基准电容 C_g。

IN_+、IN_-：模拟量输入的正端和负端。为提高仪表的抗干扰能力，在 IN_+、IN_- 的输入端用 R_{31}、C_{10} 构成阻容滤波电路。

AZ：外接自动调零电容 C_{11}。

BUF：外接积分电阻 R_{32}。

INT：积分器输出端，接积分电容 C_{12}。

图 8-53 是 A/D 转换器电路，实际是一块数字电压表电路，主要是由模拟电路和数字电路两大部分组成。A/D 转换器又是数字万用表的核心，采用单片集成电路 CC7106 为异或门输出，以驱动 LCD 显示器。其测量周期为 0.4s，工作过程分为自动调零、对信号进行积分和反积分三个过程。

数字电路包括时钟脉冲发生器、分频器、计数器、译码器、异或门相位驱动器、控制器和 LCD 显示器等部分。

时钟脉冲发生器由 CC7106 内部的两个反相器和外部的 R_{28}、C_7 组成。设振荡频率为 f_0，则近似公式为：

$$f_0 \approx \frac{0.455}{R_{28}C_7}$$

式中，R_{28} 单位为 kΩ，C 单位为 μF。将 $R_{28}=56\text{k}\Omega$，$C_7=220\mu\text{F}$ 代入上式得 $f_0 \approx 40\text{kHz}$。

40kHz 时钟脉冲在 CC7106 内部进行分频，得到 10kHz 的计数脉冲，再经 200 分频得到 50Hz 方波，一端由 BP 端输出加到 LCD 显示器的背电极上。

（2）DT-830 型数字万用表面板插孔使用说明。

1）测电阻和交、直流电压时，黑表笔接 COM 插孔，红表笔接 V·Ω 插孔。

2）测小于 200mA 交直流电流时，表笔接 COM 和 mA 插孔。

3）测大于 200mA 交直流电流时，表笔接 COM 和 10A 插孔。

4）测直流电流时，切记黑表笔一定要接 COM 插孔。DT-830 型数字万用表面板图如图 8-54 所示。

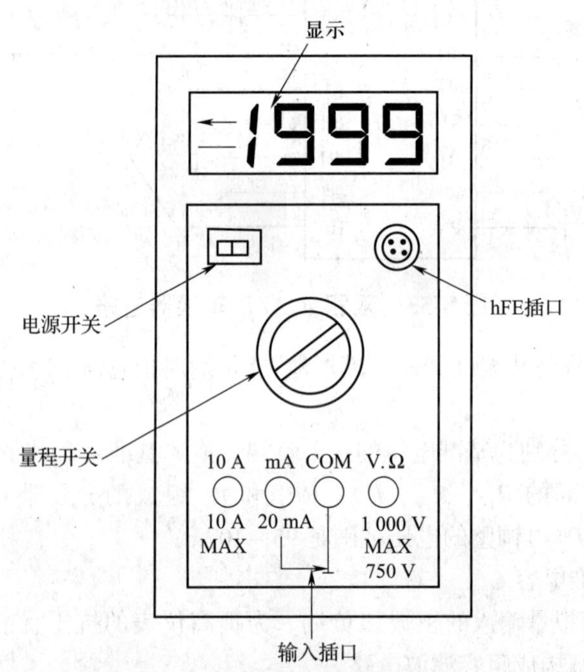

图 8-54　DT-830 数字万用表面板图

3. DT-830 型数字万用表的检修

（1）功能检查。200mV DC 档是数字万用表的最基本量程，也是检修调测的关键档。在功能检测时，首先应置 200mV DC 档并按以下四点检测：

1）查输入为零时的显示值。把 +、- 表笔短接或把 CC7106 块的 IN_+ 与 IN_- 短路，使 $V_{IN}=0V$，仪表显示为“00.0”。

2）查负号显示和溢出显示。把 IN_+ 与 V_- 短接，使 $V_{IN}<0V$，则 $|V_{IN}|>200mV$ 时应显示“-1”。

3）查基准电压 V_{REF}。把 IN_+ 与 V_{REF+} 短路，用基准电压 100.0mV 作为输入电压

V_{IN}，LCD 应显示出“100.0” ±1 的数字。

4）查液晶显示器的全亮笔划。把 TEST 与 V_+ 短路，使逻辑地变成高电位状态，数字电路全部停止工作。此时因各笔划均加有直流电压（不是方波电压），故笔划全部显亮。应显出“1888”，但数中不能含小数点。此时 4011B 停止工作。

通过上述的功能检查，即能判定 DC200mV 档的功能是否正常，也能确定 A/D 转换器和显示器性能好坏。上述检查不仅适用 DT-830 型数字万用表，也适用其他型号 $3\frac{1}{2}$位的数字万用表及 $3\frac{1}{2}$位的数字电压表。

（2）故障检修。主要包括以下 7 种检修操作。

1）DC 电压档故障。测量电压时，某档或几档示出数值不对，故障是分压电阻值改变引起的。如测量时不能计数，原因是开关 S_1 接触不良。连线断路，显示“0.00”。

2）AC 电压档故障。不能计数时应查 S_1 接触是否不良，运算放大器 062 是否损坏，R_{26}、C_5 是否开路。

各档误差都大时应调整 RP_4，校正误差。

有些进口数字万用表抗市电干扰按 60Hz 设计，因为我国采用 50Hz 市电，用抗干扰 60Hz 的数字万用表测量和 50Hz 成倍数的信号，其抗干扰能力则明显降低。可适当增加时钟振荡器的定时电阻值（例如原 100kΩ 的可改为 120kΩ），把振荡频率从 48kHz 降到 40kHz，其测量速度从 3 次/s 变成 2.5 次/s，测量的不稳现象即可克服。

3）DC 电流档故障。不能计数测量时，应查 0.5A 熔丝是否断；S_1 接触是否良好，若 VD_1、VD_2 击穿均会造成不计数的故障。若某档或几档显示数值不对，应查分流电阻值是否有改变。

4）测电阻挡故障。不能计数时应查 S_1 是否接触不良，R_{13}是否开路，标准电阻是否断路。显示数值不对，查标准电阻 R_S 的值是否有改变。

5）测量三极管 h_{FE}时有故障。测三极管时不能计数，显示“000”。此时可查 V_+或 COM 到 h_{EF}插口的连线是否开路。若显示值时有时无，应查管脚是否接触不良或插口污垢太厚。

6）蜂鸣器档故障。正负表笔短接后，无振荡声。应查 200Ω 电阻档是否开路。若电阻档无故障，再测各点直流电压是否正常，可参阅图 2-47 所示电路。若运算放大器 062 输出端始终为负电压，可断定比较器有故障，可微调 RP_5。校正若失灵、则运算放大器 062 可能损坏。若运算放大器有正常输出，则可控振荡器可能有故障或 4011B 损坏。R_{43}、C_{13}开路也能造成蜂鸣器有故障。

以上故障分析均是在 CC7106 和 LCD 正常时进行的。

7）无显示或显示电压过低。表笔短路时，S_1 置 200mV 档，显示不是“00.0”，或是有跳数显示，可查测试笔线是否开路，造成以上故障。当 S_1 接触电阻过大，引入外界干扰信号时，也会造成显示电压过低和跳变不稳现象。

后盖金属屏蔽层到 COM 的引线断开，也会引进外界干扰，造成显示电压低和跳变不稳。

RP_3 滑臂变位，基准电压的分压电阻值改变，均会引起显示不正常。

液晶显示器损坏，LCD 与导电橡胶接触不良，CC7106 驱动器损坏，显示器螺丝钉卡松动等都会引起笔划残缺或无显示。

4. 一般数字万用表的检修

检修其他类型的数字万用表时，其基本方法可根据图 8-55 的框图，按基本检修步骤找出故障点。可先查电源，后查参考电压，再查功能选择转换开关，逐步压缩故障点。也可借助示波器查找测试点波形。或用高位数字表进行验证，用比较的方法查找故障点。

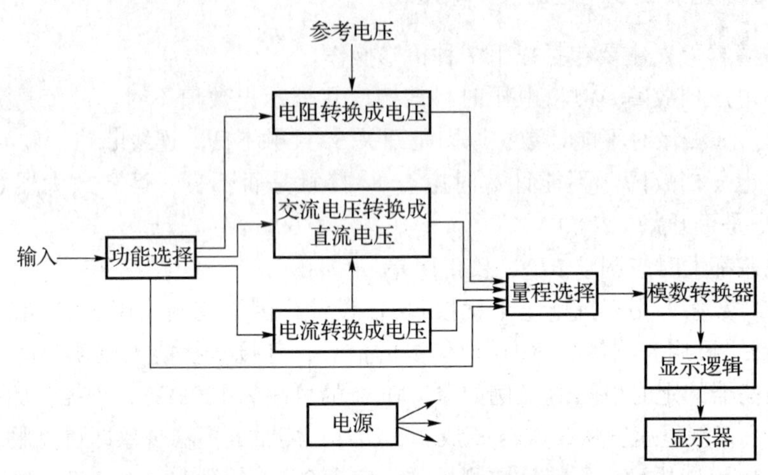

图 8-55 数字万用表的基本框图

三、电子示波器

电子射线示波器是常用的测量电压波形的设备。利用它可以把被测电压信号伴随时间而变化的规律在示波管上显示出来。利用示波器，人们不仅可以直接观察到被测试对象变化的整个过程，还可以利用它测试电压高低、电流大小、频率相位移动、描绘显示波形。示波器种类很多，有低频（超低频）、示波器、高频（超高频）示波器、存储（记忆）示波器、单踪及双踪示波器、光线示波器等。

（一）示波器的结构

示波器主要由示波管和电气电路两大部分组成。示波管是借用高速电子束轰击荧光屏导致发光的显示器件，其结构如图 8-56 所示。图中灯丝 T、阴极 K、控制栅级 G、第一阳极 A_1 和第二阳极（加速极）A_2 组成电子枪。阴极 K 被灯丝 T 加热后，具有发射电子功能。一般控制栅极 G 的电位比阳极 K 低，具有阻碍电子通过的作用，只有速度较大的那部分阴极发射的电子穿过控制栅极的小孔。穿过控制栅极后的电子束，在阳极电场中加速和聚焦，形成很细的高速电子束，轰击荧光屏上的荧光物质。在荧光屏与第二阳极 A_2 之间，装有偏转系统 X 和 Y。X 和 Y 是两对互相垂直的偏转板，其工作原理如图 8-57 所示。由图可见，荧光屏上光点距中心点的距离 l 与偏转电压 U 成正比。

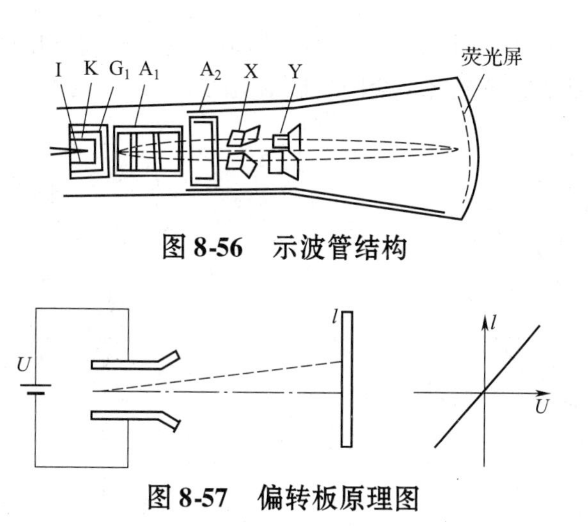

图 8-56　示波管结构

图 8-57　偏转板原理图

（二）示波器的原理

如果在偏转板上加一个被测量的电压波形，那么荧光屏上的光点，就会伴随着被测电压的大小上下移动。因为荧光屏上的荧光物质，受高速电子束轰击后，发光不会马上消失，这就是余辉现象。因此，在荧光屏上看到的是一条不真实的直线，看不到被测电压波形随时间变化的真实波形，如图 8-58 所示。如果在 X 偏转板（X 轴）加上与 Y 偏转板（Y 轴）相同的正弦电压，在荧光屏上看到的是一条不真实的斜线，如图 8-59 所示。如果在 Y 轴上加正弦电压波形，在 X 轴上加锯齿波电压，那么在荧光屏上看到的就是一个真实的正弦波形，如图 8-60 所示。

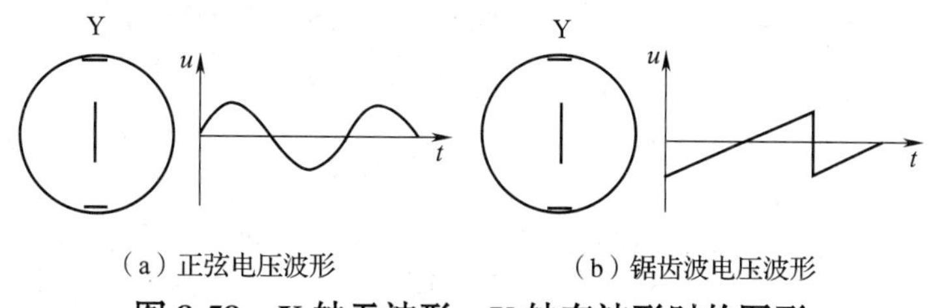

（a）正弦电压波形　　（b）锯齿波电压波形

图 8-58　X 轴无波形，Y 轴有波形时的图形

由图 8-59 可看出：如果 X 轴电压波形相位落后于 Y 轴电压波形相位 90°的时候，荧光屏上显示一个圆形。因此，荧光屏上显示的图形，与两轴信号电压相位密切关系，我们利用这种关系，可测试两个信号电压波形的相位差。如果两个信号电压波形的频率成整倍数，会显示出有规律的李沙育图形：如果不是整倍数，会显示出不稳定的图形。因此，有一个信号电压波形的频率为已知时，借助荧光屏上的图形，就可以判断另一个信号电压波形的频率。

X 轴上加入锯齿波电压信号的情况也差不多，荧光屏上显示的图形，也与相位、频率有关。如果被测试电压波形的频率与锯齿波电压的频率不成整倍数，同样会显示出不稳定的图形。为了获得稳定的图形，锯齿波的频率就要由被测试电压的频率进行同步调节。

由于荧光屏上的亮点能保持一定时间，如果把这段时间分成两段时间，轮流输入 Y_1 和 Y_2 轴信号，那么，荧光屏上会同时显示出两个波形，这即是双踪示波器的原理。

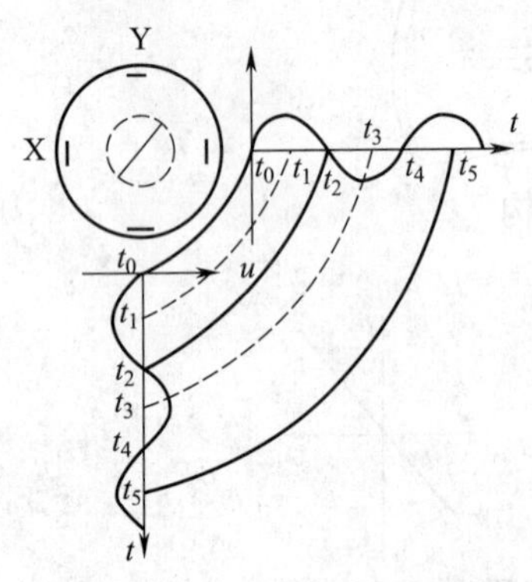

图 8-59　X 轴有正弦波形

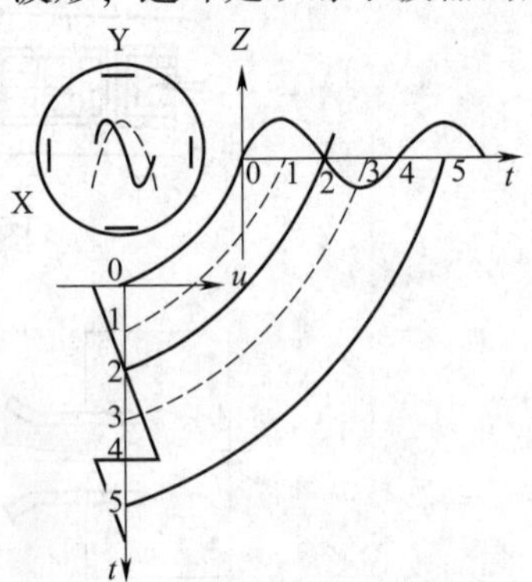

图 8-60　X 轴有锯齿波形

(三) 示波器电路

示波器原理电路示意图，如图 8-61 所示。垂直轴（Y 轴）和水平轴（X 轴）偏转系统由衰减器、放大器组成，其功能是把被测试电压变换成大小合适的电压信号。衰减器一般为电阻电容分压器，改变分压比（常按 1、2、5 顺序分档），可以得到数十档分压值。电源部分由电源变压器和整流、滤波、稳压电路组成，它提供示波管需要的数千伏高压和多组低压供整个设备使用。图 8-61 中，还有扫描发生器、同步电路、亮度、聚焦、垂直和水平位移等电路。

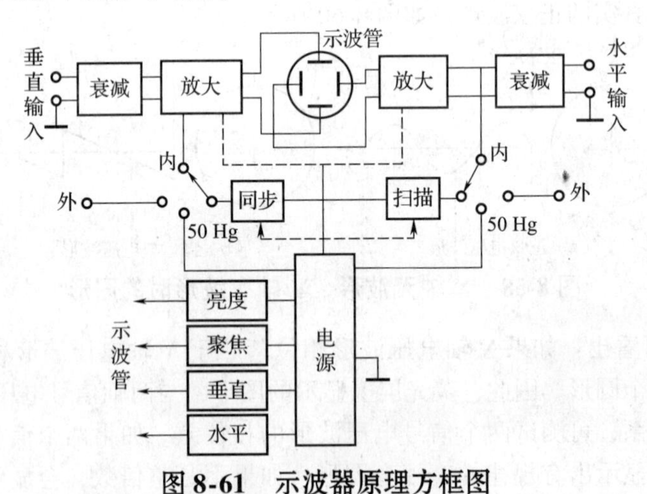

图 8-61　示波器原理方框图

(四) 示波器的应用

下面以 CS－1022 双踪示波器为例，介绍示波器的部分应用。

1. CS－1022 示波器前面板

前面板图如图 8-62 所示。图中，各开关、旋钮、插座等的作用说明如下：

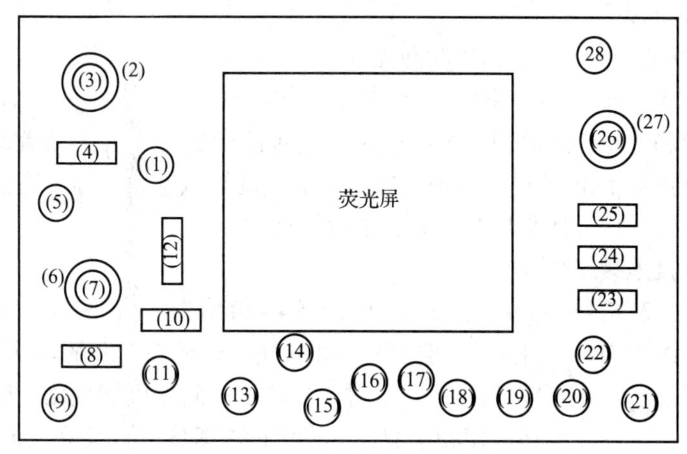

图 8-62 示波器前面板图

（1）垂直位移旋钮。调节该旋钮，可使通道 1 的波形上下移动。

（2）通道 1 垂直衰减开关。转动该开关，分档调节垂直灵敏度。

（3）微调旋钮。调节该旋钮，可以微调垂直灵敏度。当微调旋钮置于校准档时，垂直灵敏度从 5V/格 ~ 1m/V 格，分 12 档分别被校准。

（4）三档拨动开关。交流、地、直流三档拨动开关，作用如下：

1）交流档：阻塞通道 1 输入信号中的直流分量。

2）地：断开信号通路，并使垂直放大器输入端接地。因此，提供了一条零信号基准线，当进行直流测量时，该基准线位置，可用作基准。

3）直流：直接输入通道 1 输入信号的交流和直流两个分量。

（5）输入插座。通道 1 信号垂直输入插座，X－Y 工作时垂直（Y）输入插座。

（6）通道 2 垂直衰减开关。转动该开关，分档调节垂直灵敏度。

（7）微调旋钮。调节该旋钮，可以微调通道 2 的垂直灵敏度。当微调旋钮置于校准档时（顺时针旋到头），垂直灵敏度从 5V/格 ~ 1mV/格，分 12 档分别被校准。X－Y 工作时，该旋钮变为水平增益微调。

（8）三档拨动开关。交流、地、直流通道 2 三档拨动开关，其功能与通道 1 三档拨动开关相同。

（9）通道 2 输入插座。X－Y 工作时为水平（X）输入插座。

（10）通道 2 倒相。在常态状态下（按钮弹出），通道 2 信号不倒相；在倒相状态下（按钮压入），通道 2 信号被倒相。

（11）通道 2 垂直位移旋钮。调节该旋钮，可使通道 2 的信号上下移动；X－Y 工作时，调节显示的水平位置。

（12）五档方式按键开关。用于选择示波器的基本工作方式。

通道 1：只有通道 1 的输入信号，作单踪显示。

通道 2：只有通道 2 的输入信号，作单踪显示。

加（通道 1 和 2 相加）：通道 1 和通道 2 按入时，来自两个通道的波形相加，其和显示为单踪。当通道 2 倒相按钮（10）按入时，来自通道 2 的波形被来自通道 1 的波形相减，其差显示为单踪。

交替：选择交替扫描，与扫描时间无关。

断续：以大约250kHz频率选择断续扫描，与扫描时间无关。

（13）电源和标尺亮度旋钮开关。逆时针旋转该旋钮到头（关位置），断开示波器电源。顺时针旋转，示波器电源接通。顺时针继续旋转该旋钮，标尺亮度逐渐增加。

（14）指示灯。示波器电源接通时，指示灯亮。

（15）机箱接地接线柱。

（16）探头调整信号。提供约1kHz，0.5V峰-峰值方波信号，用于探头补偿调节。

（17）扫描线调节。水平扫描线位置，由电气旋转调节。强磁场可能使扫描线倾斜，如果示波器从某一位置移到另一位置时，扫描线倾斜度可能变化，请调节该旋钮。

（18）聚焦。调节该旋钮，使扫描线成为最细的一条线；或使光点最小。

（19）辉度。顺时针调节该旋钮，扫描线亮度增加（一般以看得清为原则，不宜太亮）。

（20）辅助聚焦。与聚焦、辉度旋钮一起使用，使聚焦更好。

（21）外触发输入插座。外触发信号的输入端。当源开关（24）选择“外”档时，外触发输入插座上的输入信号成为触发信号。

（22）触发电平和极性调节旋钮。

电平：触发电平调节，确定在波形上的扫描起始点，当耦合开关选择在视频一帧或行时，触发电平调节失灵。

极性：“+”等于正触发点，“-”等于负触发点，推-拉开关选择正或负极性，开关拉出，在同步波形负输出极性上产生触发扫描。

（23）耦合三档拨动开关，选择同步触发信号耦合。

交流：触发为交流耦合，堵塞输入信号中的直流分量，是最通用的一档。

视频帧：选择复合视频信号的垂直同步脉冲来触发。

视频行：选择复合视频信号的水平同步脉冲来触发。该档也适用于所有非视频波形触发。

（24）源五档拨动开关，用下列档位选择扫描触发源：

垂直方式：触发源由垂直方式选择来决定。

通道1：通道1信号用作触发源。

通道2：通道2信号用作触发源。

加：通道1、2信号的代数和为触发源（如果通道2倒相，其差为触发源）。

断续：由于断续信号成为触发源，显示不与输入信号同步。

通道1：由通道1信号触发扫描，与垂直方式选择无关。

通道2：由通道2信号触发扫描，与垂直方式选择无关。

电源：扫描由电源（50/60Hz）触发。

外：扫描由加在外触发输入插座（21）上的信号触发。

（25）触发方式开关，分为如下三档：

自动：有触发信号时，触发扫描工作：无触发信号时，自动产生扫描（自激）。

常态：常态触发扫描工作。没有加入合适的触发信号时，没有扫描线。

X－Y：X－Y 工作，通道 1 输入信号产生垂直偏转（Y 轴）。通道 2 输入信号产生水平偏转（X 轴）。

(26）微调旋钮。扫描时间细调，弥补水平扫描粗调之不足。在顺时针旋转到头位置时，扫描时间被校准。

(27）扫描时间/格。为水平扫描时间粗调开关。当扫描时间微调旋钮（26）置于校准位置时（顺时针旋到头），粗调开关分 20 档，校准扫描时间。

(28）水平位移旋钮。左右调节扫描线的水平位置，推－拉开关推入时，选择常态扫描；拉出时选择 ×10 扩展。

后面板上有 Z 轴输入（外部辉度调制输入）；有通道 1 输出等。

2. CS－1022 示波器的操作

(1）前面板开关、旋钮初始位置设定。

CS－1022 示波器前面板上的开关和旋钮加电前的初始位置，如表 8-4 所示。按照表 8-4，设置好示波器前面板上各开关旋钮的初始位置后，加电后可以在荧光屏上得到扫描线。

表 8-4　示波器开关旋钮加电前初始位置

名　　称	加电前初始位置	名　　称	加电前初始位置
通道 1 垂直位移旋钮	中间	聚焦旋钮	中间
通道 1 垂直衰减开关	5V/格档	辉度旋钮	中间
通道 1 微调旋钮	校准（顺时针旋到头）	触发电平和极性调节旋钮	推入，中间
通道 1 三档拨动开关	交流	耦合开关	交流
通道 2 垂直位移旋钮	中间	源开关	垂直方式
通道 2 垂直衰减开关	5V/格档	触发方式开关	自动
通道 2 微调旋钮	校准（顺时针旋到头）	扫描时间粗调开关	1mV/格档
通道 2 三档拨动开关	交流	扫描时间细调旋钮	校准（顺时针旋到头）
通道 2 倒相	常态（按钮弹出）	水平位移旋钮	推入，中间

(2）常态扫描显示操作。

1）顺时针旋转电源（13），使电源接通。五档方式按键开关（12），按入通道 1（或通道 2）。

2）扫描线应在荧光屏中心位置显示。如果不在中心，可调节通道 1 垂直位移旋钮（1）和水平位移旋钮（28）。然后，根据扫描线实际情况，适当调节辉度旋钮（19）和聚焦旋钮（18），以方便观测。

3）垂直方式，在通道 1 输入插座（5）上加一个输入信号，并调节通道 1 垂直衰减开关（2），使显示的波形大小占据半个荧光屏左右。

用相加方式时（同时按入两个通道键），显示通道1加通道2的代数和。如果再按入通道2倒相开关（10），则显示通道1减通道2代数差。如果两个通道置于相同的衰减档（例如：均为0.1V/格），波形的和或差可以按0.1V/格在荧光屏上直接读出。用交替方式时，以交替顺序扫描，先显示通道1的信号，再显示通道2的信号。

用断续方式时，以大约250kHz的频率作断续扫描，并在两个通道之间转换。

4）如果显示的波形不稳定、不同步，可同时调节扫描时间粗调（27）、细调（26）和触发电平旋钮（22），以获得稳定清楚的波形，并显示所需要的波形数。

5）内同步。当源开关（24）选择垂直方式、通道1、通道2、电源四档时，均为内同步。这时，输入信号与内部触发电路连接，加到输入插座（5）或（9）的输入信号之一部分，是经垂直放大器再到触发电路，从而产生触发信号，驱动扫描电路。

当选择垂直方式时，触发源取决于垂直方式的选择。

垂直方式选择交替时，交替档便于测量波形的持续时间。然而，对于通道1和通道2波形之间相位或时间比较，两个扫描线必须由相同的同步信号触发。

“源”选择通道1时，通道1输入插座（5）上的输入信号变为触发信号，而与垂直方式档位无关。“源”选择通道2时，通道2输入插座（9）上的输入信号变为触发信号，也与垂直方式无关。当“源”选择电源触发时，示法器使用的交流电源用作同步触发。

6）外同步。“源”开关（24）选择外档时，在外触发输入插座（21）上的信号变为触发信号。该信号必须与被观测的信号具有时间或频度关系，以便使显示同步。在许多应用中，外同步更加适合于波形观测。例如图8-63中，当以短促脉冲串信号作门信号加到外触发输入插座时，扫描电路便由门信号驱动。图中还示出输入/输出信号，此处由门信号产生的短促脉冲信号被加在待测仪器上。这样，可以获得精确的触发，而与馈送到输入插座（5）或（9）的信号无关。因此，即使当输入信号变化时，也不需要再进一步触发。

7）触发电平。波形上触发点，由触发电平和极性调节旋钮（22）调节。图8-64表示触发点极性和电平之间的关系。必要时触发电平可以调节。

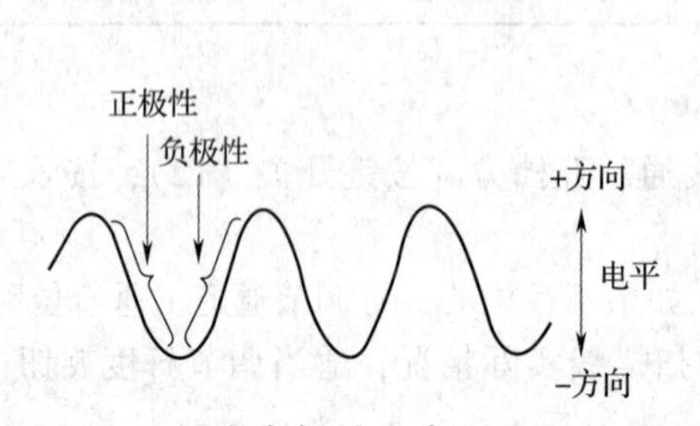

图8-63　触发点极性和电平之间的关系

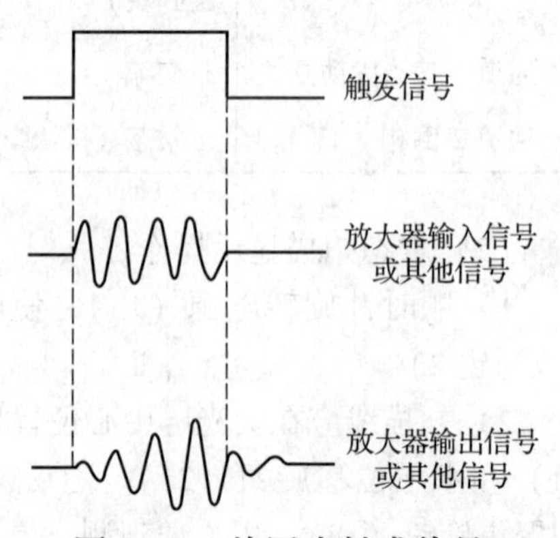

图8-64　外同步触发信号

8）自动触发。触发方式开关（25）选择自动时，只要没有触发信号，扫描电路就变成自激，可以检查地电平。当出现触发信号时，触发点可由电平控制钮依照常态触发信号观测确定。当触发电平超过限度时，触发电路也变成自激，波形开始移动。

（3）扩展扫描操作。由于只缩短扫描时间扩展观测波形部分能使欲测波形部分脱离出屏幕，所以这种扩展显示，应使用扩展扫描来实现。

用水平位移旋钮（28），把波形所需扩展部分调到荧光屏上，拉出旋钮（28）（“拉出 ×10 扩展”），使显示扩展 10 倍。对于这种显示，为粗调扫描时间除以 10。

（4）X－Y 工操作。对于一些测量，需用外水平偏转信号，也可看作是 X－Y 测量，Y 输入提供垂直偏转，X 输入提供水平偏转。

X－Y 工作，可以使示波器实现许多种用普通扫描所不能实现的测量。荧光屏显示变为由两个瞬时电压形成的电子图形，显示可以由两个电压的直接比较。例如用李沙育图形做相应测量、频率测量。

为了使用外水平输入，采用如下步骤：

1）触发方式开关（25），置于 X－Y 位置。

2）垂直输入使用通道 1 探头，水平输入使用通道 2 控头。

3）用通道 2 的衰减开关和微调旋钮（6）和（7），调节水平偏转量。

4）这时，通道 2（垂直）位移旋钮（11），用作水平位移控制。

5）所用同步控制器均不连通，而且无效。

四、晶体管特性图示仪

晶体管特性图示仪，是一种专用示波器。利用它可以直接观测到各种晶体管的特性曲线和曲线簇，例如晶体管三种接法（共射极、共基极、共集电极）的输入、输出特性，反馈特性；二极管的正向、反向特性；稳压管的移压特性等。利用它还可以测量晶体管的击穿电压、饱和电流和电流放大倍数等。

（一）图示仪原理

图 8-65 是采用示波器显示晶体管特性的原理图，图中以 PNP 晶体管共发射极接法为例，显示了该管的输出特性。方法是将锯齿波电压信号加到 X 轴，进行水平扫描，同时将该锯齿波电压信号串入晶体管输入回路中。当晶体管基极输入电流为 I_{b0}（即基极输入电压为 E_{b0}）时，集电极电流 I_c 随扫描电压而变化，在 $R \gg r_0$（r_0 为晶体管的输出电阻）条件下，输出电压 U_R 与 I_c 成正比，将 U_R 接入 Y 轴，就能显示出图（b）曲线，改变 E_b 为 E_{b1}，则能显示出图（c）曲线。因此，不断改变 E_b 的值，就能显示出不同 I_b 下的输出特性曲线；但在人手调节 E_b 值的情况下，只能一根一根地显示出单根特性曲线。改用图 8-66（a）所示的阶梯波电压代替人手调节 E_b 值，再加上同步信号，图 8-66（b），并使阶梯波的周期 T 大于示波管的荧光余辉时间，在屏幕上就能显示出图 8-66（c）所示的曲线簇。这就是晶体管特性图示仪的基本工作原理；就是说，图示仪内部包含有扫描电路、阶梯波发生器等电气部分。由于有的被测晶体管集电极电流较大，有的反向击穿电压较高，为了测试各种各样的晶体管，图示仪上集电极扫描电

压一般是可调的，并能输出较大功率。

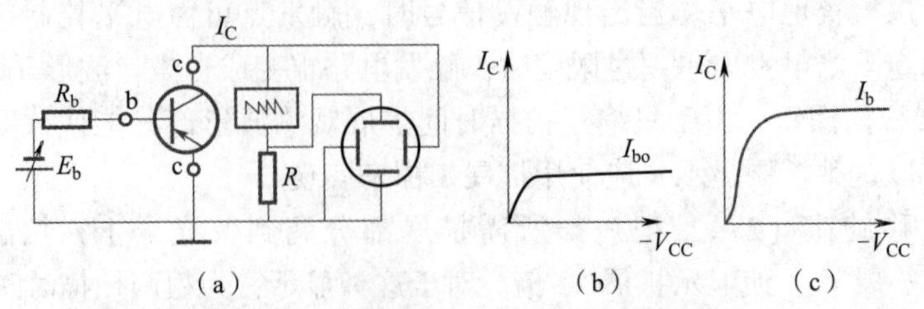

图 8-65　示波器用于显示晶体管特性

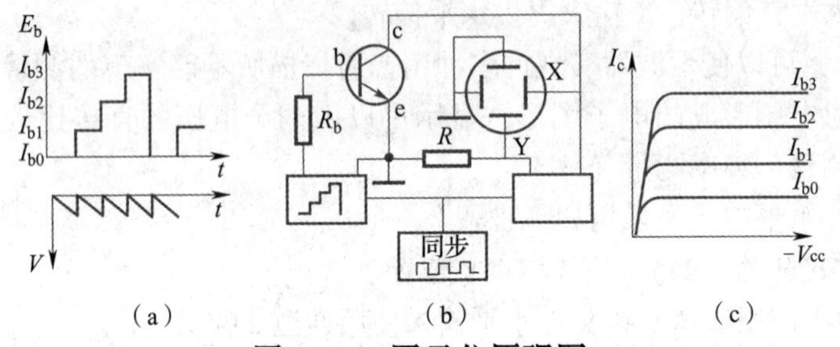

图 8-66　图示仪原理图

(二) 图示仪的使用

以 JT－1 型晶体管特性图示仪为例介绍其使用方法。JT－1 型图示仪的外形，如图 8-67 所示。

1. 测试前的准备

(1) 示波器及其控制电路的准备。接通电源，预热，调节“辉度”，使荧光屏上的光点和线条显示适中的亮度（若无光点或亮条出现，可调节“Y 轴作用”和“X 轴作用”的移位旋钮）。调节“聚焦”和“辅助聚焦”，使光点、线条清晰为止（辉度不能太强，以免荧光屏局部损伤）。转动“标尺亮度”一般观测时用红色标尺，摄影时用黄色标尺。

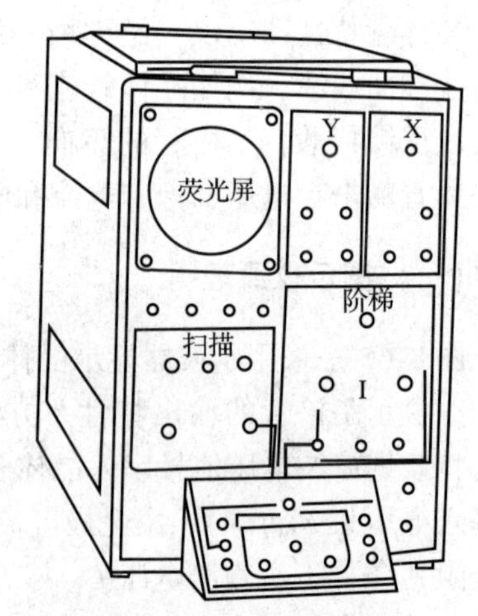

图 8-67　JT－1 图示仪外形

(2) 阶梯信号零电位的准备。将“Y 轴作用”转到“基极电流”或“基极源电压”，“X 轴作用”转到“集电极电压”的 1V/度档，“阶梯选择”转至 0.01V/级档，“阶梯作用”转至“重复”，再将“集电极扫描信号”单元中的“峰值电压”调到 10V，即占满 X 轴标尺 10 格，“峰值电压范围”通常置于 0～20V 档，此时可以看到阶梯信号的波形。同时，调节“级/族”，使荧光屏上显示 11 条横线。

再调节“X 轴作用”和“Y 轴作用”的“移位”，使图像显示在标尺位置上。

如果测量发射极接地的 PNP 型晶体管，“集电极扫描信号”与“基极阶梯信号”

二单元中的“极性”转到“-”，将Y轴“放大的校正”拨向“零点”，调Y轴“移位”，使光条与最上面一根标尺（零点）重合，放开Y轴“放大的校正”，这时可能图像与水平标尺不重合，调节“阶梯调零”，使光条与标尺重合，这样就把阶梯信号起始值调到零电位上了。

如果测的是共发射极接法NPN晶体管，则应将“极性”由“-”拨到“+”，零线以最下面一根标尺为准。

（3）直流平衡的调整。在上述调整的基础上，将“峰值电压”减小到1V左右，置“Y轴作用”单元的“放大器校正”于“零点”，光条移到中间，改变“Y轴作用”开关（基极电压）0.5~0.01V/度各档级，调节“直流平衡”，使得放大器对校正信号的零点位置，不产生上、下位移，即零点位置基本不变。同样，X轴“基极电压”0.01~0.5V/度各档位改变时，调节X轴“直流平衡”使放大器对校正信号的零点位置不产生左右位移。

应该指出，只有当图示仪有很长一段时间没有使用时，才需要进行“直流平衡”的调整。如果图示仪经常通电使用，这项调整一般不必进行。

2. 测试

（1）将集电极扫描的全部旋钮（峰值电压范围、极性、峰值电压、功耗限制电阻）调到估计需要的位置或范围。

（2）“Y轴作用”的“毫安-伏/度”与“倍率”调到待测的范围。

（3）“X轴作用”、“伏/度”调到所需的范围。

（4）“基极阶梯信号”的“极性”、“串联电阻”、“阶梯选择”（毫安/级或伏/级）调到所需的范围。“阶梯作用”位于“重复”、“关”、“单族”三个位置中的一个，应根据需要选择。“级/秒”一般可选200级/秒位置。

（5）将测试台接地开关，置于需要的位置上，然后可插入被测晶体管，调节峰值电压等，此时荧光屏上应有曲线显示。再线Y轴、X轴、阶梯三部分的适当修正，即能进行有关的测试。如表8-5所示。

表8-5　图示仪测试晶体管示例

测量项目	测试管	开关旋钮位置	显示图形	测试结果
发射极开路，基极-集电极反向漏电极 I_{CBO}	3A×51 (3A×31) c b e	极性：- 峰值电压范围：0~20V 阶级作用：关 X轴作用：1V/度 Y轴作用：0.01mA/度×0.1 集电极功耗电阻：1kΩ 测试选择：发射极接地		0.01mA/度×0.1×3格=0.003mA=3μA

续表 8-5

测量项目	测试管	开关旋钮位置	显示图形	测试结果
基极开路，集电极穿透电流 I_{CEO}	3A×51 (3A×31) 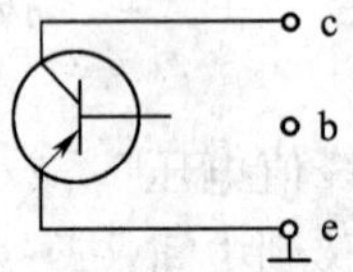	Y 轴作用：0.01mA/度×1 其余同 I_{CBO}	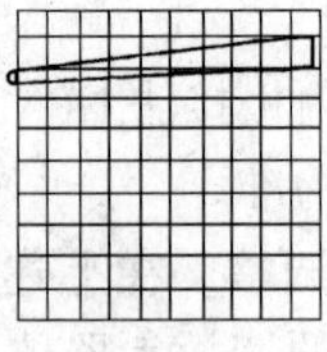	0.01mA/度×1×22 格 = 0.022mA = 22μA
发射极开路，集-基极反向击穿电压 BV_{CEO}	3A×51 (3A×31) 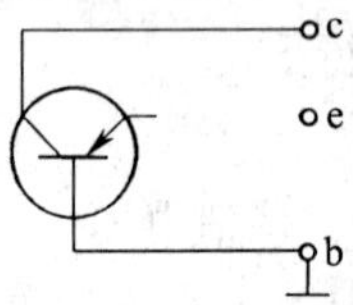	极性：- 峰值电压：0~200V 阶梯作用：关 X 轴作用：10V/度 Y 轴作用：0.1mA/度×1 集电极功耗电阻：1kΩ 测试选择：发射极接地	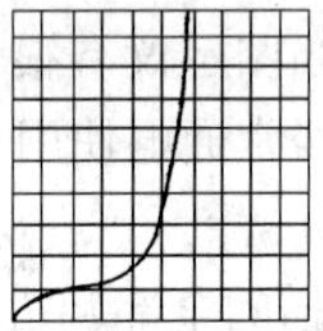	10V/度×6 格 = 60V 逐渐调节峰值电压，使所显示曲线中 I_{CBO} 达到规定值 1 毫安，此时所对应的电压即为 BV_{CBO}
	3DG101 (3DG6) 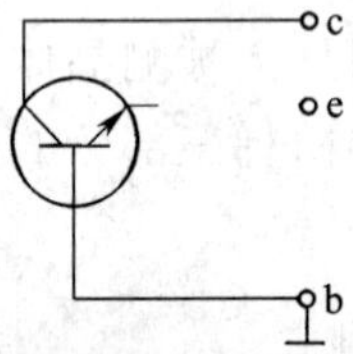	极性：+ Y 轴作用：0.01mA/度×1 其余同 3A×51	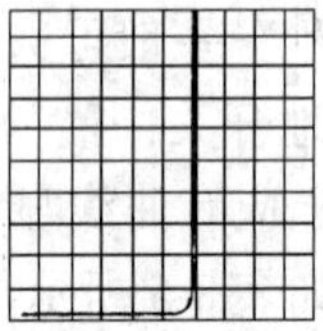	10V/度×5.8 格 = 58V （手册查得 I_{CBO} 为 100μA）
基极开路，集电极-发射极反向击穿电压 BV_{CEO}	3A×51 (3A×31) 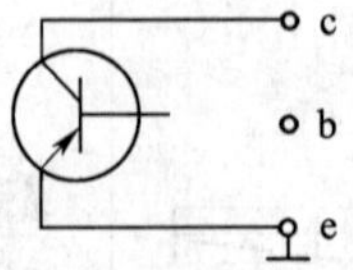	X 轴作用：5V/度 Y 轴作用：0.2mA/度×1 其余同测 BV_{CBO}	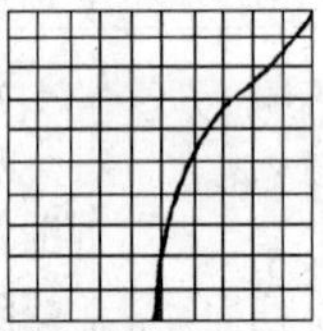	5V/度×5.5 格 = 27.5V（手册查得 I_{CEO} 为 2mA）
	3DG101 (3DG6) 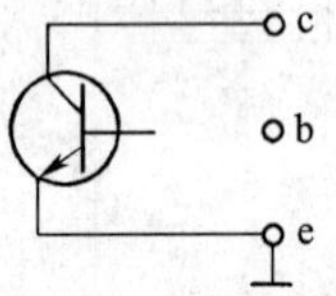	Y 轴作用：0.021mA/度×1 其余同测 BV_{CBO}	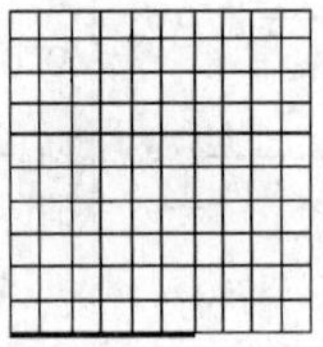	10V/度×4.8 格 = 48V（I_{CEO} 为 200μA）

续表 8-5

测量项目	测试管	开关旋钮位置	显示图形	测试结果
电流放大倍数β	3A×51 (3A×31) 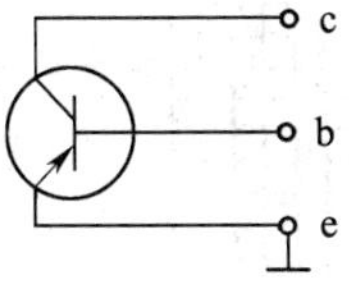 c b e	极性：- 峰值电压范围：0~20V 阶梯作用：重复 X轴作用：1V/度 Y轴作用：0.5mA/度×1 集电极功耗电阻：1kΩ 基极阶梯选择：0.01mA/级 测试选择：发射极接地	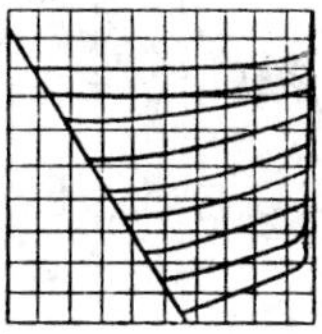	选择曲线 I_B = 0.09、0.1mA $\beta=\frac{\Delta I_C}{\Delta I_B}=\frac{0.5\text{mA/度}\times 1\text{格}}{0.01\text{mA}}=50$
电流放大倍数β	3DG101 (3DG6) 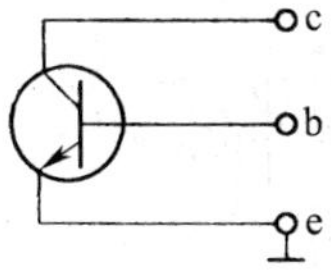 c b e	极性：+ 阶梯选择：0.02mA/级其余同NPN管	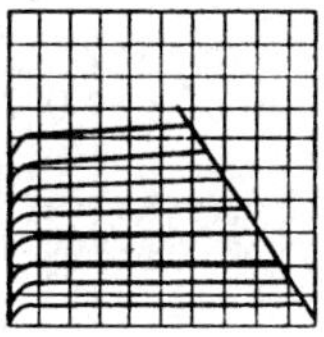	选择曲线 I_B = 0.9、0.02×10mA $\beta=\frac{\Delta I_C}{\Delta I_B}=\frac{0.5\text{mA/度}\times 0.8\text{格}}{0.02\text{mA}}=20$
硅稳压管稳定电压 V_z	2DW233 (2DW7C) 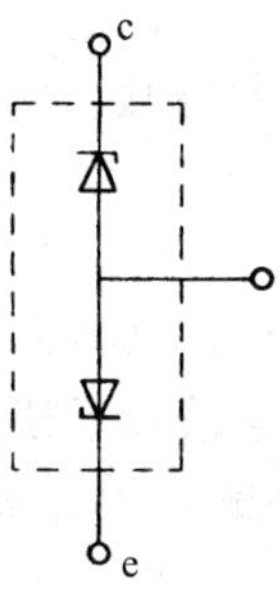 c e	极性：+ 峰值电压范围：0~20V 阶梯作用：关 X轴作用：1V/度 Y轴作用：1mA/度 集电极功耗电阻：14kΩ 测试选择：发射极接地	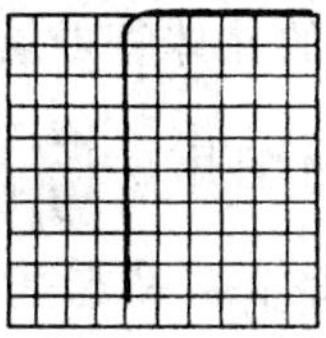	1V/度×5.9格=5.9V 调节峰值电流至 I_z（由手册查得），对应的电压就是 V_z

续表 8-5

测量项目	测试管	开关旋钮位置	显示图形	测试结果
晶闸管控制极可触发电流 I_{GT}	3CT 系列 c g a	极性：+ 峰值电压范围：0～20V 峰值电压：10V 阶梯作用：重复 X 轴作用：基极电流或电压 Y 轴作用：10mA/度×1 集电极功耗电阻：100Ω 基极阶梯选择：0.5mA/级 测试选择：发射极接地		0.5mA/级×5 格=1.1mA 先置“级/族”于最小，然后增加使可控硅进入高导通，此时控制极电流就是 I_{GT}
晶闸管控制极可触发电压	同 I_{GT}	基极阶梯选择：0.2V/度 串联电阻：1Ω 其余同测 I_{GT} 注：此法仅适合于测 $V_{GT}<2.4V$ 的可控硅		0.2V/级 ×4.6 格=0.92V 其余同测 I_{GT}

3. 说明与注意事项

（1）硅晶体管反向电流很小，一般不必测 I_{CEO} 和 I_{CBO}。

（2）测量 I_{CBO} 时，荧光屏上出现回线是正常的；这是图示仪本身的问题，与测试晶体管无关。

（3）对线性不好的晶体管或者大功率管，测量电流放大倍数，应根据工作电流，用 $\beta=\dfrac{\Delta I_c}{\Delta I_b}$ 方法读数，不宜用 $\beta=\dfrac{I_c}{I_b}$ 方法读数。

（4）集电极扫描的各旋钮与基极阶梯信号（极性、mA/级、V/级、串联电阻）不能随便调节，要根据管子的极限参数确定，否则容易损坏管子或图示仪。

（5）其他可供选择的旋钮位置，一般根据需要确定。如测量 BV_{CBO} 时，当峰值电压范围旋钮拨到 0～200V 时，X 轴作用旋钮，应由小拨到大，即先 2V/度；调节峰值电压由小到大。若未测得 BV_{CBO}，再逐级增大 X 轴作用到 5V/度、10V/度……，然后逐渐调节峰值电压到读出 BV_{CBO} 值。一般情况下，只要看出击穿电压就可以，电流值不一定要达到测试条件的规定值。

（6）每次测试结束后，应将“测试选择”拨到“关”。图示仪用完后，应关闭电源，一般再将集电极扫描“峰值电压范围”拨到“0～20V”，“峰值电压”减小到“0”，“功耗限制电阻”拨到“1K”左右，Y轴作用“mA/度”拨到“1mA/度”，“阶梯选择”拨到“0.01mA/级”，“阶梯作用”拨到“关”，以便下次使用图示仪时，各开关旋钮有个较好的初始位置。

五、其他电子仪器仪表

电子仪器仪表种类繁多，这里将其他常见仪表举例简述如下。

（一）信号发生器

信号发生器是用来测试电信号的仪器，其用途广泛，种类繁多。按输出信号波形分，有正弦信号发生器、脉冲信号发生器、函数信号发生器、噪声信号发生器等；按信号频率范围分，有超低频信号发生器、低频信号发生器、高频信号发生器、甚高频信号发生器、超高频信号发生器等。

低频信号发生器能产生频率范围20Hz～1MHz的正弦波信号，具有一定的电压和功率输出，主要用于测量录音机、扩音机、电子示波器、无线电接收装置等电子设备中的低频放大器的频率特性。

高频信号发生器是一种能提供等幅正弦波和调制波的高频信号源，工作频率一般为100Hz～35MHz，输出幅度能作较大范围调节，特别是有微弱的输出以适应测试接收机的需要。高频信号发生器按调制类型可分为调幅和调频两种。高频信号发生器的电路主要包括主振级、调制级、输出级、内调制振荡器、监测级及电源。

脉冲信号发生器主要是为脉冲电路和数字电路的动态特性的测试提供脉冲信号。如研究限幅器的限幅特性、钳位电路的钳位特性、触发器的触发特性、门电路的转换特性和延迟时间、开关电路的开关速度、数字集成电路和计算机电路时均需要脉冲信号。脉冲信号发生器由主振级、延迟级、脉宽形成、放大整形级、输出级等部分组成。

（二）电视场强仪

电视场强仪是用来测量VHF（1～12频道）和UHF（13～56频道）频段电视信号场强或终端电平的一种专用仪器，它在广播电视和电缆电视（CATV）系统（其中包括共用电视天线接收系统）中得到广泛的使用。电视场强仪实质上是一部具有选频作用的外差式高灵敏测试接收机。它的基本测量原理是利用内差比较的方法来实现对电视场强的测量。其主要由高频衰减器、VHF调谐器、UHF调谐器、中频衰减器、中频放大器和峰值检波器等组成。

（三）电子电压表

电子电压表是先将被测电压加以转换（加交流转换成直流、高频转换成低频等）、放大、解调（例如有效值检波器等），然后再用直流微安表头和毫安表头把所测电压指示出来的装置。与电工仪表相比，其具有输入阻抗高、灵敏度高、分布参数小、过载能力强、电压范围大、频率范围宽等优点。

（四）电子计数器

电子计数器按使用特性分为通用型和专用型两种。通常把测量微波频率的电子计数器称作专用测量计数器。除此之外的电子计数器均称为通用型计数器。这两种计数器都具有测频率、测周期、测频比、测时间间隔、累加计数等多种功能。电子计数器由输入通道、时基、控制、计数与显示器等部分组成。

第九章　电 工 材 料

第一节　绝 缘 材 料

绝缘材料是指不导电或导电甚微的物质，在科技文献中一般称之为“电介质”，而在工程上一般称之为“绝缘材料”。电气绝缘材料并不仅仅具有不易导电的特性，更本质的特性是它能够受电场作用而被极化，并在其内部建立电场，从而储存了电场能量。绝缘材料用于电工、电子设备中，能有效地将带电的或有不同电位的导体隔离开，使电流按指定方向流动；将其用于制造电容器时，又能起到储能的作用。

绝缘材料的品种很多，通常按绝缘材料的物理状态来分类，可分为：气体绝缘材料、液体绝缘材料和固体绝缘材料。固体绝缘材料易于成型，可加工成多种制品。

电机和电器用绝缘材料的耐热等级见表 9-1。电工绝缘材料的产品型号编制见表 9-2。

表 9-1　电机和电器用绝缘材料的耐热等级

耐热等级	极限温度（℃）	耐热等级定义
Y	90	在 90℃极限温度下能长期使用的绝缘材料或其组合物所组成的绝缘结构
A	105	在 105℃极限温度下能长期使用的绝缘材料或其组合物所组成的绝缘结构
E	120	在 120℃极限温度下能长期使用的绝缘材料或其组合物所组成的绝缘结构
B	130	在 130℃极限温度下能长期使用的绝缘材料或其组合物所组成的绝缘结构
F	155	在 155℃极限温度下能长期使用的绝缘材料或其组合物所组成的绝缘结构
H	180	在 180℃极限温度下能长期使用的绝缘材料或其组合物所组成的绝缘结构
C	>180	在超过 180℃的温度下能长期使用的绝缘材料或其组合物所组成的绝缘结构

表 9-2 电工绝缘材料的产品型号编制

项　目	说　明
型号的组成格式	□ □ □ □ □

1. 大类代号
2. 小类代号
3. 参考工作温度代号
4. 顺序号
5. 专用附加号

注：必要时在第四位数字后面增加一位数字，表示产品品种顺序号

大类代号

1	2	3	4	5	6
漆、树脂和胶类	浸渍纤维制品类	层压制品类	塑料类	云母制品类	薄膜、粘带和复合制品类

小类代号

漆、树脂和胶类

0	1	2	3	4	5	6	7	8
有溶剂浸渍漆类	无溶剂浸渍漆类	覆盖漆类	瓷漆类	胶粘漆、树脂类	熔敷粉末类	硅钢片漆类	漆包线漆类	胶类

浸渍纤维制品类

0	1	2	3	4	5	6	7	8
棉纤维漆布类	—	漆绸类	合成纤维漆布类	玻璃纤维漆布类	混织纤维漆布类	防电晕漆布类	漆管类	绑扎带类

层压制品类

0	1	2	3	4	5	6	7	8
有机底材层压板类	—	无机底材层压板类	防电晕及导磁层压板类	覆铜箔层压板类	有机底材层压管类	无机底材层压管类	有机底材层压棒类	无机底材层压棒类

塑料类

0	1	2	3	4	5	6
木粉填料塑料类	其他有机物填料塑料类	石棉填料塑料类	玻璃纤维填料塑料类	云母填料塑料类	其他矿物填料塑料类	无填料塑料类

云母制品类

0	1	2	4	5	7	8	9
云母带类	柔软云母板类	塑料云母板类	云母带类	换向器云母板类	衬垫云母板类	云母箔类	云母管类

薄膜、粘带和复合制品类

0	2	3	5	6	7
薄膜类	薄膜粘带类	橡胶及织物粘带类	薄膜绝缘纸及薄膜玻璃漆布复合箔类	薄膜合成纤维纸复合箔类	多种材质复合箔类

参考工作温度代号

1	2	3	4	5	6
105℃	120℃	130℃	155℃	180℃	180℃以上

专用附加号

1	2	3	T
粉云母制品	金云母制品	鳞片云母制品	含杀菌剂或防霉剂产品

注：不附加数字的云母制品为白云母制品

一、气体电介质

（一）气体电介质的种类和特性

常见的气体电介质有空气、氮气、氢气、六氟化硫气体、氟化烃气体等。

在电气设备中，气体经常用作绝缘材料，在一些场合，它还具有灭弧、冷却和保护等作用。气体由于密度低，所以具有不同于液体和固体绝缘材料的特性。例如：相对介电常数很小，接近于1；电阻率很高；介质损耗极小，损耗角正切接近零，击穿后能够自恢复和不存在老化等。

（二）使用时应注意的问题

1．关于气体的纯度与杂质的问题

气体的纯度对其电气性能和化学性能有很大的影响，必须严格控制。为保证充入电气设备中气体的纯度，在充气前要对气体和待充气设备进行仔细的干燥净化处理；充气后要对绝缘气体中的水分和杂质含量进行控制和定期检测。例如在空气断路器中，普遍采用降压干燥法来控制空气的含水量，使其低于0℃的饱和含量。在SF_6断路器中，则常采用干燥剂，例如分子筛和氧化铝等吸附剂，来吸收气体中的水分和分解物，使断路器中的水分得到控制。吸附剂要定期更换和再生处理，通常是五年更换一次。

2．关于可燃性和可爆性问题

在绝缘气体中，空气中含有氧，有助燃作用。氢气是易燃易爆的气体，在空气中其爆炸极限以体积计，为4%～74%，因此使用时要采取安全措施。

虽然多数绝缘气体本身是不燃不爆的，但它们通常以高压气体或液化状态装在钢瓶中或在高压下使用，如贮运或使用不当，也会发生爆炸事故，所以在贮运和使用时，必须严格按照有关气瓶安全规程进行操作。

3．关于液化问题

在设备运行过程中，若绝缘气体发生液化或凝露，将不仅使气体的密度下降，达不到规定的耐电强度，而且在电极表面凝结时，还会改变间隙的电场分布。工程上可通过用加热器的方法来防止液化。

二、液体电介质

在常温下为液态的电介质叫作液体电介质，简称液体介质，亦称绝缘油、绝缘液体。液体电介质主要用在变压器、油断路器、电容器和电缆等电气设备中。通过液体电介质的浸渍和填充，消除了空气和气隙，从而提高了绝缘介质的击穿强度，改善了设备的散热条件。在油断路器中，液体电介质还起到了灭弧作用。

（一）液体电介质的种类及特性

液体电介质按其来源可分为矿物绝缘油、合成油和植物油三大类。

1．矿物绝缘油

矿物绝缘油简称矿物油，是使用历史最久、用量最大的液体绝缘材料。矿物油是由石油蒸馏，并对所需馏分进行精制而获得的。其主要组分是烷烃、环烷烃和适量的芳烃，根据油源和精制方法不同而稍有差异。矿物油中适量的芳烃具有抑制绝缘油氧化、吸收局部放电产生的分解气体的作用。精制处理主要除去烯烃，因为烯烃是造成矿物油劣化的主要原因之一。为了防止矿物的老化，改善油的稳定性，通常加入适量的芳族化合物，作为矿物油的防老剂。矿物油按用途可分为变压器油、断路器油、电容器油和电缆油等。

2．合成油

合成油是指用化学合成的方法制造出来的一类液体介质。其组成一般比较单一，性能稳定，芳烃含量高，电场稳定性好。最先在电气设备中取得应用的合成油是多氯联苯（PCB），用它制造的电力电容器具有体积小、质量轻、不燃和寿命长的特点。20世纪60年代发现多氯联苯有毒，对环境造成污染后我国已停止生产和使用。现在人们又合成了许多新绝缘油，其中有些已趋于广泛应用，如烷基苯、苯基二甲苯基乙烷（又称二芳基乙烷，PXE）、异丙基联苯、烷基萘、聚丁烯和硅油等。

3．植物油

植物油是由植物的种子压榨提炼的，目前使用的植物油有蓖麻油和菜籽油。蓖麻油用于制造脉冲电容器，菜籽油经精制处理和SF_6气体混合后用于浸渍金属化电容器。

（二）使用时应注意的问题

1．变压器对油的要求

变压器油用于变压器的绕组浸渍和铁绝缘，同时作为冷却介质，将变压器在运行中产生的热排除掉。变压器油是电力和配电变压器中大量应用的电介质，因而需特别注意。

变压器对油的要求是：

（1）良好的电性能，如介电强度高，损耗因数小；

（2）黏度小，散热快，冷却效果好；

（3）抗氧化性好，使用寿命长；

（4）凝点低，有较好的低温流动性；

（5）闪点高，着火危险性小；

（6）不含腐蚀性物质，和接触材料相容性好。

2．断路器对油的要求

断路器油是油断路器的重要灭弧材料。断路器油用于充填油断路器，使断电时产生的电弧尽快熄灭，并使断路器触点产生的热得以冷却。断路器对油的要求是：

（1）触点断开时能有效地灭弧；

（2）化学性质稳定，在电弧作用下生成的炭粒少，沉降快；

（3）在保证闪点要求的情况下，黏度越低越好，这有利于减小触头分离时的阻尼作用，有利于散热，有利于油中粒子迅速沉降；

（4）凝点低。

3．电容器对油的要求

一般来说，电容器对油的要求是：

（1）介电强度高，损耗因数小；

（2）相对电容率大；

（3）在电场作用下稳定性好；

（4）黏度低；

（5）凝点低；

（6）闪点高。

4．电缆对油的要求

不同的电缆对油的黏度要求不同。根据电缆结构的要求，电缆油（又称浸渍剂）可分为两大类：一类为黏性电缆油，其黏度大，在电缆工作温度范围内不流动或基本上不流动，常用于35kV以下浸渍剂。另一类的黏度低，主要用作充油电缆的浸渍剂，其中自容式充油电缆油黏度最低，以增强散热和补给能力；钢管充油电缆的黏度较高，以免电缆拖入钢管时油流失太多；而钢管填充油的黏度介于二者之间。

三、绝缘纤维制品

绝缘纤维制品是指绝缘纸、纸板、纸管和各种纤维织物，如纱、带、绳、管等在电工产品中直接应用的绝缘材料。制造这类制品常用的纤维有植物纤维（如木质纤维、棉纤维等）、无碱玻璃纤维和合成纤维。

（一）植物纤维纸的种类及特性

绝缘纸和其他绝缘材料相比，其特点是价格低廉，物理性能、化学性能、电气性能、耐老化等综合性能良好。电工用绝缘纸和纸成型绝缘件是电缆、变压器、电力电容器等产品的关键材料，也是层压制品、复合制品、云母制品等绝缘材料的基材和补强材料。一般把标重小于225g/m^{2}的称为纸，而把标重大于225g/m^{2}的称为纸板。绝缘纸主要有植物纤维纸和合成纤维纸。

植物纤维纸是以木材、棉花等为原料，经制浆造纸而成。电缆纸、电容器纸和电话纸都属此类。

（二）合成纤维纸

合成纤维纸是以合成纤维的短切纤维与沉析纤维为原料，经混合制浆、抄纸而成。

短切纤维是用合成树脂加热喷丝，在凝固液中定型，经过冷、热拉伸后，剪切成短切纤维。沉析纤维是用合成树脂与沉析剂、溶剂和水，在沉析机中剪切成具有植物纤维特性的纤维材料。

合成纤维纸经热压定型后，机械强度高，厚度均匀性好，未经热压定型的合成纤维纸比较软，吸收性好。

（三）绝缘纸板

绝缘纸板由木质纤维或掺入棉纤维的混合纸浆经抄纸、轧光而成。掺入适量棉纤维的纸板抗张强度和吸油量较高。绝缘纸板可用于空气和不高于90℃的变压器油中的绝缘材料和保护材料。根据不同的原材料配方和使用要求，绝缘纸板可分为两种型号：①50/50型纸板（其中木质纤维和棉纤维各占一半），有良好的耐弯曲性、耐热性，适用于电机、电器的绝缘和保护材料，以及耐震绝缘零件等；②100/100型纸板（不掺棉纤维），其中的薄型纸板（厚度小于500μm，通常称青壳纸或黄壳纸）可与聚酯薄膜制成复合制品，用作E级电机的槽绝缘，也可单独作为绕线绝缘的保护层；厚型纸板可制作某些绝缘零件和用作保护层。

（四）硬钢纸板

硬钢纸板又称反白板，是由无胶棉纤维厚纸经氯化锌处理后，用水漂洗，再经热压而制成的。硬钢纸板结构紧密，有良好的机械加工性，可用于低压电机槽楔、电器的绝缘结构零部件。

（五）钢纸管

钢纸管又称反白管，是由经氯化锌处理的无棉纤维卷绕后，用水漂洗制成的。主要用于熔断器、避雷器等电器的管壳、电机引线套管等。

（六）绝缘用布

绝缘用布有棉布、玻璃布和涤玻布。棉布性能较差；玻璃布耐热性好，吸潮小；涤玻布中织入聚酯纤维，柔软性较好。绸布有蚕丝绸和合成丝绸，绝缘用蚕丝绸称为绝缘纺，绝缘用合成丝绸目前用的是锦纶绸和涤纶绸。

四、绝缘漆、胶和熔敷粉末

绝缘漆、胶和熔敷粉末都是以高分子聚合物为基础，能在一定条件下固化为绝缘膜或绝缘整体的重要绝缘材料。

随着高分子合成技术的迅速发展，具有优良电气性能、机械性能和耐热性能，原料丰富且制造方便的合成树脂已逐渐取代天然树脂、植物油等，成为制造绝缘漆的最主要原材料。熔敷粉末也是在合成树脂的基础上发展起来的。合成树脂主要有酚醛树脂、聚酯树脂、环氧树脂、有机硅树脂以及聚酰亚胺树脂等。天然树脂有虫胶、松香及沥青等。

（一）绝缘漆的种类及特性

绝缘漆主要是以合成树脂或天然树脂等为漆基（成膜物质），与某些辅助材料组成。辅助材料有溶剂、稀释剂、填料和颜料等。漆基在常温下黏度很大或是固体。溶剂和稀释剂用来溶解漆基、调节漆的黏度和固体含量，它们在漆的成膜和固化过程中均逐渐挥发。带有活性基因的活性稀释剂则不同，它参与成膜的化学反应，所以实际上是漆基的组成部分。填料、颜料以及催化剂、干燥剂等辅助材料用量虽少，但对漆的性能也有较大影响。

绝缘漆按用途可分为浸渍漆、漆包线漆、覆盖漆、硅钢片漆等几类。

（二）绝缘胶

绝缘胶广泛用于浇注电缆接头和套管、20kV 以下电流互感器、10kV 以下电压互感器、干式变压器、户内户外绝缘子、SF_6 断路器灭弧室绝缘子、电缆接线盒以及密封电子元件等。浇注绝缘的特点是适应性和整体性好。绝缘胶可分为灌注胶、浇注胶、包封胶等几类。

灌注胶和浇注胶亦被合称为浇注胶，泛指浇入或灌注工艺成型的绝缘胶，是由树脂、填料、固化剂或催化剂组成的黏稠混合物质。灌注胶通常限于使用廉价模子灌注成型，模子作为成型件的组成部分；浇注胶在成形的固定模子中浇注，成型件可以从模子中取出。

（三）熔敷粉末

熔敷粉末是由环氧树脂、不饱和聚酯树脂、聚氨酯树脂等为基料与固化剂、颜料等配制而成的一种粉末状绝缘材料。熔敷粉末树脂用流化床涂敷或静电喷涂工艺涂敷各种零部件。涂敷时，工件要预热到树脂熔点以上的温度。为了使树脂完全固化，涂敷工件需进行后固化处理。完全固化后的绝缘涂层坚硬光滑，具有良好的电气性能与力学性能，防潮和耐化学品性能。现用得多的是环氧类和聚酯类树脂粉末。

在使用熔敷粉末时应注意，工件在熔敷前要清洗干净，除去毛刺，这是保证质量的关键。熔敷好的工件烘焙时要避免碰撞，发现碰伤处要立即修补。如果耐电压试验有击穿时，亦可用熔敷粉末修补，修补后仍需按工艺要求进行烘焙。熔敷粉末不用时应密封保存，可在容器中放入干燥剂，以防受潮结块。

熔敷粉末树脂主要用于中小型电机转子和定子的绝缘、电子元器件绝缘等。

五、浸渍纤维制品

浸渍纤维制品是以绝缘纤维制品为底材，浸以绝缘漆制成，有漆布（绸）、漆管和绑扎带等三类。

用作底材的有棉布、棉纤维管、薄绸、玻璃纤维、玻璃布、玻璃纤维管以及玻璃纤维与合成纤维交织物等。布、绸等天然制品具有一定的机械强度、较好的柔软性，但易吸潮、耐热性低，而且是国计民生广泛应用的物资，因此除某些必需的场合仍采用外，已逐步被玻璃纤维和合成纤维的织物所取代。玻璃纤维抗张力高，耐热性好，吸湿性小，但柔软性差，故常与合成纤维交织以改善其柔软性。

常用的绝缘漆主要有油性漆、醇酸漆、聚氨酯漆、环氧树脂漆、有机硅漆以及聚酰亚胺漆等。

（一）绝缘漆布

漆布按底材分为棉漆布、漆绸、玻璃布以及玻璃纤维与合成纤维交织漆布等几类，分别由相应的底材浸以不同绝缘漆，经烘干、切带而成。

（二）绝缘漆管

绝缘漆管是由相应的纤维管浸以不同的绝缘漆，经烘干而成。

（三）绑扎带

绑扎带是以经过硅烷处理的长玻璃纤维，经过整纱并浸以热固性树脂制成的半固化带状材料，又称无纬带。绑扎带按所用树脂种类分为聚酯型、环氧型等几类。绑扎带主要用来绑扎变压器铁心和代替无磁性合金钢丝、钢带等材料绑扎电机转子。绑扎带在使用时承受较大的张力，因此要求其环抗张强度高。为了保证在绑扎时树脂充分熔融而不固化，被绑扎的工件应保持一定的温度。

六、绝缘云母及制品

（一）天然云母的分类、级别和用途

天然云母（简称云母）是属于铝代硅酸盐类的一种天然无机矿物，它的种类很多，在电工绝缘材料中，占有重要地位的仅有白云母和金云母两种。白云母具有玻璃光泽，一般无色透明。金云母近于金属或半金属光泽，常见的有金黄色、棕色或浅绿色等，透明度稍差。

白云母和金云母具有良好的电气性能和机械性能，耐热性好，化学稳定性和耐电晕性能好。两种云母的剥离性好，可以剥离加工成厚度为0.01mm～0.03mm的柔软而富有弹性的云母薄片。

白云母的电气性能比金云母好；金云母柔软，耐热性能比白云母好。

（二）合成云母和粉云母

由于从云母矿开采到加工成薄片损失率高（薄片的出成率一般小于云母原矿的10%），加工效率低，增加了成本。随着电机和无线电工业的发展，云母的消耗量不断增加，迫切寻求云母的代用品。合成云母和粉云母在这样的背景下迅速发展起来，目前制造的合成云母主要是氟金云母，它是天然金云母的拟似物，由于氟金云母无结晶水，纯净度高，其耐热性、抗热冲击性和介电性能均优于天然云母。

粉云母也称粉云母纸，根据制造工艺的不同，可分为煅烧法云母纸和机械法云母纸两大类。煅烧法云母纸又称熟云母纸，是利用云母碎料在750℃～800℃下煅烧40min～60min后经酸处理、制浆、抄纸等工序制成的。机械法云母纸也称生云母纸或大鳞片云母纸，是把云母碎料放在高压水下冲击，机械破碎制浆、造纸而成。粉云母纸厚度均匀，生产效率高，成本低，由它制成的制品电气性能稳定，价格便宜。

（三）云母制品

云母制品由云母或粉云母、胶粘剂和补强材料组成。胶粘剂主要有沥青漆、虫胶漆、醇酸漆、环氧树脂漆、有机硅漆和磷酸胺水溶液等。补强材料主要有云母带纸、电话纸、绸和无碱玻璃布。

云母制品主要有云母带、云母板、云母箔等几类。

七、电工用薄膜、复合制品及粘带

（一）电工薄膜

电工薄膜通常是指用于电工领域的厚度小于0.25mm的高分子薄片材料。有聚酯薄膜、聚丙烯薄膜、聚酰胺亚胺薄膜、聚芳酰胺薄膜等。电工用薄膜的特点是厚度薄，质地柔软，电气性能、力学性能和物理化学性能好，在电工产品中已得到广泛应用。

薄膜的制备方法很多，常见的有定向拉伸、流涎、浸涂、车削辗压和吹塑法等。用双轴定向拉伸法制备的薄膜，其分子排列是定向的，即长链高分子的排列沿着拉伸方向呈现方向性；用流涎、浸涂和吹塑法制备的薄膜，其分子排列是不定向的；用车削、辗压法制备的薄膜，其分子排列有定向、半定向和不定向三种。薄膜的性能主要取决于高分子聚合物的特性，但也与成膜工艺有关。一般来说，定向薄膜比不定向薄膜具有较高的电气性能和抗张强度。薄膜主要用作电机、电器线圈和电线电缆绕包绝缘以及作为电容器介质。

（二）复合制品

复合制品又称柔软复合材料，是在薄膜的一面或两面黏合电工绝缘纸板、玻璃漆布、合成纤维纸等制成，或两面是薄膜，中间为石棉纸、玻璃布的结构。绝缘纸板其他纤维材料的作用是增加薄膜的机械强度，保持良好的柔软性，提高耐热性。纤维纸有优良的吸附性，避免运行时产生位移。薄膜具有优良的介电性能，可弥补纤维制品的介电强度不足。经复合的柔软材料，可以满足介电性能、机械性能和应用工艺性能要求，适用于电机、电器、变压器以及家用电器、电子设备的槽绝缘、相间绝缘、导线绝缘和衬垫绝缘。

采用柔软复合材料，可减薄绝缘厚度，缩小电机尺寸，质量减轻20%～40%。例如，一般A级电机采用H级绝缘后，可缩小体积30%～50%，节约铜20%、硅钢片30%～40%、铸铁25%，电机寿命增加几倍到十几倍，有显著的经济效益。

（三）绝缘粘带

电工用粘带有薄膜粘带、织物粘带和无底材粘带三类。薄膜粘带是在薄膜的一面或两面涂以胶粘剂，经烘焙、切带而成；薄膜粘带所用胶粘剂的耐热性一般应与薄膜相匹配。织物粘带是以无碱玻璃布或棉布为底材，涂以脱粘剂，经烘焙、切带而成；无底材粘带是由硅橡胶或丁基橡胶和填料、硫化剂等经混炼、挤压而成。

八、电工用层压制品

层压制品是以热固性树脂作粘合剂，浸渍纤维纸、纤维织物或玻璃布为底材，经浸渍、层压、卷制、模压或真空压力浸渍等成型方法，制成各种层压板、管、棒等绝缘材料。层压制品底材主要有浸渍纤维纸、棉布、尼龙布、无碱玻璃布等。层压制品的粘合剂主要有酚醛树脂、环氧树脂、有机硅树脂、二苯醚树脂、聚酰亚胺树脂等。

（一）层压板

层压板包括层压纸板、层压布板、层压玻璃布板三类。层压板可加工成各种形状的绝缘件，主要用于电机、电器、变压器、开关等的绝缘结构上。

（二）层压管

层压管是选用成卷的浸涂合成树脂的坯料，经卷制和后热处理制成的管状绝缘材料。

（三）电容套管芯

套管芯是以绝缘卷缠纸为基材，浸涂合成树脂的上胶纸，卷制时按图纸规定的直径加入涂胶铝箔作为电极，烘焙热处理后加工到图纸规定的尺寸。套管芯表面浸涂防潮耐油绝缘漆。套管芯实质上是一组以胶纸为电介质，以铝箔为电极的串联电容器，接入高压电场中起均压作用。高压套管35kV以下多用纯瓷和充油套管，35kV及以上多用胶纸套管芯。随着全封闭电器的发展，充气套管和浇注树脂套管正在发展。

（四）覆铜箔板

覆铜箔板有硬质板和柔性板两大类品种。硬质板是指由上胶的底材与铜箔叠合后，热压成型的印刷电路基板。柔性板是由上胶的薄膜与铜箔复合制成的柔性印刷电路基板。覆铜箔酚醛纸板有热冲型和冷冲型两种，热冲型有CPFCP01、CPFCP03、CPF-CP05F、CPFCP07F四种产品，冷冲型有CPFCP02、CPFCP03、CPFCP06F、CPFCP08F四种产品。其中，CPFCP05F ~ CPECP08F是属于自熄型，耐燃性好。环氧板具有较高的电气性能、力学性能，耐热性高于酚醛纸板。

九、电工用橡胶

（一）橡胶的分类

橡胶是一种分子链为无定形结构的高分子聚合物，富有弹性和较大的延伸率，可以硫化处理。橡胶按其来源分为天然橡胶和合成橡胶。

天然橡胶是非极性橡胶，由橡树割取的胶乳经稀释、过滤、滚压和干燥等步骤制成，俗称生橡胶或生胶。天然橡胶用硫黄进行硫化处理，并加入添加剂，经过一定的温度和压力的作用形成硫化橡胶，通称熟橡胶。

合成橡胶又称人工橡胶，选用具有类似天然橡胶性质的高分子聚合物制成，其化学结构主要属于烯烃类、二烯烃类和有机物类等。根据选用单体的不同，合成橡胶可分为非极性和极性两类。非极性合成橡胶如丁苯橡胶、丁基橡胶、乙丙橡胶、硅橡胶等；极性合成橡胶如氯丁橡胶、丁腈橡胶、氯磺化聚乙烯、氟橡胶等。合成橡胶耐油性和耐燃性比天然橡胶好，原料易得，可大规模生产。

（二）橡胶的性能和用途

1. 天然橡胶

天然橡胶是由橡胶分泌的浆液制成的，主要成分是聚异戊二烯，它的抗张强度、抗撕性和回弹性比多数合成橡胶好。但耐热老化性能和大气老化性能较差，不耐臭氧，不耐油和有机溶剂，易燃。

天然橡胶在电缆工业中主要用作电线、电缆绝缘和护套，长期使用温度为60℃～65℃，电压等级可达6kV。对柔软性、弯曲性和弹性要求较高的电线电缆，天然橡胶尤为适宜，但不能用于直接接触矿物油或有机溶剂的场合，也不宜用于户外。

2. 丁苯橡胶

丁苯橡胶是丁二烯和苯乙烯的共聚物。聚合反应温度在50℃左右合成的橡胶叫热丁苯橡胶，在5℃左右合成的叫冷丁苯橡胶。冷丁苯橡胶的抗张强度、抗弯曲开裂、耐磨损等性能都比热丁苯橡胶好，加工也比较容易，但是它的弹性和耐寒性较差。电缆工业主要用冷丁苯橡胶。

丁苯橡胶在干燥状态下的电气性能与天然橡胶相近，延伸时缺乏结晶性，所以纯丁苯橡胶的抗张强度远不及天然橡胶，但加入补强剂炭黑后，抗张强度可提高到天然橡胶水平。丁苯橡胶耐热性比天然橡胶稍好。

在电缆工业中丁苯橡胶主要用作绝缘材料，一般与天然橡胶按1∶1混合使用，电压等级为6kV。这两种橡胶并用可以互相取长补短，即天然橡胶可以弥补丁苯橡胶抗张强度之不足；丁苯橡胶则可弥补天然橡胶耐热性之不足，使混合橡胶的耐热老化性有所提高。

3. 丁基橡胶

丁基橡胶是异丁烯的聚合物，对氧和臭氧的作用相当稳定，其耐热性、耐大气老化性、耐电晕性和其他电气性能均优于天然橡胶和丁苯橡胶。它的透气性很小，吸水量约为天然橡胶的25%。另外，丁基橡胶对动植物油、多数化学药品（包括硫酸和硝酸）和毒菌的侵蚀都比较稳定。

丁基橡胶的缺点是硫化困难，强度低，弹性小，不耐矿物油。

丁基橡胶可用作船用电缆、电力电缆、控制电缆和高压电机引接线的绝缘材料，电压等级可达35kV，可用于户外。这种电缆不宜与矿物油和溶剂直接接触。

4. 乙丙橡胶

引入第三单体的乙烯和丙烯共聚物，称三元乙丙橡胶，丙烯的摩尔分数约为40%。乙丙橡胶机械强度较低，但其耐热性和电性优越，在高电场强度下，有持久的抗电晕性，能用于高压电力电缆、矿用电缆、船用电缆、控制电缆、测井电缆、电机引接线等产品绝缘。

5. 氯丁橡胶

氯丁橡胶为2－氯丁二烯的聚合物，电缆常用硫调节型和硫醇调节型，由于分子结构中含氯，故耐候、耐油性较好，阻燃，但电性能差。主要用于户外电缆的护套。

6. 丁腈橡胶

丁腈橡胶是丁二烯和丙烯腈的共聚物。在25℃～50℃合成的橡胶称热丁腈橡胶，在5℃～10℃合成的称冷丁腈橡胶。丁腈橡胶具有优良的耐油、耐溶剂性能，适用于作油矿电缆护套和电机、电器的引接线绝缘。丁腈橡胶作护套的电线、电缆，不宜用于户外。

丁腈橡胶和聚氯乙烯的混合物具有阻燃性，可作电焊机用电缆、电气机车和内燃机车用电缆、船用电缆、油矿电缆和电力电缆的护套。

7. 氯磺化聚乙烯

氯磺化聚乙烯是聚乙烯与氯、二氧化硫的反应产物。氯磺化聚乙烯的电气性能、耐大气老化性能、耐热老化性能、耐臭氧性能和耐化学药品侵蚀等都比氯丁橡胶好。耐稀硫酸、稀苛性钠溶液和强氧化剂的性能更为优越。其抗张强度也较高，耐磨损性优良，阻燃性和耐电晕性良好。缺点是耐寒性较差。

氯磺化聚乙烯主要用作船用电缆、电气机车和内燃机车电缆及电焊机电缆的护层材料。此外，还可作为高压电机和F级电机的引接线以及飞机、汽车的引火线和电压等级为2kV以下电线的绝缘。以氯磺化聚乙烯作护套的电线、电缆，可与矿物油和植物油接触，并可长期用于户外。

8. 氯化聚乙烯

氯化聚乙烯是高密度乙烯通过溶液法或水相悬浮法的氯化产物，是乙烯、氯乙烯和二氯乙烯的三元聚合物，氯含量的质量分数约35%，氯原子的分布不同，形成无结晶和高结晶两种结构，故有弹性和塑性之分，与氯磺化聚乙烯比较，耐候性、耐臭氧性、耐电晕性相当，耐油性、耐溶剂性、耐酸碱性、阻燃性、弹性和抗拉强度略差，抗撕性和耐热性略优，基本电性尚可。弹性体主要用于电线电缆护套，塑性体用于其他制品。

9. 氯醚橡胶

氯醚橡胶有优良的耐臭氧和耐热老化性能，长期工作温度为105℃～120℃。它的耐油和耐有机溶剂的性能极优，比丁腈橡胶还好。还具有良好的抗弯曲疲劳性能。此外，透气性小，约为丁基橡胶的三分之一。其缺点是密度较大，低温柔韧性差，加工性不良。

氯醚橡胶适用于作耐油、耐热电缆的护层材料，特别适用于作油井的护套。

10. 硅橡胶

硅橡胶有加热硫化型和室温硫化型两大类。

加热硫化硅橡胶的抗张强度和耐热性比室温硫化硅橡胶好，在电缆工业中主要用作船舶控制电缆、电力电缆和航空电线的绝缘，以及作为F～H级电机、电器的引接线绝缘。在电机工业中采用模压成型的硅橡胶作中型高压电机的主绝缘。自黏性硅橡胶胶带和自黏性硅橡胶玻璃布带可作高压电机的耐热配套绝缘材料。硅橡胶热收缩管可用于电线的连接、终端或电机部件的绝缘。

室温硫化硅橡胶在电器、电子和航空等工业部门广泛用作绝缘、密封、包覆、胶粘和保护材料。

11. 氟橡胶

氟橡胶的品种很多，电缆工业主要应用偏二氟乙烯和全氟丙烯的共聚物，即 26 型氟橡胶。

氟橡胶具有很高的耐热性和优异的耐油、耐有机溶剂以及耐化学药品的性能，其热稳定性超过硅橡胶。此外，氟橡胶的耐臭氧性和耐大气老化性很好。缺点是在高温下机械性能降落幅度较大，耐寒性差，对高温水蒸气不够稳定。

氟橡胶主要用作特种电线、电缆的护套材料，适用于高温以及有机溶剂、化学药品侵蚀的场合。

第二节　导 电 材 料

一、常用导电材料

（一）导电材料的性能

1. 电阻率

电阻率又称电阻系数，用 ρ 表示，其单位是 $\Omega \cdot m$。通常将长度为 1m，截面为 $1mm^2$ 的导电材料，在温度为 20℃时的电阻值定为导体材料的电阻率 ρ。

电阻率是衡量导电材料电性能的重要标志。不同的金属具有不同的电阻率，电阻率大，则导电能力差；反之，则导电能力强，均匀截面的导电材料其电阻 R 的大小，可用下式计算：

$$R = \rho \frac{L}{S}$$

式中：ρ——导体的电阻率（$\Omega \cdot m$）；

　L——导体的长度（m）；

　S——导体的截面（m^2）。

从上式中可以看出，导电材料的电阻与其电阻率及导体的长度成正比，与导体横截面积成反比。电阻率的倒数为电导率，用 γ 表示，即：

$$\gamma = \frac{1}{\rho}$$

2. 电阻温度系数

导电材料的电阻随温度而变化，其变化的比例常数叫作电阻温度系数，用 α 表示。大多数金属的电阻值随温度的升高而增大，则 α 为正值，称为正温度系数；有些材料（如碳）温度升高而电阻值降低，则 α 为负值，称为负温度系数。

不同材料的电阻温度系数不同，如锰铜的电阻值几乎不受温度变化的影响，其电

阻温度系数 α 很小。

设导电材料在温度为 t_0 时的电阻为 R，则：

$$R = R_0 \left[1 + \alpha(t - t_0)\right]$$

因此，电阻温度系数 α 为：

$$\alpha = \frac{R - R_0}{R_0(t - t_0)}$$

式中：R——温度为 t 时的电阻（Ω）；

R_0——温度为 t_0 时的电阻（Ω）。

电阻温度系数 α 单位为 1/℃，表示当温度升高 1℃时的电阻增加量与 t 时的电阻值 R_0 时的比值。

3. 热阻系数

导电金属都具有导热性能，不同的金属材料热阻系数不同。热阻系数大，则导热能力差；反之，则导热能力良好。金属材料热阻的大小，可用热阻系数 ρ_t 表示。

$$R_t = \rho_t \frac{L}{S}$$

式中：R_t——热阻（Ω）；

ρ_t——热阻系数（Ω·m）。

热阻的倒数为热导，用 G_t 表示，单位是 Ω^{-1}，即：

$$G_t = \frac{1}{R_t}$$

4. 抗拉强度 v_b

金属材料单位截面积所能承受的外界最大拉力称为抗拉强度，用 v_b 表示，即：

$$v_b = \frac{P_b}{S} \text{ (Pa)}$$

式中：P_b——最大拉力（N）；

S——材料横截面积（m^2）。

5. 抗弯强度 v

金属材料在外力为弯曲力的作用下，抵抗塑性变形和断裂的能力，用 v 表示，即：

$$v = \frac{M}{W} \text{ (Pa)}$$

式中：M——所受外力矩，即弯曲力矩（N·m）；

W——材料截面系数（m^2）。

6. 抗压强度 v_y

金属材料在压力作用下，抵抗塑性变形的能力，即材料单位面积上能够承受的最大压力，用 v_y 表示，即：

$$v_y = \frac{P_y}{S} \text{ (Pa)}$$

式中：P_y——最大压力（N）；

S——材料横截面积（m^2）。

7. 延伸率 δ

金属材料受外力作用被拉断以后，总伸长长度同原长度相比的百分数，称为延伸率或伸长率，用 δ 表示，即：

$$\delta = \frac{L_1 - L_0}{L_0} \times 100\%$$

式中：L_1——材料拉断后的长度（mm）；

L_0——材料原来的长度（mm）。

8. 屈服强度 v_s

金属材料受外力载荷时，当载荷不再增加，而金属材料本身的变形却继续增加，这种现象叫屈服，产生屈服时的应力，用 v_s 表示，即：

$$v_s = \frac{P_s}{S} \text{（Pa）}$$

式中：P_s——屈服载荷（N）；

S——材料横截面积（m^2）。

9. 蠕变强度

金属材料在高温环境下，即使所受应力小于屈服强度，也会随着时间的推移而缓慢地产生永久变形，这种现象叫作蠕变。在一定的温度下，经过一定的时间，金属材料的蠕变速度仍不超过规定的数值，这时材料所承受的最大应力，称为蠕变强度。

10. 硬度

金属材料抵抗刚硬的物体压陷表面的能力称为硬度。它不是一个单纯的物理量，而是代表着弹性、塑性、塑性变形、强度韧性等一系列不同的物理量组合的一种综合性能指标。材料的硬度通常用布氏硬度 HB、洛氏硬度 HR、维氏硬度 HV 及肖氏硬度 HS 等表示。

金属材料除要求上述性能外，还应具有耐腐蚀、抗氧化、塑性好、易加工、易钎焊等性能。

（二）导电用铜和铝

1. 导电用铜

纯铜外观应呈紫红色，一般称为紫铜。它的密度为 8.89g/cm^3，具有良好的导电性能，电导率仅次于银，铜质越纯，导电性越好；有良好的导热性，仅次于银和金；并具有一定的机械强度，良好的耐腐蚀性，无低温脆性，易于焊接；塑性强，便于承受各种冷、热压力加工。

导电用铜通常选用含铜量为 99.9% 的工业纯铜，在特殊条件下，可选用无氧铜或无磁性高纯铜。

影响铜性能的因素很多，主要有杂质、冷变形和温度。

杂质对铜的导电性能将产生很大的影响，铜如果掺了各种杂质，如银、镉、锌、镍、磷等，将不同程度地降低铜的导电性和导热性，能提高机械强度和硬度，但塑性稍有降低，尤其是磷杂质对导电性的影响最为显著，选用时应注意铜的纯度。铜材料经过弯曲、敲打等冷加工变形后，内部结构将发生变化，使强度和硬度升高，塑性降低，电导率下降，这一现象叫作冷加工硬化，简称“冷作硬化”。当冷变形程度在50%以内时，对电导率和延伸率的影响将明显下降。当冷变形程度在60%以上时，对电导率和延伸率的影响较小。随着冷变形程度的增加，对其抗拉强度的影响将逐步增大，必要时需对冷加工后的材料进行退火处理，使其性能稳定。

温度对铜性能的影响较为显著，在铜的熔点以下时，其电阻随温度升高呈线性关系增加。温度变化对机械性能的影响也较大，当温度在500℃～600℃附近时，其延伸率和断面收缩率陡然降低，出现“低塑性”区，当铜进行热加工时，要避开这个温度范围。

铜无低温脆性，当温度降低时，其抗拉强度、延伸率和冲击值等增高，适于作低温导体材料。

由于铜的蠕变强度、抗拉强度和氧化速度均与温度有关，所以铜长期使用的工作温度不宜超过110℃，短时使用的工作温度不宜超过300℃。

2. 导电用铝

铝是一种银白色的轻金属，是近百年来才应用到工业上的轻金属材料。其特点是密度小（密度为2.70g/cm^3），约为铜的30%；具有良好的导电性，当截面积和长度相同时，铝的电导率为铜的64%（若按质量计算，相当于铜的两倍）；导热性好，铝的热导率为铜热导率的56%；铝耐酸，但不耐碱和盐雾腐蚀；塑性好，易于加工，可抽成细丝或压成薄片；铝的资源丰富，价格比铜低，因此除对导体尺寸及机械性能等有特殊要求的场合外，应优先采用铝作导体材料。

导电用铝通常选用含铝量在99.5%以上的工业纯铝，主要品种有：

（1）特一号铝，代号AI-00，含铝99.7%以上，杂质小于0.30%；

（2）特二号铝，代号AI-0，含铝99.6%以上，杂质小于0.46%；

（3）一号铝，代号AI-1，含铝99.5%以上，杂质小于0.50%。

影响铝性能的因素很多，含有杂质、冷加工变形及温度变化是影响铝的性能的主要因素。铝的杂质含量不同对其导电能力、机械性能的影响也不同。含杂质量越多，电导率越低，其中锰、钒、铬和钛的含量对铝的电导率影响最为显著，所以在选用导电用铝材时，要选用含杂质量少的纯铝。

冷加工变形后，将引起铝的冷作硬化，从而强度及硬度升高，塑性降低，冷变形程度越大，硬化程度越严重，电导率也相应地降低。

温度对铝性能也有影响，铝在熔点以下时，电阻和温度基本上呈线性关系。冷变形的铝材经退火后，电导率可得到恢复。铝在低温时，抗拉强度、抗疲劳强度、硬度和弹性模量增高，延伸率和冲击值也增高，无低温脆性，适合作低温导体。由于铝的热稳定性较差，125℃保温1000h后，抗拉强度下降21%，因此长期使用工作温度不宜超过90℃，短时使用工作温度不宜超过120℃。

铝和铜相比有下列缺点：铝电阻率比铜高，导电能力比铜低；铝机械强度、抗拉强度和抗疲劳强度低，使用中易损坏；熔点低；铝焊接性比铜差，不能用一般方法焊接，铝与铝的焊接可用氩弧焊、气焊、冷压焊和钎焊等方法；铝比铜容易腐蚀。

二、常用电线、电缆和母排

（一）电线

导电材料用于输送和传递电流，铜、铝和钢铁是常用的导电材料，用它们制作成各种导线和母线等。导线的品种很多，应用较广泛的有绝缘导线、裸导线和电磁线。

1. 绝缘导线

绝缘导线是在裸导线表面裹以不同种类的绝缘材料构成的，它的种类很多，根据用途和导线结构分类。

（1）固定敷设电线。固定敷设电线常见的有橡皮绝缘电线（这种电线适用于交流电压500V以下的电气设备和照明装置，固定敷设。电线的长期允许工作温度应不超过65℃），聚氯乙烯绝缘电线（适用于交流额定电压405V/750V及以下的动力装置的固定敷设。电线长期允许工作温度，BY-105型不超过105℃，其他型号不超过70℃。电线敷设温度不低于0℃），橡皮绝缘编织软电线（适用于连接交流额定电压为300V/300V及以下的室内照明灯具，家用电器和工具等。导线线芯的长期允许工作温度应不超过65℃），橡皮绝缘平型软线（适用于连接各种移动的额定电压为250V及以下的电气设备、无线电设备及照明灯具等。允许长期工作温度不超过60℃）。

（2）户外用聚氯乙烯绝缘电线。适用于交流额定电压450V/750V以下的户外架空固定敷设。电线的长期允许工作温度不超过70℃，辐射最低温度不低于－20℃。

（3）铜芯聚氯乙烯绝缘安装电线。适用于交流额定电压300V/330V及以下的电器、仪器仪表和电子设备及自动化装置等内部或外部连接导线，其特点是截面积小，一般为0.03mm^2～0.4mm^2；线芯多，为1～24股；线芯按使用要求可分为硬型、软型、移动式和特软型四种。

（4）农用直埋铝芯塑料绝缘塑料护套电线。适用于农村地下直埋敷设，连接交流额定电压450V/750V及以下固定配电线路和电器设备（简称农用地埋线）。

2. 裸导线

裸导线是导线表面没有绝缘材料的金属导线，裸导线按结构可分为圆单线、裸绞线和型线等。

3. 电磁线

电磁线是一种具有绝缘层的金属电线，它主要用于绕制电工产品及仪器仪表的线圈或绕组，故又称为绕组线。其作用是通过电流产生磁场或切割磁力线产生电流，以实现电能和磁能的相互转换。电磁线的导电线芯有圆线、扁线、带、箔等型材，线芯多数用铜线和铝线。由于铝的强度低，为提高铝线芯的抗拉强度，多采用高导电、高强度的铝合金线。在高温（200℃）工作的电磁线、电线芯，需采用抗氧化性好的复合金属，如镍包铜线等。电磁线的绝缘层材料，按其特点和用途可分为漆包线、绕包线、无机绝缘电磁线和特种电磁线。

（1）漆包线。其绝缘层是漆膜，特点是漆膜较厚，均匀而光滑，广泛用于中小型或微型电工产品中。

(2) 绕包线。用天然丝、玻璃丝、绝缘纸或合成树脂等紧密绕包在导电线芯上，形成绝缘层，一般采用浸渍方式构成组合绝缘。它的特点是能承受过电压及过载负荷，主要应用于大、中型电工产品中。

(3) 无机绝缘电机线。主要产品有氧化铝带（箔）级陶瓷绝缘线，特点是耐高温、耐辐射。

(4) 特种电磁线。用于特殊场合绝缘结构和性能的电磁线，如高温、高湿、深低温等环境。

(二) 电缆

将一根或数根导线线芯分别裹以相应的绝缘材料，外面包上密闭的铅（或铝、塑料等）皮所制成的导线，称为电缆。

电缆的种类繁多，按其传输电流的性质可分为三类，即交流、直流和通信电缆。交流系统中常用的电缆主要有电力电缆、控制电缆、通用橡套电缆、电焊机电缆和电梯电缆等。

1. 电力电缆

电力电缆按结构特征，可分为下列几种：

(1) 统包型。缆心成缆后，在外面有统包绝缘，并置于同一内护套内。

(2) 分相型。主要特点是分相屏蔽，有油纸绝缘和塑料绝缘。

(3) 钢管型。电缆绝缘外有钢管护套，可分为钢管充油、充气电缆和钢管油压式、气压式电缆。

(4) 扁平型。三芯电缆的外型成扁平状，一般用于大长度海底电缆。

(5) 自容型。护套内部有压力的电缆，分自容式充油电缆和充气电缆。

电缆的基本结构主要包括导体、绝缘层和保护层三部分。通常采用导电性能良好的铜、铝作导体，以减少输电线路上的电能损耗和压降损失；绝缘层用以将导体与相邻的导体以及保护层隔离，一般要求绝缘性能良好，经久耐用，有一定的耐热性能，通常采用的有油浸纸绝缘、塑料绝缘和橡胶绝缘等。保护层又可分为内保护层和外保护层两部分，用来保护绝缘层，使电缆在运输、储存、敷设和运行中不受外力的损伤，并防止水分的浸入，所以它应具有一定的机械强度。

2. 移动式通用橡套软电缆

移动式通用橡套软电缆适用于交流额定电压450V/750V及以下家用电器、电动工具和各种移动式电气设备。

电缆线芯采用多股软铜线绞制而成，线芯绝缘多采用耐热无硫橡胶，在线芯绝缘外包有橡套，按电缆承受机械力的能力可分为轻型、中型和重型三种形式；按其额定电压又可分为轻型（300V/300V）、中型（300V/500V）和重型（450V/700V）。电缆线芯的长度允许工作温度不应超过65℃。

3. 控制电缆

控制电缆适用于直流和交流50Hz～60Hz，额定电压600V/1000V及以下的控制、信号、保护及测量线路用。常用于电气控制系统和配电装置内，适于固定敷设，因为一般控制电路中电流不大，负荷间断，所以芯线截面较小，通常在 $10mm^2$ 以下。

控制电缆线芯多采用铜导体，也有部分截面较大的采用铝导体。按其线芯结构型式可分为三种：A 型，单根实芯（$0.5mm^2 \sim 6mm^2$）；B 型，7 根单线绞合（$0.5mm^2 \sim 6mm^2$）；R 型，软结构（$0.12mm^2 \sim 1.5mm^2$），单线直径（0.15mm ~ 0.2mm）。按其绝缘层材质分为聚乙烯、聚氯乙烯和橡皮三类，其中以聚乙烯电性能最好，还可适用于高频线路。控制电缆的绝缘芯大多数采用同芯式绞合，也有部分电缆采用对绞式。氯丁橡皮电缆具有不延燃性能，聚乙烯护套电缆具有较好的耐寒性能。控制电缆线芯长期允许工作温度为65℃。

（三）母排

母排（即矩型母线成型母线）是大截面的载流体，通常固定在绝缘子上使用。母排分铜母排和铝母排两种，其型号有硬铜母线 TMY、软铜母线 TMR、硬铝母线 LMY。其宽度为 16mm ~ 125mm，厚度为 2.24mm ~ 31.5mm。

第三节　导 磁 材 料

根据磁性材料所表现出的外部磁性不同，导磁材料可分为抗磁性物质、顺磁性物质、铁磁性物质、反铁磁性物质、亚铁磁性物质和变磁性物质。其中铁磁性物质和亚铁磁性物质为强磁性物质，其他均为弱磁性物质。

根据磁性材料的矫顽力大小，一般分为软磁材料和永磁（硬磁）材料。

1. 软磁材料（导磁材料）

软磁材料的主要磁特性是磁导率高、矫顽力低（矫顽力≤1kA/m）。在较低的外磁场下能产生较高的磁感应强度。在外磁场去除后，磁性又基本消失。该材料主要作为非传递、转换能量和信息的磁性零部件或器件。

2. 永磁材料

永磁材料的主要磁特性是矫顽力高，矫顽力 > 1kA/m，其饱和磁化后，再去除磁场，磁性体会储存一定的磁能量，能在较长时间内保持强而稳定的磁性。该材料主要用于需要产生恒定磁通的磁路中。在一定空间内提供恒定的磁场，作为磁场源。

一、磁化曲线和磁滞回线

磁化曲线、磁滞回线是描述磁性材料的磁化强度、磁感应强度和磁场强度等性能之间关系的特性曲线。在磁化曲线和磁滞回线上可分别确定磁性材料的磁导率 μ、饱和磁感应强度 B_s、矫顽力 H_c、剩余磁感应强度 B_r 以及总损耗 P 等参量。

二、磁感应强度和磁极化强度

饱和磁感应强度（饱和磁通密度）B_s，指磁性体被磁化到饱和时的磁感应强度（磁通密度）。

剩余磁感应强度（剩余磁通密度）B_r，指从磁性体的某一磁化状态沿正常磁滞回线把磁场单调地减小到零时的磁感应强度（磁通密度）。

饱和磁极化强度 J_s，指磁性体被磁化到饱和时的磁极化强度。

剩余磁极化强度 J_r，指从磁性体的某一磁化状态沿正常磁滞回线把磁场单调地减小到零时的磁感应强度的数值。

三、磁场强度、感应矫顽力和最大磁能积

磁场强度 H，指磁场中任意点的磁通密度大小和方向的量，它等于磁感应强度与磁导率之比。磁场强度大，稳定性好，动态工作时，对磁场强度要求更大。

感应矫顽力（矫顽磁场强度）H_c（H_{CB}或 H），是指消除铁磁物质的剩磁（使剩磁为零）所需要的反向磁场强度。

最大磁能积 $(BH)_{max}$，指在永磁体的任一退磁曲线上的磁通密度与磁场强度乘积的最大值。

内禀矫顽力 H_{cj}，指磁极化强度退到零时的磁感应强度。

四、磁导率

磁导率的大小象征铁磁物质磁化难易程度。磁导率大表示容易磁化，磁导率小表示不易磁化。铁磁物质的导磁率一般都不是常数。磁导率分［绝对］磁导率 μ、起始磁导率 μ_1、最大磁导率 μ_m、回复磁导率 μ_{rrec}。

起始磁导率 μ_i，指在磁化开始（原点）处的导磁率或当磁场强度小到趋近零时，振幅磁导率的极限值。

［绝对］磁导率 μ，指在磁化曲线上任意一点的磁感应强度与磁场强度之比的标量或矩阵量。对于各向同性媒质磁导率是标量，而对于各向异性媒质则是矩阵量。绝对磁导率与磁常数的比值称为相对磁导率 μ_r。

最大磁导率 μ_m，指起始磁化曲线上随磁场强度的不同而变化的磁导率的最大值，当磁导率最大时，如果再增加磁场强度，磁导率反而减小。

回复磁导率 μ_{rrec}，指对应于回复线斜率的磁导率。

五、居里温度和温度系数及铁损

1．居里温度

居里温度（居里点）T_c，指铁磁物质（或亚铁磁性物质）由铁磁状态转变为顺磁状态时的临界温度。当高于此温度时，便失去磁性而呈顺磁性。

2．温度系数

感应温度系数 α_B，是用来衡量永磁材料经饱和磁化后，其磁感应强度在两个给定温度之间所引起的可逆的相对变化的程度。感应温度系数越小，温度稳定性越好。感应温度系数为：

$$\alpha_B = (B_2 - B_1)[B_1(T_2 - T_1)]^{-1} \times 100\%$$

式中：B_1、B_2——温度在 T_1、T_2 时的磁感应强度；

α_B——T_2 到 T_1 之间的平均磁感应强度温度系数。

矫顽力温度系数 α_{He}，是用来衡量经饱和磁化后永磁材料的矫顽力在两个给定温度之间所引起的可逆相对变化程度。矫顽力温度系数越小，温度稳定性好。

磁导率温度系数 $\alpha_{\mu i}$，是指材料起始磁导率在两个给定温度之间的相对变化量与温度差之比，磁导率温度系数越小，温度稳定性好。磁导率温度系数 $\alpha_{\mu i}$ 为：

$$\alpha_{\mu i} = \frac{\mu_2 - \mu_1}{(T_2 - T_1)\mu_i}$$

式中：μ_2、μ_1——温度 T_1、T_2 时的起始磁导率。

3. 铁损

铁损 P，指每单位质量的铁磁材料在交变和脉动磁场中的磁滞损耗和涡流损耗之和。

六、其他磁性能

磁性体在磁化过程中产生的弹性变形称为磁致伸缩。在磁化方向，磁性体长度的相对变化率，称为磁致伸缩系数。即：

$$\lambda = \frac{\Delta L}{L}$$

式中：ΔL——在磁化方向上测得的长度变化。

磁致伸缩系数与磁化过程中的磁场强度有关。当磁场强度增长到一定值时，λ 趋向于恒定，此时的 λ 称为饱和磁致伸缩系数。

剩磁比（开关矩形比）R_r，是衡量开关磁心的磁滞回线接近矩形的程度。

$$R_r = \frac{B_r}{B_m}$$

式中：B_r、B_m——剩余磁感应强度和最大磁感应强度。

矩形比（记忆矩形比）R_s，是表征记忆磁芯磁滞回线接近矩形的程度。

$$R_s = \frac{B}{B_m}$$

式中：B、B_m——磁场强度为 $-H_m/2$ 和 H_m 时的磁感应强度。

第四节　电工新材料

一、电工用塑料

电工用塑料是由合成树脂、填料和各种添加剂等配制成的粉状、粒状或纤维状材料，按照合成树脂的特性，塑料可分为热固性和热塑性两大类。热固性塑料在一定的温度和压力下，经过化学反应生成不熔不溶的固体材料，合成树脂分子由线型结构交联成网状结构。热塑性塑料主要成分是合成树脂，在一定的温度和压力作用下，只是物理变化，形成的制件仍具有可熔可溶的特性，合成树脂的分子仍是线型结构，因此可反复多次成型。电工用塑料可加工成各种形状的电工设备绝缘零部件、电线电缆的绝缘层和防护层材料。

（一）热固性塑料

热固性塑料有酚醛塑料、氨基塑料、聚酯塑料和有机硅塑料等多种，各种热固性塑料的组成及用途如下：

1. 酚醛塑料

酚醛塑料是以酚醛树脂或改性酚醛树脂为基体，加入木粉、无机填料及其他添加剂经炼塑加工制成。通用型适于制造低压电器、仪器仪表等绝缘零部件；耐热型适于制造耐热、耐水的低压电器绝缘零部件；电气型适于制造高频绝缘性能的电信、无线电绝缘零部件；无氨型适于制造密闭型电器和仪表绝缘零部件；玻璃纤维增强型适于制造湿热地区使用的高强度电机、电器绝缘结构部件。

2. 氨基塑料

氨基塑料有脲醛和三聚氰胺塑料两大类。以纤维素为填料的脲醛塑料具有较好的力学电气性能，耐漏电起痕性好，色泽鲜艳，但吸湿性大，耐热性差，适于制造低压电器、插头插座、仪器仪表、照明器材等绝缘零部件。以石棉、玻璃纤维为主要填料的三聚氰胺塑料具有优良的耐电弧性，适于制造防爆电机电器、电动工具、高低压电器绝缘部件、灭弧罩及耐弧部件。

3. 密胺聚酯塑料

密胺聚酯塑料为不规则粒状，适于注射成型，具有优良的电气性能和耐电弧、耐漏电起痕性能，制件尺寸稳定，吸水性小，耐摩擦性能好，适于制造低压电器壳体、动触头支架等绝缘部件。

4. 邻苯二甲酸、二烯丙酯塑料（DAP 塑料）

DAP 塑料具有优良的电气性能及耐湿热性能，适于制造在高低温度和高湿条件下使用的电机、电器及电信设备等绝缘零部件。

5. 聚酰亚胺塑料

聚酰亚胺塑料以玻璃纤维为增强材料，具有优异的机械、电气、耐辐射、耐氟利昂性能，适于制造 H 级电机、电器及特种电气设备绝缘零部件。

6. 环氧模塑料

环氧模塑料是以酚醛环氧或双酚 A 环氧为基体，加入玻璃纤维和无机填料及添加剂经炼塑加工制成。具有优异的电气性能，耐酸碱性、耐冷热交变性好，适于制造多孔电连接器、通信、低压电器等绝缘零部件。

（二）一般电工用热塑性塑料

一般电工用热塑性塑料是由均聚或光聚树脂与填料、稳定剂、阻燃剂等经过混合制成。其特点是随温度升高而变软，随温度降低而变硬。常用电工用热塑性塑料品种的组成及主要用途如下：

1. 聚苯乙烯塑料

由苯乙烯塑料聚合而成，具有优良的电气性能，但耐热性差，易产生应力开裂。

改性聚苯乙烯可提高冲击强度，适于制造各种仪表外壳、罩盖、线圈骨架等部件，也可用作电池盒和开关按钮等。

2．ABS 塑料

ABS 塑料由苯乙烯、丁二烯和丙烯腈共聚而成，有良好的综合性能。调整 ABS 三种组分的配比，可制成高抗冲击型、中抗冲击型和耐热型。可制造各种仪表、电动工具外壳、支架等绝缘部件。

3．聚甲基丙烯酸甲酯塑料（PMMA）

PMMA 由甲基丙烯酸甲酯单体聚合而成，俗称有机玻璃，透光性优异。电气性能优良，但耐磨性、耐热性差。适于制作读数透镜以及电器、仪表外壳等绝缘部件。

4．聚酰胺塑料

又称尼龙，品种较多。其中阻燃、玻璃纤维增强尼龙 1010 具有耐寒、耐燃、耐磨、耐冲击性能，力学、电气性能优异。但非增强型的热变形温度低，吸水性大。它可制造低压电器壳体、线圈骨架、底板、调谐器和发动机部件、各种电连接件、方轴绝缘套、仪表齿轮等绝缘结构部件。

5．聚碳酸酯塑料

聚碳酸酯塑料具有吸水性小、尺寸稳定，抗弯强度高，耐热和耐寒性好。但耐磨性差，易产生应力开裂，采用玻璃纤维增强后可减少应力开裂。适于制造仪器、仪表的支架和线圈骨架、插接件和计时器外壳等绝缘零部件。

6．聚砜塑料

聚砜塑料具有优异的力学电气性能，优良的耐热性，可在 -100 ~ +150℃ 范围使用。但耐溶剂性差。可制造开关座、碳刷架、手电钻壳、接线柱等绝缘部件。

（三）电线、电缆用热塑性塑料

电线、电缆用热塑性塑料主要有聚氯乙烯、聚乙烯、聚丙烯、氟塑料等。其组成和用途如下：

1．聚氯乙烯

电线、电缆用聚氯乙烯，是由氯乙烯聚合而成的柔软塑料，按用途可分为绝缘级和护层级两类。聚氯乙烯既能用作电线、电缆的绝缘和护套，又能作电缆金属护套的外护层，用作绝缘时，其电压等级为 10kV。

2．聚乙烯

聚乙烯按密度分为低密度、中密度、高密度三种。根据使用要求，还可对其改性，制成泡沫和交联聚乙烯。聚乙烯主要用于电力和控制电缆绝缘。

3．聚丙烯

聚丙烯的物理力学性能优于聚乙烯，电性能与聚乙烯相当，常以等规聚合物为主体的改性聚丙烯加入抗氧剂和铜抑制剂。户外使用的，加炭黑，可改进耐气候性，为提高挤出性能，可加少量能与其共混的橡胶改性。聚丙烯可用于通信电缆和油井电缆绝缘。

4．氟塑料

氟塑料分子结构中含氟碳键，键能很高，是目前耐热和耐溶剂性最好的塑料，并阻燃。品种较多，氟塑料在航空、油井、机车、汽车、计算机、家用电器等方面广泛使用。

二、无机绝缘新材料

固体绝缘材料多以有机物或有机物与无机物组成，有机材料在连续受热时，材料发生热老化而受到破坏。多年来，人们经过大量研究，对耐热性高的有机绝缘材料的开发取得了较大进展。但是，长期耐温 180℃以上的有机绝缘材料，品种还不多，云母、石棉、玻璃和陶瓷等无机绝缘材料都具有较高的耐热性，耐电弧性和耐电晕性也较好。

高低压电器在运行或开断时，经常产生电弧，电弧温度高达 4000K，有机绝缘材料受到电弧的作用，就会发生碳化。然而即使在严酷的电弧条件下，无机绝缘材料并不发生变化。无机绝缘材料表面，由于电弧能量作用，可受到一定程度的侵蚀，但并不形成表面漏电痕迹。

（一）电工玻璃材料

电工玻璃以石英砂、长石、硼砂、碳酸钙、白云石、纯碱及碳酸钾等为主要原料，并添加白砒、硝酸钠和芒硝作为澄清剂和还原剂，在 1300℃以上高温下加热熔融，至气泡消失，充分澄清和均化后而成玻璃体，经成型设备可制成各种电工玻璃制品。

1. 绝缘子玻璃

制造绝缘子用的绝缘子玻璃有高碱玻璃、硼硅酸玻璃和铝镁质玻璃等几种。后两种为低碱玻璃。绝缘子玻璃的性能在很大程度上取决于玻璃的组成和热加工程度。

2. 电真空玻璃

电真空玻璃用于制造电真空器件、灯泡和灯管等。

（二）绝缘陶瓷材料

绝缘陶瓷材料主要用作高低压、高频、高温条件下的电绝缘及电容器介质等。

1. 高低压电瓷

高低压电瓷通常在工频下使用，又称为二频瓷或低频瓷。主要品种是普通长石瓷、高硅质瓷和高铝质瓷。前者价格较低，容易制造，广泛用于绝缘子和绝缘套管材料，但机械强度较低。后两种机械强度高，特别是高铝质瓷，耐热冲击性又好，适合于非超高压输电线路用的高强度悬式绝缘子和高压配电绝缘子。

2. 高频瓷

高频瓷的主要品种是滑石瓷、镁橄榄石瓷、高铝瓷、氮化硼瓷和氧化铍瓷。滑石瓷价格便宜，损耗因数小，是最早开始使用的高频瓷。镁橄榄石瓷的微波介质损耗小，高温绝缘电阻高，表面平滑，适合作薄膜电阻芯体。高铝瓷是指 Al_2O_3 的质量分数占 75% 以上的陶瓷。特点是高温绝缘性能优异，高频特性好，机械强度高，硬度大，耐磨性和耐腐性优良，大量用作电子管座、半导体封装和各种基片材料。氮化硼瓷的高温绝缘电阻大，微波损耗小，可用作微波用散热板和高频绝缘材料。氧化铍瓷的电绝缘性能和高频特性优异，导热性极好，适于作高频封装材料。

3．介电瓷

介电瓷主要用作电容器介质，又称电容器介质瓷。常用品种有高钛氧瓷、钛酸镁瓷和钛酸钡瓷等。高钛氧瓷的相对介电常数约80。钛酸镁瓷的介电温度系数很低，可制成接近于零的制品。钛酸钡瓷常温下相对介电常数为1000～3000，在383K附近出现最大值，达几万。钛酸钡还是一种铁电材料，经极化处理后可作电致伸缩元件和压电元件。

4．高温瓷

常用高温绝缘瓷的品种是堇青石瓷、锆英石瓷。这两种瓷的特点是热膨胀系数小，耐热冲击性好，高温绝缘电阻高。适合作电热器用热板和断路器用灭弧片。

新发展的碳化物瓷、氮化物瓷、硼化物瓷和硅化物瓷等也都是优异的高温陶瓷材料，在电工中具有广阔的应用前景。

三、信息存储功能材料——磁记录材料

磁记录材料是用于记录、储存和再现信息的磁性材料，主要指涂布或淀积在磁带、磁盘和磁鼓基本上用作记录和存储信息的磁记录介质和磁头材料。磁记录材料广泛应用于录音机（录音带）、组合音响、录像机（录像带）及计算机外存储用的软磁盘、硬磁盘、计算机磁带等方面。

（一）磁头材料

磁头材料具有高饱和磁感应强度、低剩余磁感应强度和矫顽力、高导磁率、低磁致伸缩系数、硬度大、温度稳定性好等特点。磁头材料有铁氧体磁头材料、含金磁头材料、视频磁头材料等。

（二）对磁记录介质的要求

磁记录介质是在非磁性基体上涂布或淀积的磁性记录层。有磁带、硬软磁盘、磁鼓、磁卡等。对制作记录介质的要求如下：

（1）剩余磁感应强度高；

（2）矫顽力适当的高；

（3）磁滞四线接近矩形；

（4）磁层均匀；

（5）磁粉颗粒均匀，呈单畸状态；

（6）磁致伸缩小，不产生明显的加压退磁效应；

（7）基本磁特性（B_r，H_c 等）的温度系数小，不产生明显的加热退磁效应；

（8）磁粉颗粒易分散，在磁场中易取向排列，不形成磁路闭合的粒子集团。

（三）颗粒涂布型介质及其特性

目前，颗粒涂布型磁层仍占介质技术的主流，磁层中的磁性颗粒一般称为磁粉，

主要有氧化铁（Fe_3O_4 和 γ-Fe_2O_3）、钴系氧化铁氧体（$CO_xFe_{3-x}O_4$ 和 CO + γ-Fe_2O_3）、CrO_2（添加 Sb、Ru、Te、Sn 及 Fe 等细化粒子）、金属粉（Fe、Fe-Co、Fe-Co-Ni）、钡铁氧体粉［Ba（Fe-CoTi）$_{12}O_{19}$］等。

1．氧化铁 γ-Fe_2O_3 磁粉

常用的磁记录介质由 γ-Fe_2O_3 磁粉构成，通常呈针状，主要用于录音磁带、计算机磁盘、软磁盘和硬盘的制备等方面，该磁粉的饱和磁化强度约为350kA/m（emu/cm^3），当有机粘合剂稀释到体积堆集系数为20% ~45%时，磁性层的磁化强度相应减少。磁粉在涂布过程中磁场取向后，涂层的矫顽力为23 ~32kA/m（290 ~4000e），如果磁粉无规则取向，则矫顽力较小。磁带和硬盘要求对磁粉进行有规则取向来改进记录特性，而软磁盘则采用无规取向，以利于大量生产。氧化铁 γ-Fe_2O_3 磁粉的主要优点是稳定性好。

2．包钴磁粉 Co + γ-Fe_2O_3

包钴磁粉通过提高磁晶各向异性来增大矫顽力，同时避免了掺钴 γ-Fe_2O_3 磁粉的温度稳定性差的特点，通过控制钴的含量，可有效地控制矫顽力、提高磁性能，目前已经广泛地应用于中、高档 γ-Fe_2O_3 盒式录音带和盒式录像带与磁盘等。

3．CrO_2 磁粉

CrO_2 磁粉是1967年美国杜邦（DuDont）公司首先研制成功的，由于粒子形貌好，利用 CrO_2 制作的磁带的录放性好。CrO_2 磁粉的矫顽力与粒子的形状、大小及分布有密切关系。添加 Sb_2O_3 和 Fe_2O_3 可以改变粒子间的磁相互作用，提高矫顽力。

4．金属磁粉

铁和铁钴等合金磁粉既具有很高的饱和磁化强度，又具有很高的矫顽力，是理想的磁记录材料。金属磁粉的稳定性经过多年的研究已经解决，目前已经有商品金属磁粉带出售，主要用于录音磁带和8mm的录像带上。

常用的制备方法是将针状的 γ-Fe_2O_3 磁粉在氢气中还原，制成直径为10 ~80mm、矫顽力 H_c 为31.8 ~79.6kA/m的铁氧体。

5．钡铁氧体磁粉

钡铁氧体片状磁粉是使用玻璃晶化法制造的。利用 CO 及 Ti 取代部件 Fe，可使其矫顽力 H_c 减少，而磁化强度变化不明显，所以可以根据使用要求，适当地改变取代量来控制矫顽力 H_c。将这种磁粉用通用的涂布设备，沿带基的法线方向加磁场可得到垂直记录磁带。钡铁氧体磁带具有很好的高密度记录特性，将其用于8mm录像机及数字式磁带机效果很好。

（四）连续薄膜型介质

随着时代的信息化，磁记录向高密度、大容量、微型化方向发展，促使磁记录介质由非连续颗粒状磁记录介质向连续型磁性薄膜方向过渡。从原理上讲，金属薄膜是最理想的磁记录介质，但是磁性薄膜具有化学稳定性差和易氧化与易腐蚀等缺点。此外薄膜面容易被擦伤与破坏；制造大面积均匀薄膜，在技术上还存在一定的难度，有重复性差以及价格较贵等问题。随着技术的不断进步，连续薄膜介质不断推出新的商

品，例如，目前计算机使用的大容量、高密度硬磁盘片，微盒式磁带，Hi8ME 型录像磁带、磁光盘等，其应用前景是光明的。

磁记录用磁性薄膜可分为氧化物和金属薄膜，高密度记录主要用金属合金薄膜，如 Go-P、Co-Ni-P、Fe-Co、Co-Cr 等，Hi8ME 录像磁带是连续薄膜介质商品化的典型代表。

连续薄膜的磁化强度范围从最低的溅射 γ-Fe_2O_3 膜 240kA/m 到钴－铁合金膜的 1000kA/m 以上，矫顽力依赖于材料和淀积过程，其范围为 32～160kA/m。薄膜介质的主要优点是具有较高的磁化强度，可以使用较薄的记录层维持足够的信息振幅，从而达到较高的记录密度。薄膜技术允许调整技术来满足特殊的设计要求。通过调整淀积过程或基片的制备，给定薄膜的成分，可以使薄膜成为各向异性或各向同性，并可获得较高的或较低的矫顽力。

由于连续膜介质具有较高的记录密度，有利于扩大储存容量或实现微型化，薄膜型硬盘和薄膜型录像磁带以及薄膜磁盘是薄膜磁记录介质的典型应用。

（五）磁卡

近年来，磁卡在国内外的发展非常迅速，应用面日趋广泛，早已超出了金融界的范围，尤其是磁卡作为“第三种货币”使用时，具有携带方便、安全可靠的特点，因此受到普遍欢迎。

1. 磁卡的结构及特性

磁卡主要分为两大类：一是直接涂布型，它是采用聚氯乙烯 PVC、涤纶 PET 和纸类作为基片，然后在上面直接涂上磁粉面而成，常用于车月票、电话卡、程序卡和管理卡等；二是磁层转移型，是将磁层转移到基片上，用 PVC 芯片与两层 PVC 透明膜复合而成，用于信用卡、现金卡、识别卡、高速公路卡等。磁卡用的磁性材料与磁带相近。磁卡的基片材料比较广泛，依用途不同分别用聚氯乙烯（PVC）、涤纶（PET）和合成纸等材料。磁卡的磁性区域磁条内有 2～3 个磁道。记录属于纵向磁饱和记录方式，磁迹是平行于长边的，数据编码技术采用双频相位相干记录法。根据国际标准 ISO3554 的要求，磁卡操作温度在－10～50℃的范围内，适用于读出和常规运用；在－35～50℃的范围，卡片应能可靠地用于人工操作，在湿球温度计最高 25℃，相对湿度为 5%～90% 范围内卡片应可使用。另外，磁卡在使用情况下要频繁地直接与人体接触，而且直接与各种外部环境接触，因此磁卡要具备良好的物理化学特性和力学特性。

磁卡的另一个重要特性是磁记录的电磁特性。与其他磁记录介质相比，磁卡的工作条件比较恶劣，因此对其电磁特性有特殊的要求，其中主要的就是可靠性及保密性。最初是用提高磁介质的矫顽力来实现的，但由于磁卡用途不同，对磁性能的要求也不同，因此只单纯提高矫顽力是行不通的。最近有些厂家试制出不同矫顽力和双层磁卡，它可以利用高矫顽力磁层记录永久的暗码信号，用低矫顽力记录可变的信号，从而满足了可靠性和使用方便的要求。但在实用中，目前是靠独特的信息编码技术和识别技术以及合适的电磁性能来满足性能要求的。

2. 磁卡的制造工艺

磁卡种类五花八门，制作工艺也相差很大。下面只简单介绍直接涂布型与磁层转移型两种典型磁卡的制造工艺。

直接涂布型磁卡的制作就是将磁浆直接涂布于片基表面，然后磁性定向、烘干、冲裁。工艺过程与软磁盘制作相似，是磁卡制作工艺中较简单的一种，成本也较低，一般电话卡、车月票卡、高速公路收费卡的制作均采用这种方法。

磁浆制备工艺与磁带制作一样，即按常规方法将磁粉均匀分散到粘合剂中，制造成合格磁浆。磁浆分散是重要的工艺环节，它决定磁特性、流平性及磁层表面的性能。

磁层与保护层涂布工艺与磁带、磁盘涂布基本相同，一般使用反转涂布机或凹版涂布机将磁浆均匀涂敷于片基表面，经过磁场定向、烘干与收片形成大轴半成品，最后还要经过印刷加工。

四、信息存储功能材料——磁光材料

自 1973 年优秀的 TbFe 非晶磁光记录材料被发现以来，磁光记录技术的飞跃发展十分令人瞩目。国际标准化组织（ISO）制定了有关的标准记录格式。目前有直径为 130mm（5.25in）和直径为 90mm（3.5in）的两种磁光盘，前者的存储容量为 600M 字节，后者的存储容量为 128M 字节。这些磁光盘主要用于广播电视和计算机系统中。1993 年日本推出了可进行录音的袖珍唱机 MD，在这种录音机中采用了磁光盘和可直接重写的新型磁光记录系统，MD 的直径仅为 64mm（2.5in），但容量却有 100M 字节，可录放高保真立体声音乐。

最早的磁光材料是贝尔研究所研究的 MnBi 多晶薄膜。MnBi 多晶薄膜的克尔角 θ_k 和矫顽力 H_c 都比较大，H_c 为 159 ~ 318kA/m，激光波长 λ 为 633nm 时的克尔角 θ_k 大约是 0.7°。多晶材料的主要缺点是存在大量的晶界使得磁畴形状混乱，容易发生光的漫反射，因而噪声大、信噪比低。另外，MnBi 材料在高温时会发生相变，引起 θ_k 变化。随后开发的 MnBiCu、MnAiGe、MnCaGe 等多晶薄膜，在一定程度上改善了 MnBi 材料的性能，但仍不能令人满意。

1976 年人们提出了非晶体稀土（R）—过渡族（TM）磁光薄膜。典型的 R 是 Tb，Gd 等稀土元素，TM 为 Fe、Ni 等元素，非晶态 R-TM 薄膜的克尔角 θ_k 较小，只有 0.3°左右，而且非常容易氧化。但是由于它是非晶体结构，介质噪声很小，因此和以往的磁光材料相比，有较高的信噪比。另外，R-TM 非晶膜的易氧化和化学不稳定问题已经通过覆盖保护膜的方法基本得到了解决。利用连续制膜的方法可以一次制出包括 R-TM 膜、保护膜和反射膜在内的均匀多层膜。存储在覆盖保护膜的 R-TM 非晶磁光盘中的信息寿命可以达 10 年以上，可以反复再生 10^7 以上，因此 R-TM 非晶薄膜具有实用价值。现在商品化的磁光盘材料主要是 TbFeCo 非晶薄膜。典型的 TbFeCo 成分为 $Tb_{20}Fe_{74}Co_6$，但根据不同的需要，成分有一些调整。

除 R-TM 非晶薄膜外，人们还研究了石榴石等铁氧体薄膜。铁氧体薄膜在波长小于 780nm 的短波范围内有较大的法拉第角 θ_f，而且耐腐蚀性强，有可能成为下一代的磁光材料。

人工超晶格磁性膜 Pt/Co、Pd/Co 等也可作为新型磁光材料，它们在波长为 300nm 时具有较大的 θ_k 值，能够制成垂直磁化膜。如果将几种多层人工超晶格膜组合在一起，可以得到更大的 θ_k 值。

五、磁性微粒子功能材料——磁流体材料

磁性流体指的是吸附有表面活性剂的磁性微粒在机载液中高度弥散分布而形成的稳定胶体体系。磁性流体不仅有强磁性，还具有液体的流动性。在重力和电磁力的作用下，能够长期保持稳定，不会出现沉淀或分层现象。

磁性流体由磁性微粒、表面活性剂和基载液组成，用作磁性流体的磁性微粒有铁氧体、金属和铁的氧化物等粉末。磁性流体中使用的磁性微粒很小，只有纳米级大小，具有单畴磁性结构。由于 Fe、Co 等金属粉末的磁化强度高于铁氧体的磁化强度，所以采用金属粉末的磁性流体的饱和磁化强度较高。

磁性流体的特点在于它既是液体，又具有磁性，因此广泛应用于各个领域，为许多难以解决的问题提供了新的解决办法。磁性流体的应用大致分为以下几种：

1. 利用磁性流体的性能在磁场中的改变。

如利用磁性流体在磁场中投射光的变化可做成光传感器、磁强计；利用磁流体的黏度在磁场中的变化可以制造惯性阻尼器；利用其液面在磁场中的变化可制造压力信号发生器、电流计等。

2. 利用外加磁场和磁性流体作用产生的力

最常见的是磁性流体密封。利用磁性流体在梯度磁场中产生的悬浮效果可以制成密度计、加速度表等。

3. 利用磁场控制磁性流体的运动

例如利用其流动性可制备药物吸收剂、治癌剂、造影剂、流量计、控制器等，还可用在生物分子分离等研究中，利用流体的热交换可制成能量交换机、液体金属发电机等。

随着磁性流体的性能提高和磁性流体研究的发展，磁性流体的应用范围将越来越广。

六、特殊磁性材料

（一）非晶态软磁合金材料

非晶态又称为玻璃态。非晶态合金内部原子呈无规则排列，是一种无序状态堆积的结构。该合金是 20 世纪 70 年代迅速发展起来的新型金属材料，具有优异的机械、物理性能，并已在电力工业和电子工业中获得应用。

非晶态软磁合金有钴基非晶合金、铁基非晶合金和铁镍基非晶合金等三大类。

1. 钴基非晶合金

该类合金的特点是具有高的磁导率，低的矫顽力，电阻率较大，高频损耗低。适用于磁头芯片、变压器、互感器铁心、磁屏蔽材料。目前，钴基非晶合金已大量用作

图书防盗传感器、高频开关（频率为20kHz～500kHz）铁心。

2. 铁基非晶合金

这类合金具有高的饱和磁感应强度，损耗为硅钢的1/3～1/4，可取代硅钢片作铁磁材料，主要用作电力变压器、电源变压器的铁心，还可用作电磁传感器和电机芯片。目前该类合金在50Hz配电变压器和100Hz航空变压器中的应用已获得较大进展，在降低损耗，节约能源上越来越发挥它的优点。该类合金的缺点是饱和磁感应强度和铁心占空系数较低，性硬，机械加工性差，在较高温度下性能不稳定。

3. 铁镍基非晶态软磁合金

该类合金的性能介于钴基和铁基非磁晶合金之间，具有较高的B_s和较高的μ值，主要用于传递中等磁场强度、中等功率的电信号的变压器铁心中。目前，在50Hz漏电保护开关的零序互感器铁心中获得较大应用，可取代高Ni坡莫合金。

（二）恒导磁合金材料

恒导磁合金材料是一种在相当宽的磁感应强度范围内，一定宽的温度和频率范围内，磁导率基本不变的软磁材料，主要用于单极性脉冲变压器和滤波电感等铁心。

（三）磁温度补偿合金材料

磁温度补偿合金主要是铁镍合金。镍的质量分数为30%～32%，居里温度稍高于室温，其饱和磁感应强度和磁导率在室温附近可随温度而变化。可作为补偿合金用于电器仪表、稳压器以及速率计数器等装置。

（四）低膨胀合金材料

低膨胀合金常用的是铁镍合金，有36% Ni－Fe和31% Ni－4%～6% Co－Fe合金两类。其特点是热膨胀系数很小（小于1.63×10^{-6}/℃）。在精密仪表、度量衡装置、精密测量设备等各方面有着重要的作用。

（五）磁滞伸缩合金材料

磁滞伸缩是指由于磁化而引起的磁性物质的弹性变形。磁滞伸缩合金主要包括纯镍、镁铝（$1J_{13}$）和镁钴（$1J_{22}$）。这类合金主要用作超声波换能器铁心。

超磁滞伸缩合金$SmFe_2$、T_bFe_2、$T_b(FeNi)_2$、$T_b(FeCo)_2$、$(T_{b1-x}Dy_x)Fe_2$、$T_{b1-x}Dy_x(F_{e_{1-y}}Mn_y)$等，$\lambda_0$可达$1100\times10^{-6}\sim2500\times10^{-6}$，可用于强力驱动元件、控制元件和传感器元件，广泛用于计算机打印纸、磁带录像机的跟踪控制、机器人的功能部件、照相机自动聚焦的驱动、磁强性波元件及特种武器等最新用途，正在逐步取代传统的压电陶瓷及上述合金。

（六）磁屏蔽合金材料

凡具有高磁导率的合金都可用于磁屏蔽。这类合金主要是Fe－Ni合金中的$1J_{46}$、$1J_{50}$、$1J_{54}$、$1J_{76}$、$1J_{77}$、$1J_{79}$、$1J_{80}$、$1J_{83}$、$1J_{85}$、$1J_{86}$和Fe－Ai合金中的$1J_{16}$。这类合金

的选用原则是：所需屏蔽的磁场较强时，应选用具有较高磁感应强度的合金，屏蔽材料的截面积也要相应增大；所需屏蔽的磁场较弱时，应选用较高 μ_m 值的材料；所需屏蔽的磁场更弱时，则应选用高 μ_0 值材料。在选用高 μ 值材料的同时还应考虑材料有一定的截面积，以保证预期的屏蔽效果。

（七）高饱和磁感应强度合金（铁钴合金）材料

高饱和磁感应强度合金主要有铁钴合金。在铁钴合金中钴的质量分数为50%。这类合金通常称为坡明杜合金。在该合金中加入钒（V）可增加电阻率和改善延展性。如再施以磁场热处理，可提高磁导率和降低 H_c，还可使磁滞回线的矩形性增加。铁钴合金的居里温度可高达980℃，可用于高温。

（八）矩磁合金材料

这类合金的磁滞回线近似矩形，矩形系数 B_r/B_m 大于0.8，可用来制造磁放大器、无触点继电器、整流器、振流圈、调幅器和脉冲变压器的铁心以及计算机和仪表元件。

七、光电材料

（一）光电阴极材料

光电阴极材料是由 Gs、K、Na、Ag、B_i 等的两种或多种元素经适当工艺制成的。这种材料受到光的照射而发射电子，发射电子所需要的能量称为逸出功 Φ，当入射光波长 $<\lambda_0$（$\lambda_0 = hc/\Phi$）时，才能产生电子发射（h 为普朗克常数，c 为光速，λ_0 为产生电子发射的临界波长）。

该材料广泛应用于光电倍增管、摄像管、变像管等，属于光—光转换器件。

（二）光敏电阻和光电导探测器材料

1. 光敏电阻材料

光敏电阻材料在光照射下晶体中放出大量电子和空穴，其导电性将急剧上升。在外加电场作用下，该材料中产生光电流和暗电流，它们服从欧姆定律。其常见材料有硫化铅、碲化铅、硒化铅、硫化镉、锑化铟等。其中铅的硫属化合物既是电子导电型，又是空穴导电型，通常是用蒸发的方法制得，由0.1～1μm大小的晶粒聚合而成，呈1μm厚的多孔结构。单晶型硫化镉不但在可见光区有很高的灵敏度，而且对X、α、β和γ射线也很灵敏。但受单晶尺寸限制，光电流容量小。多晶型硫化镉制成光敏电阻，可得到比单晶型大的光电流和较宽的光谱灵敏范围，但响应时间较长。硒化镉的光谱灵敏范围和响应速度比硫化镉好，但低温性能差。光敏电阻主要用于自动照明灯、故障灯、航标指示灯、照相机电子测光系统、断电报警器、照度报警器、可变电阻器、键控音量控制等。

2. 光电导探测器材料

光照射物体时，由于物体内部导电电子运动状态的改变而发生电导率改变的现象称为光电效应。大多数半导体和绝缘体都存在光电导效应。当光照射半导体时，只要光子能量足够大，价带中的电子会被激发到导带，引起导电率的增加（本征光电导）；也有可能是入射光子把杂质中的电子激发到导带中去或把价带中电子激发到杂质能级上去，引起电导率增加（非本征激发）。这种增加的电导率称为光电导。产生光电导的条件是光子能量必须大于产生载流子所需能量 ΔE，及 $h\nu = hc/\lambda \geqslant \Delta E$（$c$ 为光速，λ 为波长），ΔE 取决于半导体能带结构或杂质的特性。对任何半导体，光电子的产生有一定波长范围，只要当 $\lambda \leqslant hc/\Delta E$ 时才能产生光电导，代入 h、c 值，得：

$$\lambda_c = 1.24/\Delta E$$

式中：λ_c 为光电导的波长限（截止波长）。

本征光电导材料中，$\Delta E = E_g$（禁带宽度）；非本征光电导材料中，$\Delta E = E_i$（杂质能级的离化能）。

（三）红外光电探测器材料

大气中对红外辐射的透明窗主要分布在 1μm ~ 3μm，3μm ~ 5μm，8μm ~ 14μm 三个波段。主要有掺杂锗、掺杂锗硅合金和掺硼、铝、镓、磷、砷、锑等杂质的硅。掺杂锗、掺杂硅探测器的响应时间较短，和碲镉汞、碲锡铅、硫化铅相同，为了使硅、锗中杂质等级不致因热激发而电离，探测器工作温度较低，且响应波长越长，工作温度越低。

红外光电探测器已用于人造卫星、地平线检测及红外辐射温度检测。钽酸锂（$LiTaO_3$）、硫酸三甘钛（LAT_GS）及钛铅酸铅（PZT）制成的热释电型红外传感器，目前已得到了广泛的应用。

近几年来开发的具有热释电性的高分子薄膜聚偏二氟乙烯（PVF_2）已用于红外成像器件、火灾报警传感器等。

另外，需要指出的是，热释电效应产生的表面电荷不是永存的，只要它出现，就会很快被空气中的离子所结合。因此，利用热释电效应制成的红外传感器，往往在它的元件前面加装机械式的周期遮光装置，只有当测移动物体时才可不装遮光装置。

八、发光材料

（一）半导体发光材料

发光材料在电场激发下能产生发光现象，能将电能直接转换成光能。这类材料大多数是半导体材料。

（二）荧光粉材料

荧光粉材料是受到激发而发出荧光的一种材料，分为灯用荧光粉和荧光屏用荧光粉两种。

1. 灯用荧光粉

灯用荧光粉材料主要是以氧为主的化合物，早期有简单的含氧盐，如硅酸锌、钨酸钙等。发展到复合化合物，如卤磷酸钙。近年有复杂的含氧盐和稀土化合物。光通的稳定性表明，稀土荧光粉比传统的宽带粉有很大的优越性。目前，稀土荧光粉中使用最广的是六角铝酸盐，即用铕激活的钡、镁铝酸盐和镁、铈、铝酸盐与铕激活的氧化钇相配合，使40W荧光灯的光通可大于3000lm，显色指数为82～85。

灯用荧光粉材料主要包括两个方面，即低压荧光灯用材料（照明日光灯、彩色灯、黑光灯等）和高压汞灯用材料，对节能、小型、紧凑等新型荧光灯中使用的荧光粉则要求有更高的稳定性

2. 荧光屏用荧光粉

阴极射线激发的荧光粉主要用于电子束管，关键技术指标为发光效率、色度、余辉、粒度及其分布等。荧光粉除作为灯用发光材料外，主要用作荧光屏内壁的涂覆材料。黑白和彩色电视机中荧光屏用涂覆材料分别由不同比例的荧光粉组成。

（三）磷光体材料

磷光体材料指当受到电场激发时和激发停止后一定时间内（大于10^{-8}s）能够发射光的某些有缺陷的无机晶体材料。发射光的光谱包括可见光、紫外光和近红外光。磷光体大部分是宽禁带半导体，有些是电介质，主要由基质和激活剂组成。大部分基质是第二族金属的硫化物、硒化物和氧化物。激活剂是磷光体中的重金属杂质，如Ag和Cu等。主金属杂质因基质不同而异，在磷光体中形成发光中心。为了提高磷光体的发光效率，一般还在磷光体中掺入少量的另一种杂质——共激活剂。磷光体的发光机理主要有光致发光、阴极射线发光和场致发光三种。目前，常用的磷光体约50多种。

（四）激光材料

1. 半导体激光材料

直接跃迁型半导体材料几乎都可以做激光器，它们发出的激光波长主要依赖于该材料的禁带宽度、杂质浓度和温度等因素。半导体激光器起振方法主要有电子束激励法、光激励法和PN节电注入法等。PN节电注入激光器结构比较简单、小型，也由于激光有很好的单色性、方向性，以它作为光源，以低损耗石英光纤作为光的传输媒介，以半导体光电二极管作为接收器件的光纤通信系统，无需中继站，可长距离通信，因而得到迅速发展。

2. 晶体激光材料

晶体激光材料分氟化物、盐类和氧化物三类，目前使用的主要有红宝石等晶体。

九、压电材料

（一）压电效应

某些电介质沿一定方向受到外力作用时，在其表面会产生电荷，当外力取消后表面的电荷随之消失，又重新回到不带电状态。这种将机械能转变为电能的现象称为“正压电效应”。反之，在电场作用下，它会产生机械形变，当取消外加电场时，电介

质的形变随之消失，这种将电能转换为机械能的现象称为“逆压电效应”。若改变作用力或电场方向，晶体表面产生的电荷极性或变形方向也随之改变。具有压电效应的电介质称为“压电材料”，常见的压电材料可以分为压电晶体、压电陶瓷和高分子压电材料三大类。

（二）压电晶体

主要有石英单晶、$LiNbO_3$、$LiTaO_2$、$Bi_{12}GeO_{20}$、$Bi_{12}SiO_{20}$等。

（三）压电陶瓷

压电陶瓷是人工制造的多晶体压电材料，在极化之前没有压电效应，只有在100℃～175℃温度下，对两个极化面施加高压电场极化处理，才具有压电特性。最早发现的压电陶瓷是钛酸钡，以后又相继出现了性能更好的锆钛酸铅压电陶瓷、铌镁酸铅压电陶瓷等，性能不断改善，应用范围不断扩大。

（四）高分子压电材料

高分子压电材料是一种新兴的压电材料，有聚偏二氟乙烯（PVDF）、聚氟乙烯（PVF）、聚氯乙烯（PVC）等，都是有机高分子半晶态聚合物。按使用目的的不同，可将这类高分子压电材料制成薄膜、厚膜和管状等各种形状。目前用得最多的是做成薄膜状的聚偏二氟乙烯材料，当薄膜受外力作用时，剩余极化强度改变，薄膜呈现出压电效应。

PVDF薄膜具有极高的电压灵敏度，比PZT压电陶瓷大17倍，而且在10^{-5}～500MHz频率范围内具有平坦的频率响应。此外还具有柔软、不脆、耐冲击、价格便宜等优点。PVDF薄膜最早应用于电声器件中，近几年来在超声和水声探测、医疗器械、地震预测、红外探测等方面的应用发展很快。

（五）压电材料的应用

压电材料的所有应用归属三大类：电－机转换、机－电转换和电路元件。

第十章　安全用电和节约用电

第一节　安 全 用 电

一、防雷电

（一）雷电现象和雷电的种类

1. 雷电现象

雷电是雷云之间或雷云对地面放电的一种自然现象。

雷云是产生雷电的基本因素，雷电过电压是由雷云放电产生的，包括闪电和雷鸣两种现象，两者相伴出现，因而常称之为雷电。雷云对地之间的电位是很高的，它对大地有静电感应，此时雷云下面的大地感应出异性的电荷，两者之间构成了一个巨大的空间电容器，雷云中或是在雷云对地之间，电场强度各处不一样。

2. 雷电的种类

雷电的种类可分为直击雷、感应雷、雷电波侵入及球雷四种。

（1）直击雷。有时雷云较低，周围又没有带异性电荷的云层，而在地面上有突出的树木或建筑物等，感应出异性电荷，雷云就会通过这些物体与大地之间直接放电，这种直接击在建筑物或其他物体的雷击，称为直击雷。

雷击放电大多数具有“重复放电”的性质，产生极大的雷电流，引起地面建筑和其他物体的损坏，甚至发生爆炸和引起火灾，危及人的生命和财产安全。

（2）感应雷。感应雷又称雷电感应，它是由于雷电流的强大电场和磁场变化产生的静电感应和电磁感应引起的，它能造成金属部件之间产生电火放电。

静电感应的特点是，当雷云出现在导体的上空时，由于感应作用，使导体上感应带有与雷云的异性电荷，雷云放电时，在导体上的感应电荷得不到释放，致使导体与地面之间形成很高的电位差。

电磁感应的特点是，由于雷电流的幅值和陡度迅速变化，在它周围的空间里会产生强大的变化的电磁场，在其中的导体感应产生极大的电动热，若有回路，则产生很大的感应电流，而产生危害。

（3）雷电波侵入。由于雷电对架空线路或金属导体的作用，所产生的雷电波就可能沿着这些导体侵入建筑物内，危及人身安全或损坏设备。雷电波侵入的事故在农村时有发生，在雷害事故中占相当大的比例。

（4）球雷。通常认为球雷是一个炽热的等离子体，温度极高，并发生紫色或红色的发光球体，直径在 10cm ~ 20cm 以上。

球雷常沿地面滚动或在空气中飘动，能通过烟囱、门、窗或其他缝隙进入建筑物内部，或无声消失，或伤害人身和破坏物体，甚至发生剧烈的爆炸，引起严重的后果。

（二）防雷措施规定

《建筑物防雷设计规范》中建筑物为防雷建筑物，对每一类防雷建筑物又都有具体的规定。建筑物的防雷措施，对于不同类的建筑物，是防直击雷，或是防雷电感应，还是防止雷电波侵入作了不同的规定。例如，对第一类防雷建筑物，防直击雷的措施规定了8条，防雷电感应的措施规定了3条，防雷电波侵入的措施规定了2条；又对避雷针、引下线、接闪器、环形接地体等作了相应的规定。对第二类防雷建筑物和第三类防雷建筑物的防雷措施都作了相应的规定。

（三）防雷装置

接闪器、引下线、接地装置、电涌保护器及其他连接导体的总和，称为防雷装置。

1. 接闪器

接闪器是指直接截受雷击的避雷针、避雷带（线）、避雷网，以及用作接闪的金属屋面和金属构件等。对于接闪器有以下规定：

（1）避雷针宜采用圆钢或焊接钢管制成，其直径不应小于下列数值：针长1m以下：圆钢为12mm，钢管为20mm；针长1～2m：圆钢为16mm，钢管为25mm；烟囱顶上的针：圆钢为20mm，钢管为40mm。

（2）避雷网和避雷带宜采用圆钢或扁钢，优先采用圆钢。圆钢直径不应小于8mm。扁钢截面不应小于$48mm^2$，其厚度不应小于4mm。当烟囱上采用避雷环时，其圆钢直径不应小于12mm；扁钢截面不应小于$100mm^2$，其厚度不应小于4mm。

（3）架空避雷线和避雷网宜采用截面不小于$35mm^2$的镀锌钢绞线。

（4）除第一类防雷建筑物外，金属屋面的建筑物宜利用其屋面作为接闪器，并应符合下列要求：

1）金属板之间采用搭接时，其搭接长度不应小于100mm；

2）金属板下面无易燃物品时，其厚度不应小于0.5mm；

3）金属板下面有易燃物品时，其厚度，铁板不应小于4mm，铜板不应小于5mm，铝板不应小于7mm；

4）金属板无绝缘被覆层。

（5）除利用混凝土构件内钢筋作接闪器外，接闪器应热镀锌或涂漆。在腐蚀性较强的场所，尚应采取加大其截面或其他防腐措施。

（6）不得利用安装在接收无线电视广播的共用天线的杆顶上的接闪器保护建筑物。

2. 引下线

引下线是指连接接闪器与接地装置的金属导体。引下线应符合下列规定：

（1）引下线宜采用圆钢或扁钢，宜优先采用圆钢。圆钢直径不应小于8mm。扁钢截面不应小于$48mm^2$，其厚度不应小于4mm。

当烟囱上的引下线采用圆钢时，其直径不应小于12mm；采用扁钢时，其截面不应小于$100mm^2$，厚度不应小于4mm。

防腐措施应符合要求。

（2）采用多根引下线时，宜在各引下线上于距地面 0.3m 至 1.8m 之间装设断接卡。

（3）在易受机械损坏和防人身接触的地方，地面上 1.7m 至地面下 0.3m 的一段接地线应采取暗敷或镀锌角钢、改性塑料管或橡胶管等保护措施。

3. 接地装置

接地装置是指接地体和接地线的总和。应符合下列规定：

（1）埋于土壤中的人工垂直接地体宜采用角钢、钢管或圆钢；埋于土壤中的人工水平接地体宜采用扁钢或圆钢。圆钢直径不应小于 10mm；扁钢截面不应小于 $100mm^2$，其厚度不应小于 4mm；角钢厚度不应小于 4mm；钢管壁厚不应小于 3.5mm。

在腐蚀性较强的土壤中，应采取热镀锌等防腐措施或加大截面。

接地线应与水平接地体的截面相同。

（2）人工垂直接地体的长度宜为 2.5m。人工垂直接地体间的距离及人工水平接地体间的距离宜为 5m，当受地方限制时可适当减小。

（3）人工接地体在土壤中的埋设深度不应小于 0.5m。接地体应远离由于砖窑、烟道等高温影响使土壤电阻率升高的地方。

（4）在高土壤电阻率地区，降低防直击雷接地装置接地电阻宜采用下列方法：

1）采用多支线外引接地装置，外引长度不应大于有效长度，有效长度应符合规定。

2）接地体埋于较深的低电阻率土壤中。

3）采用降阻剂。

4）换土。

（5）防直击雷的人工接地体距建筑物出入口或人行道不应小于 3m。当小于 3m 时应采取下列措施之一：

1）水平接地体局部深埋不应小于 1m；

2）水平接地体局部应包绝缘物，可采用 50～80mm 厚的沥青层；

3）采用沥青碎石地面或在接地体上面敷设 50～80mm 厚的沥青层，其宽度应超过接地体 2m。

（6）埋在土壤中的接地装置，其连接应采用焊接，并在焊接处做防腐处理。

（7）接地装置工频接地电阻的计算应符合规定。

二、接地和接零

（一）接地和接零的类型及其作用

为保证人身和设备的安全，电力设备宜接地或接零。

接地，一般是指电气装置为达到安全和功能的目的，采用包括接地极、接地母线、接地线的接地系统与大地做电气连接，即接大地；或是电气装置与某一基准电位点做电气连接，即接基准地。接地的类型可分为功能性接地、保护性接地，以及功能性与保护性合一的接地。或按其不同的作用，分为工作接地、保护接地、重复接地、接零、过电压保护接地、防静电接地、屏蔽接地等。

1. 工作接地

在正常或事故情况下，为保证电气设备的可靠运行，必须在电力系统中某一点进行接地，称为工作接地。此种接地可直接接地或经特殊装置接地。

工作接地的作用：保证电气设备能可靠地运行；降低人体的接触电压；迅速切断故障设备；降低电气设备或送、配电线路的绝缘水平。

2. 保护接地

为防止因绝缘破坏而遭到触电的危险，将与电气设备带电部分相绝缘的金属外壳或架构同接地体之间做良好的连接，称为保护接地。这种接地一般在中性点不接地的系统中采用。

保护接地的作用：若设有接地装置，当绝缘破坏外壳带电时，接地短路电流将同时沿着接地装置和人体两条通路流过。流过每一条通路的电流值将与其电阻的大小成反比。通常人体的电阻比接地体电阻大几百倍（一般在 1000Ω 以上），所以当接地装置电阻很小时，流经人体的电流几乎等于零，因而，人体就避免了触电的危险。

3. 重复接地

将零线上的一点或多点与地再次做金属的连接，称为重复接地。

重复接地的作用：当系统中发生碰壳或接地短路时，可以降低零线的对地电压；当零线发生断线时，可以使故障的程度减轻。

4. 接零

将与带电部分相绝缘的电气设备的金属外壳或架构，与中性点直接接地系统中的零线相连接，称为接零。

接零的作用：当电气设备发生碰壳短路时，即形成单相短路，使保护设备能迅速动作断开故障设备，避免人体触电危险。因此，在中性点直接接地的 1kV 以下系统中，必须采用接零保护。

5. 过电压保护接地

过电压保护装置或设备的金属结构，为消除过电压危险影响而做的接地，称为过电压保护接地。

过电压保护接地的作用：对直击雷，避雷装置（包括过电压保护接地装置在内）能促使雷云正电荷和地面感应负电荷中和，以防雷击；对静电感应雷，感应产生的静电荷能迅速地被导入地中，以防静电感应过电压；对电磁感应雷，防止感应出非常高的电势，以免产生火花放电而造成燃烧爆炸的危险。

6. 防静电接地

为了清除生产过程中产生的静电而设的接地。

7. 屏蔽接地

为了防止电磁感应而对电力设备的金属外壳、屏蔽罩、屏蔽线的外皮或建筑物金属屏蔽体等进行的接地。

（二）保护接地、工作接地及接零的范围

1. 电力设备的下列金属部分，除另有规定者外，均应接地或接零：

（1）电机、变压器、电器、照明器具、携带式及移动式用电器具等的底座和外壳；

（2）电机设备的传动装置；

（3）互感器的二次接线；

（4）配电屏与控制屏的框架；

（5）屋内外配电装置的金属架构和钢筋混凝土架构以及靠近带电部分的金属围栏和金属门；

（6）交、直流电力电缆接线盒、终端盒的外壳和电缆的外皮、穿线钢管等；

（7）在非沥青地面的居民区内，无避雷线和接地短路电流架空电力线路的金属杆塔和钢筋混凝土杆塔；

（8）装在配电线路杆上的开关设备、电容器等电力设备；

（9）控制电缆的外皮。

2. 电力设备的下列金属部分，除另有规定者外，可不接地或不接零：

（1）在木质、沥青等不良导电地面的房间内，交流额定电压380V及以下，直流额定电压440V及以下的电力设备外壳，但当维护人员可能同时触及电力设备外壳和接地物件时除外；

（2）在干燥场所，交流额定电压12kV及以下，直流额定电压110V及以下的电力设备外壳，但爆炸危险场所除外；

（3）安装在配电屏、控制屏和配电装置上的电气测量仪表、继电器和其他低压电器等的外壳，以及当发生绝缘损坏时，在支持物上不会引起危险电压的绝缘子金属底座等；

（4）安装已接地的金属架构上的设备（应保证电气接触良好）如套管等，但有爆炸危险的场所除外；

（5）额定电压220V及以下的蓄电池室内支架；

（6）与已接地的机床底座之间有可靠电气接触的电动机和电器的外壳，但有爆炸危险的场所除外。

3. 工作接地的范围：

（1）变压器、发电机、静电电容器组的中心点，在变压器中性点绝缘的系统中，经击穿熔断器接地。

（2）电流互感器、避雷针、避雷线、避雷网、保护间隙等。

（三）接地系统的构成

接地系统由接地体和接地线构成。

1. 接地体

埋入地中并直接与大地接触的金属导体称为接地体，也称接地极，包括：

（1）自然接地体。是指兼作接地体用的直接与大地接触的各种金属构件、金属井管、钢筋混凝土建筑物基础内的钢管、金属管道和设备等。

（2）人工接地体。是指人为地埋入地中的金属件，如人为埋入大地的钢管、角钢、扁钢、圆钢等。

2．接地线

电气设备、杆塔的接地螺栓与接地体或零线连接用的，在正常情况下不载流的金属导体，称为接地线。

3．接地装置

接地体和接地线的总和，称为接地装置。

4．集中接地装置

在避雷针附近装设的垂直接地体。

三、防触电

（一）电流对人体的影响

电流可能对人体构成多种伤害。例如，电流通过人体、人体直接接受电流能量将遭到电击；电能转换为热能作用于人体，致使人受到烧伤或灼伤；人体在电磁场照射下，吸收电磁场的能量也会受到伤害等。诸多伤害中，电击是最基本的形式。

有关电流对人体效应的数据和理论，对于制订防触电技术的标准、鉴定安全型电气设备、设计电气安全措施、分析电气事故、评价电气安全水平等都是必不可少的依据。也是电气安全工程必备的基础。

有一个说法，说电流流过人体百害无益，这不一定完全正确。因为微弱电流或弱电磁场有时能对人起到保健作用，甚至可以治疗疾病，这种研究已经和正在取得巨大成果。但是电流大到一定时候，情况就有变化，电流的热效应会造成人体的电灼伤，电流的化学效应会造成电烙印和皮肤金属化，电流产生的电磁场能量对人体的辐射会导致人头晕、乏力和神经衰弱，电流通过人的头部使人昏迷、睡而不醒，电流通过人体脊髓时，严重的致人瘫痪，电流通过中枢神经或某些部位导致中枢神经系统失调，甚至死亡；电流特别是高压电流通过人体心脏会引起心房颤动，甚至引起心脏停止跳动，严重威胁生命安全。在农村，由于人们认识不足，触电身亡的事故时有发生。

有的电工说："有电压就能电人"，这句话是不对的，带电作业，特别是高压带电作业，利用等电位原理，虽有高电压，但是没有电流流过人体，这样，就不会触电，只有电流流过人体，且电流达到一定数值，人体成为电流回路的一部分时，人才会触电。随着作用于人体的电压升高，人体电阻还会下降，致使触电电流又有增大的趋势，对人体的伤害加剧。可见，作用于人体的电压对人体触电的影响。

（二）电流伤害的种类

电流对人体的伤害就是通常说的触电，是电流的能量直接作用于人体或转换成其他形式的能量作用于人体造成的伤害。主要有电击和电伤两大类。

1．电击

电击是电流通过人体，机体组织受到刺激，肌肉不由自主地发生痉挛性收缩造成的伤害。严重的电击是指人的心脏、肺部、神经系统的正常工作受到破坏，及至危及生命的伤害。

数十毫安的工频电流即可使人遭到致命的电击。电击致伤的部位主要在人体内部，而在人体外部不留下明显的痕迹。

按照发生电击时电气设备的状态，可分为直接接触电击与间接接触电击。前者是在电气设备正常运行时发生的电击；后者是在设备出现故障（如漏电故障）时发生的电击。因为两者发生条件不同，所以防护技术也不相同。

大部分触电伤亡事故都是电击造成的。通常说的触电事故基本上是指电击而言的。

按照人体触及带电体的方式和电流通过人体的途径，触电分为以下三种情况：

（1）单相触电。单相触电是指人体在地面或其他接地导体上，人体某一部分触及一相带电体的触电事故。大部分触电事故都是单相触电事故。单相触电的危险程度与电网运行方式有关。一般情况下，接地电网里的单相触电比不接地电网里的危险性大。

（2）两相触电。两相触电是指人体两处同时触及两相带电体的触电事故。其危险性一般也是比较大的。

（3）跨步电压触电。当带电体接地有电流流入地下时，电流在接地点周围土壤中产生电压降。人在接地点周围，两脚之间出现的电压即跨步电压。由此引起的触电事故叫跨步电压触电。高压故障接地处，或有大电流流过的接地装置附近都可能出现较高的跨步电压。

2．电伤

电伤是由电流的热效应、化学效应、机械效应等对人体造成的伤害。造成电伤的电流都比较大。电伤会在机体表面留下明显的伤痕，但其伤害作用可能深入体内。

与电击相比，电伤属局部性伤害。电伤的危险程度决定于受伤面积、受伤深度、受伤部位等因素。

电伤包括电烧伤、电烙印、皮肤金属化、机械损伤、电光眼等多种伤害。电烧伤又分为电流灼伤和电弧烧伤两类。电烧伤是最常见的电伤。大部分触电事故都含有电烧伤成分。

（1）电流灼伤。电流灼伤是人体与带电体接触，电流通过人体由电能转换成热能造成的伤害。电流越大、通电时间越长、电流途径上的电阻越大，则电流灼伤越严重。由于人体与带电体接触的面积一般都不大，加之皮肤电阻又比较高，使得皮肤与带电体的接触部位产生较多的热量，受到比体内严重得多的灼伤。但当电流较大时，可能灼伤皮下组织。

因为接近高压带电体时会发生击穿放电，所以，电流灼伤一般发生在低压电气设备上。因系低压设备，电流灼伤的电流不会太大。但是，数百毫安的电流即可导致灼伤；数安的电流将造成严重的灼伤。对于高频电流，由于皮肤电容的旁路作用，有可能内部组织严重灼伤而皮肤只有轻度灼伤。

（2）电弧烧伤。电弧烧伤是由弧光放电引起的烧伤。电弧烧伤分直接电弧烧伤和间接电弧烧伤。前者是带电体与人体之间发生电弧，有电流通过人体的烧伤；后者是电弧发生在人体附近对人体的烧伤，而且包含被熔化金属溅落的烫伤。弧光放电时电流很大，能量也很大，电弧温度高达数千度，可造成大面积、大深度的烧伤，甚至烧焦、烧毁四肢及其他部位。大电流通过人体时，会在人体上产生大量热量，可能将肌体组织烘干、烧焦，并以电流入口、出口处最为严重。

高压系统和低压系统都可能发生电弧烧伤。在低压系统，带负荷（特别是感性负荷）拉开裸露的闸刀开关时，电弧可能烧伤人的手部和面部；线路短路，开启式熔断器熔断时，炽热的金属微粒飞溅出来也可能造成灼伤；错误操作引起短路也可能导致电弧烧伤等。在高压系统，由于错误操作，会产生强热的电弧，导致严重的烧伤。

所有电烧伤事故中，大部分发生在电气维修人员身上。

(3) 电烙印。电烙印是电流通过人体后，在接触部位留下的斑痕。斑痕处皮肤硬变，失去原有弹性和色泽，表层坏死，失去知觉。

(4) 皮肤金属化。皮肤金属化是金属微粒渗入皮肤造成的。受伤部位变得粗糙而张紧。皮肤金属化多在弧光放电时发生，而且一般都伤在人体的裸露部位。当然，在发生弧光放电时，与电弧烧伤相比，皮肤金属化不是主要伤害。

当人体长时间与带电体接触时，经过接触部位的理化作用，也可能导致电烙印和皮肤金属化。

(5) 机械损伤。机械损伤多数是电流作用于人体，肌肉不由自主地剧烈收缩造成的，包括肌腱、皮肤、血管、神经组织断裂以及关节脱位乃至骨折等伤害。应当注意，这里所说的机械伤害与由电流作用引起的坠落、碰撞等伤害是不一样的，后者属于二次伤害。

(6) 电光眼。电光眼表现为角膜和结膜发炎。在弧光放电时，红外线、可见光、紫外线都可能损伤眼睛。对于短暂的照射，紫外线是引起电光眼的主要原因。

(三) 触电急救

触电急救，事关人命。预防是最重要的，万一发生触电事故急救很重要。所以，电气工作人员和有关人员必须熟练掌握触电急救的方法。

人触电后，常出现神经麻痹、呼吸中断、心跳停止等现象，呈现昏迷不醒的症状。常见的是心跳、呼吸停，瞳孔放大，血管硬化，身上出现尸斑或者尸僵。必须迅速进行现场救护，采取正确的救护方法。正确的触电急救程序是：解脱电源、迅速诊断、心肺复苏、正确地进行人工呼吸。

第二节 电气防火与电气消防系统

随着科学技术和国民经济的发展，人民生活水平的提高，电气设备的使用量大大增加，电气防火越来越被人们重视，特别是电气防火的知识涉及面广，理论性也很强，安全防火的工程内容很多，所要研究的内容和所要采取的手段非常复杂，已不是一项用几盆水去救救火的问题。所以电气防火越来越被电工科技工作者重视，电工界已经深刻认识到这是一项与国民经济、与人民生命财产密切相关的系统工程。电气防火是以防火为基本出发点，研究如何防止火灾的发生以保证生命财产的安全，以及如何使火灾损失减到最低限度，更重要的是研究如何去防范。电气防火是一个全民的问题，应引起全民重视。

一、电气火灾的原因和常规电气防火措施

有效的电气防火，要采用必要的防火措施，首先要搞清楚电气火灾原因，有针对性采用防火措施，从而有效地预防，发生火灾时有效地抑制。

（一）电气火灾的原因

电气火灾的直接原因有短路、过载、接触点接触不良、接触电阻大而发热等，严重时变为火源，电弧火花、漏电、雷电等，甚至静电及摩擦引起火灾的事也时有发生。电气设备的质量低劣，安装使用不当、维护保养不良、检修不及时、电气设备和电器元件的错误连接和处理不当，以及雷击、静电等是造成电气火灾的重要原因。思想麻痹、疏忽大意、不遵守防火法规、违反操作规程和缺乏电气防火安全知识等则是造成电气火灾的主要原因。

过载时电流超过限值，使导体中的电能转变成热能，发热后，物体的温度升高，热量大大增加，并能引起绝缘的损坏，周围易燃物燃点一般很低，当达到一定温度时，就会引起火灾。

短路是电气设备最严重的一种故障状态，能产生极大的短路电流。无论是两相相间短路、三相相间短路或是一相、两相、三相对地短路，都会产生过渡过程。短路时，在短路点或导线连接松弛的电气接头处，均会产生电弧或火花，电弧温度很高，可达6000℃以上，甚至即刻产生大火球，不但能引燃导线本身的绝缘材料，引起可燃物质燃烧，还能使铜导线化为灰直至汽化，甚至将附近的物质、易燃品引燃产生爆炸。

由于施工不良，维护不当，导线的连接处接触不良，也有触头压力不够，触头接触不实，在负载情况下，接触电阻增大，局部发热，过热时导体会发红，甚至产生火花，极容易使周围易燃物燃烧起来，甚至引发火灾。

电炉、电取暖器、电熨斗等电热设备和电热器具，甚至是一个灯泡，在正常通电的状态下，就是一个高温热源，相当于一个火源，当其产品质量低劣，安装使用不当，长期通电无人监护管理时，且周围有可燃物、易燃品时，受到高温烘烤而起火。

高速旋转和运行的发电机、电动机常发生机械的和电气故障，例如干枯润滑不良的轴瓦和轴承，其摩擦的能量是原始人的钻木取火所不能比拟的，尤其是在绝缘同时损坏时，那引起火灾的概率就更高了。

雷电，除直击雷外，还有感应雷，雷电反击，雷电波的侵入和球雷等。雷电引起火灾的事故也经常发生。雷电危害的共同特点是放电时总要伴随机械力，高温和强大的火光产生，经常破坏建筑物，使输电线或电气设备损坏，甚至引起爆炸，造成严重的火灾事故。因为雷电是在大气中产生的，雷云是大气电荷的载体，当雷云与地面构筑物接近到一定距离后，高电位的雷云就会击穿空气而放电，产生闪电，并伴随雷鸣，雷云电位可达 $10^4 \sim 10^5$kV，雷电流可达 50kA，若以 $\frac{1}{10^5}$S 的时间放电，其放电能量约 10^7S（W · S），这个大能量能使人致死，并为易燃易爆物质点火能量的 100 万倍，所以防雷是防火的重要内容。

静电起火问题越来越引起人们的重视，随着现代化工业的发展，特别是石油化工、塑料、橡胶、化纤工业、造纸，印刷和金属磨粉等工业的发展。随着现代化的生活，各种各样能产生静电的电气、电子设备和器具的增加，各种静电对金属的放电，静电产生的电击，甚至产生静电火花，点燃周围的可燃物、易燃品以及爆炸混合物，时有静电火灾事故的发生。

（二）常规电气防火措施

1．提高导体长期运行光纤电流

提高导体长期运行光纤电流，是减少导体的发热，使导体发热温度控制在光纤温度之内，对导电体，如电线、电缆防火有很大的意义。

提高导体长期运行光纤电流的方法很多，例如，减少导体的电阻，增大导体的散热面积，提高散热系数等。实质上是从发热和散热两个方面想办法，即减少发热、增加散热，发热越多，散热越不好，导致火灾的危险性就越大。

当电流和时间一定时，电阻越大，发热量就越大，而减小导体的电阻的有效方法是：增大导线截面积和采用电阻率小的导体，但是随着截面积的增加，集肤效应也增加，后者又会增加发热。

导体的散热面积和导体的几何形状有关。增加散热的方法也很多，增加辐射散热能力，或改善冷却方式，合理布置导体，又如采用耐热绝缘材料，可以提高导体绝缘的耐热性能，自然都是防火的有效措施。

2．高低压电器采取灭弧措施

电弧是引起火灾的重要原因。电弧燃烧时，弧隙在高温作用下形成新带电质点的游离，当游离速度大于去游离速度时，电弧稳定燃烧；若去游离速度大于游离速度，则电弧熄灭。所以，应设法加强去游离作用，常用的方法是：气吹灭弧、油吹灭弧、电磁灭弧、狭缝灭弧等。人们在设计高低压电器时，越来越重视灭弧问题。

3．变配电所的电容器室的防火措施

一般变配电所的电容器室的电容器数量较多，尤其是高压电容器，其内部充满了电容器油，一旦发生火灾时非常危险，常常会引起爆炸，后果严重，为了安全，必须要采取严格的防火措施。

首先要防止麻痹思想，因为电容器室内一般比较安静，无色无味，一般不被人重视，遇到过电容器爆炸的人也比较少。为了防止电容器室的火灾事故，要从小处着眼，比如电容器的渗漏油，虽然不是喷油，也不那么严重，可却是导致火灾的原因，必须采取运行措施，防止过电压，维护时加倍小心。检查电容器有无鼓肚现象，一旦有问题，应更换新品。应严格控制室内温度，并且要有良好的通风措施，可靠的保护装置，接地线应牢固，设置固定灭火器。

4．电缆竖井的防火措施

在高层建筑中都设竖井，以供敷设电缆和综合布线应用，为了防止干扰，通常强电和弱电的布线，分开布设；发电厂的主控室和锅炉房等也有竖井设计，竖井采用砖和混凝土砌筑而成，常设在电梯井道和楼梯走道附近，由每层的配电小间连接而成。

竖井有烟囱效应，一旦发生火灾，火势极易扩大，造成严重后果，甚至造成设备的停止运行，所以对竖井必须采取有效的防火措施。

竖井内不允许有明火，采用的电器应用良好的灭弧装置，强电电缆和弱电综合布线，除分开布置（有时竖井有两小间，强电系统在一间，而通信、电视、消防等弱电系统布置在另一间）外，若在一间内，强电弱电系统应在房间的两端，且有隔离。

竖井在地面或每层楼板处，应设有防火层。宜做成封闭式，底部与隧道或沟相连，竖井中每层楼板均应隔开，穿行管线或电缆孔洞必须采用防火材料封堵，采用的灭火器应是干粉式的。

5. 蓄电池室的防火措施

蓄电池室是蓄电池组充放电工作的专门场所，常在变配电所和电话机房中采用。在变配电所蓄电池组是为操作回路、信号回路和保护回路提供直流电源；在通风系统的程控交换机房等，在断电时保证通信系统正常工作。

蓄电池是电能与化学能互相转化的装置。充电时，它将电能转变为化学能储存起来，放电时，它又将化学能转变为电能，供用电设备使用，周而复始，反复工作。

蓄电池电解液中的硫酸并未减少，只是将水分解成氢和氧逸出，造成强烈的冒气现象，这样，不但易使板极活性物质脱落损坏，消耗水分，浪费蒸馏水和电力，还潜在有火灾甚至爆炸的危险。

蓄电池室的防火措施如下：

（1）防止氢、氧气体产生气泡的办法是适当减小充电电流。

（2）蓄电池必须放在专用不燃房间内，并分别用耐火极限不低于 2.50h 的非燃烧体墙和耐火极限不小于 1.50h 非燃烧体楼板与其他部位隔开。

（3）蓄电池放出大量氢、氧气体时，同时也逸出许多硫酸雾气，当室内含有的氢气浓度达到 2% 时，遇到火花极易引起爆炸。一般室内含氢量和含酸量分别控制在 0.7% 和 $2mg/m^3$ 以内。蓄电池室应有通风装置，且通风系统应是独立系统。

（4）当蓄电池室和调酸室的温度低于 10℃时，应采用蒸汽或热水装置采暖。室内管道应为无接缝或焊接的光圆管，并不允许设置法兰盘或阀门，以防漏汽、漏水。

（5）应采取电气防爆措施，通风机和照明灯具应选用密封防爆式，电源开关相应安装在蓄电池室外，配电线路采用钢管布线。

酸性或碱性蓄电池应选用密封式或防酸隔爆式。

二、电气消防系统

电气消防系统能够保证人民生命和财产的安全。所以必须根据国家有关消防规范设置火灾自动报警与消防控制设备。火灾自动报警与消防控制系统的动能是通过火灾探测器自动探测，监视区域内火灾发生时产生的烟雾、热气、火光，发出声光报警信号，同时联动有关消防设备，控制自动灭火系统，接通紧急广播、事故照明等设施，实现监测报警、控制灭火的自动化，从而提高消防系统的整体性能和水平。

（一）消防与系统的软、硬件设计

电气消防系统通常由火灾报警控制器和各类火灾探测器及编址单元组成。火灾报警控制器是系统的核心，有主控模块、通信模块、巡检回路控制模块。

1. 主控模块

主控部分接受和处理来自巡检回路控制部分的故障和报警信息，并分别给出火警和故障的声光报警信号，显示报警和故障的具体部位（楼层号、房间号……），点亮告警指示灯，启动音响报警，并有"消音"、"目检"、"暂停显示"、"故障隔离"、"复位"、"确认"等功能，其系统报警和故障处理功能十分完善。主控部分还具备现场编址能力，通过键盘可输入系统配置和时钟校对，使系统能适应各种不同的应用场合。

2. 通信模块

系统中采用通用同步或以太网不全双工收发器，它可由 CPU 编程而采用目前常用的任何一种串行数据传输技术工作。接收来自 CPU 的并行数据字符，然后将其转换为连续的串行数据发送出去，也可接收串行数据流，并将其转换为并行数据字符提供给 CPU；CPU 也可在任何时候读出全部状态，可以采用中断方式，也可采用查询方式。通常选用中断方式、异步传递。通信 CPU 的内存分配与主控 CPU 的相同。

对于区域控制而言，通信 CPU 完成与集中控制器的信息交换，区域控制器接受集中控制器的查询，向集中控制器汇报本服务区的情况。对于集中控制器而言，不但要完成本控制器所管辖范围内的火警信息的收集，还要和大厦的消防中心或信息控制中心通信，以便切入到集成系统中。交互的信息有配置信息、历史火警信息以及现场的故障和火警信息。集中控制器和区域控制器自身均带微型打印机，当主控 CPU 接收键盘输入要求打印时，输入的命令传给通信 CPU，由通信 CPU 将存储区的内容输出到微型打印机进行打印。

通信 CPU 的主程序，在开始执行时初始化，从主控 CPU 读取配置表和历史火警信息，放入自己的存储区，并设置接收主控 CPU 信息缓冲指针和接收区控信息缓冲指针。通信是通过两个中断源实现的。

3. 巡检回路控制模块

巡检回路控制部分对多个二总线回路以编码地址顺序轮流查询故障和火警信息，返回的应答信息中，监视过程的动态历程，给出准确的火警和故障信息，这个过程是持续不变的，每个总线回路上可方便地挂接各类编址单元。

回路 CPU 的主程序在执行开始初始化，主控 CPU 输出读入配置表，其主程序大循环部分主要进行从配置表中轮流读入已装载的配置地址，并依次发信号接收反馈信号查询。由于采用轮询方式，且作为火灾报警系统必须具有实效性，即在最短时间内发现火情报告给 CPU，故轮回采用多回路（例如八回路）同时发码查询的方式。

（二）目前的火灾自动报警与消防控制系统

火灾自动报警系统（简称消防系统）中的探测器根据其逻辑电路的设计可分为"开关量"和"模拟量"两种。

采用开关电路原理的火灾探测器（或称传统式火灾探测器），火灾报警信号由各个探测器发出。每个探测器都有自己的报警阈值（如一、二、三级等）。环境的变化达到设定阈值时，开关电路动作，发出火灾报警信号。控制器收到此信号后进行确认，发出声光报警并显示报警部位。这种系统工作原理相对简单、造价较低，但存在先天性缺陷，如固定的报警阈值不能随着自然环境的变化而自动调整，遇高温、潮湿环境时误报率增高，用户无法掌握探测器技术状态的变化，环境适应能力差。为了解决“开关量”存在的问题，应运而生的是“模拟量”火灾探测器。

模拟量火灾自动报警系统，探测器无报警阈值。探测器把检测到的烟雾密度或温度转化成数据，传输给控制器。控制器分析、处理存贮在计算机内的由探测器发回的烟量或热量发展状态的大量数据，根据烟雾的浓度、烟雾浓度的变化量、烟雾浓度的变化速率等判定是否发出相应的信号。因此，火灾发生时，值班人员不仅能及时得知火灾的发生，而且能指出其准确的位置和报警前后的火灾蔓延情况。模拟量火灾探测器可设置成不同的灵敏度等级，以适应不同的监测点和环境的需要。

一般来说环境的变化速率是急剧的。换言之，也就是火灾时发生的变化要比环境自然的变化快得多，因此火灾报警控制器内的计算机，根据环境的自然变化，自动调整监视灵敏度，对自然变化进行补偿，这一点是常规的火灾报警系统不可比拟的。

报警分为“预备报警”与“火灾报警”两个阶段。环境变化达到一定程度发出“预警”。如烟浓度或温度不再发展就停止报警，要是继续发展达到一定程度，变化速率高，就转入“火警”。

如上所述，模拟量火灾自动报警系统能够大大降低环境温度、湿度等因素的干扰，提高了系统的可靠性与稳定性，降低了误报率，方便使用，降低了维修成本。

1．消防系统的器件和装置

消防系统的器件主要有探测器、接口部件、各种喷头。消防系统的主要装置有：报警及联动控制器、通风、空调、防排烟设备、电动防火阀控制系统、火灾事故广播与警报系统、灭火控制系统及防火卷帘门、防火门控制系统等。

2．火灾自动报警控制器

火灾自动报警控制器是消防系统的关键设备，种类繁多，功能各异，接线方式也各不相同。

火灾报警控制器按其用途可分为区域火灾报警控制器、集中火灾报警控制器和通用火灾报警控制器。按其容量可分为单路火灾报警控制器和多路火灾报警控制器。按其使用环境可分为陆用型火灾报警控制器和船用型火灾报警控制器。按其结构可分为壁挂式火灾报警控制器、柜式火灾报警控制器和台式火灾报警控制器。按其防爆性能可分为防爆型火灾报警控制器和非防爆型火灾报警控制器等。

火灾自动报警系统按其接线方式分为辐射式火灾自动报警系统、总线式火灾自动报警系统、链式火灾自动报警系统等。区域报警装置按其功能分为区域报警显示装置和区域报警控制装置两大类。火灾自动报警控制器的功能有显示功能、测试功能和联动功能等。

3. 消防联动控制系统

当发生火灾时，火灾探测器探测到火警，例如通过二总线发送给通用火灾报警控制器，查存贮在其内部的事先编好的电子连动表，发出相应的控制脉冲，发出指令去控制消防泵和有关设备。

三、消防中心

根据防火要求，凡设有火灾自动报警和自动灭火系统，或设有自动报警和机械排烟设施的楼宇，都应设有消防中心，负责大楼火灾的监控与消防工作的指挥。消防控制室既是防火活动的管理中心，又是火灾发现并发出警告、引导疏散、扑灭初期火灾及其他原因发生事故的处理中心，也是消防部门设在本大楼实施灭火救灾的指挥中心，它的地位极为重要，因此，消防控制室应至少设置一个集中报警控制器和必要的消防控制设备。

消防中心根据需要可由以下部分或全部控制装置组成：①集中报警控制器；②室内消火栓系统的控制装置；③自动喷水灭火系统的控制装置；④泡沫、干粉灭火系统的控制装置；⑤卤代烷、二氧化碳等管网灭火系统的控制装置；⑥电动防火门、防火卷帘的控制装置；⑦通风空调、防烟排烟设备及电动防火阀的控制装置；⑧电梯控制装置；⑨火灾事故广播设备控制装置；⑩消防通信设备。

第三节　节 约 用 电

一、节约用电的意义

节约用电，就是要降低电能损耗和提高电能利用率，电能损耗包括设备损耗和管理损耗。设备损耗即电能在输送、转换和做功过程中，电的、磁的、机械的及其他方面的损耗。管理损耗是由于操作水平低、工艺参数不合理、工序之间的不协调以及其他原因造成的产量低、产品报废、发生事故和各生产环节中的跑、冒、滴、漏等引起的电能损耗。

研究节约用电的技术措施，是电工人员的重要任务，以达到减少电能消耗和提高电能利用率的目的。

二、节约用电的措施

（一）采用新技术，利用新材料，改革落后工艺

例如，硅整流技术在整流设备上的应用，比电动机组提高效率20%～30%；在电加热炉上采用硅酸铝纤维作保温材料，可节电20%～30%。

改进生产工艺不仅可提高产品的质量和数量，而且可以节约用电。

（二）改造旧设备，加强设备检修

改造旧设备，加强设备检修是节约用电的主要途径之一。如在直流电动机调速系

统中，广泛采用晶闸管调速代替原来的电阻调速，可节约用电 20%。

电气设备和用电设备，在长期使用的过程中，工作效率会逐渐降低，电能损耗增加。必须加强设备检修，以提高设备效率和电能利用率。

（三）减少机械摩擦，降低电气设备的供电损耗

任何机械传动装置在运行中都存在摩擦。在三种摩擦形式：滑动、滚动及静摩擦中，应尽可能使用滚动摩擦，可以节约电能。另外，采用合适的润滑剂，可减少摩擦和磨损，降低电能消耗。

（四）降低供电损耗

具体措施有：电网进行升压改造，开式网改为角式网运行，合理调整负荷、提高负荷率等。

三、节约用电方法

（一）变、配电设备

变、配电设备节电的具体方法如下：

（1）停止运行轻负荷变压器；

（2）控制变压器的运行台数；

（3）提高配电电压；

（4）改变配电方式；

（5）采用高效率变压器；

（6）提高功率因数；

（7）加强用电管理。

（二）照明设备

照明设备节电的具体方法如下：

（1）采用高效率电光源；

（2）采用功率因数高的装置；

（3）减少照明灯具的密度；

（4）安装调光装置；

（5）路灯自动控制；

（6）照明设计合理化。

（三）通风机、水泵

通风机、水泵节电的具体方法如下：

（1）间隙运转（不必要时停止运转）；

（2）控制台数；

（3）正确选用和使用电动机（如选择高效、节能电动机，使用时避免空载和轻载运行等）；

（4）采用调速装置；

（5）采用高效率设备。

节约用电的方法很多，有许多细小地方也不可忽视，如采用节能灯、人走关灯等。利用太阳能、风能等有效措施节电节能也越来越受到人们的重视。

参考文献

[1] 何利民、尹全英，简明电工手册［M］. 北京：中国建筑工业出版社，2002.

[2] 高玉奎，简明维修电工手册［M］. 北京：中国电力出版社，2005.

[3] 刘光源，电工实用手册［M］. 北京：中国电力出版社，2006.

[4] 孙效伟，水轮发电机组及其辅助设备运行［M］. 北京：中国电力出版社，2012.

[5] 叶杭冶，风力发电机组的控制技术［M］. 北京：机械工业出版社，2006.

[6] 白明，供配电技术［M］. 北京：清华大学出版社，2012.

[7] 孙克军，简明农村电工手册［M］. 北京：机械工业出版社，2010.

[8] 方大千，实用电工手册［M］. 北京：机械工业出版社，2013.

[9] 万平英，现代视频工程［M］. 北京：国防工业出版社，2009.

[10] 邢郁甫等，新编实用电工手册［M］. 北京：地质出版社，1997.

[11] 芮静康，实用电工材料手册［M］. 北京：中国电力出版社，2003.

[12] 蓝永林，交流电能计量［M］. 北京：中国计量出版社，2011.